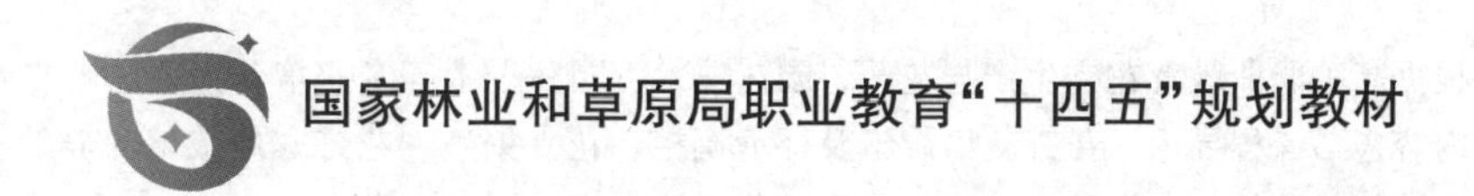

花卉栽培与养护

杨治国　陈立人　宋　阳　主编

中国林業出版社
CFPH China Forestry Publishing House

内容简介

本教材根据高等职业教育花卉生产与花艺、园艺技术、园林技术等专业培养人才的特点和需求进行编写。主要内容包括课程导论、花卉栽培设施及环境调控、花卉繁殖、花卉露地栽培与养护、花卉盆栽与养护、切花栽培与养护、专类花卉栽培与养护、花卉无土栽培与养护等。

本教材紧密结合花卉生产工作岗位的需求，强调操作性、实践性和应用性，旨在培养从事花卉栽培与养护相关岗位所需的解决问题的能力以及操作技能。

本教材为高等职业院校花卉生产与花艺、园艺技术、园林技术等专业的教材，也可作为中等职业院校园林类专业的学习资料，还可供花艺工作者、园林工作者和花卉爱好者参考。

图书在版编目(CIP)数据

花卉栽培与养护/杨治国，陈立人，宋阳主编.
北京：中国林业出版社，2024. 12. —(国家林业和草
原局职业教育“十四五”规划教材). —ISBN 978-7
-5219-3036-8

Ⅰ. S68

中国国家版本馆 CIP 数据核字第 20249H2F05 号

策划、责任编辑：曾琬淋
责任校对：苏　梅
封面设计：北京钧鼎文化传媒有限公司

出版发行：中国林业出版社
（100009，北京市西城区刘海胡同 7 号，电话 010-83143630）
电子邮箱：jiaocaipublic@ 163. com
网址：www. cfph. net
印刷：河北京平诚乾印刷有限公司
版次：2024 年 12 月第 1 版
印次：2024 年 12 月第 1 次
开本：787mm×1092mm　1/16
印张：21
字数：500 千字
定价：49. 80 元

《花卉栽培与养护》编写人员名单

主　　编　杨治国　陈立人　宋　阳

副主编　王　琳　杨杰峰　郭　丽

编写人员　(按姓名拼音排序)

陈立人(苏州农业职业技术学院)
陈　霞(云南林业职业技术学院)
郭继荣(甘肃林业职业技术大学)
郭　丽(河南农业职业学院)
韩春叶(河南农业职业学院)
裴宝红(甘肃林业职业技术大学)
宋　阳(辽宁生态工程职业学院)
王　琳(云南林业职业技术学院)
杨杰峰(湖北生态工程职业技术学院)
杨治国(江西环境工程职业学院)
袁　率(湖北生态工程职业技术学院)
朱　晟(上海晟开园林绿化有限公司)

前言

我国是世界花卉种质资源大国，有悠久的花卉栽培历史和丰富的栽培养护经验。本教材是在总结前人花卉栽培经验的基础上，按照专业人才培养方案和培养目标，通过精心设计、科学归纳编写而成，力求做到内容的准确性、科学性和实用性。

本教材包括22个典型工作任务，以完成不同类型的花卉栽培与养护任务为导向，以学生为主体，在教师的指导下完成知识准备及任务实施，融“教、学、做”于一体，突出任务的可操作性、完整性和持续性。其中，任务实施为工作手册式的空表，各任务小组根据知识准备和任课教师的要求，结合学校教学条件等实际情况，制订实施方案，完成任务实施，参与考核评价。

本教材中的课程导论主要介绍了花卉栽培与养护相关概念和范畴、课程基本情况、课程学习意义和学习方法，主要解决为什么学、学什么、怎么学等问题。项目1和项目2为通用知识和通用技能，介绍花卉栽培设施、生长环境调控及花卉繁殖等知识和技能；项目3至项目7以花卉的栽培形式和应用特点为基础，综合了多种分类方式，详细介绍了62种花卉的栽培与养护技术，以列表的形式介绍了121种花卉栽培与养护关键技术，力求涵盖全部栽培类型和更多花卉种类。在教学中可根据不同地域和本校教学条件选择性开展任务实施。

本教材是花卉生产与花艺专业系列教材，涉及植物学、土肥学、气象学、植物生理学、花卉识别、植物病虫害防治、遗传育种等基础知识。在编写教材时，为避免各教材之间在内容上的重复或遗漏，有些教学内容在本教材中并未涉及或涉入不深，如花卉形态描述、品种识别、组织培养、病虫害识别等内容，在专门的课程中介绍，需要时可阅读相关教材。

本教材由全国7所职业院校中具有丰富教学经验的双师型教师与企业技术人员共同完成，体现教材的职业性、实用性和开放性。本教材由杨治国、陈立人、宋阳担任主编，王琳、杨杰峰、郭丽担任副主编，韩春叶、陈霞、裴宝红、郭继荣、袁率和朱晟等参与编写和部分视频录制。

在教材编写过程中，编者做了大量工作和努力，但由于编者水平有限，疏漏之处在所难免，敬请广大读者提出宝贵意见。

编者

2024年9月

目 录

课程导论

一、花卉栽培与养护相关概念和范畴

（一）花卉概念和范畴

在植物学上，“花”“卉”是两个不同的词汇。“花”指的是适应于生殖的变态器官，是植物的繁殖器官；“卉”是草的总称。

在花卉学上，花卉的概念有狭义和广义之分。狭义的花卉，是指具有观赏价值的草本植物。如凤仙花、菊花、一串红、鸡冠花等。广义的花卉，除具有观赏价值的草本植物外，还包括木本植物。分布于南方地区的高大乔木和灌木，如发财树、白兰、印度橡皮树、棕榈植物等，移至北方寒冷地区，只能在温室盆栽观赏，也被列入广义花卉之内。目前，被广泛认同的花卉的定义为广义的定义，如《中国农业百科全书·观赏园艺卷》将花卉定义为“观赏植物的同义词，即具有观赏价值的草本和木本植物”。《中国花经》将花卉定义为“凡是具有一定观赏价值，并经过一定技艺进行栽培和养护的植物，有观花、观叶、观芽、观茎、观果和观根的，也有欣赏其姿态和闻其香的：从低等植物到高等植物……有草本，也有木本……应有尽有，种类繁多”。

随着社会的发展，物质水平有所提高，花卉的范畴不断扩大。凡是具有一定观赏价值，达到观花、观叶、观茎、观根、观果的目的，并能装饰美化环境、丰富人们文化生活的草本、木本植物，统称花卉。

（二）花卉栽培概念和范畴

花卉栽培是指通过特定的技术和方法对各种花卉进行种植、养护和管理的过程。

1. 依应用目的划分

根据应用目的不同，花卉栽培分为生产栽培和观赏栽培两大类。

（1）生产栽培

以商品化生产（主要是鲜切花、盆花、种苗和种球的生产）为目的，从栽培、采收到包装完全标准化、商品化，产品进入市场为社会提供消费的栽培方式，称为生产栽培。生产栽培要求有规范的栽培技术和现代化的生产设施，有一定的生产规模，它所生产的产品必须标准化、商品化，能进入国内外市场进行贸易流通，获取较高的经济效益。这是花卉栽培的主流方向。

(2)观赏栽培

以园林观赏为目的，利用花卉的花色、花形及园林绿化配置，美化、绿化广场、城市绿地、学校和家庭居室的栽培方式，称为观赏栽培。观赏栽培主要是露地花卉栽培，也包括盆花、鲜切花的观赏应用。观赏栽培的意义在于美化环境，丰富生活，净化空气，促进人们的身心健康。观赏栽培不仅在城市日益深入，在农村也渐趋普及。

2. 依栽培环境划分

根据栽培环境不同，花卉栽培可分为露地栽培和温室栽培。

(1)露地栽培

露地栽培是在自然条件下，直接在户外土地上进行栽培。

(2)温室栽培

温室栽培是在温室等保护设施内进行栽培。

3. 依最终获得商品划分

根据最终获得商品不同，花卉栽培可大致分为以下几类：

(1)切花栽培

切花栽培的主要目的是生产用于插花等的鲜切花，如月季、百合、香石竹等。

(2)盆花栽培

盆花栽培培育用于盆栽销售的花卉，如蝴蝶兰、君子兰、多肉植物等。

(3)花坛花卉栽培

花坛花卉栽培专注于生产用于布置花坛的花卉，如一串红、矮牵牛、万寿菊等。

(4)种苗栽培

种苗栽培重点在于培育花卉的幼苗，以供后续的种植和销售。

二、课程基本情况

花卉栽培与养护是花卉生产与花艺、园林技术、园艺技术等专业的一门岗位综合课程，涉及植物学、花卉识别、土肥学、植物病虫害防治、气象学、植物生理学、遗传育种等方面的基础知识。为减少各课程之间在内容上的重复或遗漏，本课程在栽培、养护技术及花卉生产过程管理上有所侧重，而对花卉的形态描述、品种识别、组织培养、病虫害防治等方面的内容未做详细介绍。

本课程根据企业岗位对人才的需求和花卉园艺工职业标准确定课程目标，融理论与实践于一体。以典型工作任务为学习载体，课上教、学、做一体，与课下自觉完成相结合，通过考核评价检验学习效果。

三、课程学习意义

(一)有助于提升就业竞争力，为未来的职业发展奠定坚实的知识和技能基础

无论是从事园艺师、花艺师等职业，还是自主创业开设花店、园艺公司等，都需要具备扎实的花卉栽培与养护知识和技能。通过本课程学习，可以深入了解花卉的生长规律、繁育技术、栽培与养护技术等专业知识。同时，通过任务实施环节的播种、浇水、施肥、

修剪、病虫害防治等养护工作，可以亲身体验花卉从种子到盛开的全过程，从而实现知识的迁移和技能的提升。

（二）有助于提升审美能力和创新能力

通过本课程学习，可以更加深入地理解和欣赏花卉的美，从而提升个人的审美能力，提高艺术修养。此外，花卉栽培和养护也是一种创造性的活动，通过亲手栽培和养护花卉，可以激发创新精神和想象力。

（三）有助于提升生活幸福感

随着生活水平的提高，越来越多的人开始关注生活品质和身心健康。学习本课程，不仅可以享受花卉种植的乐趣，还可以通过欣赏和分享自己的劳动成果来丰富生活内容，提升生活幸福感。

（四）有助于培养团队协作能力和耐心、细心及责任心等品质

本课程的任务实施需要小组成员团结协作才能完成，有助于培养团队协作能力。花卉的培育需要长时间持续关注和精心照料，有助于培养耐心、细心和责任心。

四、课程学习方法

（一）加深对专业的了解，培养学习兴趣

孔子云："知之者不如好之者，好之者不如乐之者。"伟大的科学家爱因斯坦有句名言："兴趣是最好的老师。"本课程的学习也是如此。只有加深对相关专业的了解，增强对课程的兴趣，才能全身心地投入并学好课程。

（二）不怕苦、不怕累，精益求精，勇于创新

本课程的任务实施场地大多在教室外（如绿地、农田或大棚），生产环境变化大，影响因素多，劳动强度大，劳动时间具有特殊性要求等，因此要求不怕苦、不怕累。同时，花卉栽培与养护技术需要不断创新，才能不断提高花卉栽培与养护的生产力水平，培育更多、更新、更优的花卉新品种。

（三）团队协作

本课程的任务实施具有花卉种类多、劳动持续时间长、劳动强度大的特点，要想保证每人都参与并掌握相关知识和技能，必须小组成员团结协作、互帮互助、共同进步。任务实施采取组长负责制，即在教师的指导下，组长组织开展小组讨论，制订任务实施计划和方案，并进行分工。遇到问题时，小组成员共同商讨解决方法。

（四）多实践、勤思考、善总结

花卉栽培与养护是一门应用性、实践性很强的课程，学习过程中要理论联系实际，对花卉的生长发育情况多做观察和记录，并勤于思考，善于总结。通过这样不断学习、实践和总结，实现花卉栽培与养护的知识迁移和技能提升。

（五）充分利用现代化教学资源

通过扫描二维码阅读数字资源，或登录相关课程网站进行课程自主学习，可以巩固所学知识。借助网络媒体搜索花卉栽培与养护相关短视频，可以博采众长，扩大知识面。

项目1 花卉栽培设施及环境调控

项目描述

花卉栽培比一般农作物栽培管理更加精细，而且要做到反季节生产，周年供应，以便满足花卉市场对商品花卉的要求。因此，进行花卉栽培，只有圃地是远远不够的，还必须借助一定的设施，采取一定的措施和技术手段对花卉生长的环境条件进行调节和控制，以满足不同花卉品种在不同生长阶段对环境条件的要求，提高花卉的生长质量、促进开花、增强抗病虫害能力等，从而实现花卉栽培的最佳效果。本项目通过理论学习、现场参观和实践操作等多元化的学习方式，全面掌握花卉栽培设施及环境调节的核心知识与技能。

学习目标

知识目标

1. 了解花卉栽培设施的种类、结构、功能与特点。
2. 熟悉不同花卉栽培设施的特性及其对花卉生长的影响。
3. 掌握温度、光照、湿度、土壤等环境因素对花卉生长发育的具体作用机制和花卉不同生长阶段对环境条件的具体要求。
4. 掌握环境调节设备的工作原理和操作方法。

技能目标

1. 能够正确识别和区分各种花卉栽培设施，如温室、大棚、遮阳网等。
2. 能够对各类花卉栽培设施进行安装、调试与日常维护。
3. 能够正确使用温度测量仪、照度计等仪器来监测环境状况。
4. 能够根据季节变化和不同花卉、不同生长阶段的需求，通过栽培设施灵活调节温度、光照、湿度等环境因素。
5. 能够对土壤环境进行改良和调节，如调节酸碱度、提升肥力等。
6. 能够处理栽培设施在使用过程中出现的常见故障和问题。

7. 能够制订合理的环境调节方案和花期调控技术方案并有效实施。

8. 能够对环境调节的效果进行评估和改进。

»素质目标

1. 培养严谨细致、认真负责的工作态度，在操作花卉栽培设施设备和调节环境时做到准确无误。

2. 通过观察环境变化和花卉生长状态，提升观察能力。

3. 通过分析并解决设施故障或环境异常等问题，增强问题解决能力。

4. 通过在大型设施操作和复杂环境调节的过程中与他人有效配合，培养团队协作精神。

5. 通过思考改进设施或优化环境调节方法以提高花卉栽培效果，培养创新思维。

6. 通过运用科学的知识和方法进行花卉栽培和环境管理，培育科学素养。

7. 通过在操作设施和进行环境调节时保障自身和他人安全，提高安全意识。

任务 1-1 认识花卉栽培设施

任务目标

1. 了解常见花卉栽培设施，如温室、大棚、遮阳网等。

2. 掌握每种花卉栽培设施的基本结构和组成部分。

3. 理解不同花卉栽培设施的功能和特点。

4. 能够准确辨别不同的花卉栽培设施并对花卉栽培设施进行简单的评估，判断其适用性和优缺点。

5. 能够根据实际需求选择合适的花卉栽培设施，并对花卉栽培设施进行基本维护和管理。

6. 培养对栽培设施的爱护意识。

7. 养成严谨、细致观察的习惯。

8. 增强对花卉栽培设施重要性的认识。

任务描述

花卉栽培设施是指人工建造的用于花卉种植和培育的各种适宜或保护不同类型花卉正常生长发育的建筑及设备，主要包括温室、大棚、荫棚、冷床和温床，以及机械化或自动化设备、各种机具和容器等。本任务主要通过查阅文献、参观、实地调查等掌握花卉栽培设施的使用方法。首先，实地考察不同类型的花卉栽培设施：观察温室如玻璃温室等的整体结构、覆盖材料、通风系统、加温与降温设备等，并记录其特点和功能；了解不同塑料大棚的构造形式，明确其在花卉栽培中的优势和局限性；仔细观察遮阳网、防虫网等辅助设施的安装和使用方式，理解它们的作用机制；了解灌溉设施，如各种类型的喷头、滴灌带等，知晓其工作原理和适用场景；认识栽培床、花盆等栽培容器的材质、规格等。然后，对不同花卉栽培设施在不同花卉品种和不同环境条件下的应用案例进行分析和总结，以加深对花卉栽培设施实际应用效果的理解。最后，以报告或展示的形式呈现对花卉栽培设施的认识和操作实践成果，并与同学和教师分享、交流。

工具材料

温度计、湿度计、照度计；遮阳网、喷壶；记录本、铅笔等。

知识准备

一、花卉栽培设施在花卉栽培与养护中的作用

1. 提高繁殖速度

在塑料大棚或温室内进行三色堇、矮牵牛等草花的播种育苗，可以提高种子发芽率和成苗率，提高繁殖速度。在设施栽培的条件下，菊花、香石竹可以周年扦插，其繁殖速度是露地扦插的 10~15 倍，扦插的成活率提高 40%~50%。组培苗的炼苗也多在设施栽培条件下进行，可以根据不同种、品种以及瓶苗的长势进行环境条件的人工控制，有利于提高成苗率，培育壮苗。

2. 进行花期调控

随着设施栽培技术的发展和花卉生理学研究的深入，花卉栽培设施可以满足花卉生长发育不同阶段对温度、湿度和光照等条件的要求，实现大部分花卉的周年供应。

3. 提高花卉品质

在长江流域，普通塑料大棚内可以进行蝴蝶兰的生产，但开花迟、花径小、叶色暗、叶片无光泽。在高水平的设施栽培条件下，进行温度、湿度和光照的人工控制，是解决长江流域高品质蝴蝶兰生产的关键。

4. 降低不良环境条件对花卉生产造成的损失

不良环境条件主要有高温、暴雨、台风、霜冻、寒流等，往往给花卉生产带来严重的经济损失。如江西赣州地区 2023 年冬季的严重低温和霜冻，使室外生产的叶子花、龙船花、朱蕉、扶桑、厚叶榕等的损失超过 60%，而温室或大棚中生产的各种花卉基本没有损失。

5. 打破花卉生产和流通的地域限制

各种花卉栽培设施在花卉生产、销售等环节中的运用，可以使原产于南方的花卉如蝴蝶兰、杜鹃花、山茶顺利进入北方市场，也使原产于北方的牡丹花开南国。

6. 提高劳动生产率

设施栽培的发展，尤其是现代温室水平的提高，使花卉生产的专业化、集约化程度大大提高。目前，在荷兰等发达国家，从花卉的种苗生产到最后的产品分级、包装均可

实现机器操作和自动化控制，提高了单位面积的产量和产值，人均劳动生产率大大提高。

二、主要栽培设施和用具

(一)温室

温室是一种可以透光、保温(或加温)，用来栽培植物的设施。其主要原理是利用透明覆盖材料，让太阳光进入室内，同时阻止室内热量的散失，创造适宜植物生长的小气候环境。温室对环境因子的调控能力较强，为花卉生产中最重要、应用最广泛的栽培设施。随着科技的发展，温室朝向智能化的方向发展。温室大型化、温室现代化、花卉生产工厂化已成为当今国际花卉生产的主流。

1. 温室的种类及特点

(1)依应用目的划分

①观赏温室　专用于陈列观赏花卉。一般建于公园及植物园内，其外观要求高大、美观，建筑形式要求具有一定的艺术性(图1-1-1、图1-1-2)。

图1-1-1　江苏农博园观赏温室

图1-1-2　中国农业科学院观赏温室

②栽培温室　以花卉生产栽培为主。建筑形式以符合栽培需要和经济适用为原则，一般不注重外形美观与否，造型和结构都较简单，室内地面利用十分经济。包括普通栽培温室和促成栽培温室。

③繁殖温室　专用于大规模繁殖。建筑多采用半地下式，以便维持较高的温度和湿度。

④科研温室　主要供一些科学研究使用。对建筑和设备要求较高，室内配备成套的装置，如具备自动调节温度、光照、湿度、通风及土壤水肥等环境条件的系列装置。

(2)依建筑形式划分

①单屋面温室　利用北侧的高墙，屋面向南倾斜，依墙而建。如图1-1-3所示，这种温室阳光充足，保温性能较好，造价低廉。小面积温室多用此种形式，尤其在北方严寒地区。一般跨度为6~8m。其缺点是通风不良，光照不均匀，进行盆花生产时需要经常转盆。

②双屋面温室　多南北延伸，在温室的东、西两侧装有坡面相等的玻璃，使温室内从日出到日落都能受到均匀的光照，故又称全日照温室。一般跨度为 6~10m。如图 1-1-4 所示，这种温室面积较大，光照时间长，升温快，适宜修建大面积连栋温室栽培各种类型的花卉。其缺点是通风不良、保温较差，需要有完善的通风和加温设备。

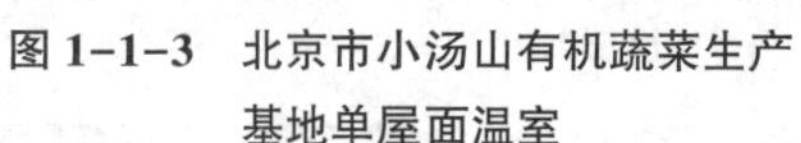

图 1-1-3　北京市小汤山有机蔬菜生产基地单屋面温室

图 1-1-4　双屋面连栋温室

③不等屋面温室　东西向延伸，温室南、北两侧为两个坡度相同而斜面长度不等的屋面，其中北坡斜面长度约为南坡的 1/2，故又称 3/4 屋面温室(也有 2/3 屋面温室)。如图 1-1-5 所示，这种温室一般跨度为 5~8m，适于作小面积温室。这种温室提高了光照强度，通风较好，但有光照不均、保温性能不及单屋面温室的缺点。

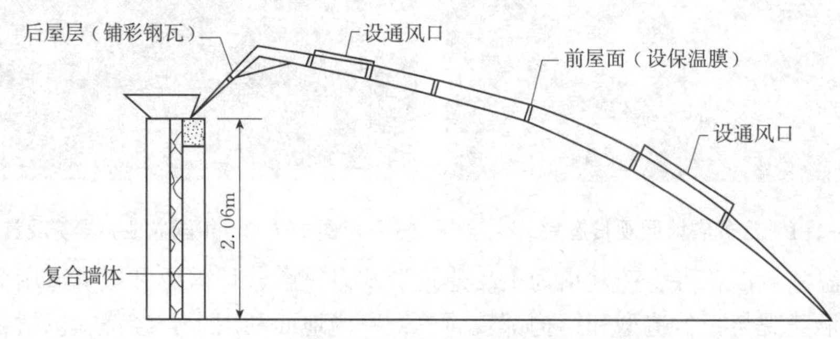

图 1-1-5　杨凌高标准日光温室结构示意图

④拱顶温室　屋顶呈均匀的弧形，通常为连栋温室。如图 1-1-6 所示，由若干温室借助纵向侧柱或柱网连接起来，相互通连，连续搭接，可以形成室内串通的大型温室。每栋温室面积可达数千至上万平方米，框架采用镀锌钢材，屋面用铝合金作桁条，覆盖物可采用玻璃、玻璃钢、塑料板或塑料薄膜。冬季通过暖气或热风炉加温，夏季采用通风与遮阴相结合的方法降温。加温、通风、遮阴和降温等工作可全部或部分由计算机控制。

图 1-1-6　拱顶连栋温室

这种温室结构简单，加温容易，便于保持

湿度和机械化作业，利于温室内环境的自动化控制，适于花卉的工厂化生产，特别是鲜切花生产以及名优特盆花的栽培养护。但这种温室造价高，能源消耗大，生产出的商品花卉成本高。

(3)依相对于地面的位置划分

①地上式温室　室内与室外的地面在同一个水平面上。

②半地下式温室　四周短墙深入地下，仅侧窗留于地面之上。这种温室保温性能好，且室内可维持较高的湿度。

③地下式温室　仅屋顶凸出于地面，只由屋面采光。这种温室保温、保湿性能好，但采光不足，空气不流通，适于在北方严寒地区栽培湿度要求大及耐阴的花卉。

(4)依是否有人工热源划分

①不加温温室　又称为日光温室，只利用太阳辐射来维持温室内温度。这种温室一般为单屋面温室，东西走向，采光好，能充分利用太阳的辐射能，防寒、保温性能好。在东北地区，冬季可辅以加温设施，但较其他类型的温室节省燃料；在华北地区，一般夜间可保持5℃以上，不需要人工加温，遇特殊天气，气温过低时，可采用热风炉在短时间内补充热量。

②加温温室　除利用太阳辐射外，还用烟道、暖气、热风炉等来提高温室内温度。

(5)依温室内温度划分

①高温温室　室内温度冬季一般保持在18~36℃，用于冬季花卉的促成栽培及养护热带观赏植物，如王莲、部分兰花、部分棕榈等。

②中温温室　室内温度冬季一般保持在12~25℃，用于栽培亚热带和热带高原观赏植物，如部分蕨类、秋海棠类、天南星科植物、凤梨科植物，以及多浆植物和其他中温常绿植物等。

③低温温室　室内温度冬季一般保持在5~20℃，用于栽培温带观赏植物，如部分兰花、部分蕨类、竹类和其他低温常绿植物等。

④冷室　室内温度冬季一般保持在0~15℃，用于保护不耐寒的观赏植物越冬，如柑橘类等常绿半耐寒植物。

(6)依建筑材料划分

①土温室　墙壁用泥土筑成，屋顶上面主要材料也为泥土，其他各部分结构均为木材，采光面常用玻璃和塑料薄膜。

②木结构温室　屋架及门窗框等都为木制。这种温室造价低，但使用几年后密闭度常降低。使用年限一般为15~20年。

③钢结构温室　柱、屋架、门窗框等均为钢材制成，可建成大型温室。这种温室坚固耐久，强度大，用料较细，支撑结构少，遮光面积较小，能充分利用日光。但造价较高，容易生锈，且由于热胀冷缩常使玻璃面破碎。一般可用20~25年。

④钢木混合结构温室　除中柱、桁条及屋架用钢材外，其他部分都为木制。这种温室主要结构应用钢材，因此可建成较大的温室，使用年限也较久。

⑤铝合金结构温室　结构轻，强度大，门窗及其与温室的接合部位密闭性好，能建成大型温室。使用年限长，可用25~30年，但造价高，是目前大型现代化温室的主要结构类

型之一。

⑥钢铝混合结构温室　柱、屋架等采用钢制异形管材，门窗框等是铝合金构件。这种温室具有钢结构和铝合金结构二者的长处，造价比铝合金结构温室低，是大型现代化温室较理想的结构类型。

(7)依覆盖材料划分

①玻璃温室　以玻璃为覆盖材料。为了防雹，有用钢化玻璃的。玻璃透光度大，使用年限久。

②塑料薄膜温室　以各种塑料薄膜为覆盖材料，多为日光温室及其他简易结构的温室，造价低，可用作临时性温室，也可建成连栋式大型温室。屋面多为半圆形或拱形，也有尖顶形的，采用单层或双层充气膜，其中后者的保温性能更好，但透光性能较差。常用的塑料薄膜有聚乙烯(PE)膜、多层编织聚乙烯膜、聚氯乙烯(PVC)膜等。

③硬质塑料板温室　多为大型连栋温室。常用的硬质塑料板有丙烯酸塑料板、聚碳酸酯(PC)板、玻璃钢(FRP)、聚乙烯(PE)波浪板，其中PC板是当前温室建造应用最广泛的覆盖材料。

2. 温室设计与建造

(1)温室设计基本要求

①符合当地的气候条件　不同地区气候条件差异很大，温室的性能只有符合所在地的气候条件，才能充分发挥其作用。例如，我国南方地区夏季潮湿闷热，若温室设计成无侧窗，用水帘加风机降温，则白天温度会很高，导致花卉生长不良。再如，昆明地区正常年份四季如春，只要配备简单的冷室即可进行花卉生产，若设计成具备完善加温设施的温室，则不经济适用。因此，要根据当地的气候条件设计、建造温室。

②满足花卉的生态要求　温室设计是否科学适用，主要看其能否最大限度地满足花卉的生态要求。即要求温室内的主要环境因子，如温度、湿度、光照、水分、空气等，都能适应花卉的生态要求。不同花卉的生态习性不同，如仙人掌及其他多浆植物多原产于沙漠地区，喜强光，耐干旱；蕨类植物多生于阴湿环境，要求空气湿度大、有适度庇荫的环境。花卉在不同生长发育阶段，对环境条件也有不同的要求。因此，设计温室，除了解所在地区的气候条件外，还应熟悉花卉的生长发育对环境的要求，以便充分运用建筑工程学原理和技术，设计出既科学合理又经济实用的温室。

③地点选择要求　温室建造必须选择比较适宜的场所。

a. 向阳避风　温室建造地点必须有充足的日光照射，不可有其他建筑物及树木遮光，以免室内光照不足。在温室或温室群的北面和西北面，最好有山或高大的建筑物及防风林，以防寒风侵袭，形成温暖的小气候环境。

b. 地势高燥　应选择土壤排水良好、无污染的地方。

c. 水源便利　应选择水质优良、供电正常、交通方便之处，以便于管理和运输。

④场地规划要求　在进行大规模花卉生产的情况下，对温室的排列和温床、冷床等附属设备的设置及道路应有全面合理的规划布局。温室的排列，首先要考虑不可相互遮光，在此前提下，温室间距越近越有利，不仅可以节省建造成本和用地面积，降低能源消耗，而且便于管理，提高温室防风、保温能力。温室的合理间距取决于温室所在地的纬度和温

室高度，当温室为东西向延长时，南、北两排温室之间的距离通常为温室高度的2倍；当温室为南北向延长时，东、西两排温室之间的距离应为温室高度的2/3；当温室的高度不等时，高的应设在北面，矮的设置在南面。工作室及锅炉房设置在温室北面或东、西两侧。若要求温室内部设施完善，可采用连栋式温室，内部可分成独立单元，分别栽培不同的花卉。

(2)温室的建造

①建筑材料　温室的建筑材料包括筑墙材料、前屋面骨架材料和后屋面建筑材料。连栋温室大多为工厂化配套生产、组装构成，施工简单。生产栽培温室一般讲求实用，不图美观，就地取材，尽量降低造价，以最少的投资，取得最大效益。

一般用红砖或空心砖筑墙，前屋面骨架大多用钢筋或钢圆管构成，后屋面大多为木结构，也有用钢筋混凝土预制柱和背檩，后屋面盖预制板。

②覆盖材料　温室屋面可用塑料或玻璃覆盖。现大多采用塑料薄膜或塑料板覆盖。

③保温材料　一般是指不透光覆盖物。常用的保温材料有草苫、纸被、棉被等。

草苫　多用稻草、蒲草或谷草编制而成。材料来源方便，价格低廉，但保温性能一般，寿命短，雨天易吸水变潮降低保温性能，并增大重量，增加卷放难度。

纸被　是用4层牛皮纸缝制成与草苫大小相仿的一种保温覆盖材料。由于纸被有几个空气夹层，而且牛皮纸本身导热率低，热传导慢，可明显滞缓室内温度下降。一般能保温4~6.8℃，在严寒季节，可弥补草苫保温能力的不足。

棉被　是用棉布(或包装用布)和棉絮或防寒毡缝制而成，保温性能好。其保温能力在高寒地区约为10℃，高于草苫、纸被的保温能力，但造价高，一次性投资大。

3. 温室内设施

(1)花架

花架是放置盆花的台架。有平台和级台两种形式。平台常设于单屋面温室的南侧或双屋面温室的两侧，在大型温室中也可设于温室中部。平台一般高80cm，宽80~100cm。若设于温室中部，宽可加大到1.5~2m。级台可充分利用温室空间，通风良好，光照充足而均匀，但管理不便，适用于观赏温室，不适于大规模生产。花架间的道路一般宽70~80cm，在观赏温室内可略宽些。

(2)栽培床

栽培床是温室内栽培花卉的设施，与温室地面相平的称为地床，高出地面的称为高床。高床四周由砖和混凝土筑成，其中填入培养土(或基质)。栽培床有利于保持湿润，土壤不易干燥；土层深厚，花卉生长良好，更适于深根性及多年生花卉生长；设置简单，用材经济，投资少；管理简便，节省人力。但通风不良，日照差，难以严格控制土壤温度。

(3)繁殖床

除繁殖温室内设置繁殖床外，在一些小规模生产栽培或教学科研栽培中也常设置繁殖床。有的直接设置在加温管道上，有的采用电热线加温。以南向采光为主的温室，繁殖床多设于北墙，大小视需要而定，一般宽约1m，深40~50cm，其中填入基质。

(4)给水排水设备

水分是花卉生长的必需条件，花卉栽培灌溉用水的温度应与室温相近。现代化温室多采用滴灌或喷灌。

温室的排水系统，除天沟落水槽外，还可设立柱作为排水管，室内设暗沟、暗井，以充分利用温室面积，并降低室内温度，减少病害的发生。

(5)通风及降温设备

为了蓄热保温，温室一般有良好的密闭条件，但密闭的同时会造成高温、低二氧化碳浓度及有害气体的积累。因此，良好的温室应具有通风降温设备。

①通风设备

自然通风　是利用温室内的门窗进行空气自然流通的一种通风方式。在设计温室时，一般能开启的门窗面积不应小于覆盖面积的25%~30%。自然通风可手工操作和机械自动控制。一般适用于春、秋降温排湿。

强制通风　是用空气循环设备强制把温室内的空气排到温室外的一种通风方式。大多应用于现代化温室内，由计算机自动控制。强制通风设备的配置，要根据温室的换气量和换气次数来确定。

②降温设备　一般用于现代化温室，除采用通风降温外，还安装喷雾、制冷设备进行降温。喷雾设备通常安装在温室上部，通过雾滴蒸发吸热降温。需注意的是，喷雾设备只适用于耐高空气湿度的花卉。制冷设备投资较大，一般用于人工气候室。

(6)补光、遮光设备

温室大多以自然光作为主要光源。为使不同生态环境的奇花异草在栽培地正常生长发育，如长日照花卉在短日照条件下生长，就需要在温室内设置灯源进行补光，以延长光照时数；若短日照花卉在长日照条件下生长，则需要遮光设备，以缩短光照时数。遮光设备需要配备黑布、遮光墨、自动控光装置和暗房，暗房内最好设有便于移动的盆架。

(7)加温设备

温室加温的主要方法有热水加温、热风加温、烟道加温和地热加温等，不同方法采用的设备有所不同。

①热水加温　用锅炉加温使水达到一定的温度，然后经输水管道输入温室内的散热管，再从散热管散发出热量，从而提高温室内的温度。热水加温一般将水加热至80℃左右即可。其优点是室温均匀，停止加热后室温下降速度较慢；缺点是室温升高慢，设备材料多，一次性投资大，安装和维修费时、费工。

②热风加温　又称暖风加温，是用风机将燃料加热产生的热空气输入温室，达到升温的一种方法。热风加热的设备通常有燃油热风机和燃气热风机。其特点是室温升高快，停止加热后降温也快。

③烟道加温　此方法简单易行，投资较小，燃料消耗少，但供热力小，室内温度不易调节均匀，空气较干燥，花卉生长不良。多用于较小的温室。

④地热加温　是一种全新的加热方法，以30~35℃的热水为水源，如温泉、地热深井的水源，或利用地上供暖后的热水通过地下管道为土壤加温。

(二)塑料大棚

1. 塑料大棚特点及用途

塑料大棚是指用塑料薄膜覆盖的没有加温设备的棚状建筑。塑料大棚是花卉栽培和养护的又一主要设施，可用来代替温床、冷床，甚至可以代替低温温室，而其建造费用仅为温室的1/10左右。塑料薄膜具有良好的透光性，白天可使地温提高3℃左右，夜间气温下降时，又因塑料薄膜具有不透气性，可减少热气的散发起到保温作用。在春季气温回升昼夜温差大时，塑料大棚的增温效果更为明显。早春月季、唐菖蒲、晚香玉等在塑料大棚内比露地可提早15~30d开花，晚秋则花期可延长1个月。塑料大棚的保温性与其面积密切相关。面积越小，夜间越易于变冷，日温差越大；面积越大，温度变化越缓慢，日温差越小，保温效果越好。由于塑料大棚建造简单，成本低廉，拆装方便，耐用，保温性、透光性、气密性好，适于大面积生产等，近几年来在花卉生产中被广泛应用。

2. 塑料大棚的结构

塑料大棚一般南北向延长，脊高为1.8~3.2m，宽度(跨度)为6~12m，长度为30~50m，占地面积为180~600m^2，主要由骨架和透明覆盖材料组成。骨架由立柱、拱杆(架)、拉杆(纵梁)、压杆(压膜绳)等部件组成。透明覆盖材料一般采用塑料薄膜，目前生产上采用的有聚氯乙烯(PVC)膜、聚乙烯(PE)膜，乙烯-醋酸乙烯共聚物(EVA)膜和氟质塑料也逐步用于设施花卉生产。在大棚两端应各设一个活动门，大小以方便作业和出入为宜。大棚顶部可设换气天窗，两侧设换气侧窗。当棚内温度过高时，可以将两端的活动门及部分窗同时打开，让棚内通风降温；在较为寒冷的季节，可以把北门及窗密封，只留南门出入。

3. 塑料大棚的类型

塑料大棚有多种类型，按照屋面的形式，可分为拱圆形和屋脊形两种。

(1)拱圆形塑料大棚

拱圆形塑料大棚在我国使用很普遍，屋顶呈圆弧形，面积可大可小，可单栋也可连栋，建造容易，搬迁方便。小型的塑料大棚可用竹片作骨架，竹片光滑无刺，易于弯曲造型，成本低。大型的塑料大棚常采用钢架结构，用直径6~12mm的圆钢制成各种形式的骨架。

(2)屋脊形塑料大棚

屋脊形塑料大棚是采用木材或角钢为骨架的双屋面塑料大棚，多为连栋式，具有屋面平直、压膜容易、开窗方便、通风良好、密闭性能好的特点，是周年利用的固定式大棚。由屋脊形塑料大棚相连接而成的连栋大棚，覆盖的面积大，土地利用充分，棚内温度高，温度稳定，缓冲力强。但因通风不好，往往造成棚内高温、高湿，易发生病害。因此，连栋的数目不宜过多，跨度不宜太大。

此外，按照骨架材料不同可分为竹木结构塑料大棚、混凝土结构塑料大棚、钢材焊接式结构塑料大棚、钢竹混合结构塑料大棚等。

(三)荫棚

荫棚指用于遮阴栽培的设施。荫棚具有避免日光直射，降低温度，减少蒸发，增加湿度等优点，为夏季的花卉栽培创造了比较适宜的小环境。

1. 荫棚地点选择

荫棚应建在地势高燥、通风和排水良好的地段，保证雨季棚内不积水，有时还要在棚的四周设小型排水沟。棚内地面应铺设一层炉渣、粗沙或卵石，以利于排出积水，下雨时还可免除污水溅污枝叶及花盆。荫棚应尽量搭在温室附近，这样可以减小春、秋两季搬运盆花时的劳动强度，但注意不能遮挡温室的阳光。荫棚的北侧应空旷，不要有挡风的建筑物，以免盛夏季节棚内闷热而引发病虫害。如果在荫棚的西、南两侧有稀疏的林木，对降温、增湿和防止西晒都非常有利。

2. 荫棚类型和规格

(1) 荫棚类型

荫棚形式多样，可分为永久性荫棚和临时性荫棚两类。永久性荫棚是固定设备，骨架由水泥柱或铁管构成。临时性荫棚于每年初夏使用时临时搭建，秋凉时逐渐拆除，骨架由木材、竹材等构成。

棚架多采用遮阳网，遮光率视所栽培花卉种类的需要而定。如果需将棚顶所盖遮阴材料延垂下来，注意其下缘应距地面 60cm 左右，以利于通风。荫棚中可视跨度大小沿东西向留 1~2 条通道。

永久性荫棚多设于温室近旁，用于温室花卉的夏季遮阴；临时性荫棚多用于露地繁殖和切花栽培。

(2) 规格和尺寸

荫棚的高度应以所栽培的大型耐阴盆花的高度为准，一般不低于 2. 5m。立柱之间的距离可按棚顶横担的尺寸来决定，最好不要小于 3m，否则不便于搬运花木，并会减少棚内的实际使用面积。荫棚一般东西向延长，总长度应根据生产量来确定，每隔 3m 一根立柱，还要加上棚内步道的占地面积。整个荫棚的南北宽度不要超过 10m，太宽容易通风不畅；太窄则遮阴效果不佳，而且棚内盆花的摆设也不便安排。

(四) 温床和冷床

1. 温床

温床用于花卉提早播种、促成栽培或越冬，是北方地区常用的保护地类型之一。温床除利用太阳辐射外，还需人工加热以维持较高温度。温床的保温性能明显优于冷床。温床建造宜选在背风向阳、排水良好的场地。

(1) 温床结构

温床由床框、床孔及玻璃窗 3 个部分组成。

床框：宽 1. 3~1. 5m，长约 4m，前框高 20~25cm，后框高 30~50cm。

床孔：是床框下面挖出的空间，大小与床框一致，其深度依床内所需温度及酿热物填充量而定。为了使床内温度均匀，通常中部较浅，填入酿热物少；周围较深，填入酿热物较多。

玻璃窗：用以覆盖床面，一般宽约 1m。窗框宽 5cm，厚 4cm。窗框中部设椽木 1~2 条，宽 2cm，厚 4cm，上嵌玻璃，上、下玻璃重叠约 1cm，呈覆瓦状。为了便于调节，常用撑窗板调节开窗的大小。撑窗板长约 50cm，宽约 10cm。床框及窗框通常涂以油漆或桐油防腐。

(2) 温床类型

温床可分为发酵床和电热温床两类。发酵床由于设置复杂，温度不易控制，已很少采用。电热温床选用外包耐高温绝缘塑料、耗电少、电阻适中的加热线作为热源，可发热至 50~60℃，温度由控温仪来控制。在铺设线路时，先垫以 10~15cm 厚的煤渣等，再盖以 5cm

厚的河沙，加热线以15cm间隔平行铺设，最后覆土。电热温床具有可调温、发热快、可长时间加热且随时应用等特点，因而采用较多。目前，电热温床常用于温室或塑料大棚中。

2. 冷床

冷床是不需要人工加热，利用太阳辐射维持一定温度，使植物安全越冬或提早栽培、繁殖的栽植床。它是介于温床和露地栽培之间的一种保护地类型，又称阳畦。冷床广泛用于冬、春季日照资源丰富而且多风的地区，主要用于二年生花卉的保护越冬，一、二年生草花的提前播种，耐寒花卉的促成栽培，以及温室种苗露地移栽前的炼苗期栽培。

冷床分为抢阳阳畦和改良阳畦两种类型。

(1)抢阳阳畦

抢阳阳畦由风障、畦框及覆盖物3个部分组成。畦一般宽1.6m，长5~6m。风障的篱笆与地面夹角约70℃，向南倾斜，土背底宽50cm，顶宽20cm，高40cm。畦框经过叠垒、夯实、铲削等工序，形成南低北高的结构。一般北框高35~50cm，底宽30~40cm，顶宽25cm。覆盖物常用玻璃、塑料薄膜、蒲席等。白天接受日光照射，提高畦内温度；傍晚，在透光覆盖材料上加盖不透明的覆盖物如蒲席、草苫等保温。

(2)改良阳畦

改良阳畦由风障、土墙、棚架、棚顶及覆盖物组成。风障一般直立。土墙高约1m，厚50cm。棚架由木质或钢质柱、柁构成，前柱长1.7m，柁长1.7。在棚架上铺芦苇、玉米秸秆等，上覆10cm左右厚土，最后以草泥封裹。覆盖物以玻璃、塑料薄膜为主，用塑料薄膜覆盖的改良阳畦不再设棚顶。建成后的改良阳畦前檐高1.5m，前柱距土墙和南窗各为1.33m，玻璃倾角45°，后墙高93cm，跨度2.7m。

抢阳阳畦和改良阳畦均有降低风速、减少蒸腾量、降低热量损耗、提高畦内温度等作用。冬季的晴天，抢阳阳畦内的旬平均温度要比露地高13~15.5℃，夜间最低温度为2~3℃，改良阳畦的温度则比抢阳阳畦高4~7℃，增温效果相当显著。而且，日常可以进入畦内管理，应用时间较长，应用范围比较广。但在春季气温上升时，为了防止高温窝风，应在北墙开窗通风。冷床内，在晴天可保持较高温度，但在阴天、雪天等没有热源的情况下，温度会很低。

(五)栽培与育苗容器

1. 栽培容器

花盆是花卉栽培中广泛使用的栽培容器(图1-1-7)，其种类很多，通常根据质地和使用目的进行分类。

(1)依质地分类

①素烧盆　又称瓦盆，用黏土烧制，质地粗糙，易生青苔，色泽不佳，欠美观，且易碎，运输不便，不适于栽植大型花木。但排水良好，空气流通，适于花卉生长。有红盆和灰盆两种，通常圆形，规格多样。通常盆底或两侧留有小洞孔，以排除多余水分。

图1-1-7　各种形状和材质的栽培容器

②陶瓷盆　由高岭土制成，上釉的为瓷盆，不上釉的为陶盆。陶瓷盆除圆形之外，也有方形、菱形、六角形等。盆底或两侧有小洞，以利于排水。瓷盆常有彩色绘画，外形美观，但通气性差，不适宜花卉栽培，只适合作套盆或短期观赏，用于室内装饰及展览。陶盆多为紫褐色或赭紫色，有一定的排水、通气性。

紫砂盆是陶盆的一种，多产于华东地区，以宜兴产的为代表，故又名宜兴盆。盆的透气性较普通陶盆稍差，但造型美观，形式多样，并多有刻花题字，典雅大方，具有典型的东方容器的特点，在国际上较受欢迎，多用于室内名贵花卉以及盆景的栽培。

③木盆或木桶　由木料与金属箍、竹箍或藤箍制造而成。需要用40cm以上口径的盆时即采用木盆。木盆形状以圆形较多，但也有方形的。盆的两侧应设有把手，以便于搬动。底部钻有排水孔数个。多用于栽植高大、浅根的观赏花木，如棕榈、南洋杉、橡皮树等，但木质易腐烂，使用年限短。目前，木盆正被塑料盆或玻璃钢盆所代替。

④塑料盆　质轻而坚固耐用，可制成各种形状，色彩也极为丰富。由于规格多、式样新、硬度大、美观大方、经久耐用及运输方便，塑料盆目前已成为国内外大规模花卉生产及贸易流通的主要容器，尤其在规模化盆花生产中应用更加广泛。虽然塑料盆透水、透气性较差，但只要注意培养土的物理性状，使之疏松透气，便可克服其缺点。塑料盆一般为圆形，高腰，矮三脚或无脚。底部或侧面留有孔眼，以利于浇灌吸水及排水，并在底部加一托盘，以承接溢出水。也有不留孔用于水培或作套盆的。塑料盆的规格一般是以盆的直径(mm)标出的，如230即是直径230mm，可以根据需要直接购买各种型号的塑料盆。

⑤玻璃钢盆　以玻璃钢为主要材料，质轻、高强度、耐腐蚀、绝缘性好且可设计性强。其形状多样、色彩丰富、表面处理方式多，设计上常考虑透气性和排水性，还有一定隔热保温功能。广泛用于家庭园艺、城市绿化和商业场所等。使用时要避免碰撞、定期清洁，冬季做好防护。

⑥其他材质花盆　不锈钢花盆、石材花盆、玻璃花盆、植物纤维花盆等。

(2)依使用目的分类

①水养盆　专用于栽培水生花卉或水培花卉，盆底无排水孔，盆面宽大而较浅。其形状多为圆形。球根花卉水养多用陶瓷或瓷制的浅盆，如水仙盆。

②兰盆　专用于栽培附生兰及附生的蕨类植物。盆壁有各种形状的气孔，以便于空气流通。此外，也常用木条制成各种式样的兰筐代替兰盆。

③盆景盆　深浅不一，形式多样，常为陶盆或瓷盆。有树桩盆和水石盆两类。树桩盆底部有排水孔，形状多样，有方形、长方形、圆形、椭圆形、八角形、扇形、菱形等，色彩丰富，古朴大方；水石盆底部无孔，山水盆景用盆为特制的浅盆，形状以长方形和椭圆形为主。盆景盆的质地除泥、瓷、紫砂外，还有水泥、石质等。石质中以洁白、质细的汉白玉和大理石为上品，多制成长方形、椭圆形浅盆，适宜作水石盆。

④花钵　多由玻璃钢制成，一般口径较大，可制成各种美观的形状，如高脚状、正六边形、圆形等，多摆放于公共场所。

2. 育苗容器

花卉种苗生产中常用的育苗容器有穴盘、育苗盘、育苗钵等。

(1)穴盘

穴盘是用塑料制成的蜂窝状、由同样规格小孔组成的育苗容器。盘的大小及每盘上的穴洞数目不等(图1-1-8)，一般规格为128~800穴/盘。一方面，可以满足不同花卉种苗大小差异以及同一花卉种苗不断生长的要求；另一方面，与机械化操作相配套，便于花卉种苗的大规模、工厂化生产。穴盘能保持花卉根系的完整性，提高生产的机械化程度，节约生产时间，减少劳动力。

(2)育苗盘

育苗盘也称催芽盘，多由塑料铸成(图1-1-9)，也可以用木板自行制作。用育苗盘育苗有很多优点，如对水分、温度、光照容易调节，便于种苗贮藏、运输等。

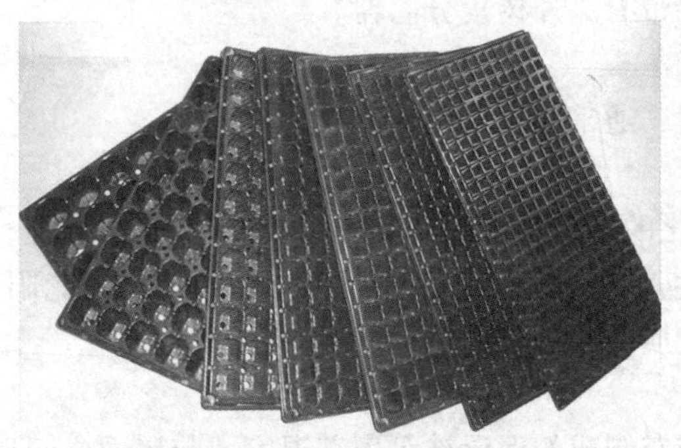

图1-1-8 各种规格的穴盘

图1-1-9 育苗盘

(3)育苗钵

育苗钵是指培育小苗用的钵状容器，规格很多。按制作材料不同，可划分为两类：一类是塑料育苗钵，由聚氯乙烯和聚乙烯制成，多为黑色(图1-1-10)，个别为其他颜色；另一类为有机质育苗钵，是以泥炭为主要原料制作的，还可用牛粪、锯末、黄泥土或草浆制作。有机质育苗钵质地疏松，透气、透水，装满水后能在底部无孔的情况下40~60min全部渗出。由于钵体会在土壤中迅速降解，不影响根系生长，移植时可将育苗钵与种苗同时栽入土中，不伤根，无缓苗期，成苗率高，生长快。

图1-1-10 塑料育苗钵

(4)纸盆

仅用于培养幼苗，特别是用于培养不耐移植的花卉幼苗。如香豌豆、香矢车菊等在露地定植前，一般先在温室内纸盆中进行育苗。在国外，这种育苗纸盆已商品化，有不同的规格，适用于各种花卉幼苗的生产。

(六)栽培器具及机具

1. 栽培器具

(1)浇水壶

浇水壶有喷壶和浇壶两种。喷壶用来为花卉枝叶淋水除去灰尘，增加空气湿度。喷嘴有粗、细之分，可根据花卉种类及生长发育阶段、生长习性灵活选用。浇壶不带喷嘴，直接将水浇在盆内，一般用来浇肥水。

(2) 喷雾器

喷雾器在防虫、防病时用于喷洒农药，或用于温室小苗喷雾，以增加湿度，或用于根外施肥等。

(3) 修枝剪

修枝剪用于整形修剪，以调整株形，或用于剪截插穗、接穗、砧木等。

(4) 嫁接刀

嫁接刀用于嫁接繁殖，有切接刀和芽接刀之分。切接刀选用硬质钢材制成，是一种有柄的单面快刃小刀；芽接刀薄，刀柄另一端带有一片树皮分离器。

(5) 切花网

切花网在切花栽培中用于防止植株倒伏，通常用尼龙制成。

(6) 遮阳网

遮阳网又称寒冷纱，是高强度、耐老化的新型网状覆盖材料，具有遮光、降温、防雨、保湿、抗风及避虫防病等多种功能。生产中，根据花卉种类选择不同规格的遮阳网，以调节、改善花卉的生长环境，实现生产优质花卉的目的。

(7) 覆盖物

覆盖物用于冬季防寒，如用草帘、无纺布制成的保温被等覆盖温室，与屋面之间形成隔热层，有效地保持室内温度。也可用来覆盖冷床、温床等。

此外，花卉栽培过程中还需要竹竿、棕丝、铅丝、铁丝、塑料绳等，用于绑扎支柱，还有各种标牌、温度计与湿度计等。

2. 栽培机具

大型现代化花卉生产常用的农机具有播种机、球根种植机、上盆机、加宽株行距装置、运输盘、传送装置、收球机、球根清洗机、球根分拣称重装置、切花去叶去茎机、切花分级机、切花包装机、盆花包装机、温室计算机控制系统、花卉冷藏运输车及花卉专用运输机械等。

任务实施

教师结合本校花卉生产设施条件，选择校内或校外温室，指导各任务小组开展实训：观察温室构造并进行光照、温度、湿度和二氧化碳调控操作，完成表 1-1-1。

表 1-1-1　温室构造观察及内部环境因素调控观测记录表

组别		成员	
地点		观测时间	
温室概况	类型：______　结构：______　性能：______　用途：______		
作业环境及现状	天气：______　空气温度：______℃　空气湿度：______　其他情况：______		
主要构件及设备	（温室的主要组成构件和室内设施名称及用途）		

（续）

调控及观测	1. 温室内外温度、光照强度差异情况： 温室内________℃、________lx；温室外________℃、________lx 2. 遮阳网内外温度、光照强度差异情况： 遮阳网内________℃、________lx；遮阳网外________℃、________lx 3. 叶面或地面喷水前后气温差异：________ 4. 花卉植株及土壤内温度差异：________ 5. 通风换气系统操作并观测：________ 6. 遮光补光系统操作并观测：________ 7. 喷灌系统（水肥一体化系统）操作并观测：________ 8. 温度调节系统（加温与降温）操作并观测：________ 9. 二氧化碳调节装置操作并观测：________
填写注意事项	（参观要求、操作要领、安全纪律等）
任务反思	

考核评价

根据表 1-1-2 进行考核评价。

表 1-1-2　温室构造观察及内部环境因素调控观测考核评价表

成绩组成	评分项	评分标准	赋分	得分	备注
教师评分（80 分）	温室描述	填写规范，内容正确	5		
	工具与材料识别	正确识别工具和材料，补充其他工具和材料	5		
	作业环境及现状描述	填写规范，内容正确	5		
	主要构件及设备名称、作用或用途描述	主要构件及设备名称正确，各种构件及设备的作用或用途描述正确	10		
	调控及观测	操作规范，正确观测，记录的数据在误差范围内	35		
	注意事项填写	考虑全面，填写规范	5		
	任务反思	格式规范，关键技术表达清晰，问题分析得当	15		
组长评分（20 分）	出谋划策	积极参与，查找资料，提出可行性建议	10		
	任务执行	认真完成组长安排的任务，协作性好	10		
总　分			100		

任务 1–2 认知花卉生长环境及其调控

任务目标

1. 能够理解花卉生长对光照、温度、湿度、土壤等环境因素的具体要求。

2. 明确不同花卉种类在生长环境需求方面的差异，掌握常见花卉生长环境的特点和关键点。

3. 能够准确测量和评估花卉生长环境中的光照强度、温度、湿度等指标。

4. 能够根据花卉的需求，通过遮阴、保暖、加湿等措施合理调节和控制花卉的生长环境。

5. 熟练掌握土壤改良的方法，以创造适宜花卉生长的土壤条件。

6. 能够分析花卉生长不良与环境因素的关系，并提出有效的改善方案。

7. 能够制订适合特定花卉的环境调控方案，并有效地实施和监控。

任务描述

花卉在生长发育过程中除受自身遗传因素影响外，还受外界环境因子的影响。影响花卉生长发育的环境因素包括气候因素(温度、光照、水分等)、土壤因素(土壤结构、土壤质地等)、地形因素、生物因素(相关的动物、微生物，植物之间的相生相克等)、人为因素(栽培、引种、育种)等。本任务首先通过观察和学习，知晓常见花卉对各种环境因素的要求，掌握各种环境调节手段和工具。然后，对花卉生长环境及花卉生长情况进行监测和记录，分析环境现状与花卉理想生长环境之间的差距。最后，进行总结和思考，形成对花卉生长环境及调控方法的深刻理解和实践能力。

工具材料

土壤；温度计、照度计、湿度计、各种土壤理化性状测定仪器；直尺、铅笔、笔记本等。

知识准备

我国幅员辽阔，南北跨热带、亚热带、温带、寒带，由于气候环境的差异，在各地形成了不同生理特性的花卉类群。这些花卉大多形成了对原产地环境的适应性，对栽培环境有着不同的要求。只有创造适宜的栽培环境，才能使其生长发育良好。目前，花卉市场流通广泛，出现了热带花卉到温带或寒带栽培，同时温带花卉和寒带花卉到热带、亚热带栽培的现象，相互弥补了花卉种类单一或匮乏的不足，这是一种异地栽培和异地观赏新时尚。为了科学地栽培花卉，应了解温度、光照、水分、土壤等与花卉生长的关系，人为地创造花卉生长所适宜的环境条件。

一、土壤及基质

土壤及基质为花卉生长提供养分与水分，并能固定植株。土壤及基质的质地和酸碱度都能影响花卉的生长发育。不同种类的花卉对土壤及基质的要求不同，同种花卉在不同的发育时期对土壤及基质的要求也有差异。大部分花卉要求土壤及基质质地疏松，土层深厚，富含有机质。

(一)花卉对土壤质地和基质的要求

1. 露地花卉

(1)一、二年生花卉和球根花卉

一、二年生花卉和球根花卉根系较浅，根细且扩展能力差，在土层中分布于上部，抗旱能力弱，吸肥范围窄，故要求地下水位较高，表土深厚且土质疏松，干湿适中，富含有机质。喜排水良好的砂质壤土、壤土及黏质壤土，其中水仙、晚香玉、百合、石蒜、郁金香等以黏质壤土为宜。

(2)多年生宿根花卉

多年生宿根花卉根系较深，扩展能力强，不但要求表土土质疏松、土层深厚(40~50cm)、有机质丰富，而且要求下层土壤的有机质含量较高，故需要改土，增施有机肥。喜排水良好、表土富含腐殖质的黏质壤土。

2. 盆栽花卉

由于盆内空间有限，土壤深度与所含养分有限，盆栽花卉一般需要特殊的培养土，要求富含腐殖质，土壤松软，通气、排水良好，并且能够长期保持土壤湿润，不易干燥。常用培养土的基质材料有：

(1)园土

园土又称菜园土、花园土、田园土，是普通的栽培土壤，因经常施肥耕作，肥力较高，团粒结构好，是配制培养土的主要原料之一。缺点是干时表层易板结，湿时透气、透水性差。一般不能单独使用，常配合其他基质使用。以种植豆类作物后的表层砂壤土最好。

(2)腐叶土

腐叶土是阔叶树枝叶在土壤中经过微生物分解形成的营养土。多种微生物交替活动使枝叶腐解的过程，使腐叶土形成了很多不同于自然土壤的优点：一是质轻疏松，透水、通气性能好，保水、保肥能力强；二是多孔隙，长期施用不板结，易被植物吸收，与其他土壤混用，能改良土壤，提高土壤肥力；三是除富含有机质、腐殖酸外，还含少量维生素、生长素、微量元素等，能促进植物的生长发育；四是发酵过程中的高温能杀死其中的病菌、虫卵和杂草种子等，减少病虫杂草危害。

腐叶土分天然腐叶土和人工腐叶土。天然腐叶土又称腐殖土，是森林中表土层的树木枯枝残叶经过长期发酵后形成的表土；人工腐叶土是收集落叶人工堆积发酵而成。腐叶土可单独使用，也可与其他基质配合使用。

(3)堆肥土

堆肥土是以枯枝、落叶、青草、果皮、粪便、毛骨、内脏等为原料，加上换盆旧土、炉灰、园土，分层铺放，加以堆积，在上面浇灌人、畜粪尿，再在四周和上面覆盖园土，经过半年以上贮放，让其充分发酵，最后混合、打碎、过筛得到的细土，其余下的残渣再堆积贮放，制作下次用的堆肥土。

在制作堆肥土时，应注意不要使土堆内过湿，以使好氧细菌有足够的氧气进行有机物质分解，形成氮化物和硫化物。如果过湿，则厌氧细菌会将有机物腐化成氨气和硫化氢等散失到空气中，从而降低肥效。

用堆肥土与砂土各1/2混合栽种花卉，既肥沃，又利于排水，效果非常好。堆肥土与泥炭混合，栽种兰花、山茶、杜鹃花、君子兰、米兰等，效果也佳。

(4)沙粒

沙粒能使培养土疏松，利于水分渗透和空气流通，便于根部呼吸。主要作扦插繁殖的基质，也与其他基质混合使用，以增加培养土的透气性。栽培中最好使用清洁的河沙，颗粒直径应在1~2mm。播种用沙应经过蒸气消毒或清水冲洗。

(5)泥炭

泥炭又称为草炭，是沼泽植物的残体在多水的嫌氧条件下，不能完全分解堆积而成，含有大量水分和未被彻底分解的植物残体、腐殖质以及部分矿物质。泥炭是一种相当优良的盆栽花卉用土，其含有大量的有机质，疏松，透气、透水性能好，保水、保肥能力强，质地轻，无病害孢子和虫卵。可单独用于盆栽，也可以与珍珠岩、蛭石、河沙、椰糠等配合使用。国内外商品花卉栽培，尤其是在育苗和盆栽花卉中，多以泥炭作为主要盆栽基质。

(6)蛭石

蛭石是由黑云母和金云母风化而成的次生产物，在1000℃高温加热后，片状物变成疏松的多孔状体，因此变得很轻，密度为0.096~0.16g/cm^3，具有吸水、保水、持肥、吸热、保温等特性。缺点是长期使用后会使蜂房状结构破坏，透气性下降。园艺上常用的为颗粒直径0.2~0.3cm的2号蛭石。可单独使用作为扦插繁殖的基质，也可与其他基质配合使用，以增加透气性。

(7)珍珠岩

珍珠岩是由一种铝硅酸盐火山石经粉碎加热至1100℃煅烧后膨胀而成。其疏松、透气、吸水、体轻，密度0.128g/cm^3。常与蛭石、泥炭混合使用，以增加培养土的透气性，同时是一种良好的扦插基质。

(8)针叶土

针叶土是由松科和柏科针叶树种的落叶、残枝和苔藓类植物堆积腐熟而成，以云杉、冷杉的落叶所形成的为最好，松、柏等的落叶形成的较差。针叶土也可以通过人工制造，方法是将松、柏等的落叶收集起来，堆成堆，注意不要过湿，用覆盖物盖起来，翻动2~3次，促进其分解，减少腐殖酸的含量。一般经过一年的堆积，即可使用。

松针土呈灰褐色，较肥沃，透气性和排水性良好，强酸性，pH 3.5~4.0，腐殖质极为丰富。适于栽培杜鹃花、栀子、山茶等喜强酸性的花卉。

(9)陶粒

陶粒是由黏土发泡烧制而成，质地坚硬却很轻，又名“水上漂”。其由表及里有许多微孔，具有一定的机械强度，吸水、透气、持肥能力强，小颗粒堆砌在一起形成许多空穴，透气、排水性优越，不会板结。干燥状态下没有粉尘，泡水后不会解体，不产生泥水，远优于大自然中的泥土。

(10)椰糠

椰糠是椰子加工后的副产物或废弃物，是椰子外壳纤维加工过程中脱落的一种纯天然的有机质介质。经加工处理的椰糠非常适合栽培植物，是目前比较流行的园艺栽培基质材料。

(11)水苔

水苔又称白藓，属于苔藓植物。常生长在林中的岩石峭壁上或溪边、泉水旁，一般呈白绿色或鲜绿色。水苔经除杂、洗净、晒干后可用来栽植花卉。水苔的透气性非常好，特别适合对基质透气性要求严格的兰花等花卉的栽培，在各种兰花栽培中广泛应用。

(12)农副产品基质

锯末、木屑、稻壳、甘蔗渣、蘑菇渣、树皮等，发酵至黑色后使用。炉渣是理想的透水、疏松、通气材料，同时密度较小，含有一定量的石灰质。花卉在换大盆时，为了排水良好和搬运时重量较轻，可先在盆底铺一层炉渣。一般选用粒径2~3mm的过筛后使用。

（二）花卉对土壤酸碱度和土壤含盐量的要求

1. 土壤酸碱度

土壤酸碱度是指土壤中的氢离子浓度，用pH表示。土壤pH大多在4~9。由于不同花卉对土壤酸碱度有着不同的要求，在花卉栽培中，合适的土壤酸碱度能提高营养元素的有效性，有利于花卉对营养元素的吸收。花卉根据对土壤酸碱度的反应，可分为三大类。

(1)酸性花卉

酸性花卉指那些只有在酸性或强酸性土壤中才能正常生长的花卉。这类花卉要求土壤pH小于6.5。碱性土壤影响这类花卉对铁离子的吸收，使花卉缺铁，叶片发黄。如杜鹃花、兰科植物、栀子、茉莉花、山茶、桂花等。

(2)中性花卉

这类花卉在土壤pH 6.5~7.5时生长良好。大多数花卉属于此类，如月季、菊花、牡丹、芍药、一串红、鸡冠花、大花马齿苋、凤仙花、君子兰、仙客来等。

(3)碱性花卉

碱性花卉指在碱性土壤中生长良好的花卉。这类花卉能适应土壤pH 7.5以上，土壤过酸会影响这类花卉的生长。如香石竹、丝石竹、香豌豆、非洲菊、天竺葵、柽柳、蜀葵等。

2. 土壤含盐量

土壤中有害盐类的含量是影响和限制花卉生长的重要因素。盐碱土中主要盐类为碳酸钠、氯化钠和硫酸钠，有时还包括镁的化合物。盐分过多对花卉生长的影响主要体现在生理干旱、离子毒害等方面，破坏植株的正常代谢。

一次性施肥过多，会造成土壤盐分含量快速升高，导致花卉生理干旱，严重时造成花卉死亡。花卉生产中，一般通过测定土壤的电导率来判断土壤含盐量。

二、温度

在花卉的生长发育过程中，温度的高低直接影响到花卉的生理活动，如光合作用、呼吸作用、蒸腾作用等。不同花卉或者同种生长在不同地区的花卉，生长所需要的适宜温度是有差异的。

(一)花卉对温度的要求

1. 花卉的三基点温度

各种花卉维持生命和生长发育，对温度都有一定的要求，都有最低温度、最适温度和最高温度，称为三基点温度。当其他条件满足的情况时，在最适温度条件下，花卉生长发育正常，生长速度最快。最低温度和最高温度分别是花卉生命活动与生长发育终止的下限温度和上限温度。在最低温度以下和最高温度以上，花卉停止生长发育，但仍能维持生命，如果继续降低或升高温度，就会对花卉植株产生不同程度的危害，甚至导致死亡。三基点温度因花卉种类、品种、器官、发育时期以及其他环境的变化而不同。三基点温度是花卉在原产地气候条件下所形成的温度适应特性。一般温带花卉生长的最适温度为15~25℃，最低温度在5℃左右，最高温度40℃左右。原产于热带和亚热带的花卉与原产于温带的花卉相比，三基点温度偏高，生长的最适温度30~35℃，最低温度10℃，最高温度45℃。原产于寒带的花卉三基点温度偏低。

三基点温度是花卉最基本的温度指标，它在确定温度的有效性、花卉种植季节与分布区域，以及计算花卉生长发育速度、光合潜力与产量潜力等方面都得到了广泛应用。需要注意的是，最适温度随影响花卉生长发育的诸环境因子的相互作用而变化，随季节和地区而变化，随多年生花卉年龄及不同生长发育阶段而变化。

2. 不同花卉对温度的要求

原产于不同气候地带的花卉，其耐寒力有很大的差异。根据耐寒力的不同，可将花卉分为3类。

(1)耐寒性花卉

耐寒性花卉是指原产于寒带和温带以北的二年生花卉及宿根花卉。这类花卉在0℃以下能安全越冬，部分能耐-5℃以下的低温。如三色堇、雏菊、金鱼草、玉簪、羽衣甘蓝、菊花、蜡梅等。

(2)半耐寒性花卉

半耐寒性花卉是指能耐0℃的低温，0℃以下需保护才能安全越冬的花卉。它们原产于温带较温暖处，在我国北方需稍加保护才能安全越冬。如石竹、福禄考、紫罗兰、美女樱等。

(3)不耐寒性花卉

不耐寒性花卉是指在10℃以上才能安全越冬的花卉。一年生花卉、原产于热带及亚热带地区的多年生花卉多属于此类。这类花卉在北方地区只能在一年中的无霜期内露地生长发育，其他季节必须在温室内(称为温室花卉)。如富贵竹、散尾葵、竹芋、马拉巴栗(发财树)、矮牵牛、叶子花、扶桑、米兰、凤梨类等。

3. 花卉不同生长发育阶段对温度的要求

花卉在不同的生长发育阶段对温度的要求是不同的。一般情况下，休眠期对温度的要求偏低，而生长期则要求偏高。生长期的不同阶段对温度的要求也有差别。如一年生花卉种子发芽要求较高的温度，比生长最适温度要高3~5℃；幼苗期要求温度偏低，可促使苗壮；由生长阶段转入发育阶段要求温度逐渐升高；开花结果期对温度的适应范围变窄，不适的温度会使其开花、授粉不良。又如，二年生花卉种子的萌芽在较低的温度下进行，在幼苗期要求温度更低才能顺利通过春化阶段，开花结果期要求的温度则高于营养生长期。

一般规律是：播种后，种子萌芽期要求温度高；幼苗生长期要求温度较低；旺盛生长期需要较高的温度，否则容易徒长，而且导致营养物质不足从而影响开花结实；开花期要求较低的温度，有利于延长花期和籽实的成熟。

（二）温度对花卉生长发育的影响

1. 影响花卉的休眠与萌发

休眠是指生长发育暂时停顿的现象，是花卉为抵抗严寒或干热等不良气候条件的最常见的手段。休眠受多种因子的影响，其中温度是主要的影响因子。温度影响花卉种子的休眠与萌发，不同花卉种子萌发对温度的要求不同。一般来说，低温可使花卉种子处于休眠状态。有的花卉种子需要低温处理打破其休眠，有的需要变温处理。温度也影响球根花卉种球的休眠与萌发，一般春植球根花卉需要较高的温度才能萌发生长，如大丽花、唐菖蒲。而秋植球根花卉休眠后需要一段时间的低温才能萌发，如郁金香、百合、水仙等。对于宿根草本花卉和木本花卉而言，秋季温度的高低影响芽休眠的早晚，而早春的温度影响芽萌动的时间，从而影响花卉的整个生长节奏。

2. 影响花卉的生长

花卉的生长主要指营养生长，包括地下根系生长和地上茎叶生长等。不同花卉和同种花卉不同生长阶段，有各自的适宜温度范围，适宜温度条件下生长快，非适宜温度条件下生长慢。地下根系生长所需温度低于地上部分各器官生长所需温度，芽伸长发所需温度低于叶生长所需温度。

3. 影响花芽分化

花芽分化需要一定的温度条件，不同花卉的花芽分化对温度要求各异。

(1)低温下进行花芽分化

许多越冬性草本花卉(二年生花卉和早春开花的宿根花卉)和木本花卉，冬季低温是必需的，即要经过春化作用才能进行花芽分化。许多原产于温带中北部及各地高山的花卉，其花芽分化要求在较凉爽气候条件下(20℃以下)进行，如低温(13℃左右)和短日照可促进绣球、石斛属的某些种类花芽分化；许多秋播草花如金盏菊、雏菊、三色堇、羽衣甘蓝等也要求在低温下进行花芽分化。

(2)高温下进行花芽分化

许多花卉的花芽分化是在高温下进行的，一般在6~8月的高温条件下进行花芽分化，入秋后植株进入秋眠，经过一段时间的低温打破休眠后开花。如一年生花卉，宿根花卉中夏、秋开花的种类(如千日红)，球根花卉的大部分种类。宿根花卉中的唐菖蒲、美人蕉(春植球根花卉，生长期)、郁金香、风信子(秋植球根花卉，休眠期)等在25℃以上进行花芽分化。

4. 影响花的发育

花的发育是指花芽分化完成后到成花的过程，即花芽伸长。花芽伸长最适温度与花芽分化差异不大（秋植球根花卉例外）。如郁金香花芽分化适温为20℃，花芽伸长适温为9℃；风信子花芽分化适温为25~26℃，花芽伸长适温为13℃。

5. 影响花色

大部分花卉花朵颜色不受温度影响，但对于喜温花卉，温度越高，花色越艳丽；对于不耐热花卉，温度升高，花色反而变浅，称为高温返青现象。如落地生根，高温（弱光）下开花几乎不着色。‘粉红’月季，低温下花朵呈浓红色，高温下花朵呈白色。暖地栽培的大丽花，炎夏一般不开花，即使开花，花色暗淡，秋凉后才花色鲜艳；寒地栽培的大丽花，盛夏也可开花。

6. 影响花香和花期

较低的温度有利于已经盛开的花卉延长花期。高温会使一些花卉的香味变淡，香味持续的时间缩短，如白兰、菊花、月季等。

7. 极端温度对花卉造成危害

骤然高低温对花卉生长极其不利，应控制好温度的变化，必要时采取保护措施。

一般气温35~40℃时，很多植物生长缓慢甚至停滞。当气温45~50℃时，除少数原产于热带干旱地区的多浆植物外，绝大多数植物会死亡。为了防止高温对花卉的伤害，应经常保持土壤湿润，以促进蒸腾作用的进行，使植株体温降低。在栽培过程中，常采取灌溉、松土、叶面喷水、设置荫棚等措施免除或减弱高温对花卉的伤害。

极端低温对花卉的伤害主要包括冻害和寒害。冻害是花卉生长期间，在0℃或低于0℃条件下，细胞间隙内结冰，遇气温骤然回升（晚上打霜，白天晴天），细胞来不及吸收水分，造成植株脱水而枯干或死亡的现象。寒害是由于寒潮来临，气温低于花卉生长发育的最低温度（>0℃）引起的生理活动障碍，如嫩枝和叶萎蔫。若降温时间短，恢复常温后，加强管理，植株可复苏。

加强花卉的耐热和抗寒能力锻炼，也是花卉适应极端温度的有效措施之一。

三、光照

光照是绿色植物生存的必需条件。在光照条件中，对花卉生长发育影响较大的是光照强度、光周期和光质。

（一）光照强度

地球表面光照强度因地理位置（纬度、海拔）、地势、坡向、季节等而不同。光照强度随纬度增加而减弱，随海拔升高而增强。一年之中，夏季光照强，冬季光照弱；一天之中，中午光照强，早、晚光照弱。不同花卉或同种花卉的不同生长发育阶段，对光照强度要求皆不相同。

1. 不同花卉对光照强度的要求

不同花卉对光照强度的要求是不一致的，根据对光照强度要求的不同，将花卉划分为以下几类。

(1)喜光花卉

喜光花卉是指只有在阳光充足的条件下才能生长发育良好并正常开花结果的花卉。光照不足会使植株节间伸长，生长纤弱，开花不良或不能开花。如月季、荷花、香石竹、一品红、菊花、牡丹、梅花、大花马齿苋、鸡冠花、石榴等。

(2)中性花卉

中性花卉一般喜阳光充足，但在微阴下也能生长良好。如扶桑、仙人掌、天竺葵、朱顶红、晚香玉、景天、虎皮兰等。

(3)耐阴花卉

耐阴花卉是指只有在一定荫蔽条件下才能生长良好的花卉。这类花卉在北方5~10月需遮阴栽培，在南方需全年遮阴栽培，一般要求荫蔽度50%左右，不能忍受强烈直射光。如秋海棠、万年青、绣球、君子兰、何氏凤仙、山茶、杜鹃花、海桐等。

(4)强喜阴花卉

强喜阴花卉是指要求荫蔽度80%左右，在1000~5000lx光照强度下才能正常生长的花卉。这类花卉在南、北方都需全年遮阴栽培。如兰科植物、蕨类植物、绿萝、鸭跖草等。

2. 花卉不同生长发育阶段对光照强度的要求

大多数花卉种子萌发时不要求光照或只要求少量散射光。好光性种子的花卉有报春花、秋海棠、六倍利等，曝光条件下发芽比黑暗中好。这类花卉播种后不必覆土或稍覆薄土。在黑暗条件下发芽的种子称嫌光性种子，如仙客来、喜林草属植物的种子。随着幼苗的生长，这类花卉对光照量的要求逐渐加大，生殖生长期则因日照习性不同而异。

3. 光照强度对开花的影响

光照强度影响一些花卉的开放。如大花马齿苋、酢浆草只有在强光下才开花，日落后闭合；牵牛、紫茉莉、晚香玉、月见草等在晨曦或傍晚弱光下开放，且香气更浓。

光照强度还影响着花色及浓淡。花青素要在一定的光照强度下才能形成，因此同一种花卉在室外栽植比在室内栽植花色更为光彩艳丽。很多喜光花卉在开花期若适当减弱光照，不仅可以延长花期，还能保持花色艳丽。月季、牡丹、菊花、荷花等的绿花品种在花期适当遮阴可保持花色纯正，不易褪色。

(二)光周期

光周期是指每天昼夜交替的时数。光周期是花卉生长发育中一个重要的影响因子，与花卉的生命活动有十分密切的关系。光周期不仅可以影响某些花卉从花芽分化到成花的过程，而且影响花卉植株的其他生长发育过程，如分枝，块茎、球茎、块根等地下器官的形成，以及其他器官的衰老和休眠(如落叶等)。根据花卉对光周期的敏感程度，可将花卉分为3类。

1. 短日照花卉

短日照花卉指每天光照时数在12h或12h以下才能正常进行花芽分化和开花，而在长日照条件下则不能开花的花卉。如菊花、蟹爪莲、一品红、叶子花、大丽花等。在自然条件下，秋季开花的一年生花卉多属此类。

2. 长日照花卉

与短日照花卉相反，长日照花卉只有每天光照时数在12h以上才能正常进行花芽分化和开花。如紫茉莉、唐菖蒲、绣球、瓜叶菊等。在自然条件下，春、夏开花的二年生花卉多属此类。

3. 日中性花卉

日中性花卉指花芽分化和开花不受光照时数的限制，只要其他条件适宜，即能完成花芽分化和开花的花卉。如仙客来、香石竹、月季、一串红、非洲菊、扶桑、茉莉花、天竺葵、矮牵牛等。

花卉开花对日照时数长短的反应，对调节花期具有重要参考作用。利用这种特性，可以通过人工调节光照时数使花卉提早或延迟开花，以达到周年开花的目的。如采用遮光的方法，可以促使短日照花卉提早开花；反之，采用人工补光的方法，可以促使长日照花卉提早开花。

(三)光质

不同的光谱成分对花卉植株光合作用和叶绿素、花青素的形成有不同的影响。

绿色植物在光合作用过程中，只吸收可见光区(380~760nm)的光，通常把这一部分光称为生理有效辐射。其中，红、橙、黄光是被吸收最多的光，有利于促进植株的生长。青、蓝、紫光能抑制茎叶的伸长而使植株矮小，且能控制花青素等植物色素的形成。在不可见光谱中，紫外线也能抑制茎的伸长和促进花青素的形成，还具有杀菌和抑制病虫害传播的作用。红外线是可以转化为热能的光谱，能使地面增温及增加植株的温度。

花卉在高原、高山地区栽培，接受的太阳辐射中蓝紫光及紫外线的成分较多，因此高原、高山花卉常具有植株矮小、节间较短、花色艳丽等特点。

四、水分

水分是花卉植株的组成部分，也是花卉生理活动的必备条件。花卉植株的光合作用、呼吸作用、矿质营养吸收及运转，都必须有水分的参与才能完成。

(一)花卉对水分的要求

1. 不同花卉对土壤水分的要求

不同原产地的花卉，其生理活动与原产地的环境相适应，在生长发育过程中对水分的需求不同。在生产中，应根据花卉的需水量采取相应的措施，满足其对水分的需求。根据花卉对土壤水分需求的不同，可以将花卉划分为以下几类。

(1)旱生花卉

旱生花卉是适应在干旱环境下生长发育的花卉。这类花卉原产于干旱或沙漠地区，耐旱能力强，只要有很少的水分便能维持生命或进行生长。其在生长发育过程中已从形态或生理方面形成固有的耐旱特性。如茎变肥厚，储存水分和营养；叶片变小为针刺状，或叶片表皮角质层加厚呈革质状，以减少水分蒸发；细胞液浓度增大，增加渗透压，以减少水分的蒸腾；生长速度慢，同时地下根系发达，吸收水分能力强。例如，仙人掌类、景天类及许多肉质多浆植物等。在生产中，应掌握“宁干勿湿”的原则，保持土壤水分在20%~30%。

(2) 中生花卉

中生花卉是原产于温带地区，既能适应干旱环境，也能适应多湿环境的花卉。这类花卉根系发达，吸收水分的能力强，适应于干旱环境，同时叶片薄而伸展，适应于多湿环境。大多数花卉都属此类，如月季、菊花、山茶、牡丹、芍药等。最适宜有一定的保水性且排水良好的土壤。在生产中，应掌握"干透浇透"的原则，保持土壤水分在50%~60%。

(3) 湿生花卉

湿生花卉是原产于热带或亚热带，喜欢土壤疏松和空气多湿环境的花卉。这类花卉根系小而无主根，须根多，水平状伸展，吸收土壤表层水分。大多通过多湿环境吸收水分，保持体内水分平衡。在生产中，浇水量应略多，保持土壤水分在60%~70%。如杜鹃花、栀子、茉莉花、马蹄莲、竹芋等。

(4) 水生花卉

这类花卉无主根且须根短小，整个植物体或根部必须生活在水中或潮湿地带，遇干旱则枯死。植物体内具有发达的通气组织，通过叶柄或叶片直接吸收氧气，并通过须根吸收水分和营养。如荷花、睡莲、王莲、千屈菜、凤眼莲等。

2. 同种花卉不同生长发育时期对土壤水分的要求

同种花卉不同生长发育时期对土壤水分的要求不同。一般情况下，种子发芽期需水量较大；幼苗期需水量较小；随着地上部分的生长，对水分的需求渐多；开花期是水分需求临界期，比较敏感；果实膨大期需水量较大，种子成熟期需求较小；休眠期对土壤水分的需求最小。

3. 花卉对空气湿度的要求

不同花卉对空气湿度的要求不同。旱生花卉要求空气湿度小(20%~30%)，而湿生花卉要求空气湿度大(80%~90%)。湿生花卉向温带及山下低海拔处引种时，其成活与否的主导因子就是空气湿度，空气湿度不适宜时极易死亡。一般花卉要求65%~70%的空气湿度。空气湿度过大，对花卉生长发育有不良影响，往往使枝叶徒长，植株柔弱，降低对病虫害的抵抗力，还会妨碍花药开放，影响传粉和结实，造成落花、落果；空气湿度过小，花卉易产生红蜘蛛等病虫害，还会影响花色，如使花色变浓。

花卉不同生长发育阶段对空气湿度的要求不同。一般来说，在营养生长阶段对空气湿度要求大，开花期、结实和种子发育期要求小。

4. 花卉对水质的要求

水质是水体质量的简称，它标志着水体的物理(如色度、浊度、臭味等)、化学(无机物和有机物的含量)和生物(细菌、浮游生物、底栖生物等)特性及其组成状况。

浇灌用水的含盐量和酸碱度对花卉的生长发育有影响。水中溶解性盐离子主要有Ca^{2+}、Mg^{2+}、Na^{+}、K^{+}、CO_3^{2-}、Cl^{-}和NO_3^{-}等。长期用高盐水浇花，会造成盐离子在土壤中累积而影响土壤的酸碱度，进而影响土壤养分的有效性，影响花卉的生长与发育。有些花卉对浇灌用水的含盐量比较敏感，如兰花。

不同花卉对土壤酸碱度的要求有一定差别，大多数花卉浇灌时以使用酸碱度为中性或微酸性的水为好，杜鹃花、栀子、山茶等喜酸性花卉要用酸性水浇灌。

（二）水分对花卉的影响

1. 影响花芽分化

控制水分供给（扣水）可以控制一些花卉的营养生长，促进花芽分化。例如，叶子花成株后停止向花盆浇水，使盆土处于干旱状态，诱导花芽分化；当过度干旱时，可向叶面少量喷水，缓解缺水；20d 后可以完成控水促花过程。球根花卉控水效果尤其明显。球根花卉中，含水量少的球根，花芽分化早；含水量多或早掘的球根，花芽分化延迟。如鸢尾、水仙、风信子、百合等的球根用 30~35℃的高温处理，使其脱水，可以达到提早花芽分化和促进花芽伸长的目的。

2. 影响花色

花卉在细胞水分含量适当的情况下才能呈现出各种应有的色彩。适度控水，可使色素形成较多，花色变浓，叶变深绿，如蔷薇、月季、菊花。大多数花卉，花色随土壤水分变化不是很明显。

五、养分

（一）花卉需要的营养元素

1. 必需元素

必需元素是指花卉生长发育必不可少的元素。花卉的必需元素有 16 种，包括氮、磷、钾、钙、镁、硫、铁、铜、硼、锌、钼、锰、氯，以及从空气中和水中得到的碳、氢、氧。

（1）大量元素

花卉对此类元素需要的量较多，占干重的 0.01%~10%。包括碳、氢、氧、氮、磷、钾、钙、镁、硫。

（2）微量元素

微量元素占植物体干重的 0.000 01%~0.001%。包括铁、硼、锰、锌、铜、钼、氯。

2. 有益元素

某些元素并非花卉生长发育必需的，但能促进花卉的生长发育，这些元素称为有益元素。常见的有钠、硅、钴、硒、钒、稀土元素等。

（二）花卉主要用肥

1. 厩肥

厩肥是氮、磷、钾及微量元素全面的完全肥料。厩肥在花卉栽培中除用于配制培养土外，一般用作露地栽培、切花栽培的基肥。其浸出液也可作为追肥，但必须发酵腐熟后方可使用。

2. 动物粪肥

动物粪肥也是氮、磷、钾及微量元素全面的完全肥料。骡、马、牛、鸡粪肥含钾量偏高，人、猪粪肥含氮量偏高。动物粪肥发酵时会发出高热，因此必须充分腐熟后才能加以使用，以免造成根系灼伤，影响花卉植株生长。

3. 饼肥

饼肥是各种油粕如豆饼、花生饼、菜籽饼的发酵肥。这是花卉栽培中使用最多的肥料，含氮、磷，必须经发酵腐熟方可使用，可以作为基肥，也可作为追肥。

4. 骨粉

骨粉是一种以畜骨为原料制成的富含磷质的迟效性肥料，与其他肥料混合发酵使用更好。作为基肥使用，可提高花卉品质及加强花茎强度，效果明显。

5. 草木灰

草木灰是柴草燃烧后得到的灰肥，是一种钾肥，肥效较高，但易使土壤固结。可拌入培养土中使用，也可拌入苗床使用，以利于起苗。

6. 复合肥

复合肥是无机肥料的综合肥。一般适用于各种盆栽花卉的追肥，撒施颗粒或配成稀薄溶液浇施。

7. 过磷酸钙

过磷酸钙为无机肥料，是一种速效磷肥，可作为基肥使用。连续施用可改良土壤为酸性，但必须与土壤充分混合，不能与草木灰或石灰同施。作为追肥，应稀释100倍，在开花前使用，有利于开花良好。

六、气体

空气中的各种气体，有的为花卉生长发育必需，有的则有害。

（一）必需气体

1. 氧气

呼吸作用是植物体吸收氧气，将有机物转化成二氧化碳和水并释放能量的过程。植物体昼夜不停地进行呼吸作用，为自身的各种生命活动提供能量。因此，氧气是植物所必需的。花卉植株地上部分直接暴露在空气中，不会发生缺氧的现象。而地下部分生长在土壤中，如果土壤过于紧实、表土板结、发生涝灾等，会影响气体交换，引起土壤氧气不足，二氧化碳大量聚集，导致根系呼吸困难，轻者影响根系对水和营养的吸收，重者引起根系腐烂死亡。在种子发芽过程中如果氧气不足，发芽会停止甚至种子会失活。在生产中，可通过经常松土等改善土壤的通气状况。在种子催芽时要经常翻动种子，播种后也要保持土壤的通气状况，以满足发芽对氧气的需求。

2. 二氧化碳

二氧化碳是花卉植株光合作用的原料，二氧化碳不足时，光合效率就会降低。露地栽培条件下，尤其是在有微风的条件下，光合作用消耗的二氧化碳能被流动的空气所补充。在高度密闭环境下的设施栽培中，常会出现二氧化碳不足的情况，对花卉的产量和品质都会有一定的影响。可以通过二氧化碳施肥提高花卉的光合效率。如月季增施1200~2000mg/kg二氧化碳可以增收；菊花和香石竹增施二氧化碳，可以提高花卉产品的质量。

二氧化碳过量，会对花卉植株产生危害。如新鲜的厩肥或堆肥过多时，二氧化碳浓度高达10%，会对植株产生严重伤害。在温室或温床中，施用过量厩肥会使土壤中二氧化碳含量增多，若持续时间较长，植株会发生病害。给以高温和进行松土，可以避免土壤中二氧化碳浓度的升高。

（二）有害气体

有害气体影响花卉的生长发育，严重时会导致植株死亡。有害气体对花卉的毒害作用一方面受有害气体的成分、浓度、作用时间及作用时其他环境因子的影响；另一方面与花卉自身对有害气体的抗性有关。

1. 二氧化硫

二氧化硫是工厂燃烧燃料产生的有害气体，浓度为0.001%~0.002%时，可使花卉受害。二氧化硫从花卉植株的气孔、皮孔进入叶片，使叶绿素分解，叶肉组织脱水坏死，表现的症状是叶脉间出现许多褪绿斑点，严重时叶片变成黄褐色或白色，甚至脱落。不同花卉对二氧化硫的抗性不同。

敏感花卉：矮牵牛、波斯菊、向日葵、紫花苜蓿、蛇目菊等。

抗性花卉：紫茉莉、地肤、金鱼草、金盏菊、蜀葵、菊花、酢浆草、大丽花、唐菖蒲、山茶、扶桑、鱼尾葵、大叶黄杨、夹竹桃、金橘、桂花、冬青、丝兰、女贞、山茶、棕榈、广玉兰、翠菊、石竹、美人蕉、龙柏、泡桐、龟背竹、月季、栀子、万寿菊、凤仙花、海桐、鸡冠花、枸骨等。

2. 氟化氢

氟化氢主要来源于铝厂、磷肥厂、搪瓷厂等。氟化氢从花卉植株的气孔和皮孔进入细胞，转化为有机氟化物，影响酶的合成。首先危害幼芽和幼叶，使得叶尖和叶缘出现环带状褐色病斑，然后向内扩展，并逐渐出现萎蔫现象。还可导致植株矮化，早期落叶、落花和不结实。

敏感花卉：郁金香、唐菖蒲、万年青、杜鹃花等。

抗性花卉：一品红、紫茉莉、大花马齿苋、矮牵牛、菊花、秋海棠、葱兰、美人蕉、大丽花、一串红、凤尾兰、倒挂金钟、牵牛花、夹竹桃、月季、天竺葵、万寿菊、紫薇、罗汉松、棕榈、大叶黄杨等。

3. 氨气

大棚内施入未腐熟的畜粪、饼肥或过多的尿素、碳酸氢铵等肥料，在发酵分解中会产生大量的氨气。当氨气浓度过大（超过5μg/mg）时，会从花卉植株的叶片气孔侵入细胞，破坏叶绿素，使叶端产生水渍状斑，叶缘变黄、变褐，叶片干枯。氨气危害多发生在植株外侧的叶片上，新叶受害尤为严重。

4. 其他有害气体

在污染较重的城市或工厂周边，空气中常含有其他有害气体，如乙烯、乙炔、丙烯、硫化氢、氯化氢、氧化硫、一氧化碳、氯气、氰化氢等。这些气体一般是从工厂的烟囱或排放的废水中散发出来，即使在空气中含量极为微薄，也可使花卉受到严重的伤害。

任务实施

教师根据学校所处地域气候条件和学校实训条件，选取3种不同环境，指导各任务小组开展实训：观测3种不同环境下5~8种花卉的生长情况，填写表1-2-1。

表 1-2-1 花卉生长环境与花卉生长情况观测记录表

组别			小组成员						
序号	花卉名称	观察数量（m^2 或株）	生长环境						长势
			气温（℃）	土壤				光照	
				土壤质地	土壤紧实度	土壤肥力	土壤湿度		
1				□偏黏 □壤土 □偏砂	□紧实 □中等 □疏松	□贫瘠 □中等 □肥沃	□偏干 □适宜 □偏湿	□阴 □半阴 □充足	□好 □中等 □差
2				□偏黏 □壤土 □偏砂	□紧实 □中等 □疏松	□贫瘠 □中等 □肥沃	□偏干 □适宜 □偏湿	□阴 □半阴 □充足	□好 □中等 □差
3				□偏黏 □壤土 □偏砂	□紧实 □中等 □疏松	□贫瘠 □中等 □肥沃	□偏干 □适宜 □偏湿	□阴 □半阴 □充足	□好 □中等 □差
4				□偏黏 □壤土 □偏砂	□紧实 □中等 □疏松	□贫瘠 □中等 □肥沃	□偏干 □适宜 □偏湿	□阴 □半阴 □充足	□好 □中等 □差
5				□偏黏 □壤土 □偏砂	□紧实 □中等 □疏松	□贫瘠 □中等 □肥沃	□偏干 □适宜 □偏湿	□阴 □半阴 □充足	□好 □中等 □差
6				□偏黏 □壤土 □偏砂	□紧实 □中等 □疏松	□贫瘠 □中等 □肥沃	□偏干 □适宜 □偏湿	□阴 □半阴 □充足	□好 □中等 □差
7				□偏黏 □壤土 □偏砂	□紧实 □中等 □疏松	□贫瘠 □中等 □肥沃	□偏干 □适宜 □偏湿	□阴 □半阴 □充足	□好 □中等 □差
8				□偏黏 □壤土 □偏砂	□紧实 □中等 □疏松	□贫瘠 □中等 □肥沃	□偏干 □适宜 □偏湿	□阴 □半阴 □充足	□好 □中等 □差
注意事项	（参观要求、操作要领、安全纪律等）								
任务反思									

考核评价

根据表 1-2-2 进行考核评价。

表 1-2-2　花卉生长环境与花卉生长情况观测考核评价表

成绩组成	评分项	评分标准	赋分	得分	备注
教师评分（80 分）	花卉生长环境与花卉生长情况观测	观测的花卉及花卉生长环境具有代表性，数据可信度高	45		
	注意事项填写	考虑全面，填写规范	10		
	任务反思	格式规范，关键技术表达清晰，问题分析得当	25		
组长评分（20 分）	出谋划策	积极参与，查找资料，提出可行性建议	10		
	任务执行	认真完成组长安排的任务，协作性好	10		
总　分			100		

任务 1—3　花期调控

任务目标

1. 熟悉不同花卉的开花特性及影响花芽分化的主要因素，如光照、温度、水分等。
2. 了解常见花期调控方法的原理和适用花卉种类。
3. 掌握各种花期调控手段的操作要点和注意事项。
4. 熟练掌握温度处理、光照处理、应用植物生长调节剂等花期调控技术。
5. 能够根据具体花期需求，制订合理的花期调控方案并付诸实施。
6. 能够观察和记录花期调控过程中花卉生长发育的变化情况，一旦发现问题，及时对花期调控方案进行调整和改进。
7. 能够评估花期调控的效果，分析成功或失败的原因，积累经验。

任务描述

在设施内周年生产花卉的过程中，花期调控尤为重要，经常需要使用人工的方法控制花卉的开花时间和开花量，以满足市场对花卉的需要。本任务首先深入学习不同花卉的开花特性以及影响花芽分化的各种因素，掌握温度处理、光照处理、应用植物生长调节剂、栽培管理措施等花期调控的具体方法，并依据所学知识制订详细的花期调控方案。然后严格按照花期调控方案进行操作，同时认真做好观察记录，及时对花期调控方案进行优化和调整，确保花期调控达到预期目标。最后，进行总结和反思，分析成功或失败的原因，撰写总结报告，并制作 PPT(演示文稿)进行分享、汇报，进一步提升对花期调控的理解和实践能力。

工具材料

花卉种苗(凤梨、菊花、蝴蝶兰等)；温室或大棚、薄膜、遮阳网、补光灯、遮光幕、园艺铲、园艺剪、毛笔、喷壶；肥料(氮、磷、钾等)、植物生长调节剂(赤霉素、生长素、细胞分裂素类、植物生长延缓剂、乙醚、三氯甲烷、乙炔、碳化钙等)。

知识准备

一、花期调控的意义

花是观赏植物重要的观赏部位。进行花期调控，可以提前或延迟开花，满足展览、庆典活动等对花卉的需求，或解决花卉市场的淡旺季问题，实现花卉的周年生产。

同时，开花是植物从营养生长转向生殖生长的一个重要发育过程，是植物生命代谢活动过程中一个极其重要的阶段。进行花期调控，可以解决父本、母本花期不遇的问题，使其同时开花，对于花卉新品种的培育具有重要的意义。

二、花期调控技术理论依据

花芽分化是植物开花过程的起点，也是开花过程中最关键的阶段。花芽分化是一个复杂的生理生化过程，受内部生理状态和外部环境因子的影响(即受到植物遗传与环境的双重调控)，是遗传物质在特定环境条件下表达的结果。

1. 内部信号物质对植物花芽分化的影响

一些对环境变化不敏感的植物，其花芽分化由植株体内部信号物质起主导作用，这些内部信号物质主要可以划分为三大类：营养物质、调节物质、遗传物质。这三大类物质相互协调，共同控制着植物的花芽分化。

营养物质主要包括矿质盐类、蛋白质类、糖类等，为植物进行各种代谢活动提供所需的能量。碳氮比(C/N)学说指出，积累足够的糖类(尤其是淀粉)可以促进植物花芽分化。当植物中碳含量占优势时，促进植物的生殖生长，有利于开花；氮含量占优势时，植物主要进行营养生长，不利于开花。

调节物质主要包括激素类、酶类、多胺。其中，植物内源激素是调节花芽分化的重要物质。赤霉素(GA)、吲哚乙酸(IAA)、细胞分裂素(CTK)与脱落酸(ABA)均与植物花芽分化存在密切联系，尤其是赤霉素，与植物花芽分化之间的联系最为密切。赤霉素信号途径在调控植物开花方面具有重要的作用。赤霉素不仅影响茎的伸长，还与植物的很多发育过程有关。赤霉素在有些植物中可以促进开花，如拟南芥；在有些植物中可抑制开花，如月季；在有些植物中可以打破鳞茎休眠，如百合。

遗传物质主要指 DNA、RNA 等。研究发现，外界环境因子的改变可以促进植物在较适宜的条件下开花，而在缺少这种环境因子的诱导时，有些植物在完成营养生长一段时间后仍然可以开花。这种除环境因子的影响外，植物依赖自身代谢调控花期的途径称为自主调控开花途径。当其他途径被阻断后，自主调控开花途径可以通过感知植物体内部的发育状态，并与环境信号相互作用，促进植株在一定时期开花。自主调控开花途径与植株的年龄有很大关系，当植株达到一定苗龄时，自主调控开花途径会对花期调控起到主要调控作用。在拟南芥中，已发现 *FLD*、*FLK*、*FVE*、*FLC* 及 *FCA* 等基因对开花起到自主调控的作用。

2. 外部环境对植物花芽分化的影响

外部环境对植物花芽分化有较大的影响，尤其是一些对环境较敏感的植物的花芽分化。植物感知外部环境(光照、温度、水分等)的刺激后可以进行花芽分化，并在最合适的环境条件下开花。外部环境通过促进植物光合作用积累营养物质，通过春化作用所产生的成花素等来刺激内部因子发生变化，从而启动或抑制开花基因的表达。

(1)光照

光照是外部环境中影响植物花芽分化最为关键的因素，尤其是光周期。在光周期途径中，植物叶片通过“感光物质→光受体→感受光诱导的信号”进行植物开花程序的启动或关闭。植物通过自身的生物钟来感受光周期的变化，并且根据日照时间的长短来调节开花的时间。充足的光照环境条件，有利于某些植物体内的淀粉积累，促进花芽分化。

(2)温度

温度是外部环境中影响植物花芽分化的另一个关键因素。

一些植物必须经过一段时间的持续低温才能从营养生长转变为生殖生长，这个过程称为春化作用。春化作用的主要分子机制是低温减少 DNA 甲基化，从而解除开花抑制状态，促进植物开花。研究表明，植物感受低温的主要部位是茎尖分生组织、处于生长旺盛时期的幼叶等。

区别于春化作用的环境温度途径，则是根据 12~39℃的短期温度变化调节开花。环境温度的高低对植物的开花时间有显著影响，环境温度过高或者过低都不利于植物花芽形成。同一温度对不同植物开花时间的影响不同。适度的低温条件有利于某些植物体内的淀粉积累，促进花芽分化。

(3)水分

水分也可直接影响植物开花。许多研究表明，水分条件对于植物花发端过程是非常重要的。例如，适当干旱有利于植物的花芽分化。

三、花期调控技术途径

1. 光照处理

根据花卉花芽分化与发育对光周期的要求，在长日季节给短日照花卉进行遮光处理，或在短日季节给长日照花卉进行人工补光处理，均可使之提前开花。反之，则可抑制或推迟开花。

(1)补光处理

要求长日照花卉在秋、冬季(自然光照时间短的季节)开花，应给予人工补光。可以在夜间给予 3~4h 光照，也可于傍晚加光。如冬季在温室种植唐菖蒲，辅助光照下可开花。

对短日照花卉人工增加光照时数，则可推迟花期。如菊花，在 9 月花芽分化前每天给予 6h 人工辅助光，可推迟至元旦开花。

（2）遮光处理

在长日照季节里，要求短日照花卉开花，可采取遮光法。不同花卉所需遮光时数与天数因花卉种类及品种而异。为了使菊花在国庆节期间开花，于 7 月下旬至 8 月上旬，待株高 20～30cm 时开始遮光（一般遮去傍晚和早上的光）。遮光处理一定要严密，要连续进行，不可中断。如果有光线透入或遮光间断，则前期处理失败。通常 15℃下遮光处理 35～50d 即可形成花蕾。一品红于 7 月下旬开始遮光，每天只给 8～9h 光照，处理 1 个月后可形成花蕾，经 45～55d 开花。叶子花经 45d 遮光处理可盛开。

（3）光暗颠倒处理

植物对光的反应较灵敏。大多数花卉在白天开放，而昙花则一般在黑暗的夜间开放，且开花时间较短，仅 2～3h。采用光暗倒置的方法，白天遮光，夜间给予人工光照，可使昙花白天开放。

2. 温度处理

（1）增温处理

①增温促进花芽分化与发育　一些夏季开花的木本花卉，花芽着生在当年生枝上，在高温下形成花芽而开花；当气温下降时逐渐停止生长，花芽分化与发育也相继停止，甚至已形成的花蕾也枯萎。若在低温到来之前给予增温，保持白天 25℃以上，夜温不低于 18℃，则可继续生长而开花。如茉莉花、双色茉莉、白兰、龙吐珠等，可自 8 月下旬放入温室，使其萌发新枝进而分化花芽而开花。

花卉种类、品种不同，所需温度与处理时间各异。梅花、迎春花可在 4℃条件下于春节开花；而西府海棠、云南素馨、榆叶梅在 15～20℃条件下经 10～15d 可开花；桃花、牡丹则需 50～60d，加温不可过急，否则只长叶不开花或者开花不整齐，且加温期间必须每天在枝干上喷水保持花芽鳞片潮润，花蕾透色后宜降温以延长花期。

②增温打破休眠促进成花或开花　冬季休眠的月季，于休眠期给予 15～25℃的增温处理，同时加强水肥管理，给予充分光照，则可打破休眠，发芽生长，新梢顶端逐渐形成花芽。对高温下已形成花芽并在冬季休眠的木本花卉，在经过一段时间的低温（0～4℃）休眠后，给予适当的增温处理（15～25℃），可以打破休眠，促使花芽提前发育而开花。

（2）降温处理

①降温延长休眠期而推迟花期　凡以花芽越冬休眠的耐寒花卉均可用此法。低温期以保持 1～2℃为宜，温度过低会使某些不甚耐寒的花卉如云南素馨、夏鹃等受冻害。温度过高，则梅花、迎春花等易萌动过早。降温处理（入冷库）时间以冬末气温尚未转暖、植株正在休眠时为宜，过迟则早花类花卉如西府海棠、迎春花等易萌芽，萌芽后若再给予低温则易受冻害。出冷库时间根据花卉种类和预计花期而定，过早、过迟均不适宜。

②降温抑制花芽发育而推迟花期　文殊兰、射干（盆栽）的花期通常在 8 月中下旬，于 7 月花蕾尚未出现时给予 14℃的低温，则可将花期推迟至 9 月下旬至 10 月上旬。荷花、玉兰的正常花期一般在 6 月中下旬，在花蕾长至 6～8cm 时将植株送至冷库，保持 2～4℃的低温，可适当抑制花蕾的生长，分别于 9 月上旬及下旬出库，可推迟至 9 月中旬及 10 月上旬开花。

③降温促进花芽发育而提前花期　低温下进行花芽发育的花卉有菊花、桂花等。菊花以光照处理进行花期调控较温度处理更为有效；桂花在花芽分化完成后，给予低于18℃的夜温，仅5~7d即可开花。

3. 应用植物生长调节剂

应用植物生长调节剂是控制花期的一种有效方法。其优点是用量小、成本低、操作简便，缺点是应用效果不太稳定，需不断试验以确定使用浓度、时间和次数。目前常用的植物生长调节剂有赤霉素、生长素、细胞分裂素、植物生长延缓剂等。

(1)赤霉素

主要应用有如下方面：

①打破休眠　赤霉素可打破许多花卉种子的休眠。球根类、花木类的赤霉素处理浓度一般以10~500mg/L为宜。如用10~500mg/L的赤霉素处理牡丹的芽，4~7d便可开始萌动。用GA_3处理杜鹃花，可以代替低温打破休眠。

②促进花芽分化　赤霉素可代替低温使花卉完成春化作用。例如，从9月下旬开始用10~500mg/L的赤霉素处理紫罗兰2~3次，即可促进开花。9月仙客来有花蕾时，将低浓度的赤霉素喷于茎叶的基部，可促进开花，此方法对君子兰、风信子也有同样的效果。用500~1000mg/kg的赤霉素喷于牡丹、芍药的休眠芽上，几天后芽就可萌动。

③促进花茎伸长　赤霉素对菊花、紫罗兰、金鱼草、报春花、仙客来等有促进花茎伸长的作用。一般于现蕾前后处理效果较好，如果处理时间太迟会引起花梗徒长。

(2)生长素

吲哚丁酸、萘乙酸、2,4-D等生长素类植物生长调节剂，一方面对开花有抑制作用，处理后可推迟一些花卉的花期，如秋菊在花芽分化前每3d用50mg/L萘乙酸处理一次，一直延续50d，可推迟花期10~14d；另一方面，高浓度生长素能诱导花卉体内产生大量乙烯，而乙烯是诱导某些花卉开花的因素，因此高浓度生长素可促进某些花卉开花，如生长素类物质可以促进柠檬开花。

(3)细胞分裂素

细胞分裂素能促使某些长日照花卉在不利的日照条件下开花。对于某些短日照花卉，细胞分裂素也有类似效应。有人认为，短日照诱导可能使叶片产生某种信号，传递到根部并促进根尖细胞分裂素的合成，进而向上运输并诱导开花。另外，细胞分裂素还有促进侧枝生长的作用，能间接增加开花数。6-苄基腺嘌呤(6-BA)是应用最多的细胞分裂素，可以促进樱花、连翘、杜鹃花等开花。6-BA调节开花的处理时期很重要，如在花芽分化前的营养生长期处理，可增加叶片数目；在临近花芽分化期处理，则多长幼芽；现蕾后处理，则无太大效果；只有在花芽开始分化后处理，才能促进开花。

(4)植物生长延缓剂

丁酰肼、矮壮素、多效唑、嘧啶醇等生长延缓剂可延缓花卉的营养生长，使叶色浓绿，增加花数，促进开花。目前，已广泛应用于杜鹃花、山茶、月季、叶子花、木槿等的花期调控。如用0.25%的矮壮素溶液浇灌土壤，可减少天竺葵花的败育，使天竺葵提前开花7d；用矮壮素处理叶子花，可减少其开花的节数并可提前开花；在开花前的新梢生长期，用1800~2300mg/kg的矮壮素喷洒，可使杜鹃花提前开花；用1000mg/L的丁酰肼喷洒杜鹃花花蕾，可延迟开花10d左右。

(5)其他化学药剂

乙醚、三氯甲烷、乙炔、碳化钙等也有促进花芽分化的作用。例如，用0.3~0.5g/L的乙醚熏蒸小苍兰的休眠球茎或某些花灌木的休眠芽24~48h，能使花期提前数周至数月；将碳化钙注入凤梨科植物的筒状叶丛内，也能促进花芽分化。

4. 栽培管理措施

(1)调整播种期

春季播种的一年生草本花卉，其营养生长与开花均在高温条件下进行，如欲提早或推迟花期，则宜利用温室调整播种期。可根据不同花卉的生长规律，计算其在不同季节的气候条件下自播种到开花所需时间，分批、分期播种。例如，一串红的生育期较长，春季晚霜后播种，可于9~10月开花；2~3月在温室育苗，可于8~9月开花；8月播种，入冬后假植、上盆，可于翌年4~5月开花。

二年生花卉需在低温下形成花芽和开花。在温度适宜的季节或冬季在温室保护下，可调节播种期，使其在不同时期开花。如紫罗兰，12月播种，翌年5月开花；2~5月播种，则6~8月开花；7月播种，则翌年2~3月开花。

(2)调整扦插期

可根据不同花卉自扦插至开花所需气候条件及时间长短确定扦插日期。如欲使一串红、藿香蓟等于4月下旬至5月上旬开花，可于上一年11月下旬至当年1月上旬在温室内扦插，保持温室内白天25℃，夜间20℃即可；欲使其于9月下旬至10月上旬开花，则可于5月中旬至6月中旬扦插。美女樱、孔雀草于6月下旬至7月上旬扦插，也可于9月下旬至10月上旬开花。

(3)调整栽植期

有些球根花卉，可根据其开花习性在不同时期分别栽植，达到同时开花的效果。例如，于3月下旬栽植葱兰，5月上旬栽植大丽花、荷花，7月中旬栽植唐菖蒲、晚香玉，7月下旬美人蕉重新换盆栽植，可使其在9月下旬至10月上旬同时开花。

(4)修剪与摘心

一些木本花卉，当营养生长到达一定程度时，只要环境因子适当，即可多次开花。因此，可利用修剪的方法，使其萌发新枝不断开花。如龙牙花一年可开3~4次花。将当年生枝条自基部修剪后，会从多年生主干萌生新枝，及时加强养护管理，每个剪口留2~3个枝条，其他萌芽全部剪除，则所留枝条生长健壮，顶芽可分化为花芽，35d左右即可开花。月季一般修剪后45d左右即可开花。

其他宿根花卉，如一枝黄花、菊花等，也可用修剪的方法使其二次或多次开花。

摘心一般用于易分枝的草本花卉，如一串红、藿香蓟等。摘心后因季节不同，开花有迟有早，一般25~35d即可开花。

(5)剥蕾

剥除侧蕾可使养分集中，促进主蕾开花；剥除主蕾，则可利用侧蕾推迟开花。大丽花常用此法控制花期。

(6)干旱处理

梅花、榆叶梅等落叶盆栽花卉，于高温期顶芽停止生长、进入夏季休眠或半休眠状态时进行花芽分化，此期可以进行干旱处理(特别在多雨的年份，常常营养生长过于旺盛，应进行干旱处理)，将盆中水分控制到最低限度，强迫停止营养生长，则有利于花芽分化。柑橘类也可用干旱处理的方法，使叶片呈卷曲状，促进花芽分化。

(7)施肥

适当施用磷肥，控制氮肥，有利于控制营养生长而促进花芽分化。常用0.2%的磷酸二氢钾进行根外追肥，或施于根部。也可施用马掌水、鸡毛水等。在8月上中旬，对紫薇花序进行轻度修剪后，每隔2~3d浇施一次0.2%的磷酸二氢钾，共施3~4次，有利于开花。

任务实施

教师根据学校所处地域气候条件和学校实训条件，选取1~2种花卉，指导各任务小组开展实训。

1. 完成花期调控方案设计，填写表1-3-1。

表1-3-1 花期调控方案

<table>
<tr><td>组别</td><td></td><td>成员</td><td colspan="2"></td></tr>
<tr><td>花卉名称</td><td></td><td>作业时间</td><td colspan="2">年 月 日至 年 月 日</td></tr>
<tr><td>作业地点</td><td colspan="2"></td><td>预计花期</td><td></td></tr>
<tr><td>方案概况</td><td colspan="4">(目的、规模、技术等)</td></tr>
<tr><td>材料准备</td><td colspan="4"></td></tr>
<tr><td>技术路线</td><td colspan="4"></td></tr>
<tr><td>关键技术</td><td colspan="4"></td></tr>
<tr><td>计划进度</td><td colspan="4">(可另附页)</td></tr>
<tr><td>预期效果</td><td colspan="4"></td></tr>
<tr><td>组织实施</td><td colspan="4"></td></tr>
</table>

2. 完成花期调控作业，填写表1-3-2。

表1-3-2 花期调控作业记录表

组别		成员		
花卉名称		作业时间	年 月 日至 年 月 日	
作业地点		预计花期		
周数	时间	作业人员	作业内容(含花卉生长情况观察)	
第1周				
第2周				
第3周				
第4周				
第5周				
第6周				
第7周				
第8周				
第9周				
第10周				
……				

填表说明：

1. 生长情况一般包括：花卉的总体长势情况，如高度、冠幅、病虫害等；各种物候(发芽、展叶、现蕾、开花、结果、果实成熟等)发生情况。

2. 作业内容主要是指采取的技术措施，包括但不限于补光、遮光、摘心、抹芽、去蕾等，应记录详细。

考核评价

根据表1-3-3进行考核评价。

表1-3-3 花期调控考核评价表

成绩组成	评分项	评分标准	赋分	得分	备注
教师评分(70分)	方案制订	花期调控方案含花卉生长习性和对环境条件的要求介绍(2分)、技术路线(3分)、进度计划(5分)、花期调控措施(5分)、调控预期效果(2分)、人员安排(3分)等	20		
	过程管理	能按照制订的花期调控方案有序开展工作，人员安排合理，既有分工，又有协作，定期开展学习和讨论	10		
	成果评定	调控措施正确，花卉生长正常	10		
	总结报告	花期调控达到预期效果，花卉成为商品花	20		
		格式规范，关键技术表达清晰，问题分析有深度和广度	10		

（续）

成绩组成	评分项	评分标准	赋分	得分	备注
组长评分（20分）	出谋划策	积极参与，查找资料，提出可行性建议	10		
	任务执行	认真完成组长安排的任务	10		
学生互评（10分）	成果评定	花期调控达到预期效果，花卉成为商品花	5		
	总结报告	格式规范，关键技术表达清晰，问题分析有深度和广度	3		
	分享汇报	认真准备，PPT图文并茂，汇报过程中表达清晰	2		
总　分			100		

巩固训练

一、名词解释

1. 花卉栽培设施　2. 温室　3. 塑料大棚　4. 温床　5. 冷床　6. 耐寒性花卉　7. 喜光花卉　8. 耐阴花卉　9. 短日照花卉　10. 长日照花卉　11. 日中性花卉　12. 花期调控　13. 促成栽培　14. 抑制栽培

二、填空题

1. 根据应用目的不同，花卉栽培可分为________和________两类。

2. 根据栽培环境不同，花卉栽培可分为________和________两类。

3. 根据最终获得商品不同，花卉栽培可大致分为________、________、________和________4类。

4. 温室依建筑形式划分为________温室、________温室、________温室和________温室。

5. 温室依应用目的可分为________温室、________温室、________温室和________温室。

6. 温室依室内温度可分为________温室、________温室、________温室和________温室。

7. 温室依覆盖材料可分为________温室、________温室和________温室。

8. 温室依是否有人工热源可分为________温室和________温室。

9. 温室加温的主要方法有________、________、________、________等。

10. 花卉种苗生产中，常用的育苗容器有________、________、________等。

11. 旱生花卉耐旱能力强，在栽培中应掌握________的浇水原则。

12. 中生花卉既能适应干旱环境，也能适应多湿环境，在栽培中应掌握________的浇水原则。

13. 湿生花卉在栽培中应掌握________的浇水原则。

14. 酸性花卉在土壤酸碱度________生长良好。

15. 中性花卉在土壤酸碱度________生长良好。

16. 根据对土壤的酸碱度要求不同，花卉可分为________、________、________3 种类型。

三、选择题

1. 下列容器透气性最好的是(　　)。
A. 塑料盆　B. 素烧盆　C. 瓷盆　D. 紫砂盆
2. 温室的保温材料中，保温性能最好的是(　　)。
A. 草苫　B. 纸被　C. 谷草　D. 棉被
3. (　　)不是按应用目的分类的温室。
A. 人工气候温室　B. 观赏温室　C. 繁殖温室　D. 加温温室
4. 下列不属于单屋面温室优点的是(　　)。
A. 造价低廉　B. 适于大面积栽培　C. 保温性能好　D. 阳光充足
5. 下列属于耐寒性花卉的是(　　)。
A. 三色堇　B. 大岩桐　C. 散尾葵　D. 矮牵牛
6. 大花马齿苋属于(　　)。
A. 中性花卉　B. 喜光花卉　C. 耐阴花卉　D. 强喜阴花卉
7. 下列属于湿生花卉的是(　　)。
A. 牡丹　B. 菊花　C. 睡莲　D. 茉莉花
8. 下列属于酸性花卉的是(　　)。
A. 香石竹　B. 月季　C. 杜鹃花　D. 菊花
9. 下列属于不耐寒性花卉的是(　　)。
A. 金鱼草　B. 石竹　C. 羽衣甘蓝　D. 米兰

四、判断题

1. 温室的场地规划中，当温室南北向延长时，南、北两排温室的距离通常为温室高度的 2 倍。(　　)
2. 素烧盆质地粗糙，透气性差。(　　)
3. 瓷盆常有彩色绘画，外形美观，适宜花卉栽培。(　　)
4. 遮阳网具有遮光、降温、防雨、保湿、抗风及避虫防病的功能。(　　)
5. 塑料大棚内的温度源于太阳辐射。(　　)
6. 塑料大棚的优点是建造简单，保温透光，透气性好，成本低廉。(　　)

五、简答题

1. 简述温室在花卉生产中的主要作用。
2. 花盆按质地可分为哪些种类？
3. 花卉按对温度的要求可分为哪几类？
4. 花卉按对光照强度的要求可分为哪几类？
5. 花卉按对水分的要求可分为哪几类？
6. 花卉根据对土壤酸碱度的要求可分为哪几类？

数字资源

项目2 花卉繁殖

项目描述

花卉繁殖是花卉繁衍后代、延续物种的一种自然现象，也是花卉生命活动的基本特征之一，同时是生产中获得更多、更优质花卉的途径。本项目通过理论讲解和实践操作等多元化的学习方式，全面掌握播种繁殖、扦插繁殖和嫁接繁殖的核心知识与技能。

学习目标

知识目标

1. 了解花卉繁殖的基本原理。
2. 熟悉播种、扦插、嫁接、分株、压条等花卉繁殖主要方法的具体流程和要点。
3. 掌握各种繁殖材料的处理原理和方法。
4. 知晓花卉繁殖过程中所需的环境条件，如温度、湿度、光照等。
5. 掌握花卉繁殖后的养护管理要点。
6. 懂得评估花卉繁殖成功率的方法和标准。

技能目标

1. 能够进行播种、扦插、嫁接等花卉繁殖操作。
2. 能够准确识别不同花卉品种的特性，选择合适的繁殖方法。
3. 能够配制适合花卉繁殖和生长的培养土。
4. 能够在花卉繁殖过程中合理调控环境，如对温度、湿度、光照等进行合理调控。
5. 能够对花卉种苗进行科学管理和养护，包括浇水、施肥、病虫害防治等。
6. 能够对花卉繁殖过程中的问题进行准确分析和判断，并提出有效的解决措施。
7. 能够根据市场需求和花卉生长规律，合理制订花卉繁殖方案并实施。
8. 能够对花卉种苗生长数据进行记录和分析，以便不断改进繁殖技术和方法。

素质目标

1. 通过在花卉繁殖过程中严格遵循科学方法和流程，培养科学精神和严谨态度。
2. 通过精心呵护和持续关注花卉种苗生长情况，培养耐心和细心。
3. 通过对繁殖的花卉负责到底，确保其良好生长，增强责任心。
4. 锻炼动手能力和实践操作技能。
5. 培养观察能力，能够敏锐地察觉花卉生长过程中的细微变化和问题。
6. 激发创新思维，能够尝试不同的繁殖方法和进行技术创新。
7. 通过与同学相互协作、交流分享，促进团队合作精神。
8. 培养自我管理和自我学习的能力。

任务2-1 花卉播种繁殖

任务目标

1. 掌握花卉种子的特性及适宜播种条件，确保播种后的花卉种子有较高的发芽率和成活率。
2. 能够熟练运用正确的播种方法进行各类花卉播种繁殖。
3. 能够制订花卉种子贮藏方案、穴盘播种育苗方案并付诸实施。
4. 能够有效实施播种后的养护工作，包括浇水、施肥、病虫害防治等。
5. 能够总结播种繁殖过程中的经验教训，不断改进方法和技术。
6. 培养细致、耐心、负责任的工作态度和互帮互助的团队协作精神。
7. 培养动手操作和解决问题的能力。

任务描述

播种繁殖是将花卉种子播在苗床上培育花卉种苗的育苗方法。播种繁殖为有性繁殖，是种子植物特有的、主要的自然繁殖方式。凡由种子播种长成的苗，称为播种苗或实生苗。本任务首先通过观察和学习，掌握花卉播种繁殖的基本知识，并对不同的花卉种子进行深入研究，制订种子贮藏方案和播种繁殖方案。然后，根据不同花卉种子的要求调配营养土，进行播种操作；播种后将花盆放置在适宜的环境中，密切关注环境的温度、湿度变化，适时进行调节，并定期检查，记录种子的发芽情况和种苗生长态势。最后，对整个播种繁殖过程进行总结和反思，为后续的花卉繁殖工作积累经验。

工具材料

花卉种子；镰刀、枝剪、锄头、铁锹；麻袋、筛子、密封袋(罐)、手套、穴盘、水壶等。

知识准备

一、播种繁殖的特点

播种繁殖具有便于运输、操作简单、短时间内能获得大量植株、后代生命力强且寿命长等优点。播种繁殖也有一定的缺点，如异花授粉的花卉若采用播种繁殖，其后代容易发生变异和出现性状分离，苗木分化严重，不易保持原品种的优良种性。在实际应用中，多用杂交一代播种繁殖育苗，能获得优良且整齐一致的观赏性状，但是每次都需要用新种，且往往不能自己留种繁殖。

二、种子采收与贮藏

（一）种子采收

1. 留种母株选择

种子品质的优劣直接影响花卉的质量。采集花卉种子时，要选择花色、株形、花形好，并且生长健壮、无病虫害的植株留作母株。异花授粉的花卉常常会产生一些天然杂交种，这些杂交种往往不能保持其母株原有的优良性状，因此同种不同品种的植株之间必须保持有效的间隔距离，以防止因花粉混杂而引起品种变异或退化。此外，还要经常进行严格的检查、鉴定，淘汰劣变植株。

2. 种子采收时期

适时采收花卉的成熟种子，是保证种子品质和种子收获量的重要措施。不同花卉种子的成熟期因花卉本身的生长特性而异，同时会受当年气候的影响。采种前，要先确定种子已经成熟。鉴别种子是否成熟的方法主要是看果实外部的颜色。另外，不同花卉的成熟种子都有各自的特征，如种皮坚硬，种仁干燥、坚实并具固有气味，这些都是种子成熟的标志。理论上认为，种子越成熟越好。只有充分成熟的种子，才耐贮藏，能产生健壮后代。若采收过早，种子的贮藏物质尚未充分积累，生理上尚未成熟，会影响发芽率。

3. 种子采收方法

采收大粒种子时，可用手直接采摘果实；采收小粒种子时，可先用枝剪将果穗剪下，再收集种子。具体操作规程见表 2-1-1 所列。

表 2-1-1　种子采收操作规程

花卉类型	操作规程	案　例
种子陆续成熟的花卉	单果采摘，随熟随采	采收凤仙花、一串红的种子
种子成熟期一致的花卉	剪下整个花序	采收万寿菊、百日草的种子
种子易散落的花卉	将纸袋置于花序周围或下方，敲击植株震落种子	采收矢车菊、矮牵牛的种子

（二）种子采后处理

不同类型的果实，采摘后可采用不同的脱粒方法。一般先将果实置于日光下晾晒，有的果皮可以自然裂开使种子自行脱落，有的需要用棍棒敲打、揉搓使种子脱出，然后清除果皮、杂质即可。浆果类果实需将其放在盆内，用手揉搓后加水搅拌，种子即可沉入水底，然后将种子取出晾干。

（三）种子贮藏

1. 影响种子寿命的因素

不同的花卉，其种皮构造、种实的化学成分不同，种子寿命的长短也不同。有的种子寿命仅1年左右，而有的4~5年，甚至更长。一般种皮坚硬，透气、透水性差的种子，寿命相对较长。影响种子寿命的因素有内部因素和外部环境条件。内部因素主要包括种皮的性质及种子原生质的活力状况；外部环境条件包括湿度、温度、氧气和光照等。

(1)湿度

湿度是影响花卉种子寿命的重要因素，因为种子的原生质必须在含水量达到一定程度时才能启动其生理代谢活动。需注意的是，大多数木本花卉和水生花卉的种子不能过度干燥，否则容易丧失发芽力。如芍药、睡莲、王莲等的种子，若过度干燥，会迅速丧失发芽力。大多数花卉种子贮藏时，环境相对湿度宜维持在30%~60%。

(2)温度

一般来说，只要种子充分干燥，其对温度的适应范围是很广的。当然，适度低温对于种子活力的保持更为有利。低温可以抑制种子内部的呼吸作用，减缓种子内部储存物质的分解，延长其寿命。大多数花卉种子经充分干燥，以贮藏在1~5℃的低温条件下为好。种子含水量较高时，在低温条件下也容易丧失发芽力。

(3)氧气

氧气可以促进种子的呼吸作用，加速种子内部储存物质的分解消耗，使种子寿命缩短或丧失发芽力。降低氧气含量能延长种子寿命。一些大型的种子生产单位，通常将种子贮藏在充有氮气、氢气、一氧化碳等的气体环境中，以抑制呼吸作用和种子内部的其他生理代谢，延长种子寿命和存放时间。

(4)光照

花卉种子充分干燥后，一般不能长时间地暴露于强烈光照条件下，否则会影响种子的发芽力和寿命。因此，通常将种子存放在阴凉避光的环境中。

2. 种子贮藏方法

一般情况下，新采收并且贮藏管理得当的种子，具有很高的发芽率。随着贮藏年限的增加，种子发芽率会逐渐降低，直至丧失生命力。贮藏方法对种子寿命有很大的影响。花卉种子贮藏方法主要有以下几种(表2-1-2)。

(1)自然干藏法

该方法是在比较干燥的条件下(空气相对湿度为50%~60%)进行种子贮藏。该方法适于贮藏含水量较低而且无生理休眠现象的种子，如绝大多数一、二年生花卉的种子。具体操作是：将种子装入布袋或纸箱等容器中，在凉爽、通风、干燥的环境下分层摆放，定期检查。

(2)密封干藏法

把经过充分干燥的种子装入玻璃瓶类的容器中，密封后放在低温条件下保存。密封贮

表 2-1-2　种子贮藏方法

贮藏方法	适用范围及要求	案　　例
自然干藏法	适用于含水量低的种子，可放在阴凉、通风、干燥的室内贮藏	将金鱼草、波斯菊的种子干燥后放在纸袋中贮藏
密封干藏法	适用于易丧失发芽力的种子，要求密封、干燥、低温(1~5℃)	将非洲菊的种子干燥后放在干燥器中贮藏
湿藏法	将种子与 3 倍体积的湿沙或其他基质混拌，置于排水良好的地方，保持一定的湿度	将牡丹、芍药的种子层积沙藏
水藏法	适用于一些水生花卉的种子，只有贮藏于水中才能保持其发芽率	将睡莲的种子放入水中贮藏

藏可以减弱种子的呼吸作用，有利于延长种子的寿命。

(3) 湿藏法

湿藏法是在比较湿润的条件下进行种子贮藏。该方法适用于种子本身含水量高、休眠期长、需催芽的种子，如牡丹、芍药等的种子，往往需要与催芽进行结合。湿藏法一般是混沙湿藏，具体操作是：将种子与湿沙按 1∶3(体积比)混合均匀。种子较多时，可混沙沟藏，具体操作是：挖深 1m、宽 1m 的沟，长度根据种子数量而定；沟底铺 10cm 厚的湿沙，上面堆放厚 40~50cm 的混沙种子，种子上再覆盖厚 20cm 的湿沙，最后盖上厚 10cm 的土；沟内每隔 1m 设置一个通气孔，防止种子霉烂。种子量少时，可将混沙种子装入木箱放在室内，堆积厚度不超过 50cm，并注意保持土壤湿润。为了防止内部升温，要经常翻动。

(4) 水藏法

除了以上几种常用的贮藏方法外，还有一些特殊的贮藏方法。例如，王莲、睡莲、荷花等水生花卉种子必须贮藏在水中才能保持其生活力和发芽力。

三、育苗

(一)种子播前处理及播种育苗技术要点

1. 种子播前处理

种子只有在适宜的环境(水分、氧气、温度等)条件下才能够正常发芽，而种子萌发所需要的水分、氧气和温度是相互联系、互相制约的。如水分可以影响氧气的供应量。光照对多数花卉种子的萌发没有明显影响，有的花卉种子只有在光照条件下才能很好地萌发，少数花卉种子只有在黑暗中才能很好地萌发。种子播前处理的目的，是根据种子的萌发特性，调节水分、温度、氧气等之间的关系，保证种子迅速、整齐地萌发。常用的处理方法有以下 3 种：

(1) 物理机械处理法

有的花卉种子经过高温干燥处理，种皮龟裂，变得疏松多缝，改善了气体交换条件，从而能解除由种皮原因而导致的种子休眠。另外，可以用适当温度(30℃以下)的热水浸种

24~28h，使种子吸水膨胀，阴干后播种；木本花卉的种子解除休眠需要经过很长时间的低温(≤7.2℃)处理才能完成，一般是将种子与3~8倍体积的湿河沙(含水量为最大持水量的50%左右)一起堆积于田间或室内，经过2~3个月种子完成后熟作用，便可以用于田间播种；对于表皮被蜡、胶质包裹的种子，用草木灰过滤液浸种，揉搓去除蜡、胶质，再用热水浸种，可使种皮软化、吸水，易于萌发；对于种皮厚硬的种子，可以采用刻伤种皮或者挫去部分种皮的方法。

(2)化学试剂处理法

可用浓硫酸、硼酸、盐酸、碘化钾、硝酸铵、硝酸钙、硝酸锰、硝酸镁、硝酸铝、亚硝酸钾、硫酸钴、碳酸氢钠等能刺激种子提前解除休眠和促进发芽的无机化学试剂处理。用尿素、甲醛、乙醇、丙酮、甲基蓝、谷氨酸、琥珀酸、酒石酸等有机化学试剂处理，也可以从一定程度上打破休眠，刺激种子发芽。

(3)植物生长调节剂处理法

主要利用赤霉素、细胞分裂素、乙烯利等植物生长调节剂进行处理。赤霉素可以部分取代潮湿、低温的作用，能显著地打破休眠，提高发芽率，同时也可以代替红光促进某些需光种子的萌发；细胞分裂素解除内源激素脱落酸对发芽抑制作用的能力比赤霉素强，尤其对裸胚的作用比对种子的作用更强；乙烯利是解除某些种子休眠和促进发芽的有效植物生长调节剂之一。

2. 播种育苗技术要点

(1)播种时期

春播从土壤解冻后开始，以2~4月为宜，秋播主要在9月至初冬土壤封冻前。一般来说，一年生露地花卉、宿根草本花卉、水生花卉和大多数木本花卉采用春播；二年生花卉采用秋播。温室花卉没有严格的季节限制，常根据需要而定，定植期减去苗龄，即可向前推算出播种日期。亚热带和热带地区可全年播种，随采随播。

(2)播种方式

播种方式有撒播、条播、点播等。小粒种子多采用撒播，大粒种子可采用点播。无论采用哪种方式，播种都应均匀。

(3)播种深度

播种深度一般以种子横径的2~5倍为宜，砂土要比黏土适当深播，秋、冬季播种要比春季播种稍深。播种后应立即覆盖一层土或基质，即"盖籽土"，以保持床土湿润，防止水分过分蒸发，同时还有助于子叶脱壳后出苗。覆土厚度根据种子大小、气候条件和土壤性质而定，总的原则是在发芽过程中保证种子能吸足水分，即在种子周围土壤保持湿润的前提下，宜浅不宜深。

(4)播后管理

播种后的管理应注意以下环节：密切注意土壤湿度的变化，如果发现表土过干，影响种子发芽出土，应适时喷水，使表土保持湿润状态；当种子拱土时，要及时去掉覆盖物(去掉覆盖物宜在下午进行，以避免强光直射灼伤幼苗)；幼苗出土后，要适时松土和除草；当幼苗大部分长出2片真叶时，要及时进行间苗和移栽(移栽前2~3d要灌透水，移栽后要及时灌水)；在幼苗后续生长过程中，要注意灌水和施肥，及时防治病虫害。

（二）露地育苗

露地育苗是在露地设置苗床培育秧苗的育苗形式。其特点是：在自然环境条件适合花卉种子萌发和幼苗生长的季节(一般为春、秋两季)进行播种和秧苗的管理，方法简便，所用设施简单(最多是进行简易的覆盖)，育苗成本低，苗龄一般较小，适于大面积的花卉育苗。这种育苗形式不能人为地控制或改变育苗地的环境条件，容易受到自然灾害的影响。花卉露地育苗主要有以下程序。

1. 整地作畦

整地的目的主要是改良土壤的物理性状，提高土壤肥力，满足种子发芽和苗木生长所需要的水、肥、气、热等条件。整地的时间，我国北方地区一般在春、秋两季，但以秋季整地效果最好。整地的深度一般以30~35cm为宜。整地的方法依据耕地面积和土地性质决定，可以采用机耕、畜力或人力。

露地苗床有高床、低床之分。北方以低床为主，即床台低，畦埂高。苗床一般床面宽80~120cm，畦埂宽15~20cm、高5~10cm，长度视具体情况而定，但一般不要超过20m，以便于管理。

2. 播种

(1)播种时间

经过催芽处理的种子可以直接播种。一年生花卉在春季(一般在3~4月)播种，二年生花卉在秋季(一般在9~10月)播种。多年生草本花卉一般在春季播种，少数可在秋季播种，如芍药、萱草等。木本花卉一般在春季播种。温室花卉多数为南方的常绿植物，一般没有明显的休眠期，同时温室的条件可以人为控制，因此温室花卉的播种时间不是很固定，四季均可播种，但以春、秋季播种为多。

(2)播种方法

播种方法有以下3种：

①撒播　将种子均匀地撒在苗床表面，然后覆一层细土，覆土厚度一般以刚刚盖住种子即可。这种方法适合小粒种子，要求播前苗床灌水，播后不再灌水或播后用喷壶喷水，以免将种子冲出。

②条播　在苗床内按照一定的距离开沟，将种子均匀地撒在沟内，然后覆土、灌水。条播的行距一般为25~35cm。条播适宜中、小粒种子。

③点播　在苗床内按照一定的株行距开沟或挖穴，将种子一粒粒地放入沟内或穴内，然后覆土、灌水。点播适宜大粒种子或特别珍贵的中、小粒种子。

3. 间苗和移栽

间苗即对苗床中的幼苗去弱留壮、去密留稀，同时拔除杂草和杂苗，使保留的幼苗之间有一定距离，且分布均匀，故俗称疏苗。间苗在子叶发生后进行，不宜过迟。从幼苗出土至长成定植苗应分2~3次进行间苗，每次间苗量不宜过大，最后一次间苗称为定苗。间苗使保留的幼苗都有适当的营养面积，从而生长健壮。间苗后需向苗床浇水，使保留的幼苗根系与土壤密接。间苗后，幼苗在苗床上的密度为400~1000株/m^2。需注意的是，重瓣性强的苗常生长缓慢。

间苗后的花卉幼苗，还须移栽 1~2 次。通常在幼苗具 5~6 片真叶时进行移栽。对于一些较难移植的花卉，应于苗更小时进行移栽。移植时，可采用裸根移植和带土移植，以在水分蒸发量极小时进行最适宜，幼苗的株间距为 15~25cm。幼苗移植后，立即向苗床浇一次透水，经 3~4d 缓苗后茎叶舒展，此时追施液肥，勤松土，为形成壮苗提供良好的条件。

4. 苗木定植

将具有 10~12 片真叶或高约 15cm 的幼苗，按设计要求定位栽到花坛、花境等绿地中，称为定植(最后一次移植)。一般采用根部带土栽植，以利于成活。定植后必须浇足“定根水”。定植的株行距，以使成龄花株冠幅能互相衔接又不挤压为宜，一般一、二年生花卉为 30cm×40cm。

5. 定植后管理

(1) 浇水

浇水的时间应根据土壤的水分状况而定。基本的原则是：土壤干透再浇，浇则一定浇透。夏季以早、晚浇水较好，春、秋季一天中任意时间均可。

浇水量和浇水次数应根据不同季节和降水的情况灵活掌握。干旱季节，蒸发量大，苗木生长快，需水量大，应适当多浇、勤浇，一般每周或 3~4d 浇一次水；雨季虽然高温，但降水较多，不必浇水太勤；秋季苗木进入生长后期，需水量少，可适当少浇。

(2) 施肥

花卉栽培常用的肥料种类及施用量依土质、土壤肥分、前作情况、气候及花卉种类的不同而异。氮、磷、钾 3 种肥分应配合使用，不宜单独施用只含某一种肥分的单纯肥料(只有在确知特别缺少某一肥分时，方可施用单纯肥料)。施肥方式有基肥和追肥两种。

①基肥　一般以厩肥、堆肥、豆饼或粪干等有机肥料作基肥，这对改善土壤的物理性状有重要的作用。厩肥及堆肥在整地前翻入土中，豆饼及粪干等则在播种前或移植前进行沟施或穴施。目前，花卉栽培中已普遍采用无机肥料作为部分基肥，与有机肥料混合使用。如一年生花卉的基肥，每 100m^2 无机肥料施用量为硝酸铵 1. 2kg、过磷酸钙 2. 5kg、氯化钾 0. 9kg。采用无机肥料作基肥时，可在整地时混入土中，但不宜过深。也可在播种前或移植前沟施或穴施，上面盖一层细土。

②追肥　在花卉栽培中，为了补充基肥养分的不足，满足花卉不同生长发育时期对营养成分的需求，一般要进行追肥。一、二年生花卉在幼苗时期追肥，主要目的是促进其茎叶的生长，氮肥可稍多一些，但在以后的生长期，应逐渐增加磷、钾肥。生长期长的花卉，追肥次数应较多。

(3) 中耕除草

幼苗移植后不久，大部分土面暴露于空气中，土壤极易干燥，而且易生杂草，在此期间，中耕应尽早进行。当幼苗渐大，根系扩大至株间时，应停止中耕，否则易切断根系，使幼苗生长受阻。幼苗期中耕宜浅，随苗生长而逐渐加深。株行中间中耕应深，近植株处中耕应浅。

小贴士

花卉露地育苗工作环节、操作规程及质量要求(表2-1-3)

表2-1-3 花卉露地育苗工作环节、操作规程及质量要求

工作环节	操作规程	质量要求
场地选择	在苗圃地选择适宜的场地播种	选日光充足、空气流通的地块,土壤应富含腐殖质、疏松肥沃、排水良好
整地作畦	清除场地内的石砾、塑料、树枝等杂物,深翻土壤,将床面耙平、耙细	土壤应翻耕30~35cm深,整平后应进行适当的镇压,多作平畦,畦面宽80~120cm,畦埂宽15~20cm、高5~10cm,长度依地形而定
播种	把需要播种的花卉种子均匀地播在苗床内	根据种子大小采取点播、条播或撒播。细小种子可掺入细沙或草木灰一起播入,力求播种均匀
覆土	播种后覆一层薄土对种子进行覆盖	一般草本花卉覆土厚度以看不见种子为度,覆盖用土要用细筛筛过或用泥炭
播后管理	在床面覆盖一层稻草,然后用细孔喷壶充分喷水。种子发芽后,撤去覆盖物,以防幼苗徒长	干旱季节可在播种前充分灌水,待水分渗入土中再播种覆土,这样可较长时间保持湿润状态
间苗和移栽	在子叶发生后进行间苗,不宜过迟。间苗后,对苗木进行移栽	应去弱留壮、去密留稀,使保留的幼苗之间有一定的距离,且分布均匀。可采用裸根移植和带土移植,在水分蒸发量极小时进行最适宜,幼苗的株间距为15~25cm

(三)穴盘育苗

穴盘育苗是指在特制的育苗容器(穴盘)中,采用一定的栽培基质,使用优质的繁殖材料,通过科学细致的栽培程序和管理技术,生产出高品质的种苗(图2-1-1)。目前,穴盘育苗技术既可以用于培育实生苗,也可以用于组培苗炼苗和扦插繁殖。

1. 穴盘育苗的特点

(1)穴盘育苗优点

穴盘育苗最突出的优点是苗木品质优良,能充分利用有限的种子资源,尤其是对于遗传改良的种子或珍稀树种,通过穴盘育苗技术可以使出苗和移栽成活率接近100%,减少了生产者引进新品种时的投资风险,提高生产效率。另外,穴盘苗根系与基质紧密结合,基质不易散落,适合长途运输。

(2)穴盘育苗缺点

在标准化程度较高的条件下,穴盘育苗对各种所需的机械设备与管理系统的维护和操作要求较高。此外,种子出苗后,幼苗在育苗床上需在21℃的条件培育7~10d,会增加育苗成本。

2. 穴盘育苗设备

规模化穴盘育苗设备主要有自动控制的精量播种系统、穴孔育苗盘,以及能调控环境的催芽室、育苗温室(图2-1-2)等。

图 2-1-1 穴盘育苗

图 2-1-2 规模化穴盘育苗温室

(1)精量播种系统

整个系统包括基质的处理、混拌、装填，播种，以及播种后的覆盖、浇水等作业。主要机械有基质混拌机、基质装填机、基质旋转加压机、精量播种机、基质覆盖机、自动洒水机、穴盘存放专用柜等，其中精量播种机是整个生产流水线的核心部分。

(2)穴孔育苗盘

穴孔育苗盘简称穴盘，是经过冲压形成的具数百个穴孔且在穴孔内都有排水孔的塑料盘。盘中的穴孔呈上大下小的倒金字塔形，这种形状的空间最有利于幼苗根系迅速充分发育，而发达的根系是幼苗移栽后正常生长的首要条件。

木本花卉的育苗穴盘是在普通穴盘的基础上增加了盘壁的厚度，加强了抗老化性，加深了深度，并且穴孔内侧设置为棱状凸出以防止根系缠绕。

(3)催芽室

裸露的种子或具有包衣的种子通过精量播种机播入穴盘，浇水后送入催芽室。催芽室是一个保温、密闭的小室，用砖砌成空心墙，墙内填入木屑、石棉等物质隔热，面积一般为 $30m^2$ 左右。

(4)育苗温室

育苗温室是穴盘育苗的主要配套设施。温室内应该装有加温设备、喷灌设备、补光系统、二氧化碳发生系统、立体多层育苗柜、机械传送装置等各种自动控制设备。育苗温室内的温度不能低于12℃。

3. 穴盘育苗程序

(1)配制育苗基质

育苗基质必须具有良好的保水性和透气性，离子代换能力强，对植株具有良好固定性，有适合的密度和pH。目前，泥炭、蛭石、珍珠岩等被公认为良好的基质。常用的育苗基质是将泥炭、蛭石、珍珠岩按照1∶1∶1的比例配制，同时在基质中混入保湿剂、有机肥等。这些物质要经过基质混拌机的充分粉碎、搅拌，以使其混合均匀。

目前，穴盘育苗所用的基质已经高度专业化，在花卉产业发达的国家和地区，不同类型的花卉采用不同的育苗基质，以满足幼苗生长的特殊需求。

(2)装盘与消毒

穴盘育苗的装盘可以采用人工装盘或机械装盘。

基质装盘后要经过消毒。可采用0.5%高锰酸钾和多菌灵800倍液对基质进行消毒。

(3)播种

播种时每个穴孔播1粒种子，则成苗后每穴孔有1株幼苗。为了保证育苗过程中不出现空穴，穴盘育苗的种子要求有很强的发芽势和较高的发芽率。因此，种子在播种前必须经过消毒、浸种、丸粒化等处理。

专业化的穴盘育苗生产企业多采用精量播种系统，从基质搅拌、消毒、装盘、压穴、播种、覆盖、镇压到喷水的全过程均采用机械化操作。

播种量较少时，也可以采用人工播种。播种前10h左右处理种子(可先用0.5%高锰酸钾浸泡20min，然后放入温水中浸泡10h左右，再取出播种，也可晾至表皮干燥后播种)。已处理的种子应该尽量在一天内播完。播种时，可以先用筷子打孔，深度约1cm(不能太深)，然后覆盖基质，最后喷透水，使基质保持适宜的湿度。

(4)催芽

播种后将穴盘送入催芽室进行催芽。每个催芽室可叠放5000~6000个穴盘。催芽室的温度要控制在20~30℃。浇水多采用喷雾的方式进行，一般多云天气每12min喷雾12s，晴天每6min喷雾12s，空气相对湿度控制在90%~95%。出苗的时间因花卉种类而异，一般为7~10d。当多数幼苗的芽微微露出土面时，就可将穴盘移出催芽室，送入育苗温室进行养护。

(5)育苗管理

①温度管理　幼苗刚移入育苗温室时，室温保持在20~23℃，以防幼苗徒长。冬季需要进行加温防冻。

②光照管理　正常气候条件下，自然光照能基本满足幼苗生长。如遇连续阴雨，必须进行人工补充光照，以满足花卉生长的需要。夏季需要用遮阳网适当遮阴。

③水分管理　由于穴盘育苗基质较少，水分的保持尤为重要。一般每天要喷水2~3次，使空气相对湿度保持在80%~90%。若遇夏季高温，还需增加喷水次数和加大每次喷水量，并在强光下适当进行遮阴以减弱蒸腾作用。

④通风管理　每天必须进行通风，以保证室内空气新鲜。另外，可在上午施浓度为1000mg/kg的二氧化碳肥料，以促进幼苗生长健壮。

⑤追肥　一般采用水溶液施肥，做到薄肥勤施。一般7~10d或10~15d施一次肥。

⑥病虫害防治　穴盘育苗的环境湿度较大，应重视病虫害防治。做到预防为主，综合防治。

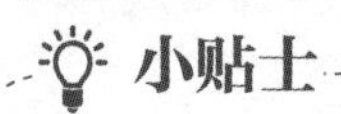

花卉穴盘育苗工作环节、操作规程及质量要求(表2-1-4)

表2-1-4　花卉穴盘育苗工作环节、操作规程及质量要求

工作环节	操作规程	质量要求
选择穴盘	结合实际情况，选择合适规格的穴盘	穴盘的穴孔大小合适，深度适宜，孔数为50~128个
配制基质	将泥炭、蛭石、珍珠岩按照1∶1∶1配制基质	基质使用前须在太阳下暴晒，并打碎过筛

（续）

工作环节	操作规程	质量要求
基质装盘	将配制好的基质装入穴盘	基质要均匀填入穴盘穴孔，不要太满或太少
基质消毒	将装好的基质进行消毒	高锰酸钾和多菌灵浓度适宜
播种	将种子播入穴盘穴孔	每个穴孔播入1粒种子(可先用小木棍或筷子打孔，再放入种子)，深度约1cm。浇透水，注意不要将种子和基质冲走
催芽	将播种后的穴盘送入催芽室进行催芽	将穴盘送入催芽室进行催芽，保持合适的温度和相对湿度
育苗管理	温度、光照、水分、施肥管理	室温保持在20~23℃；保证光照充足，如遇连续阴雨，需要适当补光；每天保持通风；每10d左右追施一次液体肥

任务实施

教师根据学校所处地域气候条件和学校实训条件，指导各任务小组开展实训。

1. 结合花卉露地育苗相关知识，选择1种花卉，完成露地育苗方案设计，填写表2-1-5。

表2-1-5 花卉露地育苗方案

组别		成员	
花卉名称		作业时间	年 月 日至 年 月 日
作业地点			
方案概况	(目的、规模、技术等)		
材料准备			
技术路线			
关键技术			
计划进度			
预期效果			
组织实施			

2. 结合穴盘育苗相关知识，选择1～2种花卉，完成穴盘育苗方案设计，填写表2-1-6。

表2-1-6　花卉穴盘育苗方案

组别		成员	
花卉名称		作业时间	年　月　日至　年　月　日
作业地点			
方案概况	（目的、目标、规模、技术等）		
材料准备			
技术路线			
关键技术			
计划进度	（可另附页）		
预期效果			
组织实施			

3. 完成花卉露地育苗和穴盘育苗作业，填写表2-1-7、表2-1-8。

表2-1-7　花卉露地育苗作业记录表

组别		成员	
花卉名称		作业时间	年　月　日至　年　月　日
作业地点			
周数	时间	作业人员	作业内容（含花卉幼苗生长发育情况观察）
第1周			
第2周			
第3周			
第4周			
第5周			
……			

表 2-1-8　花卉穴盘育苗作业记录表

组别		成员	
花卉名称		作业时间	年　月　日至　年　月　日
作业地点			
周数	时间	作业人员	作业内容(含花卉幼苗生长发育情况观察)
第 1 周			
第 2 周			
第 3 周			
第 4 周			
第 5 周			
……			

考核评价

根据表 2-1-9 进行考核评价。

表 2-1-9　花卉播种繁殖考核评价表

成绩组成	评分项	评分标准	赋分	得分	备注
教师评分（70 分）	方案制订	能根据学校教学条件、当地气候条件、季节正确选择播种繁殖花卉	5		
		播种繁殖方案含技术路线、材料、进度计划、预期效果、人员安排等	15		
	过程管理	能按照制订的方案有序进行花卉播种繁殖，人员安排合理，既有分工，又有合作，定期开展学习和讨论	10		
		管理措施正确，花卉幼苗生长正常	10		
	成果评定	播种繁殖达到预期效果	20		
	总结报告	格式规范，关键技术表达清晰，问题分析有深度和广度	10		
组长评分（20 分）	出谋划策	积极参与，查找资料，提出可行性建议	10		
	任务执行	认真完成组长安排的任务	10		
学生互评（10 分）	成果评定	播种繁殖达到预期效果	5		
	总结报告	格式规范，关键技术表达清晰，问题分析有深度和广度	3		
	分享汇报	认真准备，PPT 图文并茂，表达清楚	2		
总　分			100		

任务 2-2 花卉扦插繁殖

任务目标

1. 理解花卉扦插繁殖相关的理论知识，如不同花卉的特性、生根条件等。
2. 知晓花卉扦插繁殖的操作要点和关键步骤。
3. 能够精准地选择适合扦插的插穗，辨别优质与不良的繁殖材料。
4. 能够调控扦插环境，确保满足花卉生根发芽的需求。
5. 通过制订花卉扦插繁殖方案并付诸实施，提高实践操作能力。
6. 培养细致观察的能力，能及时发现问题。
7. 锻炼分析和解决问题的能力。
8. 通过探索更高效的扦插繁殖方式，培养创新思维。
9. 学会与他人交流分享花卉扦插繁殖的经验和心得，共同进步。

任务描述

扦插繁殖即从母株上切下一部分营养器官，如根、茎、叶，插入基质中，使之生根，成为一株完整植株的方法，是目前花卉繁殖常用的方法之一。通常包括枝插、芽插、根插和叶插。采用扦插繁殖得到的花卉幼苗称为扦插苗。扦插繁殖的优点是得到的新植株生长快，开花结实早，能够保持母株的优良性状，不易产生性状分离；缺点是根系弱，没有播种苗根系强健。一般不易用播种繁殖获得植株或想获得快速开花植株的多年生花卉，多采用这种繁殖方法。本任务首先系统学习花卉扦插繁殖的理论知识，制订花卉扦插繁殖方案。然后，实施扦插操作，对插穗进行养护管理，为其提供适宜的温度、湿度、光照等环境条件，并定期观察插穗的状态，注意生根和发芽情况。当插穗生根、发芽稳定后，进行移栽等后续操作。

工具材料

插穗；枝剪、喷壶、遮阳网；生根剂、杀菌剂等。

知识准备

一、扦插成活的原理

扦插繁殖的生理基础是植物细胞的全能性，即植物的营养器官具有再生能力，可发生不定根和不定芽，从而成为新植株。当根、茎、叶脱离母体时，在合适的环境条件下植物的再生能力就会充分表现出来。利用植物的再生能力，把插穗剪下后插入基质中，插穗基部能长出根，上部发出新芽，形成完整的植株。

需注意的是，植物的任何器官，甚至一个细胞，都具有极性。形态学上的上端和下端具有不同的生理反应。如一个插穗，无论按何种方位放置，即使是倒置，其总是在形态学的远轴端抽梢，近轴端生根。根插则在远轴端生根，近轴端产生不定芽。

二、影响插穗生根的因素

1. 内部因素

(1)花卉本身的遗传特性

根据生根的难易程度，可将花卉分成3类。

①易生根类　木本花卉如石榴、橡皮树、巴西铁、富贵竹等，草本花卉如菊花、大丽花、万寿菊、矮牵牛、香石竹、秋海棠等。

②较难生根类　能生根但速度慢，对扦插技术和管理要求较高。木本花卉如山茶、桂花、南天竹等，草本花卉如芍药、补血草等。

③极难生根类　一般不能扦插繁殖。木本花卉如桃、蜡梅、香樟、海棠、鹅掌楸等，草本花卉如鸡冠花、紫罗兰、矢车菊、虞美人、百合、美人蕉及大部分单子叶花卉。

(2)母株状况与采条部位

母株营养良好、生长正常，体内含有丰富的促进生根的物质，是插穗生根的重要物质基础。

不同营养器官，生根、出芽能力不同。

一般树冠阳面的枝条比树冠阴面的枝条生根好，侧枝比主枝生根好，基部前生枝比上部冠梢枝生根好，营养枝比结果枝更易生根，去掉花蕾比带花蕾者生根好。

同一母枝上，插穗一般以基部、中部为好，一些木本花卉(如紫荆、海棠类)在硬枝扦插时通过带踵插、锤形插等可有效提高生根率。软枝扦插以顶梢作插穗生根较好。

2. 外部因素

(1)温度

不同种类的花卉，要求不同的扦插温度。大多数花卉，插穗生根的适宜温度为15~20℃。一般生长期的嫩枝扦插比休眠期的硬枝扦插温度要求高，为25℃左右。原产于热带的花卉，如茉莉花、米兰、橡皮树、龙血树、朱蕉等，扦插温度宜在25℃以上。一般基质温度高于气温3~5℃对生根有利。目前，生产上常通过在基质下部铺设电热线来提高基质温度。

(2)湿度

空气湿度和基质湿度也是插穗生根成活的关键。空气湿度应高，以最大限度地减少插穗的水分蒸腾。基质湿度要适宜，既保证插穗生根所需的湿度，又不能因水分过多使插穗基部缺氧腐烂。一般空气湿度应保持在80%~90%，基质的含水量应保持在50%~60%。目前，生产上采用密闭扦插床和间歇喷雾扦插床，可较好地保持空气湿度和基质湿度。密闭扦插床是利用薄膜对扦插床进行密闭保湿，以提高空气湿度，同时结合遮阴设施及适当

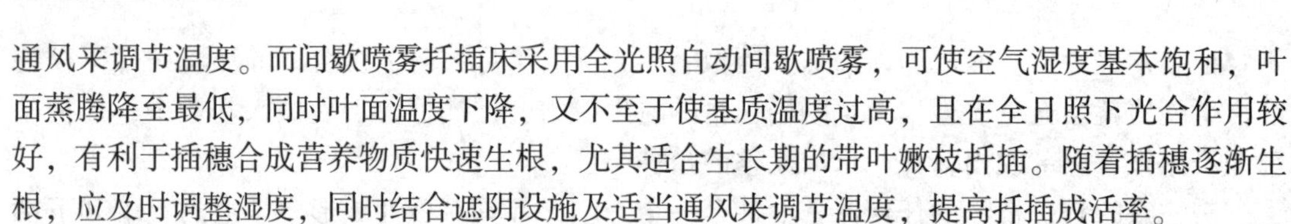

通风来调节温度。而间歇喷雾扦插床采用全光照自动间歇喷雾，可使空气湿度基本饱和，叶面蒸腾降至最低，同时叶面温度下降，又不至于使基质温度过高，且在全日照下光合作用较好，有利于插穗合成营养物质快速生根，尤其适合生长期的带叶嫩枝扦插。随着插穗逐渐生根，应及时调整湿度，同时结合遮阴设施及适当通风来调节温度，提高扦插成活率。

(3)光照

光照对插穗的作用有两个方面：一方面，适度光照可以提高基质和空气的温度，同时通过促进生长素的形成诱导生根并可通过促进光合作用积累养分加快生根；另一方面，光照会使插穗温度过高，水分蒸发加快而导致萎蔫。因此，在扦插初期应适当遮阴降温以减少水分散失，并通过喷水等来降温增湿。随着插穗根系的生长，应逐渐延长见光时间。若能采用间歇喷雾，也可在全日照下进行扦插。

(4)空气

插穗在生根过程中需进行呼吸作用，尤其是当插穗愈伤组织形成后、新根发生时，呼吸作用增强，应降低基质的含水量(保持湿润状态)，适当通风，以提高氧气的供应量。

(5)生根剂

花卉扦插繁殖中常用生根剂，可以有效促进插穗早生根、多生根。常见的生根剂有萘乙酸、吲哚乙酸、吲哚丁酸、2,4-D 等，以吲哚丁酸效果最好。应用时需在一定浓度范围内，浓度过高不仅起不到促进生根的作用，反而会抑制生根。

三、扦插床类型及扦插基质

1. 扦插床类型

(1)温室扦插床

要有加温、通风、遮阴、降温、喷水等设施，一般南北向，离地面高 50cm，宽 1.0~1.2m，深 30~40cm，用砖砌成。最下面铺粗基质，以便于排水，粗基质上面铺一层细沙，细沙上面铺厚 20~25cm 的扦插基质，上面空间装有遮阳网及细雾喷水装置。加温可采用电热线及其他方式。

(2)全光照弥雾扦插床

这是一种自动控制扦插床。床底装有电热线及自动控制仪器，使扦插床保持一定温度。扦插床上装有自动喷雾装置，可以按要求进行间歇喷雾，以增加叶面湿度并同时降低温度。扦插床上不加任何覆盖物，插穗可以充分利用太阳光进行光合作用。

2. 扦插基质

扦插基质的材料，应疏松、透气、洁净，酸碱度中性，保温、保湿，成本低，便于运输。常用的基质材料有蛭石、珍珠岩、砻糠灰、沙、泥炭及其他。

常用的配方为泥炭：蛭石：珍珠岩：砻糠灰=1.5：1：1：1，或蛭石：珍珠岩=1：1，也可使用专用砻糠灰等。基质配好后须进行消毒。

四、扦插方法

依插穗的来源，扦插可分为枝插、叶插、芽插和根插等，具体繁殖方法要点如下。

1. 枝插

枝插指采用枝条作插穗的扦插方法，是应用最为普遍的一种扦插方法。根据生长季节与取材的不同，又分为3种。

(1)硬枝扦插

硬枝扦插又称老枝扦插，多用于落叶木本花卉，一般在秋、冬落叶后至翌年早春萌芽前的休眠期进行(南方多在秋季扦插，有利于促进早生根发芽；北方地区冬季寒冷，应在阳畦内扦插，或将插穗贮藏至翌年春季扦插)。选择1~2年生、生长充实、带3~4个芽的木质化枝条，将其截成长10~15cm的插穗。上端切口离芽1~2cm，下端切口在近节处，切口呈斜面。扦插前先用木棍或竹签在基质上扎孔，以免损伤插穗基部剪口表面。扦插深度为插穗长度的1/3~1/2，直插或斜插。插穗冬藏采用挖深沟湿沙层积的方法，插穗少时也可用木箱于室内冷凉处沙藏。

有些难以扦插成活的花卉，可采用带踵插、锤形插等，如木本花卉紫荆、海棠类等。

常绿针叶花卉多数生根较慢，扦插时应注意以下几点：插条在秋季或冬初采取，采后不能失水，立即扦插；基质、环境及插穗应消毒，保持清洁；用高浓度生根剂处理；生根前一直保持高空气湿度；地温宜高，24~27℃最好。

落叶阔叶花卉生根较快，硬枝扦插的插穗有以下4种处理方法：

冬季冷藏法　枝条在秋末或冬季采后立即剪成段并定量捆扎成束，基部用生根剂处理，然后将基部朝上、顶端朝下埋入湿润的锯末或沙中。在冬季土壤不结冰地区可在室外进行贮藏，最低温度不低于3℃，最适温度为5℃左右。贮藏期间插条基部能很好地形成愈伤组织，春暖后可取出扦插。

秋季高温促进法　在刚休眠时将枝条采下并剪截，用生根剂处理后立即置于18~21℃的湿润条件下3~5周，促进根原基和愈伤组织形成。在冬季温暖地区，可取出扦插。在较冷地区，应贮于2~5℃，越冬后再扦插。

春季随采随插法　春季萌芽前采集的插穗，用生长素处理后立即插入苗床中。该方法简单，但效果常不理想。

秋季采穗立插法　该方法可在冬季温暖地区使用。在秋季刚休眠时立即采插穗并插入苗床中，利用冬季到来前的温暖条件形成愈伤组织，有时还会生根发芽。这种方法，插穗在苗圃中存留时间长，育苗费用高，风险大，一般少用。

(2)半硬枝扦插

半硬枝扦插又称半软材扦插、绿枝扦插，插穗成熟度介于软枝与硬枝之间。取当年生半木质化的枝条，长约10cm，留2~3片叶，其余叶片去掉，插入基质的深度为插穗长度的1/3~1/2。此方法适用于大多数常绿或半常绿木本花卉，如米兰、栀子、杜鹃花、月季、海桐、黄杨、茉莉花、山茶和桂花等。

(3)软枝扦插

软枝扦插又称嫩枝扦插，多用于草本花卉如菊花、天竺葵属、大丽菊、圆锥石头花、矮牵牛、香石竹、秋海棠等和木本花卉如木兰属、蔷薇属、绣线菊属、火棘属、连翘属和夹竹桃等，在生长旺盛季节进行。选取当年发育充实的嫩枝，长5~6cm，下剪口在节下2~3mm处，保留上端2~3片叶(如果上部保留的叶片过大，如扶桑、一品红等，可剪去1/3~1/2)，将下部叶片从叶柄基部全部剪掉，扦插深度为插穗长度的1/3~1/2。在扦插前，先用比插穗稍粗的竹签在基质上插孔，然后将插穗顺孔插入，以免损伤插穗基部的剪口。插完一组后，即用细眼喷壶喷水，使基质与插穗密接，并用遮阳网遮阴。如用盆扦插，应放置在通风庇荫处，盖上塑料薄膜，每天中午打开一角略加通风。

2. 叶插

叶插是用叶片或叶柄作为插穗的扦插方法，适用于叶易生根且能发芽的花卉。叶质肥厚多汁的花卉，如秋海棠、非洲紫罗兰和十二卷属、虎尾兰属、景天科的许多种，叶插极易成苗。

(1)全叶插

全叶插以完整叶片为插穗。有平置法和直插法两种常用方法。

①平置法　切去叶柄，将叶片平铺在沙面上，以铁针或竹针固定，使叶片下面与沙面密接。采用该方法，大叶落地生根从叶缘处产生幼小植株，蟆叶秋海棠和彩纹秋海棠自叶片基部或叶脉处产生幼小植株(蟆叶秋海棠叶片较大，可在各粗壮叶脉上用小刀切断，在切断处产生幼小植株)。

②直插法　也称叶柄插法，将叶柄插入沙中，叶片立于沙面上，叶柄基部可以发生不定芽。大岩桐进行叶插时，首先在叶柄基部发生小块茎，之后发生根与芽。用此方法繁殖的花卉还有非洲紫罗兰、豆瓣绿、球兰、虎尾兰等，百合的鳞片也可以用此方法扦插。

(2)片叶插

将一个叶片分切为数块，分别进行扦插，使每块叶片上形成不定芽。用此方法进行繁殖的花卉有蟆叶秋海棠、大岩桐、豆瓣绿、虎尾兰、绣球等。

将蟆叶秋海棠叶柄和叶片基部剪去，按主脉分布情况将叶片分切为数块，使每块上都有一条主脉，然后剪去叶缘较薄的部分，以减少水分蒸发，再将其下端插入沙中，不久就可从叶脉基部发生幼小植株。大岩桐也可采用片叶插，即在各对侧脉下方自主脉处轻轻切割(切割深度要适中，既要刺激细胞分化，又不能过度损伤叶片的主要组织。一般来说，切割深度以达到叶片厚度的1/3~1/2为宜)，然后切去叶脉下方较薄部分，再分别把每块叶片下端插入沙中，在主脉下端就可生出幼小植株。椒草叶厚而小，沿中脉分切左、右两块，下端插入沙中，可自主脉处发生幼株。虎尾兰的叶片较长，将其横切成5cm左右的小段，下端插入沙中，可自下端生出幼株。

3. 芽插

芽插利用芽作为插穗。取长2cm、有较成熟的芽(带叶片)的枝条，在芽的对面略剥去皮层，将枝条露出基质，可在茎部表皮破损处愈合生根，腋芽萌发成为新植株。橡皮树、天竺葵等可采用此方法繁殖。

4. 根插

根插用根作插穗。适用于带根芽的花卉，如牡丹、芍药、月季、补血草等。结合分株，将粗壮的根切成长5~10cm的根段，全部埋入插床基质或顶梢露出土面，注意不可上下颠倒。某些草本花卉的根，可折成长3~5cm的小段，用撒播的方法撒于床面后覆土，如宿根福禄考等。

五、促进生根的方法

1. 生根剂处理

用生根剂处理插穗促进其生根，是目前生产上几乎不可缺少的措施。该方法即使对于不经处理也易生根的花卉种类，也非常适用，处理后生根快，根数多而且整齐，能提高苗木质量。处理浓度因处理时间和花卉种类不同而异。一般速蘸浓度高，长时间浸渍浓度低；木本花卉浓度高，草本花卉浓度低。例如，速蘸时草本花卉应用浓度为50~500mg/kg，木本花卉应用浓度为500~1000mg/kg；若浸泡，则草本花卉5~10mg/kg，木本花卉40~200mg/kg。应用时浓度要精准，浓度过高会抑制生根，浓度过低则不起作用。

2. 环割、绞缢或割伤

该方法常用于一些较难生根的木本花卉，如杜鹃花、木槿、印度榕等。在采取插条的前几周，在母株上将茎环割、绞缢或割伤，使伤口上方聚集促进生根的物质及养分，然后在此处剪取插穗进行扦插，则易生根。

3. 黄化处理

在剪取插穗前，先对待剪取部分进行遮光处理，使其黄化，创造生根环境并给予刺激，可促进根原组织的形成。常用不透水的黑纸或黑布在新梢顶端缠绕数圈，待新梢继续生长到适宜长度时，遮光部位变白，即可自遮光部位剪下扦插。将黄化的枝条暴露于日光下长达几周，其仍能保持良好的生根力，但若将已生长成熟的枝条进行黄化处理，则没有促进生根的作用。生长期黄化的枝条，节间较长，叶片缩小，内部各种薄壁组织所占的比例增大，维管组织减少，生长素含量较高。

4. 提前采下贮藏

硬枝扦插的枝条，可以在扦插前几周甚至几个月采下，贮藏于一定环境下促进根的原始细胞、根原基及愈伤组织的形成，以提早生根，提高扦插成活率。

六、扦插后管理

为了促使插穗尽快生根，必须加强扦插后的管理。

1. 温度

扦插后，基质的温度对促进插穗生根具有很大的作用。不同花卉种类要求不同的温度。软枝扦插、叶插的适宜温度为20~25℃；硬枝扦插、芽插的适宜温度为22~28℃，低于20℃插穗不易生根，高于28℃也会影响根的形成。在北方进行硬枝插穗，可采用阳畦覆盖塑料薄膜再加草帘的方法，白天揭草帘增温，夜间盖草帘保温。在南方，多采用搭棚来保温。

2. 湿度

扦插后，要切实保持扦插床内基质和周围空气的湿润状态。扦插床周围的空气相对湿度以近于饱和为宜，即覆盖的塑料薄膜上有凝聚的小水珠；未覆盖塑料薄膜的扦插床，其周围的空气相对湿度也应在80%~90%。扦插床基质的湿度则不宜过大，否则会引起插穗腐烂。一般扦插床基质湿度约为最大持水量的60%，以手捏基质不散但又不积聚成团为宜。

3. 光照

在常规扦插初期，强烈的日光会使插穗失水而影响成活，因此要在扦插床上方搭棚遮阴，遮阴度以70%为宜。当插穗生根后，则可于早、晚逐渐加强透光、通风，以增强插穗本身的光合作用，促进根系进一步生长。

小贴士

花卉扦插繁殖工作环节、操作规程及质量要求（表2-2-1）

表2-2-1　花卉扦插繁殖工作环节、操作规程及质量要求

工作环节	操作规程	质量要求
硬枝插	将月季完全木质化、不带叶片的健壮枝条剪成长10~15cm的茎段插入扦插床中	扦插时要注意将茎段的形态学下端插入扦插床
半硬枝扦插	将月季半木质化、带叶片的枝条剪成长10~15cm的茎段，用木棍在基质上插一个孔，然后插入插穗，喷水压实	插穗上剪口在芽上方1cm左右，下剪口在基部芽下0.3cm左右，切面要平滑，每个插穗保留小叶2~4片
软枝插	剪取长3~4cm的一品红顶梢作为插穗，留上部两对叶片插入扦插床中	插穗要去除下部叶片，将插穗的1/3~1/2插入扦插床
全叶插	将秋海棠叶片的叶脉切断，平置于扦插床上	叶片要与基质密切接触并保持较高的空气相对湿度
片叶插	将虎尾兰的健壮叶片用刀片横切成段，每段长5~7cm，插入扦插床中	扦插时一定要将叶片的形态学下端插入扦插床，插入深度2~3cm即可
扦插后管理	生根前要喷水，保持较高的空气相对湿度；生根后减少浇水，加强通风	要保证有较高的空气湿度，光照过强时要搭遮阳网

任务实施

教师根据学校所处地域气候条件和学校实训条件，指导各任务小组开展实训。

1. 结合花卉扦插繁殖相关知识，选1~3种花卉，进行扦插繁殖方案设计，填写表2-2-2。

表2-2-2　花卉扦插繁殖方案

组别		成员	
花卉名称		作业时间	年　月　日至　年　月　日
作业地点			
方案概况	（目的、规模、技术等）		
材料准备			
技术路线			
关键技术			

（续）

计划进度	（可另附页）
预期效果	
组织实施	

2. 完成花卉扦插繁殖作业，填写表 2-2-3。

表 2-2-3　花卉扦插繁殖作业记录表

组别		成员	
花卉名称		作业时间	年　月　日至　年　月　日
作业地点			
周数	时间	作业人员	作业内容(含扦插苗生根情况观察)
第 1 周			
第 2 周			
第 3 周			
第 4 周			
第 5 周			
……			

考核评价

根据表 2-2-4 进行考核评价。

表 2-2-4　花卉扦插繁殖考核评价表

成绩组成	评分项	评分标准	赋分	得分	备注
教师评分（70 分）	方案制订	能根据学校教学条件、当地气候条件、季节等正确选择扦插繁殖花卉	5		
		扦插繁殖方案含技术路线、进度计划、扦插后养护措施、预期效果、人员安排等	15		
	过程管理	能按照制订的方案有序开展花卉扦插繁殖，人员安排合理，既有分工，又有合作，定期开展学习和讨论	10		
		管理措施正确，花卉扦插苗生长正常	10		
	成果评定	扦插繁殖达到预期效果	20		
	总结报告	格式规范，关键技术表达清晰，问题分析有深度和广度	10		

（续）

成绩组成	评分项	评分标准	赋分	得分	备注
组长评分（20 分）	出谋划策	积极参与，查找资料，提出可行性建议	10		
	任务执行	认真完成组长安排的任务	10		
学生互评（10 分）	成果评定	扦插繁殖达到预期效果	5		
	总结报告	格式规范，关键技术表达清晰，问题分析有深度和广度	3		
	分享汇报	认真准备，PPT 图文并茂，表达清晰	2		
总　分			100		

任务 2-3　花卉嫁接繁殖

任务目标

1. 掌握花卉嫁接繁殖的基本原理和适用情况。
2. 掌握不同嫁接方法的特点和区别。
3. 知晓砧木和接穗的要求，能正确选择和处理砧木与接穗。
4. 熟练掌握至少一种嫁接方法，如枝接或芽接等，并会选择最佳嫁接时机。
5. 能够制订花卉嫁接繁殖方案并付诸实施，并能创设一定的环境条件以促进嫁接愈合。
6. 培养细致观察的能力，能及时发现问题。
7. 培养分析问题和解决问题的能力。
8. 通过探索更高效的嫁接繁殖方法，培养创新思维。
9. 学会与他人交流分享经验和心得，共同进步。

任务描述

嫁接是把一个植株的枝或芽移接到另一个植株上，使之形成新植株的繁殖方法。用于嫁接的枝条或芽称为接穗，承受接穗的植株称为砧木，采用嫁接繁殖获得的苗木称为嫁接苗。嫁接繁殖的优点是能保持接穗的优良性状，提高接穗的抗逆性和适应能力，提早开花结实，解决某些花卉不易繁殖的问题等；缺点是产苗量少，对操作与管理技术要求较高。嫁接苗与其他营养繁殖苗的不同点是借助了另外一株植物的根，因此嫁接苗也称为根苗，其综合了砧木与接穗的优点，在生产实践中得到广泛应用。本任务首先深入学习花卉嫁接繁殖的理论知识，制订嫁接繁殖方案。然后，进行嫁接操作，嫁接完成后，对嫁接苗进行养护管理(为其提供适宜的温度、湿度、光照等环境条件)，密切观察并记录嫁接苗的生长状况，注意是否有异常情况出现(如接口不愈合、病虫害等)，及时采取解决措施。最后，总结经验，提升花卉嫁接繁殖知识运用能力和技能水平。

接穗、供嫁接用的砧木；枝剪、嫁接刀、嫁接膜等。

知识准备

一、花卉嫁接成活的原理

嫁接是利用植物再生能力的一种繁殖方法。植物再生能力最旺盛的部位是形成层，它位于木质部与韧皮部之间，可从外侧的韧皮部和内侧的木质部吸收水分和矿物质，自身不断分裂(向内产生木质部，向外产生韧皮部)，使植株的枝干不断增粗。嫁接就是使接穗与砧木的创面形成层相互密接，二者因创伤而分化出愈伤组织，发育的愈伤组织相互结合，填补接穗与砧木间的空隙，连通疏导组织，保证水分、养分的上下相互传导，形成一个新的植株。

二、影响嫁接成活的主要因素

1. 内在因素

(1)砧木与接穗间的亲缘关系

一般而言，亲缘关系越近，嫁接成活的可能性越大。同一无性系间嫁接基本都能成功，同种的不同品种或不同无性系间嫁接也总是能成功，偶有不亲和而失败的。同属的种间嫁接因属、种而异，如苹果属、蔷薇属、李属、山茶属、杜鹃花属的属内种间嫁接常能成活。同科异属间嫁接有时也能成活，如仙人掌科的许多属间、柑橘亚科的各属间、茄科的一些属间、桂花与女贞属间、菊花与蒿属间嫁接都易成活。不同科之间尚无嫁接成功的例证。

(2)砧木与接穗的生长发育状态

生长健壮的砧木与接穗中含有丰富的营养物质和激素，有助于细胞旺盛分裂，嫁接后成活率高。接穗以1年生的充实枝梢最好，正处于旺盛生长时期的枝梢或芽不宜作为接穗。

2. 外界环境因素

嫁接后，初期的环境因素对成活影响很大。主要环境因素有温度、湿度、氧气、光照等。

(1)温度

温度对愈伤组织的生成有显著的影响。春季嫁接太晚，气温过高，超出了愈伤组织所能耐受的范围，可能会导致愈伤组织细胞内的蛋白质变性、细胞膜结构破坏，对愈伤组织造成严重的伤害；温度过低，则愈伤组织发生较少。大多数花卉，生长最适温度也是嫁接的适宜温度。

(2)湿度

愈伤组织内的薄壁细胞壁薄而柔嫩，不耐干燥。一旦干燥，将会使接穗失水，嫁接口的愈伤组织内薄壁细胞枯死。因此，在嫁接愈合的过程中，保持嫁接口高湿度是非常必要的。常用涂蜡、包裹保湿材料等方法提高嫁接口的湿度。

(3)氧气

细胞旺盛分裂时呼吸作用强，故需要有充足的氧气。生产上，常用透气、保湿的聚乙烯膜包裹嫁接口和接穗。

(4)光照

光照对愈伤组织的生长有较明显的抑制作用。在黑暗的条件下，嫁接口上长出的愈伤组织多，呈乳白色，很嫩，砧木与接穗容易愈合，生长良好。而在光照条件下，愈伤组织少而硬，呈浅绿色或褐色，砧木与接穗不易愈合。在生产实践中，嫁接后应培土或用不透光的材料包裹嫁接口，创造黑暗条件，以利于愈伤组织的生长，促进成活。

3. 嫁接操作技术

嫁接操作技术常是嫁接成败的关键。根据前述嫁接愈合过程及所需条件，嫁接操作技术要点包括：刀刃锋利，操作快速、准确；砧木与接穗切口平直光滑，接触面大，形成层相互吻合、紧贴无缝；捆扎要牢、密闭等。

三、嫁接的时间

嫁接可在植株休眠期进行，也可在生长期进行。

1. 休眠期嫁接

休眠期嫁接可分为春接和秋接。春接是在休眠期采集接穗，并于低温下贮藏，至翌年3月上中旬砧木树液开始流动后进行嫁接。此时砧木的形成层已开始活动，接穗的芽也将萌动，嫁接成活率最高。秋接在10月至12月初进行，嫁接后伤口当年愈合，翌春接穗抽枝。

2. 生长期嫁接

生长期嫁接主要为芽接，多在树液流动旺盛的夏季进行。7~8月是芽接的最适期，故又称夏接。此时枝条腋芽发育充实饱满，树皮易剥离。靠接也在生长季进行。

四、主要嫁接方法及操作要点

嫁接的方法很多，可根据不同的花卉种类、嫁接时间和气候条件选择不同的嫁接方法。常用的是枝接、芽接、根接和髓心接等。

(一)枝接

枝接是用带有一个芽或数个芽的枝段作为接穗进行嫁接的方法。常用的枝接方式有切接、劈接、舌接、插皮接、腹接和靠接等。枝接是嫁接的主要方法，其特点是成活率高，苗木生长快且健壮、整齐，当年即可成苗。

1. 切接

切接是目前花卉嫁接繁殖中应用较为广泛的一种方法，具有成活率高、苗木生长健壮、操作简便的优点。一般在3~4月进行。如图2-3-1所示，选定砧木，于离地面约10cm处水平截去上部，在横切面一侧用嫁接刀纵向下切约2cm，稍带木质部，露出形成层；然后把具有2~3个芽的接穗下端一侧削成长约2cm的斜面，并在其背侧0.5~1cm处斜削一刀；再将接穗长削面朝内插入砧木切口，使二者的形成层相互对齐；最后用塑料膜捆紧。

2. 劈接

劈接常于砧木与接穗大小相差较大(砧大穗小)的情况下使用，一般在3~4月进行。如图2-3-2所示，于离地面10cm左右处截去砧木上部，并在砧木横切面中央用嫁接刀垂直下切3cm；然后剪取长5~8cm的接穗，保留2~3个芽，接穗下端两侧削成长约2cm的楔形，保证两面削口长度一致；再对准砧木形成层插入接穗；最后用塑料膜扎紧。

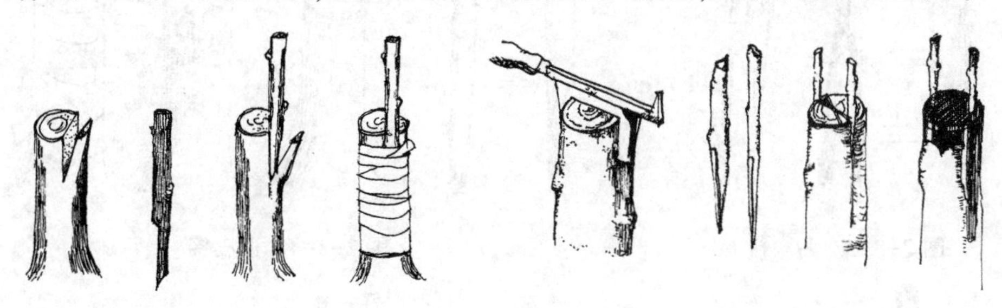

图2-3-1 切 接

图2-3-2 劈 接

3. 舌接

舌接多于砧木直径0.4~1.0cm、砧木与接穗粗度相近的情况下使用。该方法砧木与接穗形成层接触面大，接合牢固，所以愈合快，成活率较高。如图2-3-3所示，将砧木上端削成长3cm的削面，在削面由上往下1/3处向下切1cm左右的纵切口(呈舌状)；然后在接穗平滑处削长3cm的斜削面，在斜面由下往上1/3处切深1cm左右的纵切口；再将砧木与接穗的舌部互相插紧；最后绑扎起来。

4. 插皮接

插皮接适宜在砧木直径较大(2~3cm)、接穗较小(0.5~1cm)且砧木易剥皮的情况下使用。如图2-3-4所示，在距地面5~8cm处断砧，削平断面，选平滑处将砧木皮层划一个纵切口，长度为接穗长度的1/2~2/3；然后把接穗削成长3~4cm的单斜面，背面末端削成长0.5~0.8cm的小斜面或在背面的两侧再分别微微削去一刀；把接穗从砧木切口插入，使长削面朝向木质部，小斜面对准砧木切口正中，接穗上端注意“留白”(如果砧木较粗或皮层韧性较好，砧木也可不切口，直接将削好的接穗插入砧木皮层即可)；最后用塑料薄膜绑扎。

5. 腹接

腹接广泛用于植物的嫁接。由于嫁接时不解砧，嫁接后若发现不成活，可以多次进行补接。优点是接口愈合好，接位低，操作简单易行。

腹接又分为普通腹接及皮下腹接两种(图2-3-5)。普通腹接是将接穗削成偏楔形，长削面长3cm左右，削面要平而渐斜，背面削成长2.5cm左右的短削面；选择砧木，在适当的高度选平滑的一面自上而下深切，切口深达木质部，但切口下端不宜超过髓心，切口长度与接穗长削面长度相当；将接穗长削面朝内插入砧木切口，注意使二者形成层对齐；最后绑扎。皮下腹接是将砧木横切一刀，再竖切一刀，切口呈“T”字形；接穗长削面宜斜削，背面下端两侧向尖端各削一刀，以露白为度；撬开砧木皮层，插入接穗，绑扎即可。

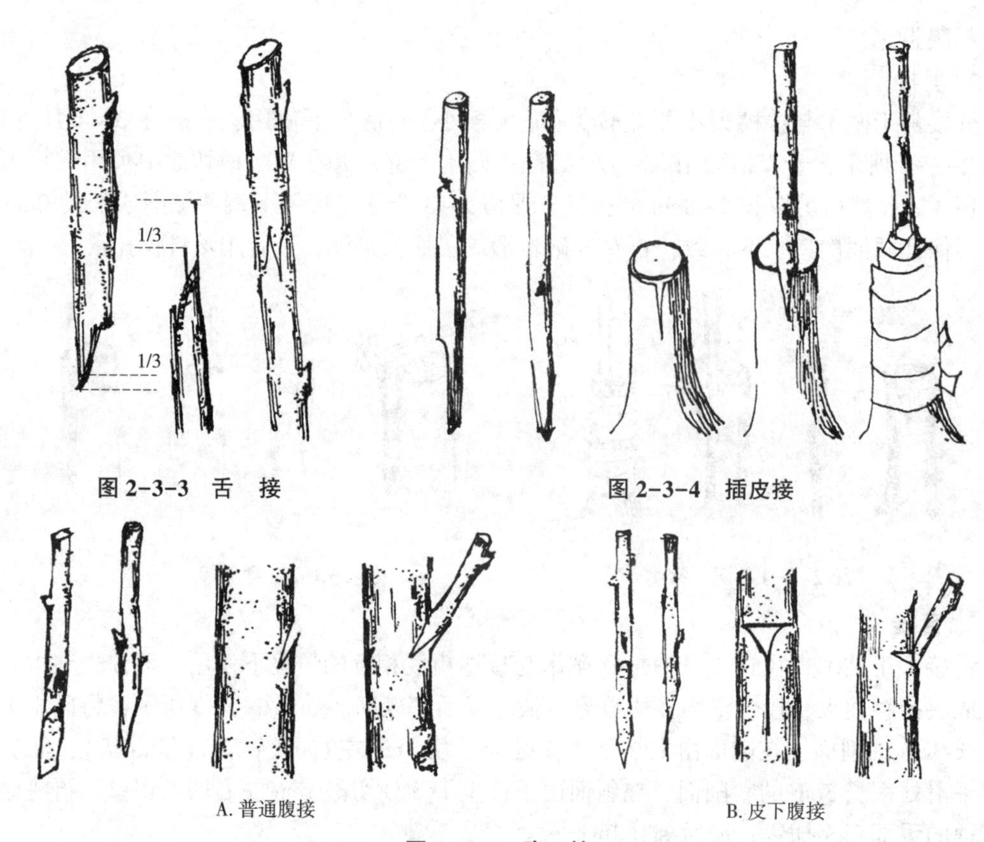

图 2-3-3　舌　接

图 2-3-4　插皮接

图 2-3-5　腹　接

6. 靠接

靠接的特点是嫁接成活前接穗并不切离母株，仍由母株供给水分和养分。此法适于用其他方法嫁接不易成活或贵重珍奇的花卉品种，应在生长期间进行，如图 2-3-6 所示，在两个植株茎上分别切出切面，深达木质部，然后使二者形成层紧贴，最后扎紧。成活后，将接穗截离母株，并截去砧木上部。

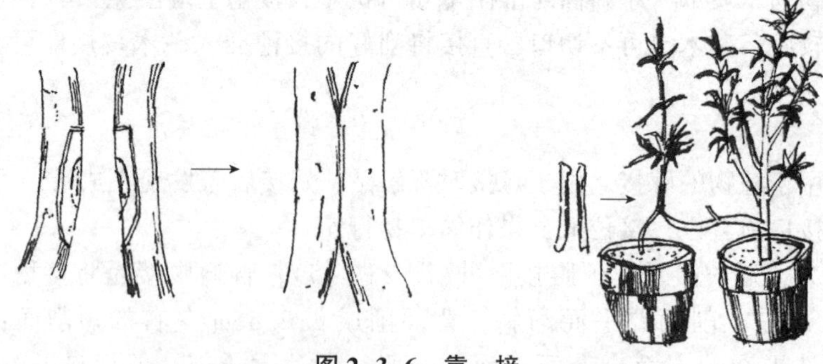

图 2-3-6　靠　接

（二）芽接

芽接是以芽片作为接穗进行嫁接的方法，多在砧木与接穗形成层细胞分裂旺盛、树液流动快和皮层易剥离时进行。该方法具有操作简单、接穗消耗少、成活率高、可以反复补接和接口愈合好等优点。常用的芽接方法有“T”字形芽接和嵌芽接两种。

1. “T”字形芽接

“T”字形芽接是目前花卉生产上应用较广的嫁接方法，操作简便、成活率高。如图2-3-7所示，选取枝条中部饱满的侧芽作为接穗，剪去叶片，保留叶柄，在芽上方0.5~0.7cm处横切一刀(深达木质部)，然后从芽下方约1cm处向上削去整个芽，连同叶柄一起取下；在砧木嫁接部位横切一刀(深达木质部)，然后从切口中间向下纵切一刀(长约3cm)，使切口呈“T”字形，再用小刀轻轻把皮层剥开；将芽片插入“T”字形切口内，将剥开的皮层合拢包住芽片，最后用塑料膜扎紧。

2. 嵌芽接

用刀在接穗的芽上方0.5~1cm处向下斜切一刀，深入木质部，长约1.5cm，然后在芽下方约0.5cm处呈30°斜切至与第一刀的切口相接；砧木的切法是在选好的部位自上而下稍带木质部削一个与接穗长、宽均相等的切面；将接穗插入砧木切口，使两侧形成层对齐，接穗上端略露一点砧木皮层；最后包扎好(图2-3-8)。

图2-3-7 “T”字形芽接　　图2-3-8 嵌芽接

(三)根接

根接是以根作为砧木的一种嫁接方法，多在砧木缺乏或需要获得大量根段时使用。一般在早春或秋季植株休眠时进行。如图2-3-9所示，先把母株的根部挖起，选择粗度与接穗相似的根段，洗净上部污泥，用干净的利刀削成楔形，然后把接穗的下端削成相应的形状，再将接穗插入砧木绑扎好。接穗一般选用当年生枝条，嫁接时切勿颠倒极性，同时要使砧木与接穗的形成层对齐(若接穗与砧木的粗细不同，要保证一侧的形成层对齐)。

(四)髓心接

髓心接是接穗与砧木以髓心接合的方式进行繁殖的嫁接方法，一般用于仙人掌类观赏植物(图2-3-10)。在温室内一年四季均可进行。常用的方法有平接和插接等。

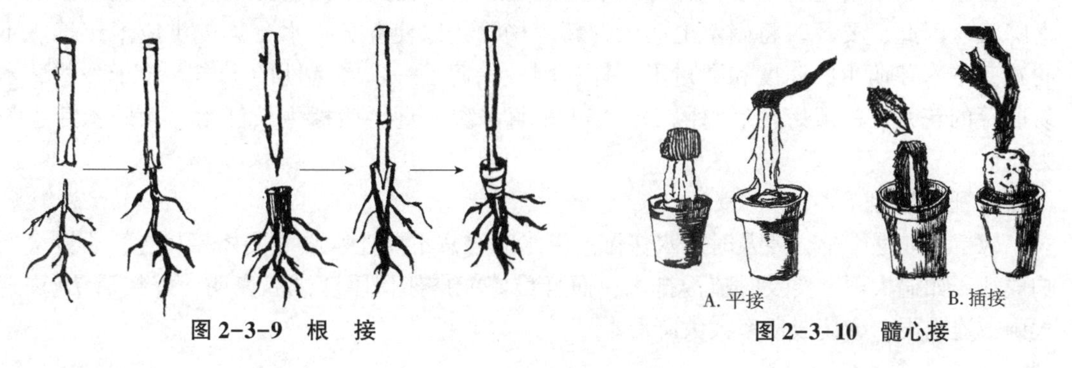

图2-3-9 根　接　　图2-3-10 髓心接

(1)平接

平接适用于柱状或球形的仙人掌。嫁接时用利刀将砧木上端横向截断，并将切面外缘削成斜面(防止积水)，然后在接穗基部平切一刀，再把砧木与接穗的切口对接在一起，使二者中间髓心对齐，最后用细绳连盆一起绑扎固定。

(2)插接

插接一般适用于蟹爪兰这类具有扁平茎节的花卉。嫁接时用利刀在砧木上横切去顶，然后在切面中央垂直向下切一个切口，接着将接穗下端两侧削去外皮，露出髓心，略呈楔形，再将接穗插入砧木的切口内，最后用细绳绑紧，或用针、刺横穿固定，使接穗与砧木的髓心部分紧密贴合。

五、嫁接后管理

嫁接后需要对嫁接苗悉心管理，这样才能保证有较高的成活率和植株品质。

1. 挑膜及补接

一般嫁接后5~20d即可看出接穗是否成活。如果接穗上的芽眼有萌动迹象，或砧木与接穗形成层处有愈伤组织形成，表明嫁接苗已经成活。这时需要对采用厚膜包扎且不露芽的嫁接苗用嫁接刀的刀尖在芽眼处轻轻挑一个小孔，以利于小芽穿膜而出。对于不成活的嫁接苗，要及时进行补接，以免延误嫁接时期，影响成活率。

2. 解绑

一般在嫁接成活后15~20d即可解绑。若解绑过早，嫁接口尚未完全愈合，容易造成接穗中途死亡；若解绑过晚，砧木与接穗过度增粗，薄膜容易勒陷入二者皮层内，阻断输导组织，引起嫁接口肿大。解绑时用嫁接刀或锋利的枝剪对薄膜轻轻纵切一刀割断即可。

芽接法解绑可适当提前，即嫁接后30~40d，看见芽片四周形成层愈合后就可解绑，过晚解绑会影响芽的萌发。

3. 剪砧

芽接法在解绑后应及时剪砧，以使养分、水分集中供应给接穗，促进其生长。剪砧可一次性剪除或分两次剪除。其中，一次性剪除是在芽上方1~2cm处将砧木剪断；分两次剪除是先在距芽较远的地方剪断上部砧木，待接穗长大增粗以后再在其上方1~2cm处剪断砧木。

4. 除萌

在花卉嫁接繁殖过程中，有时砧木芽萌发过多，会影响接穗芽的生长，使嫁接成活率降低。因此，要及时将砧木上萌生的新芽摘除，以使养分、水分集中供应给接穗。不同花卉砧木芽萌生的速度和数量不一样，因此除萌是一项经常性的工作。对于一些砧木易萌芽的花卉，一般嫁接后每隔10~15d除萌一次，直至接穗生长健壮，无砧木芽生长为止。

5. 肥水管理

嫁接后如遇干旱，要及时淋水保湿。淋水时注意不要让水喷洒到嫁接口上，否则会影响成活。如遇大雨，要及时疏沟排水，而且最好能搭架覆膜。试验表明，嫁接后7d内遇大雨或连阴雨，会使成活率大大降低。

任务实施

教师根据学校所处地域气候条件和学校实训条件，指导各任务小组开展实训。

1. 结合嫁接繁殖相关知识，选择 1～2 种花卉，完成嫁接繁殖方案设计，填写表2-3-1。

表 2-3-1 花卉嫁接繁殖方案

组别		成员	
花卉名称		作业时间	年 月 日至 年 月 日
作业地点			
方案概况	（目的、规模、技术等）		
材料准备			
技术路线			
关键技术			
计划进度	（可另附页）		
预期效果			
组织实施			

2. 完成花卉嫁接繁殖作业，填写表 2-3-2。

表 2-3-2 花卉嫁接繁殖作业记录表

组别		成员	
花卉名称		作业时间	年 月 日至 年 月 日
作业地点			
周数	时间	作业人员	作业内容（含嫁接苗生长情况观察）
第 1 周			
第 2 周			

（续）

周数	时间	作业人员	作业内容（含嫁接苗生长情况观察）
第3周			
第4周			
第5周			
……			

考核评价

根据表2-3-3进行考核评价。

表2-3-3　花卉嫁接繁殖考核评价表

成绩组成	评分项	评分标准	赋分	得分	备注
教师评分（70分）	方案制订	能根据学校教学条件、当地气候条件、季节正确选择嫁接繁殖的接穗和砧木	5		
		嫁接繁殖方案含技术路线、进度计划、嫁接后养护措施、预期效果、人员安排等	15		
	过程管理	能按照制订的方案有序开展花卉嫁接繁殖实践，人员安排合理，既有分工，又有合作，定期开展学习和讨论	10		
		管理措施正确，嫁接苗生长正常	10		
	成果评定	嫁接繁殖达到预期效果	20		
	总结报告	格式规范，关键技术表达清晰，问题分析有深度和广度	10		
组长评分（20分）	出谋划策	积极参与，查找资料，提出可行性建议	10		
	任务执行	认真完成组长安排的任务	10		
学生互评（10分）	成果评定	嫁接繁殖达到预期效果	5		
	总结报告	格式规范，关键技术表达清晰，问题分析有深度和广度	3		
	分享汇报	认真准备，PPT图文并茂，表达清楚	2		
总　分			100		

任务2-4　花卉压条繁殖和分生繁殖

任务目标

1. 了解压条繁殖和分生繁殖的原理。
2. 熟悉不同压条繁殖方法、不同分生繁殖方法的适用花卉种类。
3. 能够制订花卉压条繁殖和分生繁殖方案并付诸实施。

4. 能够正确选择适合压条繁殖的花卉植株及枝条。
5. 识别适合分生繁殖的花卉。
6. 熟练掌握不同压条方法的操作步骤。
7. 能够熟练进行分株、分球等操作，保证操作的规范性和正确性。
8. 会观察压条过程中生根的情况，判断是否成活。
9. 掌握分生繁殖后续养护管理要点，以提高分生繁殖的成功率。
10. 培养细致观察的能力，能及时发现问题。
11. 锻炼分析问题和解决问题的能力，不断总结经验。
12. 学会与他人交流分享经验和心得，共同进步。

任务描述

压条繁殖是将母株的部分枝条或茎蔓压埋入土中，待其生根后切离，从而成为独立植株的繁殖方法。分生繁殖是将植株分生出来的幼小植物体或一部分营养器官与母株分离，另行栽植，进而形成若干个独立新植株的繁殖方法。本任务首先学习压条繁殖和分生繁殖的基本原理、常用方法和适用情况，收集和整理不同花卉压条繁殖和分生繁殖成功案例相关资料，选择1~2种合适的花卉制订压条繁殖和分生繁殖方案。然后，进行压条繁殖和分生繁殖操作，定期观察压条部位的生根情况，对分生繁殖的花卉进行精心养护管理，记录相关数据和变化情况。最后，总结压条繁殖和分生繁殖的经验和技巧，与同学交流、分享。

工具材料

枝剪、铲子、花盆、喷水壶、基质等。

知识准备

一、压条繁殖

压条繁殖一般用于扦插难以生根的木本花卉或一些根蘖丛生的花灌木。优点是成活率高，操作简便，不需要特殊的养护条件，能保持母株的优良性状；缺点是繁殖系数较低。

(一)压条时间

在温暖地区，压条繁殖四季均可进行。在北方，压条繁殖多在春季或上半年进行，这样在入冬之前压埋的枝条或茎蔓有充足的时间形成完好的根系。在温室中，冬季也可对一些盆栽花卉进行压条繁殖。

(二)压条方法

压条方法一般有单枝压条法、波状压条法、连续压条法、壅土压条法和高空压条法等。为了促进生根，常将枝条的入土部分进行环剥、去皮、扭伤、缢扎等处理。

1. 单枝压条法

选用靠近地面且向外伸展的枝条，先进行扭伤、刻伤或环剥处理，然后压入土中，再覆土10~20cm，使枝条顶端部分露出地面。为了防止枝条弹出土面，可先在枝条下弯部分插入小木叉固定，再盖土压实(图2-4-1)。生根后与母株切离。石榴、夹竹桃、月季、大花马齿苋、金莲花等可用此法进行繁殖。

2. 波状压条法

波状压条法又称重复压条法，适于枝条长且容易弯曲的花卉。将枝条弯曲牵引到地面，在枝条上刻伤数处，将每一伤处弯曲后埋入土中，并用小木叉固定(图2-4-2)。当刻伤处生根后，与母株切离，即成为数个独立的植株。迎春花、葡萄、常春藤等可用此法进行繁殖。

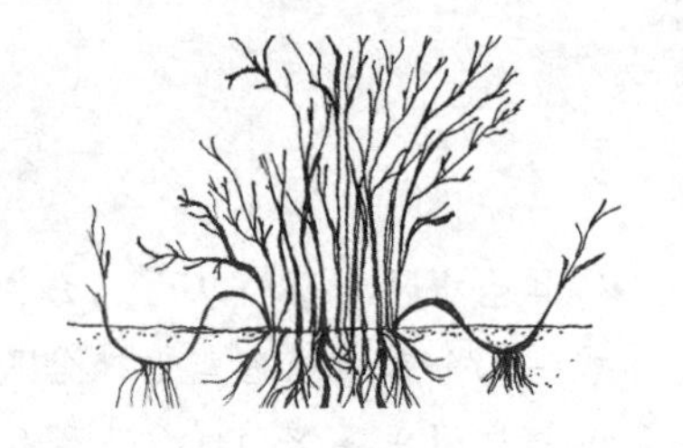

图2-4-1　单枝压条法

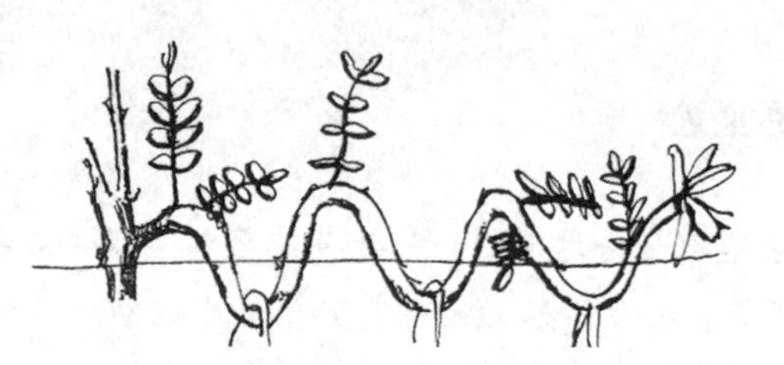

图2-4-2　波状压条法

3. 连续压条法

连续压条法又称水平压条法，多用于灌木类花卉。在母株一侧先挖较长的纵沟，然后把靠近地面的枝条节部略刻伤，再浅埋入沟内，枝条顶端露出地面。经过一段时间，埋入沟内的节部可萌发新根，不久节上的腋芽会萌发而顶出土面(图2-4-3)。待新萌发的小植株生长成熟后，用利刀深入土层从枝条的节间处切断，再经过半年以上的培养，即可起苗移栽。地锦、蔓性蔷薇等常用此法进行繁殖。

4. 壅土压条法

这种方法适于根蘖多、丛生性强、枝条硬直的花卉。将母株重剪，促使根部萌发分蘖。当萌蘖长至一定粗度时，将其基部刻伤，并在周围堆土呈馒头状。待萌蘖基部长出根系后切离，分别栽植(图2-4-4)。牡丹、木槿、紫荆、锦带花、大叶黄杨、侧柏、贴梗海棠等常用此法进行繁殖。

图2-4-3　连续压条法

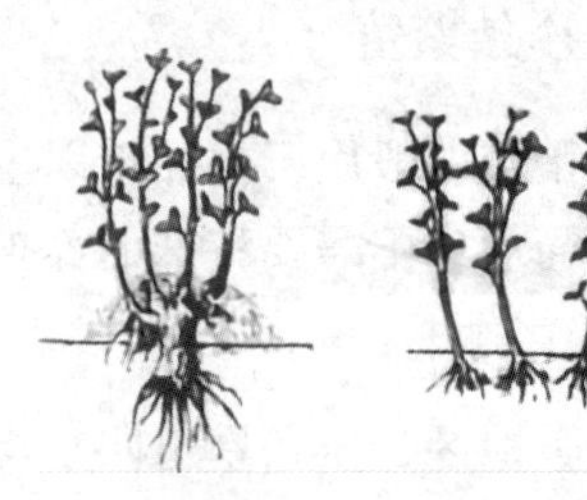

图2-4-4　壅土压条法

5. 高空压条法

这种方法适于小乔木状、枝条硬直的花卉。选择离地面高的枝条进行刻伤处理，然后套上瓦盆、竹筒、塑料袋等容器，内装苔藓或细土并保持湿润，30~50d可生根，切离后即可成为新的植株。米兰、杜鹃花、栀子、佛手、金橘、白兰等常用此法进行繁殖。

（三）压条后管理

压条后必须保持土壤湿润，并随时检查埋入土中的枝条或茎蔓是否露出地面。若露出地面，必须重新压埋；若情况良好，则尽量不要触动被压埋部位，以免影响生根。切离压条的时间视根的生长情况而定，压条必须具有良好的根系时才可切离。一般春季压条需要3~4个月的生根时间，待秋凉后再切离。初分离的新植株应特别注意养护，结合整形修剪适量去除部分枝叶，栽后注意及时浇水和适当遮阴。

二、分生繁殖

分生繁殖是简单、可靠的繁殖方法，成活率很高，成苗较快，但繁殖系数较低。花卉的分生繁殖主要采用分株繁殖和分球繁殖两种方法。

（一）分株繁殖

分株繁殖是将母株挖出或从盆中倒出，分割成带根和枝芽的小植株后分别栽植，使其成为新植株。许多宿根花卉常用，多在春、秋季进行。这种繁殖方法成苗快，分栽的植株几乎都能够当年开花。多用于丛生性较强的花灌木和萌蘖力较强的多年生草花。

1. 分株时间

(1) 落叶花木类

这类花卉的分株繁殖应在休眠期进行。南方可在秋季落叶后进行，这时空气湿度比较大，土壤易翻动。北方冬季寒冷，且有干燥风侵袭，秋后分株常造成枝条受冻抽干，成活率低，因此最好在开春土壤解冻而尚未萌芽时进行分株。

(2) 常绿花木类

这类花卉没有明显的休眠期，但无论在南方还是北方，它们在冬季大多停止生长而进入半休眠状态，这时树液流动缓慢，因此最好在春暖之前进行分株。而在北方温室过冬的花卉，多在移出温室之前或在移出温室后立即进行分株。

2. 分株繁殖类型

花卉的分株繁殖可分为2种类型。

(1) 丛生及萌蘖性木本花卉分株

不论是分离母株根际的萌蘖，还是将成株花卉分成数株，分出的植株都必须是具有根和茎的完整植株。如牡丹、蜡梅、月季、兰花等丛生性和萌蘖性的花卉，挖起植株酌量分丛；蔷薇、凌霄、金银花等，则从母株旁分割带根枝条。

(2) 宿根类草本花卉分株

宿根类草本花卉，如鸢尾、玉簪、菊花等，地栽3~4年后，株丛就会过大，需要分割株丛重新栽植。分株通常在春、秋两季进行。先将整个株丛挖起，抖掉泥土，在易于分开处用刀分割成数丛，每丛3~5个芽，以利于分栽后能迅速形成丰满株丛。

3. 不同花卉分株繁殖方法

(1) 露地花卉

将母株株丛挖出，尽可能地多带根系，然后将株丛用利刀或斧头分成数丛再分别种下即可。一些灌木类和藤本花卉如金银花、凌霄等，萌蘖力较强，在母株株丛的四周常萌发出许多幼小的株丛，则挖出幼小株丛另栽即可，但需在花圃内培育1年再出圃。

(2) 盆栽花卉

先把母株从盆内脱出，抖掉大部分泥土，然后找出每个萌蘖根系的延伸方向，解开团根，注意尽量少伤根系，再用刀把分蘖苗和母株连接的部分割开，并对根系进行修剪，剔除老根及病根，最后上盆栽植。分株后立即浇水，放在荫棚下一段时间后进行正常养护管理。

(3) 多肉多浆花卉

分株繁殖在多肉多浆花卉中应用较多，如芦荟、虎尾兰、条纹十二卷、金琥等。这些花卉常常在根部或植株上长出许多幼小的植株，这些小植株很快就能长成与母株同样形状并长出自己的根系，将它们连根掰下单独种植即可。

(二) 分球繁殖

大部分球根类花卉的地下部分分生能力很强，每年都能长出一些新的球根，用这些球根进行繁殖，方法简便，开花早。花卉的分球繁殖主要有以下5种类型。

1. 球茎类

唐菖蒲、小苍兰等花卉的球茎分生能力很强，开花后在老球茎干枯的同时，能分生出若干大小不等的新球茎。其中，大球茎第二年分栽后，当年即可开花，而小球茎则需要培养2~3年才能开花。这些球茎还能继续分生出更小的球茎，进行条播后，能够逐渐长成大球茎。

2. 鳞茎类

鳞茎是变态的地下茎，具有鳞茎盘，上面着生肥厚多肉的鳞片而呈球状。每年从老球基部的鳞茎盘上分生出新球，抱合在母球上，把这些新球分开另栽，可以培养成大球。鳞茎根据其外层膜状皮的有无可以分为有皮鳞茎和无皮鳞茎两种，如郁金香、风信子、水仙、石蒜等的鳞茎是有皮鳞茎，百合、贝母等的鳞茎是无皮鳞茎。

3. 块茎类

芽着生在块茎顶端的花卉，如仙客来、马蹄莲、球根海棠、白头翁等，繁殖时，将块茎切开，使每一份切块都具有芽和块茎，然后分别栽培即可。

4. 根茎类

一些花卉具有肥大且粗长的根状变态茎，其节上可生根，并发出侧芽，只需切离后种植即可成为新的植株，如美人蕉、荷花等。

5. 块根类

块根是由地下的根膨大变态而成。块根上没有芽，芽都着生在接近地表的根颈处，因此单纯栽一个块根不能萌发新株，分割时需要带有一部分根颈才能形成新的植株，如大丽花、花毛茛等。

(三) 其他分生繁殖方法

除上述分株与分球繁殖方法外，实际生产中还常常用到下列植物营养器官进行繁殖。

1. 根蘖

根蘖是从根上长出不定芽伸出地面而形成的小植株，将其切下栽植，就能长成一株独立的植株，如萱草等。

2. 吸芽

吸芽是植物根部或地上茎叶腋间自然发生的呈莲座状的短枝。吸芽可自然生根，采下种植即可长成新的植株，如景天、凤梨等。

3. 珠芽及零余子

珠芽及零余子是某些植物所具有的特殊形式的芽，生于叶腋间或花序中，如百合、卷丹、观赏葱、薯蓣等。珠芽及零余子脱离母株后自然落地即可生根。

4. 走茎

走茎是一种变态茎，自叶丛抽生出来，节间较长，节上着生叶、花和不定根，如虎耳草、吊兰等。将走茎截断栽入基质中，节上就可以长出一个新的植株。

小贴士

花卉分生繁殖注意事项

在实际生产过程中，对花卉进行分生繁殖需要注意以下几点：

(1) 操作过程中要随时检查有无病虫害，一旦发现病虫害，立即销毁，或彻底消毒繁殖材料后再栽培。

(2) 在栽培前，切割伤口可用草木灰或硫黄粉加以处理，防止腐烂。

(3) 春季进行分生繁殖时注意土壤保墒，避免栽植后植株被风抽干。

(4) 秋、冬季进行分生繁殖时注意防冻害。

(5) 利用走茎繁殖时要保证植株根、茎、叶的完整性。

任务实施

教师根据学校所处地域气候条件和学校实训条件，指导各任务小组开展实训。

1. 结合压条繁殖相关知识，选择 1 种花卉进行压条繁殖方案设计，填写表 2-4-1。

表 2-4-1 花卉压条繁殖方案

组别		成员	
花卉名称		作业时间	年 月 日至 年 月 日
作业地点			
方案概况	（目的、规模、技术等）		
材料准备			
技术路线			
关键技术			

（续）

计划进度	（可另附页）
预期效果	
组织实施	

2. 结合分株繁殖相关知识，选择1种花卉进行分株繁殖方案设计，填写表2-4-2。

表2-4-2　花卉分株繁殖方案

组别		成员	
花卉名称		作业时间	年　月　日至　年　月　日
作业地点			
方案概况	（目的、规模、技术等）		
材料准备			
技术路线			
关键技术			
计划进度	（可另附页）		
预期效果			
组织实施			

3. 结合分球繁殖相关知识，选择1种花卉进行分球繁殖方案设计，填写表2-4-3。

表2-4-3　花卉分球繁殖方案

组别		成员	
花卉名称		作业时间	年　月　日至　年　月　日
作业地点			
方案概况	（目的、规模、技术等）		
材料准备			

（续）

技术路线	
关键技术	
计划进度	（可另附页）
预期效果	
组织实施	

4. 完成花卉压条繁殖和分生繁殖生长观察和养护作业，填写表2-4-4至表2-4-6。

表2-4-4 花卉压条繁殖作业记录表

组别		成员	
花卉名称		作业时间	年 月 日至 年 月 日
作业地点			
周数	时间	作业人员	作业内容（含生长情况观察）
第1周			
第2周			
第3周			
第4周			
第5周			
第6周			
第7周			
第8周			
……			

表2-4-5 花卉分株繁殖作业记录表

组别		成员	
花卉名称		作业时间	年 月 日至 年 月 日
作业地点			
周数	时间	作业人员	作业内容（含生长情况观察）
第1周			
第2周			
第3周			
第4周			
……			

表 2-4-6　花卉分球繁殖作业记录表

组别		成员	
花卉名称		作业时间	年　月　日至　年　月　日
作业地点			
周数	时间	作业人员	作业内容(含生长情况观察)
第 1 周			
第 2 周			
第 3 周			
第 4 周			
……			

考核评价

根据表 2-4-7 进行考核评价。

表 2-4-7　花卉压条繁殖和分生繁殖考核评价表

成绩组成	评分项	评分标准	赋分	得分	备注
教师评分（70 分）	方案制订	花卉压条繁殖和分生繁殖方案包含技术路线(5 分)、关键技术(5 分)、进度计划(5 分)、预期效果(2 分)、人员安排(3 分)等	20		
		能按照制订的方案有序开展花卉压条繁殖和分生繁殖，人员安排合理，既有分工，又有合作，定期开展学习和讨论	10		
	过程管理	管理措施正确，如期完成压条繁殖和分生繁殖	10		
	成果评定	花卉压条繁殖和分生繁殖达到预期效果	20		
	总结报告	格式规范，关键技术表达清晰，问题分析有深度和广度	10		
组长评分（20 分）	出谋划策	积极参与，查找资料，提出可行性建议	10		
	任务执行	认真完成组长安排的任务	10		
学生互评（10 分）	成果评定	花卉压条繁殖和分生繁殖达到预期效果	5		
	总结报告	格式规范，关键技术表达清晰，问题分析有深度和广度	3		
	分享汇报	认真准备，PPT 图文并茂，表达清晰	2		
总　分			100		

巩固训练

一、名词解释

1. 有性繁殖　2. 无性繁殖　3. 实生苗　4. 扦插　5. 硬枝扦插　6. 嫩枝扦插　7. 嫁接

8. 接穗　9. 砧木　10. 嫁接苗　11. 压条繁殖　12. 分生繁殖

二、填空题

1. 花卉种子的主要贮藏方法有________、________、________。

2. 为了保证花卉种子萌发迅速、整齐，常用的处理方法有________、________、________。

3. 根据生根的难易，可将花卉分成________、________、________3类。

4. 根据插穗的来源，扦插繁殖可分为________、________、________和________等。

5. 花卉常用的嫁接方法有________、________、________和________等。

6. 压条主要有________、________、________、________和________等方法。

7. 花卉的分生繁殖主要采用________和________两种方法。

三、选择题

1. 下列花卉繁殖方式属于有性繁殖的是(　　)。

A. 分株繁殖　B. 嫁接繁殖　C. 种子繁殖　D. 扦插繁殖

2. 月季常用的繁殖方法不包括(　　)。

A. 压条繁殖　B. 孢子繁殖　C. 扦插繁殖　D. 嫁接繁殖

3. 菊花主要通过(　　)进行繁殖。

A. 播种　B. 分株　C. 组织培养　D. 根插

4. 以下花卉中，通常采用鳞茎繁殖的是(　　)。

A. 郁金香　B. 香石竹　C. 向日葵　D. 一串红

5. 植物组织培养属于(　　)。

A. 无性繁殖　B. 有性繁殖　C. 孢子繁殖　D. 营养繁殖

6. 百合的繁殖方式一般不包括(　　)。

A. 球茎繁殖　B. 叶插繁殖　C. 珠芽繁殖　D. 鳞片扦插繁殖

7. 能快速获得大量性状一致植株的花卉繁殖方法是(　　)。

A. 播种繁殖　B. 分株繁殖　C. 组织培养　D. 压条繁殖

8. 仙人掌类常用的繁殖方法是(　　)。

A. 茎插繁殖　B. 叶插繁殖　C. 分株繁殖　D. 播种繁殖

9. 下列花卉中，适合用叶插法繁殖的是(　　)。

A. 牡丹　B. 长寿花　C. 桂花　D. 荷花

10. 朱顶红通常采用(　　)。

A. 播种繁殖　B. 分球繁殖　C. 根插繁殖　D. 茎尖培养繁殖

四、判断题

1. 所有花卉都可以通过种子繁殖。(　　)

2. 嫁接繁殖属于无性繁殖方式。(　　)

3. 分株繁殖时，分离的植株越大，越容易成活。(　　)

4. 采用播种繁殖的花卉，其后代一定能保持亲本的优良性状。(　　)
5. 压条繁殖只能在春季进行。(　　)
6. 仙人掌类不能采用扦插繁殖。(　　)
7. 花卉的孢子繁殖是有性生殖。(　　)
8. 百合可以通过鳞茎繁殖。(　　)
9. 用叶插法繁殖的花卉，叶片必须带有叶柄。(　　)

五、简答题

1. 影响种子寿命的因素有哪些？
2. 播种繁殖的技术要点有哪些？
3. 简述穴盘育苗的流程。
4. 简述影响花卉扦插成活的因素。
5. 花卉扦插能够促进生根的方法有哪些？
6. 简述影响花卉嫁接成活的主要因素。
7. 怎样提高花卉嫁接的成活率？
8. 简述压条后的管理措施。
9. 简述硬枝扦插的技术要点。

数字资源

项目3 花卉露地栽培与养护

项目描述

花卉露地栽培是指在露地环境下进行花卉的种植和培育。它是将花卉种子或幼苗种植在自然的土壤中，利用自然的光照、温度、湿度、降水等，配合适当的栽培管理措施，如整地、施肥、浇水、中耕除草、病虫害防治等，使花卉在露天环境中生长、发育、开花、结果的过程。这种栽培方式相对传统和常见，具有成本较低、更接近自然生态等特点。本项目通过理论学习、制订露地花卉栽培与养护方案并付诸实践操作等多元化的学习方式，掌握不同类型花卉的生长特点及对环境条件的要求，以及播种、移栽、定植、浇水、施肥、整形修剪、病虫害防治等花卉露地生产相关技能。

学习目标

知识目标

1. 了解常见露地栽培花卉的种类、品种及其生物学特性。
2. 掌握不同露地栽培花卉对土壤质地、肥力、酸碱度等的要求。
3. 熟悉花卉露地栽培过程中整地、作畦、播种、定植、浇水等各项操作的要点。
4. 知晓露地栽培花卉施肥的种类、时期、方法以及与花卉生长的关系。
5. 掌握露地栽培花卉常见病虫害的种类、症状及防治方法。
6. 理解露地栽培花卉整形修剪的目的和基本方法。
7. 懂得露地栽培花卉花期调控的基本原理和常用方法。
8. 了解花卉露地栽培中耕除草的重要性及常用除草措施。

技能目标

1. 能够准确、熟练地进行露地栽培花卉的播种及幼苗移栽，确保成活率。
2. 能够判断土壤水肥状况并合理开展土壤管理。
3. 能够对露地栽培花卉进行整形和修剪，以促进花卉健壮生长和形成良好的株形。

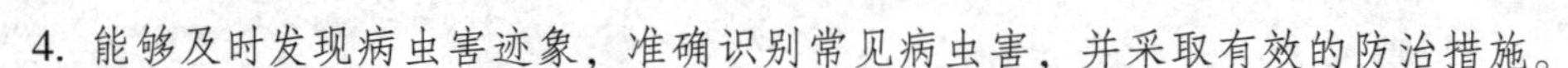

4. 能够及时发现病虫害迹象，准确识别常见病虫害，并采取有效的防治措施。
5. 能够适当调控露地栽培花卉的花期，以满足市场的用花需求。
6. 能够结合花卉生长特点和栽培环境，进行花卉露地栽培与养护方案设计。

素质目标

1. 培养耐心与细致的工作态度，增强责任感。
2. 提升环保意识，懂得合理利用资源，保护栽培环境，促进生态平衡。
3. 通过对花卉的搭配、布局等，培养对美的感受和创造能力。
4. 通过与他人共同完成花卉露地栽培与养护项目，学会沟通与合作。

任务3-1 一、二年生花卉露地栽培与养护

任务目标

1. 熟悉一、二年生花卉的常见种类及其生物学特性。
2. 掌握不同一、二年生花卉对土壤、光照、温度、水分等环境条件的要求。
3. 知晓一、二年生花卉露地栽培与养护的各个环节，包括播种、移栽、定植、浇水、施肥、常见病虫害防治等。
4. 能根据立地条件、季节等因素制订一、二年生花卉栽培与养护方案并付诸实践。
5. 培养耐心与细心。
6. 培养分析问题和解决问题的能力。
7. 学会与他人交流分享经验和心得，促进共同进步。

任务描述

本任务首先深入学习一、二年生花卉露地栽培与养护的理论知识，了解花卉的品种特性和适宜生长环境，并根据学校现有条件，选择1~2种一、二年生花卉，制订露地栽培与养护方案。然后，进行一、二年生花卉露地栽培与养护，如按照正确的方法进行整地、施肥、放样、播种，对需要移栽的幼苗进行移栽，持续对栽培的一、二年生花卉进行浇水、施肥、中耕除草、修剪、病虫害防治等养护管理，并记录采取的养护管理措施及一、二年生花卉的生长发育状况。最后，对一、二年生花卉露地栽培与养护效果进行评估和经验总结，制作PPT进行分享汇报。

工具材料

花卉种子等繁殖材料；铁锹、花铲、播种器、喷水壶；直尺、铅笔、笔记本；肥料、杀菌剂等。

知识准备

一、一、二年生花卉的栽培特点及要求

一年生花卉多数原产于热带或亚热带，一般不耐0℃以下低温。其从播种、生长、开花到结实的整个生命活动过程在一年内完成，如一串红、鸡冠花、百日草、万寿菊、彩叶草、半边莲、翠菊、牵牛花等。一年生花卉一般春播，夏、秋开花结实，入冬前死亡，故又名春播花卉。二年生花卉多原产于温带或寒冷地区，喜冷凉，不耐高温。其生活周期经两年或两个生长季节才能完成，即播种后第一年仅形成营养器官，翌年开花结实而后死亡，如石竹、羽衣甘蓝、大花三色堇、瓜叶菊、金盏菊、金鱼草等。二年生花卉常在秋季播种，翌年春、夏开花，苗期要求短日照，在0~10℃低温下通过春化阶段，在长日照下开花。

二、常见一、二年生花卉露地栽培与养护案例

(一)一串红

一串红(*Salvia splendens*)为唇形科鼠尾草属植物(图3-1-1)。茎四棱形、直立、光滑，株高30~80cm。叶对生，卵形，长4~8cm，宽2.5~6.5cm，顶端渐尖，基部圆形，边缘有锯齿。轮伞状总状花序着生于枝顶；花冠唇形，红色，冠筒伸出萼外，长3.5~5cm，外面有红色柔毛，筒内无毛环；花萼钟形，长11~22mm，宿存，与花冠同色，变种花色有白色、粉色、紫色等。小坚果卵形，有3棱，平滑。花期7月至霜降，果熟期10~11月。

图3-1-1 一串红

原产于巴西，我国各地广泛栽培应用。

1. 种类和品种类型

(1)同属观赏种

红花鼠尾草(*S. coccinea*) 其中‘红夫人’(‘Lady in Red’)花鲜红色；‘珊瑚仙女’(‘Coral Nymph’)为花萼橙红、花冠白色的双色种；‘雪仙女’(‘Snow Nymph’)花萼和花冠均为纯白色。

粉萼鼠尾草(*S. farinacea*) 其中‘银白’(‘Silver White’)花白色；‘阶层’(‘Strata’)花萼白色，花冠蓝色，播种至开花需85~90d；‘维多利亚’(‘Victoria’)花萼和花冠均为深紫色。

(2)常见品种

萨尔萨(Salsa)系列，其中双色品种较为著名，‘玫瑰红双色’(‘Rose Bicolor’)、‘橙红双色’(‘Salmon Bicolor’)非常诱人，从播种至开花仅60~70d。赛兹勒(Sizzler)系列，是目前欧洲最流行的品种，多次获英国皇家园艺学会品种奖，其中‘勃艮第’(‘Burgundy’)、‘奥奇德’(‘Orchid’)等在国际上十分流行，具有花序丰满、色彩鲜艳、矮生性强、分枝

性好、早花等特点。绝代佳人（Cleopatra）系列，株高30cm，分枝性好，花色有白色、粉色、玫瑰红色、深红色、淡紫色等，株高10cm开始开花。'火焰'（'Blaze of Fire'），株高30~40cm，早花品种，花期长，从播种至开花55d左右。另外，还有'红景'（'Red Vista'）、'红箭'（'Red Arrow'）和'长生鸟'（'Phoenix'）等矮生品种。

2. 生态学特性

喜温暖和阳光充足环境，耐半阴。对光周期反应敏感，具短日照习性。不耐寒，忌霜雪和高温。怕积水和碱性土壤，适宜于pH 5.5~6.0的土壤中生长。

3. 繁殖方法

以播种繁殖为主，也可采用扦插繁殖。

（1）播种繁殖

播种于3月至6月上旬均可进行，湿度保持在20℃左右，约12d就可发芽。工厂化穴盘育苗，催芽室温度须在21℃以上，发芽快而且整齐。低于20℃，发芽势明显下降。另外，一串红种子为喜光性种子，播种后无须覆土，用轻质蛭石撒放在种子周围，既不影响透光，又起保湿作用，可提高发芽率（一般发芽率达到85%~90%）和整齐度。

（2）扦插繁殖

扦插时间以5~8月为好。选择长10cm的粗壮、充实的枝条，插入消毒后的腐叶土中，土温保持20℃，10d后可生根，20d后可移栽。

4. 栽培与养护技术要点

（1）水肥管理

培养土内要施足基肥。生长前期不宜多浇水，可每2d浇一次，以免叶片发黄、脱落。进入生长旺期，可适当增加浇水量，开始施追肥，每月施2次，使开花茂盛，延长花期。

（2）整形修剪

当幼苗长出4片叶子时开始摘心，以促进植株多分枝。一般可摘心3~4次。

（3）病虫害防治

一串红栽培过程中要注意空气流通，否则易发生腐烂病、叶斑病和霜霉病。一旦发病，可用65%代森锌可湿性粉剂500倍液喷洒。

虫害方面，易受蚜虫、红蜘蛛等侵害，可用40%乐果1500倍液喷洒防治。部分地区还常发生银纹夜蛾和粉虱危害，可用10%二氯苯醚菊酯乳油2000倍液喷杀。

图3-1-2　鸡冠花

（二）鸡冠花

鸡冠花（*Celosia cristata*）为苋科青葙属一年生草本植物（图3-1-2）。茎直立、粗壮，株高20~150cm。叶互生，长卵形或卵状披针形，叶色有深红、翠绿、黄绿、红绿等多种颜色。肉穗状花序顶生，形似鸡冠，扁平而厚软，呈扇形、肾形、扁球形等；花色丰富多彩，有紫色、橙黄色、白色、红黄相杂色等。种子细小，呈紫黑色，藏于花冠茸毛内。花期较长，7~12月。

原产于非洲、美洲热带和印度，世界各地广为栽培。

1. 品种类型

鸡冠花品种较多，可分为高、中、矮3种类型。高茎品种可用于花境，点缀树丛外缘，或作切花、干花材料等。矮生品种花序形状有鸡冠状、火炬状、绒球状、羽毛状、扇面状等，花色有鲜红色、橙黄色、暗红色、紫色、白色、红黄相间等，叶色有深红色、翠绿色、黄绿色、红绿色等，极其好看，为夏、秋季常用的花坛用花，也用于盆栽观赏。常见品种有：

'宝石盆'('Jewel box') 株高10~15cm。花冠10~15cm。

'奥林匹克'('Olympia') 株高20cm。花鲜红色。

'珍宝箱'('Treasure chest') 株高20cm。花序大，25cm。

'威望'('Prestige') 花宽8~9cm，鲜红色。

'火球'('Fire ball') 花冠大，圆球形，鲜红色。耐高温性强。

'杏黄白兰地'('Apricot brandy') 株高30cm。花穗紧密，橙黄色。

'城堡'('Castle') 株高30cm。穗状花序圆锥形。

'火花'('Sparkler') 株高20~30cm，多花型。

'世纪'('Century') 早花品种，花色有红色、黄色等，从播种到开花需50d。

'和服'('Kimono') 株高20cm。穗状花序，有橙色、红色、玫瑰红色、黄色、鲜红色等。

'青箱'('Celosia argentea') 花色有深红色、粉红色、淡红色等。

2. 生态学特性

喜阳光充足，不耐霜冻。喜疏松、肥沃和排水良好的土壤。怕干旱，不耐涝。

3. 繁殖方法

采用播种繁殖，于4~5月进行，以气温20~25℃时为好。播种前，可在苗床中施一些饼肥或厩肥、堆肥作基肥，要使苗床中土壤保持湿润。鸡冠花种子细小，播种时应在种子中掺入一些细土进行撒播，播后覆土2~3mm即可，不宜过厚。可用细眼喷壶喷些水，再给苗床遮阴，2周内不要浇水，一般7~10d可出苗。待苗长出3~4片真叶时可间苗一次，拔除一些弱苗、过密苗。苗高5~6cm时应带根部土移栽定植。

4. 栽培与养护技术要点

(1)水肥管理

生长期间，应保持土壤湿润，尤其炎夏应注意充分灌水，但雨季要注意排涝，否则易死苗。鸡冠花喜肥，基肥要充足，生长期再追施1~2次肥。

(2)光温管理和植株管理

花期要求通风良好，气候凉爽并稍遮阴可延长花期。植株高大的品种，应在花期设立支柱防止倒伏。

(3)病虫害防治

①根腐病 鸡冠花幼苗期易发生根腐病，可用生石灰撒施防治。

②褐斑病 是鸡冠花常见的一种病害，主要发生在叶片、茎部或根部。发病初期呈现浅黄色小点，后扩展成近圆形或椭圆形的病斑，中央呈浅褐色并有不太明显的同心轮纹。发病初期可用25%多菌灵可湿性粉剂300~600倍液或50%甲基硫菌灵800~1000倍液喷雾防治，每隔7~10d喷药一次。

③炭疽病　鸡冠花在我国南方地区种植还会发生严重的炭疽病，主要危害叶片。需注意排水，发病初期及时摘除病叶，收集病叶、病株并集中烧毁，以减少侵染源；发病期用50%炭疽福美可湿性粉剂500倍液和75%百菌清可湿性粉剂600~800倍液轮换喷雾防治。

（三）万寿菊

万寿菊(*Tagetes erecta*)别名臭芙蓉、万寿灯、蜂窝菊、臭菊花、蝎子菊，为菊科万寿菊属一年生草本植物(图3-1-3)。茎直立、粗壮，多分枝，株高约80cm。叶对生或互生，羽状全裂；裂片披针形或长矩圆形，有锯齿；叶缘背面具油腺点，有强臭味。头状花序单生，有时全为舌状花，直径5~10cm；舌状花有长爪，边缘皱曲；花黄色、黄绿色或橘黄色。瘦果线形，有冠毛。花期6~10月。

图3-1-3　万寿菊

原产于墨西哥，各地广泛栽培。可栽培于庭院供观赏，或布置花坛、花境，或作切花。

1. 品种类型

万寿菊栽培品种多，有皱瓣、宽瓣、高型、大花等类型。

(1)印卡系列

该系列植株中等，叶形优美，颜色深绿。花朵大，花色有橙色、黄色、金色。开花早，在整个夏季都能开花。

(2)金币系列

该系列的株型较大，生长旺盛。花色有金色、深金色、黄色和橙色4种。可用于绿化，也可作切花。

(3)丰富系列

该系列的花期相对较晚，在夏季生长较好。花色有橙色、金色、黄色，花期长，开花量大。

(4)甜奶系列

该系列是漂流白雪系列的改良品种，生长状态更好，株形整齐、饱满，开花量更大。花色为白色，非常少见。适合作花坛用花和镶边植物材料。

(5)发现系列

该系列植株矮壮，开花早，花期长，花色有橙色、黄色。抗性很强，耐热和抗倒伏能力好。该系列十分常见，一般绿化带种植的万寿菊都是该系列。

(6)安提瓜系列

该系列株形非常匀称，覆盖率比较大，种植后60d就可以开花，花朵为重瓣，花型较大，花色有金色、橙色、黄色、淡黄色。

2. 生态学特性

喜阳光充足的环境，耐寒。耐干旱，在多湿气候下生长不良。对土壤要求不严，但以肥沃、疏松、排水良好的土壤为好。

3. 繁殖方法

采用播种繁殖或扦插繁殖。

(1)播种繁殖

3月下旬至4月初播种，发芽适温15~20℃，播后1周出苗。待苗长到高5cm时，进行一次移栽。待苗长出7~8片真叶时，进行定植，株行距30~35cm。

(2)扦插繁殖

扦插宜在5~6月进行。从母株剪取长8~12cm的嫩枝作插穗，去掉下部叶片，插入盆土中。每盆插3株，插后浇足水，略加遮阴，2周后可生根。

4. 栽培与养护技术要点

(1)移栽

当苗茎粗0.3cm、株高15~20cm、出现3~4对真叶时，即可移栽。

(2)养护技术

①田间管理　移栽后要浅锄保墒。当苗高25~30cm、出现少量分枝时，从垄沟取土于植株基部，以促发不定根，防止倒伏，同时抑制膜下杂草的生长。培土后根据土壤墒情进行浇水，每次浇水量不宜过大，保持土壤间干间湿。定植后到开花前，每20d施肥一次。

②整形修剪　长出6~7片真叶时，留4~5片叶摘心，促使分枝。

③病虫害防治

猝倒病　发病初期，可用多菌灵等药剂进行防治。

立枯病　注意土壤消毒。发病时及时清除病株，并用甲基硫菌灵等药剂处理土壤。

蚜虫　可使用吡虫啉等杀虫剂进行喷雾防治。

红蜘蛛　可用哒螨灵等药剂进行喷雾防治。

在防治病虫害时，要注意保持种植环境通风良好，合理施肥浇水，以增强植株的抵抗力。同时要定期巡查，做到早发现早防治。

(3)花期调控技术

要让万寿菊一年四季都开花，宜选用一年四季都能开花和生育期较短的优良杂交一代，分批、分期播种。从4月下旬气温转暖并稳定在18℃以上时开始，每隔15d播种一批，直至7月中下旬为止。若想让万寿菊在国庆节盛开，可在6月中旬播种。7月1~15日剪取万寿菊侧芽扦插于肥沃砂壤地，15~20d即可生根发芽，成活率可达90%~98%，8月中旬定植或栽植于花盆，多数植株国庆节可开花。

若到离预期花期3周尚未见花蕾，应对叶片喷洒0.1%~0.2%磷酸二氢钾溶液，每隔3d喷一次，共喷4次；也可每周浇施此溶液2次，以促进开花。当发现植株提早现蕾时，应及时移栽一次，经此断根处理，可延迟开花6~8d。对万寿菊成株叶面喷洒500~1500mg/L丁酰肼溶液，有矮化植株和提前3~5d开花的作用。对万寿菊成株按产品使用说明书要求叶面喷洒脱落酸溶液，可延迟开花5~7d。

(四)彩叶草

彩叶草(*Coleus blumei*)别名五色草、洋紫苏、锦紫苏，为唇形科彩叶草属多年生草本植物(图3-1-4)。老株可长成亚灌木状，但株形

图3-1-4　彩叶草

不美观，观赏价值低，故多作一、二年生栽培。株高50~80cm，栽培苗多控制在30cm以下。全株有毛，茎为四棱形，基部木质化。单叶对生，叶可长达15cm，卵圆形，先端长渐尖，边缘具钝齿牙，叶面绿色，有淡黄、桃红、朱红、紫等色彩鲜艳的斑纹。顶生总状花序，花小，浅蓝色或浅紫色。小坚果平滑，有光泽。

原产于爪哇，是应用较广的观叶花卉，可作小型观叶盆栽花卉陈设，也可用于配置图案花坛，还可作为花篮、花束的配叶。

1. 种类

变种有：

五色彩叶草(*Coleus blumei* var. *verschaffeltii*) 叶片有淡黄、桃红、朱红、暗红等色斑纹，长势强健。

叶型变化的有：

黄绿叶型(Chartreuse Type) 叶小，黄绿色。矮性分枝多。

皱边型(Fringed Type) 叶缘裂而波状皱褶。

大叶型(Large-Leaved Type) 植株高大，分枝少。具大型卵圆形叶，叶面凹凸不平。

2. 生态学特性

喜阳光充足的环境，但又能耐半阴。喜温暖，不耐寒，生长适温为20~25℃，越冬气温不宜低于5℃。要求栽于疏松、肥沃、排水良好的土壤。

3. 繁殖方法

采用播种繁殖或扦插繁殖。

(1)播种繁殖

播种通常在3~4月进行。在温室条件下，四季均可盆播。发芽适温25~30℃，10d左右发芽。出苗后间苗1~2次。播种的小苗，叶面色彩各异，可择优汰劣。

(2)扦插繁殖

扦插一年四季均可进行，极易成活。也可结合摘心和修剪进行嫩枝扦插。选择充实、饱满的枝条，截取10cm左右，插入消毒的河沙中，入土部分必须有叶节，以利于生根。扦插后在疏荫下养护，保持基质湿润。温度较高时生根较快，15d左右即可发根成活。

4. 栽培与养护技术要点

(1)水肥管理

培养土宜选用富含腐殖质、排水良好的砂质壤土，施以骨粉或复合肥作基肥，生长期每隔10~15d施一次有机液肥(盛夏时节停止施用)。施肥时，切忌将肥水洒至叶面，以免叶片灼伤腐烂。应经常用清水喷洒叶面，以冲去叶面蓄积的尘土，保持叶片色彩鲜艳。

(2)光温管理

彩叶草喜光，过阴易导致叶面颜色变浅，植株生长细弱。生长适温为20℃左右。

(3)株形管理

幼苗期应多次摘心，以促发侧枝，使株形饱满。花后可保留下部分枝2~3节，其余部分剪去，促发新枝。在不采收种子的情况下，最好在花穗形成的初期摘除花穗，因为抽穗以后株形大多松散失态，降低观赏效果。

(4)病虫害防治

彩叶草病虫害较少，主要是黑斑病、叶枯病、白粉病、刺蛾等，在防治过程中要坚持

“预防为主，防重于治”的原则。

①黑斑病　主要侵害叶片、叶柄和嫩梢。叶片初发病时，正面出现紫褐色至褐色小点，扩大后多为圆形或不定形的黑褐色病斑。可喷施多菌灵、甲基硫菌灵等药剂防治。

②叶枯病　多数从叶尖或叶缘侵入，初为黄色小点，后迅速向内扩展为不规则形大斑，严重受害时全叶枯萎面积达2/3，病部褪绿黄化，甚至褐色干枯脱落。发病时应采取综合防治，喷洒多菌灵、甲基硫菌灵等杀菌药剂。

③白粉病　侵害嫩叶，两面出现白色粉状物。早期病状不明显，白粉层出现3~5d后，叶片呈水渍状，渐失绿变黄，严重受害时叶片脱落。发病期喷施多菌灵、三唑酮防治，但以50%多·锰锌效果最佳。

④刺蛾　黄刺蛾、褐边绿刺蛾、丽褐刺蛾、桑褐刺蛾、扁刺蛾等的幼虫，于高温季节大量啃食叶片。一旦发现，应立即用90%的敌百虫晶体800倍液喷杀，或用2.5%的杀灭菊酯乳油1500倍液喷杀。

(五)石竹

石竹(*Dianthus chinensis*)为石竹科石竹属多年生草本植物，常作一、二年生栽培(图3-1-5)。高30~50cm，全株无毛，带粉绿色。茎由根颈生出，直立。叶片线状披针形，长3~5cm，顶端渐尖，基部稍狭，全缘或有细小齿，中脉较显。花单生于枝端或数花集成聚伞花序；花冠紫红色、粉红色、鲜红色或白色，顶缘不整齐齿裂，喉部有斑纹，疏生髯毛；雄蕊露出喉部，花药蓝色。蒴果圆筒形。种子黑色，扁圆形。花期5~6月。

原产于中国北方，现广泛分布于各地。俄罗斯西伯利亚和朝鲜有栽培。

图3-1-5　石　竹

1. 种类和品种类型

‘锦团’石竹(‘Heddewigii’)　又名繁花石竹，株高可达70cm左右。花如其名，分枝多、花量大、花色丰富，具有粉、白、红、紫红等多种颜色，香气扑鼻，闻之让人心旷神怡、神清气爽。花期为每年5~6月。

羽瓣石竹(*Dianthus plumarius*)　株高约30cm，茎蔓状簇生，顶端多生分枝。一般栽培2~3年后，全株皆表现出明显的木质化迹象。花期悠长，可于4月一直陆续盛开至年末，具有花大色艳、馨香四溢等优点。

须苞石竹(*Dianthus barbatus*)　又名五彩石竹、美国石竹，主要集中在春、夏开花，花小量大、色彩丰富多变。

2. 生态学特性

喜阳光充足、通风及凉爽湿润环境。耐寒、耐干旱，不耐酷暑，夏季多生长不良或枯萎，栽培时应注意遮阴降温。要求肥沃、疏松、排水良好及含石灰质的壤土或砂质壤土，忌水涝，好肥。

3. 繁殖方法

常用播种、扦插和分株繁殖。

(1)播种繁殖

一般在9月进行。将种子播于露地苗床，播后保持土壤湿润，5d即可出芽，10d左右即出苗。当播种苗长出1~2片真叶时间苗。苗期生长适温10~20℃。也可于11~12月冷室盆播，翌年4月定植于露地。

(2)扦插繁殖

一般在10月至翌年3月进行扦插。剪取长5~6cm的嫩枝作插条，插后15~20d生根。

(3)分株繁殖

多在花后利用老株分株，可在秋季或早春进行。

4. 栽培与养护技术要点

(1)种植技术

施足基肥，深耕细耙，平整作畦。当苗长出4~5片叶时可移植，翌春开花。移栽株距15cm，行距20cm。移栽后浇透水，以提高成活率。当株高10cm时再移栽一次。

(2)养护技术

①光温管理　生长适宜温度为15~20℃，温度高时要遮阴降温。要求光照充足，夏季以散射光为宜，避免烈日暴晒。

②水肥管理　浇水应掌握不干不浇的原则。秋季播种的石竹，11~12月浇防冻水，第二年春天浇返青水。整个生长期要追施2~3次腐熟的人粪尿或饼肥。

③株形管理　要想多开花，可摘心，令其多分枝。必须及时摘除腋芽，以减少养分消耗。花后修剪可再次开花。

④病虫害防治

锈病　在清扫病枝后及时喷药预防，可喷2~5波美度石硫合剂或五氯酚钠200~300倍液。防治转主寄生植物上的锈病，应在3月上中旬喷药1~2次，以杀死越冬菌源孢子；在生长季节，当新叶展开后，可选用25%三唑酮1500~2000倍液、50%代森锰锌500倍液或25%甲霜铜可湿性粉剂800倍液喷雾，每隔7~10d喷一次，连续防治2~3次。也可用50%萎锈灵可湿性粉剂1500倍液喷洒。

红蜘蛛　在越冬卵孵化前刮树皮并集中烧毁，可杀死大部分越冬卵。刮皮后在树干涂白(石灰水)。根据红蜘蛛越冬卵孵化规律和孵化后首先在杂草上取食繁殖的习性，早春进行翻地，清除地面杂草，保持越冬卵孵化期间田间没有杂草，使红蜘蛛因找不到食物而死亡。化学防治使用24%螺螨酯4000~5000倍液、40%三氯杀螨醇乳油1000~1500倍液、20%四螨嗪可湿性粉剂2000倍液、15%哒螨灵乳油2000倍液或1.8%阿维菌素乳油6000~8000倍液等均可达到理想的防治效果。

(六)羽衣甘蓝

羽衣甘蓝(*Brassica oleracea* var. *acephala*)为十字花科甘蓝属二年生草本植物(图3-1-6)。株高30cm，抽薹开花时可达100~120cm。根系发达，主要分布在30cm深的耕作层。茎短缩，密生叶片。叶片肥厚，倒卵形，被有蜡粉，深度波状皱褶，呈鸟羽状，美观。栽培一年的植株形成莲座状叶丛，经冬季低温，于翌年开花、结实。总状花序顶生。果实为角果，扁圆形。种子圆球形，褐色，千粒重4g左右。花期4~5月。

图3-1-6　羽衣甘蓝

原产于地中海沿岸至小亚细亚半岛一带，现广泛栽培，主要分布于温带地区。在英国、荷兰、德国、美国种植较多，有观赏用羽衣甘蓝，也有菜用羽衣甘蓝多个品种。

1. 品种类型

园艺品种形态多样，按高度可分高型和矮型；按叶的形态可分皱叶、不皱叶及深裂叶品种；按颜色，边缘叶有翠绿色、深绿色、灰绿色、黄绿色等品种，中心叶则有纯白色、淡黄色、肉色、玫瑰红色、紫红色等品种。常见的有：

‘花羽衣甘蓝’　株形优美，花色艳丽，观赏期长。耐寒性强，冬天也能观赏，是花坛布置的重要材料。

‘阿培达’　从荷兰引进的品种，叶卷曲度较大，外层叶呈蓝绿色，中间的叶为紫红色。该品种抗逆性极强，全年都能露地栽培。

‘东方绿嫩’　叶色为深绿色，叶面上无蜡粉，嫩叶的边缘卷曲。耐热、耐寒、耐肥，抽薹晚，观赏期长。春、秋季可以露地栽培，北方地区冬季需要在温室内栽培。

‘白罗裙’　心叶为乳白色，外层叶为绿色，形成鲜明的对比。叶缘微皱，呈波浪状。耐寒性强，可耐-10℃低温。抗病性也好，栽培过程中基本无病虫害发生。

2. 生态学特性

喜阳光。喜冷凉气候，极耐寒，可忍受多次短暂的霜冻，耐热性也很强。耐盐碱，喜肥沃土壤。生长势强，栽培容易。种子发芽的适宜温度为18~25℃，生长适温为20~25℃。

3. 繁殖方法

主要采用播种繁殖和分生繁殖。

(1)播种繁殖

培育大株应选在7月育苗，培育花坛用小株在8月育苗。播种时正值夏季，应注意遮阴降温。可直接撒播在露地苗床中，播后稍压土，并浇透水，4~5d后发芽。长出2~3片真叶时移栽。

(2)分生繁殖

这种方法一般在3~4月进行。在羽衣甘蓝开花后，适当浇水、施肥促进蘖芽的生长。待蘖芽长成后，将其从母株上切下，种植在松软透气的土壤中，经过适当的养护，可以培养成新的植株。

4. 栽培与养护技术要点

(1)准备工作

羽衣甘蓝生长周期较长，种植时介质的选择非常重要。培养土一般选用疏松、透气、保水、保肥的几种基质混合而成，并在基质中适当加入鸡粪等有机肥作基肥。

(2)养护技术

定植缓苗后需加强肥水管理，一般选用200mg/L氮、磷、钾比例为2∶1∶2的肥料，每

7d 施用一次。生长期要充分接受光照，盆栽或露地栽培要注意株距，一次定植时株距在 35cm 左右，经多次假植的可在初期密度高一些。

羽衣甘蓝的病害较少，主要有软腐病和霜霉病两种。

软腐病　在发病初期，及时喷洒 70% 的甲基硫菌灵可湿性粉剂等相应化学药剂进行防治。

霜霉病　在发病的初级阶段，及时喷施 50% 的腐霉利可湿性粉剂等，能达到较好的防治效果。

（七）大花三色堇

大花三色堇（*Viola × wittrockiana*）是堇菜科堇菜属多年生花卉，常作二年生栽培（图 3-1-7）。一般茎高 20cm 左右，从根际生出分枝，呈丛生状。基生叶有长柄，叶片近圆心形；茎生叶卵状长圆形或宽披针形，边缘有圆钝锯齿；托叶大，基部羽状深裂。早春从叶腋间抽生长花梗，梗上单生一花；花大，直径 3～6cm，通常每朵花有蓝紫、白、黄三色；花瓣近圆形，假面状，覆瓦状排列，距短而钝。花期可从早春到初秋。

图 3-1-7　大花三色堇

冰岛原产花卉，为其国花。现分布于世界各地。

1. 品种类型

经自然杂交和人工选育，目前三色堇品种繁多。除一花三色者外，还有纯白色、纯黄色、纯紫色、紫黑色等品种。另外，还有黄紫、白黑相配及紫、红、蓝、黄、白的混合色等品种。从花形上看，有花瓣边缘呈波浪形的及重瓣形的。常见的有：

‘巨像’（‘Colossal’）　花色有红色、粉色、紫色、蓝色、黄色和双色等。

‘笑脸’（‘Hppy face’）　早花品种，花色有红色、紫色、蓝色、黄色、白色、玫瑰红色等，带有斑点，适宜秋播，是著名的大花花脸型品种。

‘帝国系列’（‘Imperial series’）　早花品种，花径可达 7~9cm，耐寒性强。

‘瑞士巨人’（‘Swiss giant’）　矮生种，花径 8~9cm，花色丰富，带斑点。

‘壮丽大花’（‘Majestic giant’）　株高 15cm，花径 10cm。

2. 生态学特性

喜凉爽，较耐寒，在昼温 15～25℃、夜温 3～5℃的条件下发育良好。昼温若连续在

30℃以上，则花芽消失，或不形成花瓣。日照长短比光照强度对开花的影响大，日照不良，开花不佳。喜肥沃、排水良好、富含有机质的中性壤土或黏壤土。

3. 繁殖方法

用于大规模商品化生产的大花三色堇几乎全部用种子繁殖。大花三色堇种子每克有600~1200粒。在长江中下游地区保护地条件下，一般播种时间为7~10月。采用床播、箱播育苗，有条件的可以采用穴盘育苗。播种采用疏松的基质，要求pH为5.5~5.8，EC值为0.5~0.75，经过消毒处理。播种后保持基质温度18~22℃，并保持基质湿润，覆盖粗蛭石(以不见种子为度)，6~10d陆续出苗。播种后必须加盖双层遮阳网，一方面，保证土壤湿润；另一方面，防止种子发芽后直接见光造成根系生长不良。为了确保元旦用花，播种时间一般控制在7~8月，此时正值高温季节，需采取一定的降温措施将温度控制在26℃以下。小苗进入快速生长期后，床播的可以先移植一次，移植到穴盘或苗床均可，使植株充分见光。

4. 栽培与养护技术要点

(1)光温管理

大花三色堇喜冷凉，忌高温多湿，生长发育适温5~23℃，若有乍热、气温28℃以上天气，应力求通风良好，使温度降低，以防植株枯萎死亡。

(2)水肥管理

长出2片真叶后，可以开始施淡肥，以50mg/L的20-10-20水溶性肥料为主。成苗期用50mg/L的14-0-14水溶性肥料。浇水前可以先让土壤干透，但要保证植株叶片不出现萎蔫现象。长出5~6片真叶时，根系已经完好形成，适当控制水分，增加复合肥或14-0-14水溶性肥料使用次数，加强通风。

(3)病虫害防治

高温季节，应注意病虫防治和通风。定期喷施百菌清和甲基硫菌灵800~1000倍液，以防苗期猝倒病。若发生苗期猝倒病，可以用66%霜霉威盐酸盐800~1500倍液喷施。生长期主要发生茎腐病，用百菌清800倍液、甲霜灵1000~1500倍液防治。

虫害有蚜虫、夜蛾等。大花三色堇对各种矮化剂及其残留比较敏感，容易由于药害造成植株瘦小。

三、其他一、二年生花卉露地栽培与养护(表3-1-1)

表3-1-1 其他一、二年生花卉露地栽培与养护

序号	花卉名称	生态学特性	栽培与养护技术要点	注意事项	应用特点
1	藿香蓟(*Ageratum conyzoides*)	喜温暖、阳光充足的环境。对土壤要求不严	幼苗出现2~4个分枝时进行定植，开始正常生长后，注意水肥管理，每次浇水要足。进入高温季节，植株生长旺盛，每天浇水2次。每10~15d浇一次稀饼肥水，并适当增施磷、钾肥	为保持株形矮、紧凑，生长季内必须进行多次摘心。第一批花开后，要及时整枝修剪	花色淡雅，常用来配置花坛和作地被植物，也可用于小庭院、路边、岩石旁点缀

（续）

序号	花卉名称	生态学特性	栽培与养护技术要点	注意事项	应用特点
2	蜀葵 （*Alcea rosea*）	喜阳光充足，能忍受半阴。喜凉爽。耐干旱，怕积水。在疏松、肥沃、排水良好、富含有机质的砂质土壤中生长良好	幼苗长出2~3片真叶时，应移植一次，加大株行距。移植后应适时浇水。幼苗生长期，施2~3次液肥，以氮肥为主。同时经常松土、除草。当叶腋形成花芽后，追施一次磷、钾肥	花后及时将地上部分剪掉，还可萌发新芽。植株一般4年更新一次	用于花境和花坛布置，与其他花卉搭配，营造多彩景观；作为背景植物，衬托其他花卉之美；种植于庭院，增添色彩与生机；用于道路绿化，形成美丽花带。还可盆栽，置于阳台、窗台等
3	凤仙花 （*Impatiens balsamina*）	喜光。耐热，不耐寒。喜疏松、肥沃的土壤，也耐瘠薄。生活力强，自播能力好	春播，一次移植后于6月初定植。定植后应及时灌水。生长期要注意浇水，特别注意不可忽干忽湿。施肥要勤	开花期不能受旱，否则易落花	花坛、庭前常见草花
4	美女樱 （*Glandularia×hybrida*）	喜光，不耐阴。喜温暖湿润，不耐干旱。对土壤要求不严，但以疏松、肥沃、较湿润的中性土壤为佳	主要用播种和扦插繁殖。生长期内每15d施一次薄肥。水分过多或者过少都不利于生长。水分过多时，茎细弱徒长，开花量减少；缺水，则植株生长发育不良，出现提早结实的现象	根系较浅，夏季应该注意浇水，防止干旱	矮壮、匍匐，为良好的地被材料，可用于花坛、花境，也可布置于花台、园林隙地、树坛中
5	矮牵牛 （*Petunia hybrida*）	长日照植物。生长期要求阳光充足。对温度的适应性较强。喜干怕湿，在生长过程中需充足水分	可采用播种、扦插繁殖。幼苗期严禁干旱和积水，温度以9~13℃为适宜。长出4~5片真叶时可定植。株高4cm时摘心，以促发枝条，或喷施矮壮素矮化植株。生长期忌肥料过多。经常进行修剪整枝，以控制株形并促进多开花	高温季节应在早、晚浇水，保持土壤湿润。主要病虫害有：矮牵牛花叶病、青枯病、蚜虫、吹绵蚧等	园林绿化、美化的重要草花，适宜花坛、花境应用，在北方主要作春、夏盆栽花卉。大花重瓣品种可作切花
6	夏堇 （*Torenia fournieri*）	喜光。喜温暖，耐高温暑热，可耐5℃低温。喜肥沃、排水良好的土壤，pH 6~6.2最适宜	从播种到开花约需12周。幼苗多于长出4~6片真叶时根部带土定植。缓苗后施薄肥，生长季节每月追肥1~2次，高温天气每天浇水1~2次。花后及时剪除残花败枝	夏季生产中应适当遮阴，并应保证充足的肥水供应	夏、秋季高温地区重要的草花

（续）

序号	花卉名称	生态学特性	栽培与养护技术要点	注意事项	应用特点
7	醉蝶花（*Tarenaya hassleriana*）	喜阳光充足地块，在半遮阴处也能生长良好。喜高温，较耐暑热，忌寒冷。对土壤要求不严。喜湿润土壤，也较能耐干旱，忌积水	小苗移栽时，先挖好种植穴，施足基肥，栽后浇一次透水。定植初期施薄肥一次。生长中期控制施肥，保持株形适中美观。遵循“淡肥勤施、量少次多、营养齐全”的施肥原则。在开花之前一般进行两次摘心，以促使萌发更多的开花枝条	每次施肥过后，晚上要保持叶片和花朵干燥	夏、秋季布置花坛、花境，也可栽于林下或建筑阴面观赏
8	金盏菊（*Calendula officinalis*）	在阳光充足及疏松、肥沃、微酸性地带上生长更好。能自播	采用播种繁殖。幼苗长出3片真叶时移苗一次，长出5~6片真叶时定植。定植后7~10d，摘心促使侧枝发育，增加开花数量。生长期间应保持土壤湿润，每15~30d施稀释10倍的腐熟尿液一次，至2月底为止。在第一茬花谢之后应立即抹头，能促发侧枝再度开花	栽培过程中常发生枯萎病和霜霉病危害	早春园林绿地中常见的草本花卉，适于布置中心广场、花坛、花带，也可作为草坪的镶边花卉或盆栽观赏
9	雏菊（*Bellis perennis*）	喜阳光充足，不耐阴。耐寒，喜冷凉气候。在炎热条件下开花不良，易枯死。喜肥沃土壤，耐移植	移植可使其多发根。无须进行株形修整和打顶控制花期	常见菌核病、叶斑病和小绿蚱蜢危害	早春地被花卉的首选，适于布置花坛、花带和花境边缘，也可家庭盆栽观赏
10	香雪球（*Lobularia maritima*）	喜冷凉，忌酷热，耐霜寒。喜欢较干燥的环境，连续阴雨天易受病菌侵染	可采用播种、扦插繁殖。肥水管理按照肥水→肥水→清水→肥水→肥水→清水的顺序循环，间隔周期为1~3d，晴天或高温期间隔周期短些，阴雨天或低温期间隔周期长些或者不浇	在开花之前一般进行两次摘心，以促使萌发更多的开花枝条	宜于岩石园墙垣栽种，也可盆栽和作地被材料等
11	诸葛菜（*Orychophragmus violaceus*）	较耐阴，有一定散射光就能正常生长。耐寒性强。对土壤要求不严	采用种子繁殖，可直播，也可育苗移栽。间苗和移栽成活后，要进行一次中耕除草，促进幼苗根系深扎。叶片长5cm以上时，即可摘除莲座外围叶片。摘叶后，及时追施氮肥，后期酌情再追施一次磷、钾肥，以提高开花和结果量	病虫害少，偶有蚜虫、红蜘蛛及锈病危害。要合理密植，平时加强水肥管理，以增强植株的抗病能力，减少发病	在公园、林缘，以及城市街道、高速公路或铁路两侧的绿化带大量应用

（续）

序号	花卉名称	生态学特性	栽培与养护技术要点	注意事项	应用特点
12	虞美人（*Papaver rhoeas*）	喜阳光充足。耐寒，怕暑热。喜排水良好、肥沃的砂壤土。能自播	当幼苗长出5~6片叶子时进行间苗，株行距一般为30cm×30cm。花前追施2~3次稀薄液肥	不耐移栽，忌连作与积水	花期长，适宜栽植于花坛、花境，也可盆栽或作切花
13	长春花（*Catharanthus roseus*）	喜阳光，耐半阴。喜高温、高湿，不耐严寒。忌湿怕涝，以排水良好、通风透气的砂质或富含腐殖质的土壤栽种为好	多为播种繁殖，也可扦插育苗。生长、开花均要求阳光充足。淋雨后植株易腐烂，在降雨多的地方需重点做好雨季茎叶腐烂病的防治。为了获得良好的株形，开花前需要摘心1~2次	种子具有嫌光性，播种后需要用粗蛭石或黑色塑料薄膜轻微覆盖	花期很长，从春至深秋开花不断，多用于盆栽和植于种植槽
14	大花马齿苋（*Scutellaria barbata*）	喜欢温暖、阳光充足的环境，在阴暗潮湿之处生长不良。极耐瘠薄，一般土壤都能适应。见阳光开花，晴天早、晚和阴雨天闭合	采用播种繁殖。苗高4~5cm时进行间苗与定植。有序进行中耕除草和追肥	在高温多雨季节易发生疫病，可用1：1：120波尔多液或敌磺钠800倍液于傍晚时进行喷洒防治	适应性强，是优良的节水抗旱植物，在园林绿化中应用广泛
15	毛地黄（*Digitalis purpurea*）	喜光，耐半阴。喜凉爽，耐寒，畏炎热。耐旱。忌碱性土	直播繁殖。幼苗要注意及时浇水和松土除草。移苗定植后，要立即浇水，促使缓苗。生长期水肥充足，可增加花量	遇炎热干燥天气，常有蚜虫和红蜘蛛危害	在花境、花坛、岩石园中应用，常用于自然式花卉布置
16	硫华菊（*Cosmos sulphureus*）	喜阳光充足，不耐阴。耐热，不耐寒。耐湿，怕干旱。喜肥沃、疏松和排水良好的微酸性砂质壤土	要求适时、适量、合理浇水。浇水要根据天气变化和季节进行，一般阴雨天要少浇或不浇，夏、秋季气温高及蒸发量大时要多浇，反之则少浇	适宜土壤pH为6~7	常用于花坛、花境多株丛植或片植，或在草坪及林缘自然式配置
17	福禄考（*Phlox drummondii*）	喜温暖，稍耐寒。不耐旱，忌涝。宜排水良好、疏松的壤土	苗期注意控水，避免徒长。定植后1个月开始追肥，少量施复合肥，农家肥更佳	忌酷暑	花坛、花境及岩石园常用地被材料
18	孔雀草（*Tagetes patula*）	与万寿菊相似，更耐寒	同万寿菊	土壤中忌含硫黄	常栽植于花坛

（续）

序号	花卉名称	生态学特性	栽培与养护技术要点	注意事项	应用特点
19	旱金莲（*Tropaeolum majus*）	喜湿怕涝。宜用富含有机质的砂壤土，pH 5~6	土壤水分保持50%左右。生长期间浇水要小水勤浇，春、秋季2~3d浇水一次，夏季每天浇水，并在傍晚往叶面上喷水，以保持较高的湿度。一般在生长期每隔3~4周施肥一次，每次施肥后要及时松土	蔓生，须立支架	南方多露地栽培，北方常盆栽于室内
20	紫茉莉（*Mirabilis jalapa*）	生性强健，适应性强	种子直播。养护管理简便粗放，在生长期间适当施肥、浇水即可	风媒传粉，品种间极易杂交	露地均可栽培

任务实施

教师根据学校所处地域气候条件和学校实训条件，选取1~2种一、二年生花卉，指导各任务小组开展实训。

1. 完成一、二年生花卉露地栽培与养护方案设计，填写表3-1-2。

表3-1-2 一、二年生花卉露地栽培与养护方案

组别		成员	
花卉名称		作业时间	年 月 日至 年 月 日
作业地点			
方案概况	（目的、规模、技术等）		
材料准备			
技术路线			
关键技术			
计划进度	（可另附页）		
预期效果			
组织实施			

2. 完成一、二年生花卉露地栽培与养护作业，填写表3-1-3。

表3-1-3　一、二年生花卉露地栽培与养护作业记录表

组别		成员	
花卉名称		作业时间	年　月　日至　年　月　日
作业地点			
周数	时间	作业人员	作业内容(含一、二年生花卉生长情况观察)
第1周			
第2周			
第3周			
第4周			
第5周			
第6周			
第7周			
第8周			
第9周			
第10周			
……			

填表说明：

1. 生长情况一般包括：花卉的总体长势情况，如高度、冠幅、病虫害等；各种物候(发芽、展叶、现蕾、开花、结果、果实成熟等)发生情况。

2. 作业内容主要是指采取的技术措施，包括但不限于松土、除草、浇水、施肥、打药、绑扎、摘心、抹芽、去蕾等，应记录详细。

考核评价

根据表3-1-4进行考核评价。

表3-1-4　一、二年生花卉露地栽培与养护考核评价表

成绩组成	评分项	评分标准	赋分	得分	备注
教师评分(70分)	方案制订	一、二年生花卉露地栽培与养护方案含花卉生长习性和对环境条件的要求介绍(2分)、技术路线(3分)、进度计划(5分)、种植养护措施(5分)、预期效果(2分)、人员安排(3分)等	20		
	过程管理	能按照制订的方案有序开展一、二年生花卉露地栽培与养护，人员安排合理，既有分工，又有协作，定期开展学习和讨论	10		
		管理措施正确，花卉生长正常	10		
	成果评定	一、二年生花卉露地栽培与养护达到预期效果，成为商品花	20		
	总结报告	格式规范，关键技术表达清晰，问题分析有深度和广度	10		

（续）

成绩组成	评分项	评分标准	赋分	得分	备注
组长评分（20分）	出谋划策	积极参与，查找资料，提出可行性建议	10		
	任务执行	认真完成组长安排的任务	10		
学生互评（10分）	成果评定	一、二年生花卉露地栽培与养护达到预期效果，成为商品花	5		
	总结报告	格式规范，关键技术表达清晰，问题分析有深度和广度	3		
	分享汇报	认真准备，PPT图文并茂，表达清楚	2		
总　　分			100		

任务3-2　宿根花卉露地栽培与养护

任务目标

1. 了解宿根花卉的概念，区分不同宿根花卉的形态特征。

2. 掌握宿根花卉的露地栽培特点。

3. 掌握宿根花卉常用的繁殖方法、露地栽植技术及养护措施。

4. 能根据立地条件、季节等因素制订宿根花卉露地栽培与养护方案并付诸实施，并能总结经验实现知识和技能的迁移。

任务描述

本任务首先深入学习宿根花卉露地栽培与养护的理论知识，了解宿根花卉的种类、品种特性、生长习性及对生长环境的要求，根据学校现有条件选择1~2种宿根花卉，制订露地栽培与养护方案。然后，实施宿根花卉露地栽培与养护操作，如按照正确的方法进行整地、施肥、放样、播种或移栽等，持续对栽培的宿根花卉进行浇水、施肥、中耕松土、修剪、病虫害防治等养护管理，并记录所采取的养护管理措施及宿根花卉生长发育的情况。最后，对宿根花卉露地栽培与养护效果进行评估和经验总结，制作PPT进行分享汇报。

工具材料

各种宿根花卉繁殖材料；铁锹、喷壶、筛子、剪刀；碎瓦片、泥炭、蛭石、珍珠岩、腐叶土；复合肥等。

知识准备

一、宿根花卉露地栽培特点及要求

宿根花卉是指植株地下部分宿存越冬而不膨大，翌年仍能继续萌芽开花，并可持续多年的草本花卉。宿根花卉种类繁多，适应环境的能力强，耐寒、耐旱、耐瘠薄土壤，病虫害少，繁殖容易，栽培简单，管理较粗放，成本低，见效快，近年来在园林中得到了广泛应用。

宿根花卉以营养繁殖为主，繁殖方法包括分株、扦插等，其中最普遍、最简单的方法是分株。为了不影响开花，春季开花的种类应在秋季或初冬进行分株，如芍药、荷包牡丹；而夏、秋开花的种类宜在早春萌芽前分株，如桔梗、萱草、宿根福禄考。采用扦插繁殖的有荷兰菊、紫菀等。此外，还可以用根蘖、吸芽、走茎、匍匐茎繁殖。采用播种繁殖时，播种期因花卉种类而异，可秋播或春播。

宿根花卉的栽培管理与一、二年生花卉的栽培管理有相似之处，但由于其自身的特点，应注重以下几个方面：

宿根花卉根系强大，入土较深，种植前应深翻土壤。整地深度一般为40~50cm。当土壤下层混有砂砾，且表土为富含腐殖质的黏质土壤时，花朵开得更大。种植宿根花卉应选排水良好之处，株行距40~50cm。若采用播种繁殖，其幼苗喜腐殖质丰富的砂质土壤，而在第二年以后以黏质壤土为佳。其一次种植后不用移植，可多年生长，因此在整地时应大量施入有机质肥料，以较长期地维持良好的土壤结构，利于宿根花卉的正常生长。

播种繁殖的宿根花卉，育苗期应注意浇水、施肥、中耕除草等工作，定植后一般管理比较简单、粗放，施肥也可减少。但要使其生长茂盛，花多、花大，最好在春季新芽抽出时施以追肥，花前、花后可再追肥一次。秋季叶枯时可在植株四周施以腐熟厩肥或堆肥。

宿根花卉与一、二年生花卉相比，更能耐干旱，适应环境的能力较强，浇水次数可少于一、二年生花卉。但在其旺盛生长期，仍需按照各种花卉的习性给予适当的水分，在休眠前则应逐渐减少浇水。

宿根花卉修剪整形常用的措施有：除芽，多于花卉生长旺盛季节进行，如在培育标本菊时，将枝条上不需要的侧芽从基部摘除；剥蕾，如芍药、菊花的栽培过程中，剥除侧蕾或过早发生的花蕾；绑扎、立支柱或支架，此为防止倒伏或使株形美观所采取的措施，如栽培标本菊、悬崖菊、大立菊等时常用。大株的宿根花卉定植时，要进行根部修剪，将伤根、烂根和枯根剪去。

宿根花卉的耐寒性较一、二年生花卉强。无论是冬季地上部分落叶的宿根花卉，还是常绿的宿根花卉，均处于休眠或半休眠状态。常绿宿根花卉在南方可露地越冬，在北方应移入温室越冬。落叶宿根花卉大多可露地越冬，通常采用的措施有：培土法，用土掩埋花卉的地上部分，翌春再清除泥土；灌水法，利用水有较大热容量的特性，将需要保温的园地漫灌，从而达到保温增湿的效果，大多数宿根花卉入冬前都可采用这种方法。除此之外，宿根花卉也可以采用覆盖法保护越冬。

二、宿根花卉露地栽培与养护案例

（一）芍药

芍药（*Paeonia lactiflora*）别名将离、婪尾春、白芍、没骨花、余容，被称为“花相”。为毛茛科芍药属多年生宿根草本植物（图3-2-1）。具肉质、粗壮根，纺锤形或长柱形。茎簇生，高60~120cm。初生茎叶褐红色，二回三出羽状复叶；小叶通常3深裂，椭圆形至披针形，全缘微波。花具长梗，着生于茎顶或近顶端叶腋处，花梗比牡丹长；单瓣或重瓣；原种花外轮萼片5枚，绿色，宿存；花色多样，花大而美丽，花径可达12~15cm，最大的可达20cm；花瓣大，叶状，有白、黄、绿、粉红、紫红等混合色。蓇葖果2~8枚，离生，内含黑褐色球形种子1~5粒。开花期因地区不同略有差异，一般在4月下旬至6月上旬。在洛阳为5月上旬至中旬，在北京为5月中旬至6月上旬，常与牡丹混栽。

图3-2-1 芍 药

原产于我国北部、日本、朝鲜和俄罗斯西伯利亚地区，现世界各地广为栽植。

1. 品种类型

芍药同属植物约23种，我国有11种。目前世界上芍药的栽培品种1000余个，园艺上常按花形、花期、花色、用途等进行分类。如按花形常分为单瓣类、千层类、楼子类和台阁类；按花期分为早花品种（花期5月上旬）、中花品种（5月中旬）、晚花品种（5月下旬）；按花色分为红色类、紫色类、墨紫色类、黄色类、绿色类和混色类；按用途分为园艺栽培品种和切花品种。

（1）单瓣类

花瓣宽大，1~3轮，多圆形或长椭圆形，雄、雌蕊发育正常。如‘紫玉奴’、‘紫蝶献金’等。

（2）千层类

花瓣多轮，内层逐渐变小，无内、外瓣，雌蕊正常或瓣化，雄蕊生于雌蕊周围而不散生于花瓣间，全花扁平。

（3）楼子类

花形呈楼子状；花瓣多层紧密排列，宽大厚实，边缘有褶皱或波浪状；花色丰富鲜艳；花期相对晚且持久，在春末至夏初开放，可持续7~10d。

（4）台阁型

全花可分为上、下两层花瓣，在两层花瓣之间可见明显着色的瓣化雌蕊或退化雌、雄蕊。

2. 生态学特性

喜阳光充足，也稍耐阴，光线不足时也可开花，但生长不良。适应性强，较耐寒，在我国北方大部分地区可露地越冬。忌夏季酷热。好肥，忌积水，要求土层深厚、肥沃、排水良好的砂壤土，尤喜富含磷质有机肥的土壤，黏土、盐碱土都不宜栽种。10月底经霜后地上部分枯死，地下部分进入休眠状态。

3. 繁殖方法

以分株繁殖为主，也可以用播种和扦插繁殖。

(1)分株繁殖

分株时间以9月至10月上旬为宜，若分株过迟，地温低，将会影响须根的生长。我国花农有“春分分芍药，到老不开花”的说法，春季分株，将损伤根系，对开花不利，所以切忌春季分株。

分株时，将植株挖起，去掉附土。芍药的粗根脆嫩易折断，新芽也易碰伤，要特别小心。然后根据新芽分布状况顺着根部自然纹理切开根部分成数份，每份需带2~4个新芽及粗根数条，切口涂以草木灰或硫黄粉，放背阴处稍阴干待栽。一般花坛栽植，可3~5年分株一次。

(2)播种繁殖

种子成熟后要随采随播，播种越迟，发芽率越低。也可沙藏于阴凉处，并保持湿润，在9月中下旬播种，秋季萌发幼根，翌年发芽，4~5年后即可开花。芍药有上胚轴休眠的习性，需经低温打破休眠。最适萌芽温度11℃，生根温度20℃。播种前用1000mg/L的赤霉素浸种催芽，可提高萌芽率。

(3)扦插繁殖

扦插季节与分株相同。在秋季分株时收集断根，剪成长5~10cm的切段作为插条。在整好的苗床内开沟，沟深10~15cm，将插条置于沟内，覆土5~10cm，浇透水。翌年春季可生根，萌发新株。

4. 栽培与养护技术要点

(1)准备工作

芍药栽培以砂质壤土和黏壤土最为适宜。芍药根系较深且发生大量须根，栽培前土地应深耕、疏松，施足基肥，如堆肥、饼肥、有机肥、过磷酸钙等肥料，然后深翻，捡去杂草根、碎石块，进行土壤消毒和防治土壤害虫等工作，按要求挖好栽植穴。

(2)种植技术

栽植时深度要合适，如过深，芽不易出土；过浅则植株根颈露出地面，不易成活。根颈覆土以2~4cm为宜，并适当压实。根系与土壤之间一定要紧密结合，不留间隙。灌一次透水即可越冬。必要时用杂草、落叶或稻草覆盖，以保温保墒，防止土壤水分过量蒸发。

(3)养护技术

①除草　春节过后进行第一次封闭除草，每亩*用二甲戊灵100~200mL+乙氧氟草醚20mL对地面进行均匀喷雾，有冬季杂草的可加入草甘膦混合喷雾。

②浇水　早春出芽前后需结合施肥浇一次透水。芍药喜湿润土壤，也能稍耐干旱，但在花前如果保持土壤湿润，可使花大色艳。在11月中、下旬浇一次“冻水”，以利于越冬和保墒。

---

* 1亩≈667m^2。

③施肥　芍药喜肥，除栽前施足底肥外，还要根据其不同生长时期的需要追肥2~3次。显蕾期，绿叶全面展开，花蕾发育旺盛，此时需肥量大。花后孕芽，消耗养分很多，是整个生长生育过程中需肥最迫切的时期。为了促进萌芽，霜降后，结合封土施一次冬肥。施肥时，应注意氮、磷、钾肥的结合，特别是含有丰富磷质的有机肥料的使用。此外，在施肥、浇水时，应结合中耕除草，尤其在幼苗期更需要适时除草，加强管理，并适度遮阴，促使幼苗健壮生长。

④修剪　开花之前，要剪掉细弱的枝条，过密的花蕾要疏掉一些，从而使营养集中。避免无用的养分消耗影响花开。冬季植株干枯后，将其割掉清理出去，可减少翌年病害发生。

⑤病虫害防治

虫害　主要为蛴螬，一旦蛴螬爆发，整块地的根颈会被咬光。防治蛴螬是每年都要进行的工作。可以选择在春季，蛴螬成虫金龟子孵化时，于地面喷施菊酯类农药+氯虫苯甲酰胺，并结合选择高效、低毒、低残留的药剂如噻虫嗪、吡虫啉+氟虫腈灌根，持效期可达一年。

病害　主要有茎基腐病、菌核病、根腐病、疫病、褐斑病、炭疽病、白粉病等，关键在预防。春季应该至少喷施一次防治苗期病害的药剂，4月、5月、6月分别喷施一次防治叶部病害的药剂。

(4)花期调控技术

①促成栽培　打破植株休眠(需要0℃以下的积温850℃或0℃条件下经过1个月)后，逐渐进行保温和加温。保持夜间10~15℃，白天25℃。温度要保持稳定，不能忽高忽低，有较大的波动。空气相对湿度以70%~80%为宜，土壤持水量应在60%左右。可通过浇水、喷水、通风等措施控制空气湿度和土壤持水量。芍药为长日照植物，在促成期注意日照应达到13h以上，不足时应人工补充光照。促成时间需60d左右。

②抑制栽培　在春季萌芽前10~15d挖起植株，放进-1~3℃的冷库贮藏，可以延长休眠期。到用花前50d左右，搬出冷库置于露天进行常规栽培。为了调节市场用花，也可在花蕾将近开放时置于3~5℃的条件下冷藏保鲜，到用花前2~3d取出放在常温下培养。

(二)鸢尾类

鸢尾类(*Iris* spp.)为鸢尾科鸢尾属常绿宿根花卉或秋植球根花卉(图3-2-2)。叶革质，剑形或线形，基生二列互生，长20~50cm。花梗从叶丛中抽出，分枝有或无，每梗着花1~4朵。花构造独特，花被片6，外3枚大，平展或下垂，称为垂瓣；内花被片较小，直立或呈拱形，称为旗瓣。内、外花被基部连合成筒状，花柱瓣化，与花被同色，是高度发达的虫媒花。蒴果长椭圆形，多棱。种子深褐色，多枚。花期5月。

原产于我国西南地区及陕西、江西、浙江各地。日本、朝鲜、缅甸皆有分布。

图3-2-2　鸢尾类

1. 种类

本属植物200种以上，分布于北温带，我国野生分布约45种，其生物学特性、生态要求各有不同。除按植物学分类外，还按其形态、应用等进行分类。

德国鸢尾(*I. germanica*) 原产于欧洲中南部，我国广泛栽培。根茎粗壮。花大，花径约14cm。叶剑形，灰绿色。园艺品种很多，有白、紫、黄等色。花期5~6月。喜阳光充足环境和排水良好的土壤，黏性石灰质土壤也可栽培。

香根鸢尾(*I. pallida*) 原产于南欧及西亚。花大，淡紫色、白花品种。花期5月。

蝴蝶花(*I. japonica*) 原产于我国中部及日本。根茎短粗。花中等，径约6cm，淡紫色。花期4~5月。喜湿润、肥沃的土壤，常群生于林缘。

花菖蒲(*I. ensata* var. *hortensis*) 详见任务3-4。

黄菖蒲(*I. pseudacorus*) 原产于欧洲及亚洲西部。花中等，鲜黄色。花期5~6月。喜水湿环境，以腐殖质丰富的酸性土为宜。

溪荪(*I. orientalis*) 原产于中国、日本及欧洲。根茎匍匐伸展。花径中等，有紫蓝色、白色或暗黄色等变种。花期5月。喜湿，是常见的丛生沼生鸢尾。

马蔺(*I. eusata*) 原产于我国东北及日本、朝鲜。植株基部常见红褐色的枯死纤维状叶鞘残留物。花小，瓣窄，淡蓝紫色。常生于沟边、草地，耐践踏。可作路旁及沙地的地被植物。

2. 生态学特性

鸢尾类喜冷凉，忌炎热，要求充足的阳光。秋植球根花卉，9~10月生根，翌年早春抽叶生长，初夏休眠。春季根茎先端的顶芽生长开花，顶芽两侧常发生数个侧芽，侧芽在春季生长后形成新的根茎，并在秋季重新分化花芽。耐寒力强，在我国大部分地区可安全越冬。

3. 繁殖方法

多采用分株繁殖，也可用播种繁殖。

(1)分株繁殖

于初冬或早春进行。当根茎长大时即可进行分株繁殖，每隔2~4年进行一次。分割根茎时，每块至少具有1个芽。大量繁殖时，可将分割的根茎扦插于20℃的湿沙中，促使其萌发不定芽。

(2)播种繁殖

播种繁殖在种子成熟后立刻进行，播后2~3年可开花。种子成熟后(9月上旬)浸水24h，再冷藏10d打破休眠，播于冷床中，可以加速育苗，提早开花。

4. 栽培与养护技术要点

(1)准备工作

地栽鸢尾类适合在疏松的砂质土壤中生长。土壤一定要保证通透性，具有良好的排水性和透气效果。

(2)种植技术

鸢尾类分根后及时栽植，注意将其根茎平放，深度以原来的深度为准，一般不超过5cm，覆土后浇水。

(3)养护技术

3月中旬需浇返青水，并进行土壤消毒和施肥，以促进植株生长和新芽分化。生长期内需追肥2~3次，特别是8~9月花芽形成时，更要适当追肥，并注意排水。花谢后及时剪掉花莛。因其种类繁多，管理上要注意区别对待。栽培过程中还要注意防治叶枯病，及时清除病残体，减少土壤含水量。

(4)花期调控技术

①高温处理　鸢尾类根茎的休眠较浅，用高温短期处理，对打破休眠有效，但温度不够高时，发生盲花的现象增多，开花不齐并延迟。常用30℃处理2~3周。

②冷藏处理　是鸢尾类促成栽培的主要手段。多采用干式冷藏法。荷兰鸢尾的冷藏以8~10℃最为有效，处理时间7~9周。根茎越大，对冷藏的敏感度越高，越早开花。在夏季冷藏而后定植，不久，花芽随着发芽而分化，在短期内就能抽薹开花。

(三)四季海棠

四季海棠(*Begonia cucullata*)别名蚬肉秋海棠、玻璃翠、四季海棠、瓜子海棠等，为秋海棠科秋海棠属多年生草本花卉(图3-2-3)。株高15~40cm。须根纤维状。茎直立，多分枝，半透明略带肉质。叶互生，卵圆形至广椭圆形，边缘有锯齿，有的叶缘具毛，叶色有绿色和淡紫红色两种。雌雄异花，花数朵聚生，多腋生，有重瓣品种，花色有白色、粉红色、深红色等。蒴果。种子极细小，褐色。花期周年，但夏季着花较少。

图3-2-3　四季海棠

原产于巴西，现我国各地均有栽培。

1. 品种类型

(1)矮生品种

植株低矮。花单瓣，花色有粉色、白色、红色等。叶片绿色或褐色。

(2)大花品种

花单瓣，花径较大，可达50cm左右，花色有白色、粉色、红色等。叶片为绿色。

(3)重瓣品种

花重瓣，不结实，花色有粉色、红色等。叶片绿色或古铜色。

2. 生态学特性

生长适温为15~24℃，冬季温度不低于10℃，否则叶片易受冻，但根茎较耐寒。在温暖的环境下生长迅速，茎叶茂盛，花色鲜艳。对光照强度反应敏感，一般适合在晨光和散射光下生长，在强光下叶片易灼伤。另外，对光周期反应也十分明显。在短日照和夜间温度21℃的条件下，花期明显推迟。

3. 繁殖方法

多采用播种繁殖，也可用扦插繁殖。

(1)播种繁殖

播种容器通常用浅瓦盆或播种箱，要求干净清洁，常用新盆。播种土以高温消毒的腐叶土、培养土和细沙均匀混合制成的土壤最好。先用瓦片把盆底垫好，装上疏松、肥沃的播种土，然后用木板轻轻压平，将种子均匀撒上。播种后不必覆土，用木板再轻压一下即可，或撒上一层石英砂。浇水会冲散种子，常从盆地浸水，待土壤湿润后取出，同时盆口盖上半透明的玻璃，以保持盆内有较高的湿度，并放至18~22℃的半阴处，早、晚喷雾。一般播后7~30d发芽。

(2)扦插繁殖

扦插繁殖在室温条件下全年皆可进行，但以4~5月效果最好，生根快，成活率高。常选取健壮的茎部顶端作插穗，长10~15cm，带2~3个芽。若插穗上有花芽，往往扦插后容易开花，会延迟生根，因此最好不用带花芽的顶茎作插穗。插壤用疏松、排水良好的细河沙、珍珠岩或糠灰。扦插时插穗不宜埋得太深，以插穗长度的1/2为宜。插后保持较高的空气湿度和20~22℃，一般9~27d愈合生根。

4. 栽培与养护技术要点

(1)准备工作

采用疏松土壤，增加土壤通气性。同时，可添加适量的腐熟农家肥(如每平方米添加2~3kg)、腐叶土或泥炭土来提高土壤肥力。还可以适量加入珍珠岩或蛭石来改善土壤结构(珍珠岩或蛭石可以按照1：2的比例与土壤混合)。

(2)种植技术

根据四季海棠的品种特性，合理确定种植间距。一般株距保持在20~30cm，行距在30~40cm，以保证植株有足够的空间生长和通风透光。例如，对于矮生品种，株距可以适当缩小到15~20cm；而对于较高大的品种，株距和行距都要相应增大。

将植株放入种植穴中，栽植深度以根颈部与地面平齐为宜。轻轻填土，边填土边提苗，使根系舒展，然后压实土壤，浇定根水。定根水要浇透，让水充分渗透到根部周围的土壤中，使植株根系与土壤紧密结合。

(3)养护技术

①摘心　幼苗长出5~6片真叶时进行摘心。花后应摘心，以压低株高，促进分株。两年后需进行更新。

②浇水　生长期需水量较多，应经常进行喷雾，以保持较高的空气湿度。浇水应遵循见干见湿原则，适当保持土壤含水量，忌积水。浇水后注意通风，避免滋生细菌。幼苗阶段，保持空气湿度75%~80%。若湿度过高，容易引起白粉病和灰霉病。成株阶段，空气湿度可降低到60%~70%。

③施肥　幼苗期每两周施稀释的腐熟饼肥一次，初花出现时则减少施肥，增施一次骨粉。四季秋海棠对肥料要求严格，施肥要少量多次。应每12d施一次有机液肥，现花苞时，在施有机液肥的基础上，再增施1~2次磷钾复合肥，有利于促进花朵开大、开艳。四季秋海棠对盐碱敏感，施肥时要选用盐碱含量低的肥料。最好避开中午强光、高温时间段施肥，以免产生肥害。植株生长矮小、叶片发红是缺肥的症状，可视情况加以处理。

④光照管理　四季秋海棠夏季怕强光暴晒和雨淋，冬季喜阳光充足。如果植株生长柔弱细长，叶片花色浅淡发白，说明光照不足；若光照过强，叶片往往卷缩并出现焦斑。

⑤温度管理　15~22℃是四季秋海棠最适宜生长发育温度，低于10℃或高于28℃，其

生长发育速度会急速下降，严重时生长停止。冬季气温低于 5℃，会受冻害，室温要保证高于 10℃。夏季气温高于 28℃，应采用遮阳网或叶面喷水，以降低植株温度。

⑥病虫害防治　夏季通风不良时易患白粉病，可用 15%三唑酮可湿性粉剂 1000~1500 倍液防治。生长期常有卷叶蛾幼虫危害叶和花，影响开花，可用 40%毒死蜱 1500 倍液防治。

(4) 花期调控技术

四季秋海棠从播种到开花需要 140~160d。7 月至翌年 1 月播种，在 10 月至翌年 5 月开花。如果在 2~4 月播种，则在 6~7 月开花。如果要在元旦开花，可以在 4 月中旬进行扦插，在 9 月中旬进行定植。

(四)玉簪类

玉簪类(*Hsta* spp.)是天门冬科玉簪属的宿根花卉(图 3-2-4)。地下茎粗壮，株高 50~70cm。叶基生或丛生，成簇，卵状心形、卵形或卵圆形，具长柄及明显的平行叶脉。花莛高 40~80cm，具几朵至十几朵花；花单生或 2~3 朵簇生，长 10~13cm，白色，芳香。其洁白如玉的花朵极似中国古代妇女发髻上的簪子，故而得名。蒴果圆柱状，有 3 棱。花果期 8~10 月。

图 3-2-4　玉簪类

原产于中国及日本，欧美各国多有栽培。在中国分布于四川、湖北、湖南、江苏、安徽、浙江、福建及广东等地。生于海拔 2200m 以下的林下、草坡或岩石边。各地常见栽培供观赏，公园较多。

1. 种类

常见的栽培种有：

狭叶玉簪(*Hosta lancifolia*)　又名水紫萼、日本玉簪。叶卵状披针形至长椭圆形。花淡紫色，较小。有白边和花叶的变种。

花叶玉簪(*Hosta undulata*)　又名皱叶玉簪、白萼。叶卵形，叶缘微波状，叶面有白色纵纹。花淡紫色。

紫萼(*Hosta ventricosa*)　又名紫玉簪。叶阔卵形，叶柄边缘常下延呈翅状。花淡紫色。

2. 生态学特性

玉簪属于典型的喜阴植物，喜阴湿环境，受强光照射则叶片变黄，生长不良。极耐寒，在中国大部分地区均能露地越冬，地上部分经霜后枯萎，翌春宿根萌发新芽。喜土层深厚、肥沃、湿润且排水良好的砂质壤土。

3. 繁殖方法

(1)分株繁殖

分株繁殖当年即可成活。春季(3~4 月)或秋季(10~11 月)均可进行。先将根掘出，晾晒 2d 失水后再分离，以免太脆易折。全部分株或局部分株均可。去除老根，3~5 个芽一墩植于土穴中，适量浇水(浇水不宜过多，以免烂根)。一般 3~5 年分株一次。

(2)播种繁殖

秋季果实成熟后及时采收种子。可以在温室内进行盆播，温度控制在 20℃左右，1 个月后种子发芽。或晒干后贮藏，翌年早春播于露地，实生苗 3 年后才能开花。

4. 栽培与养护技术要点

(1)种植技术

地栽对土壤要求不严，以深厚、肥沃的砂质土壤为宜。选庇荫地，栽前施足腐熟的厩肥作基肥，栽后浇足水。

(2)养护技术

①水肥管理　玉簪生性强健，栽培易，无须精细管理。春季展叶后，可每 2~3 周施一次钾肥相结合的腐熟液态肥。生长期内保持土壤湿润，孕蕾期追施以磷肥、钾肥为主的液态肥。开花前追肥 1~2 次，可使叶色浓绿，花莛抽出较多且花大。花期暂停施肥。每次施肥以后都要及时浇水，以保持土壤湿润，这样可促使叶绿花繁。浇水过多或排水不良时，根系会进行无氧呼吸而造成烂根，导致叶片变黄，慢慢枯死，因此雨季要及时做好排水工作。在华北等地，11 月上中旬以后地上部分枯萎，进入冬季休眠，应将地上部分剪除，浇防冻水，并在根际附近覆盖细沙，以防宿根受冻。

②光照管理　玉簪是较喜阴的植物，夏季需避免阳光直射，否则轻者叶片由厚变薄，叶色由翠绿变为黄白色，生长不良，重者叶片发黄甚至叶缘出现枯焦现象。

③病虫害防治　玉簪易受蜗牛危害，可施用 40%的氧化乐果 800~1000 倍液和 80%的敌敌畏 1000 倍液防治。夏末开始每隔 7~10d 喷洒一次 0.5%的波尔多液或 70%的代森锰锌 400 倍液防治叶斑病。

(3)花期调控技术

春季提前提升温度，使玉簪尽早发芽生长，可以提前开花。春季降低温度，则可抑制萌芽，延迟开花。

(五)萱草类

萱草类(*Hemeroeallis* spp.)为百合科萱草属宿根花卉(图 3-2-5)。根近肉质，植株低矮。叶绿色，狭长。花大，有芳香，花期长。多用于花坛、马路隔离带、河岸绿地点缀及小区的绿化等，是观叶与观花俱佳的园林花卉。

图 3-2-5　萱草类

原产于我国中南部，各地园林广泛栽培。

1. 种类

园林中常用的栽培种类有：

萱草(*H. fulva*)　别名忘忧草。株高 60cm，

花莛高达120cm。具短根状茎及膨大的肉质根。叶基生，长带形。花莛粗壮，盛开时花瓣裂片反卷。有许多变种：千叶萱草(var. *kwanso*)，重瓣，花橘红色；长筒萱草(var. *disticha*)，花被管细长，花橘红色至淡粉红色；斑花萱草(var. *maculata*)，花瓣内部有红紫色条纹。多倍体萱草是从国外引进的优良园艺杂交种，茎粗，叶宽；花大，花径可达19cm，花色丰富，开花多，一个花莛上可开花40余朵，整株花期20~30d；生长健壮，病虫害少；栽培容易，对土壤要求不严，在北京地区可露地越冬。

大花萱草(*H. middendorfii*)　原产于中国东北、日本及俄罗斯西伯利亚地区。株丛低矮，叶较短窄。花期早，花莛高于叶丛，花梗短，2~4朵簇生于顶端。

小黄花菜(*H. minor*)　原产于中国北部、朝鲜及俄罗斯西伯利亚地区。植株小巧，高30~60cm。根细索状。叶纤细。花莛高于叶丛，着花2~6朵；小花黄色，芳香，傍晚开放，次日中午凋谢。花期6~8月。

黄花菜(*H. citrina*)　别名黄花、金针菜。原产于中国长江及黄河流域。生长强健而紧密。具纺锤形膨大的肉质根。叶带状，二列基生。花莛稍长于叶，有分枝，着花多达30朵；花淡黄色，芳香，夜间开放，次日中午闭合。花期7~8月。

2. 生态学特性

萱草类喜阳光充足，也耐半阴。性强健，适应性强，耐高温，耐寒力强，在华北大部分地区可露地越冬，在东北寒冷地区需做好防寒措施。较耐旱，对土壤要求不严，但富含腐殖质、排水良好的砂质壤土最适。耐瘠薄和盐碱。pH以6.5~7.5为好。

3. 繁殖方法

(1)分株繁殖

萱草类以分株繁殖为主，春、秋两季均可进行，一般3~5年分株一次。在秋季落叶后或早春萌芽前将老株挖起分栽，每丛带2~3个芽。栽植后翌年夏季开花。

(2)扦插繁殖

剪取花莛上萌发的腋芽，按嫩枝扦插的方法进行繁殖。夏季需在庇荫的环境下扦插，2周即可生根。

(3)播种繁殖

在播种前，先对土壤进行翻耕。翻耕深度最好在20~30cm，这样可以改善土壤的结构，增加土壤的通气性。同时，可向土壤中添加有机肥，如腐熟的农家肥(每平方米添加量为2~3kg)或者适量的腐叶土，以增加土壤的肥力。另外，为了改善土壤的排水性能，可以加入一些珍珠岩或蛭石，与土壤按照1∶3左右的比例混合。为了避免土壤中的病菌、害虫和杂草种子对萱草类种子的生长造成危害，需要对土壤进行消毒。可以使用化学药剂消毒，如用40%福尔马林100倍液浇灌土壤，然后用塑料薄膜覆盖，密封2~3d，之后揭开薄膜，使福尔马林充分挥发(一般需要晾晒1~2周后才能播种)。

将处理好的种子均匀地撒在准备好的苗床上。要注意尽量撒得均匀，避免种子过于密集或稀疏。撒完种子后，用细土覆盖，覆盖的厚度为0.5~1cm。播种完成后，要及时浇透水，使种子与土壤充分接触。可以采用喷灌的方式，避免大水漫灌冲散种子。在种子发芽期间，要保持土壤湿润。一般每隔1~2d浇一次小水，具体浇水频率可根据天气和土壤的干燥程度进行调整。

4. 栽培与养护技术要点

(1)准备工作

萱草类对土壤要求不严，土地以灌溉方便、排水良好、土质疏松、土层深厚的地块为佳。每公顷均匀撒施腐熟的有机肥 30~40t，深耕、耙平、整细；南北向作畦，一般畦宽 1m；开好排水沟，沟宽 15cm，沟深 15cm。

(2)种植技术

萱草要求种植在排水良好、夏季不积水、富含有机质的土壤中。因其分蘖能力比较强，栽植时株行距保持在 50cm×50cm 左右。每穴 3~5 株，栽后灌水，以保持土壤湿润。

(3)养护技术

①浇水　一般每周浇水 2~3 次。但浇水频率要根据天气和土壤干湿情况灵活调整。例如，在春季雨水较多的地区，可适当减少浇水次数；夏季气温高，蒸发量大，每天早、晚各浇一次水较为合适；在干燥的秋季，需要增加浇水次数；冬季植株生长缓慢，每 1~2 周浇一次水，保持土壤微微湿润即可。

②施肥　入冬前需施一次腐熟堆肥助其越冬。从定植第二年开始适当追肥，对开花有很大的促进作用。液肥最好每年施 3 次。第一次是新芽长到 10cm 左右，第二次是剪花葶时，第三次是花后 10d。如欲使其在国庆节期间仍能保持观赏效果，使株形美观，枝叶碧绿，可在 7~8 月加强水肥管理，并追施 1∶4 的黑矾水，效果显著。花前及花期需分别追肥一次，每次施以速效肥。氮素充足时，植株健壮生长，叶片大。磷能促进根系生长，增强分蘖能力，利于从营养生长转入生殖生长，增强萌蕾能力，并增强抗旱、抗寒、抗病能力，提高品质。钾供应充足时，植株组织坚韧，抗病力强，中后期能使花莛粗壮、抽生整齐，花蕾发育肥大，萌蕾能力增强。

③培土　萱草类根系的生长有逐年上升的趋势，因此每年秋、冬之间都要注意根际的培土。

④病虫害防治　常见的病害有叶斑病、叶枯病、锈病、炭疽病和茎枯病。虫害主要有红蜘蛛、蚜虫、蓟马、潜叶蝇等，可以通过及时喷药来控制。可喷 75% 的百菌清 800 倍液，或吡虫啉 3000 倍液进行防治。

三、其他宿根花卉露地栽培与养护(表 3-2-1)

表 3-2-1　其他宿根花卉露地栽培与养护

序号	花卉名称	生态学特性	栽培与养护技术要点	注意事项	应用特点
1	宿根福禄考(*Phlox paniculata*)	喜阳光充足环境，忌炎热多雨气候。性强健，耐寒，匍匐类福禄考抗旱性尤强。喜石灰质壤土，但在一般土壤中也能正常生长	可用播种、分株、扦插等方法繁殖。栽培宜选背风向阳、排水良好的地块，结合整地施入基肥。春、秋季皆可栽植。株距因品种而异，一般 40~45cm。生长期可施 1~3 次追肥。要保持土壤湿润，夏季不可积水。可摘心促分枝。花后适当修剪，促发新枝，可以再次开花。3~4 年可进行分株更新	应注意修剪	花期长，开花紧密，花冠美丽，花色鲜艳，是园林优良的夏季用花。可用于花境、花坛及布置家庭居室，如成片种植可以形成良好的水平线条

（续）

序号	花卉名称	生态学特性	栽培与养护技术要点	注意事项	应用特点
2	金鸡菊（*Coreopsis basalis*）	喜光，但也耐半阴，在过阴的环境中易徒长。适应性强，耐寒，耐旱，对土壤要求不严。对二氧化硫有较强的抗性。栽培容易，常能自行繁衍	可用播种、分株、扦插等方法繁殖。种植后浇一次透水，以后控制浇水，防止植株徒长。在生长期向开花期过渡时要停止施肥，长出花蕾后追肥。长到6cm高时需摘心一次，分枝10cm时第二次摘心，并及时除芽	注意病虫害防治	植株生长健壮，栽培繁殖容易，冬叶常绿，枝叶密集，尤其是冬季幼叶萌生，鲜绿成片。花朵繁盛、花大色艳，花期长达2个月，能自行繁衍，无须任何水肥就能生根、开花不绝，为很好的观花常绿植物。可在草地边缘、向阳坡地、林场成片栽植，适宜作疏林地被植物。在屋顶绿化中作覆盖材料，效果也好，还可作花境材料。其枝、叶、花可作艺术切花材料，用于制作花篮等
3	金光菊（*Rudbeckia laciniata*）	喜阳光充足，也较耐阴。耐寒性强，在我国北方多数地区可露地越冬。对土壤要求不严，但以疏松、排水良好的土壤为好	可采用播种、分株或扦插等方法繁殖。株行距保持80cm左右。在3月上旬及时浇返青水。生长期适当追肥1~2次。夏季可在花后将花枝剪掉，待秋季还可长出新的花枝再次开花。可利用播种期的不同控制花期。如4月播种，7月开花；6月播种，8月开花；7月播种，10月开花；秋季播种，翌年6月开花	注意防治白粉病	花朵繁多，风格粗放，花期长，且耐炎热，是夏季园林中花境、花坛或自然式栽植的常用花卉材料。也可用作切花
4	景天类（*Sedum* spp.）	喜光，大部分种类也耐阴。多数种类具有一定的耐寒性。对土质要求不严，但以疏松、肥沃的砂质壤土栽培为最好	以扦插繁殖、分株繁殖为主，也可于早春进行播种繁殖。在春季（3~4月）除去覆土，充分灌水即可萌芽。生长期应适当追施液肥	雨季应注意排水，防止植株倒伏	株形丰满，叶色葱绿，可用于布置花坛、花境、岩石园或作镶边植物及地被植物材料。也可盆栽供室内观赏或作切花材料
5	随意草（*Physostegia virginiana*）	喜阳光充足的环境，但不耐强光暴晒。在荫蔽处植株易徒长，开花不良。喜温暖，耐寒性也较强，生长适温18~28℃。喜湿润，不耐旱，夏季干燥则生长不良。喜疏松、肥沃、排水良好的砂质壤土	常用分株、扦插、播种等方法繁殖。生长期供给较充足的水分，保持土壤湿润，并给予充足的阳光。若长期光照不足，会导致枝叶徒长、节间过长，影响树形。夏季阳光炽热，要为其遮阴。在气温很高而且干燥时，要每天向植株喷水1~2次，不使其因过分干燥而导致叶片焦边或脱落	注意对3年生以上老株进行修剪	株形挺拔，叶秀花艳，造型别致，在园林绿地中广泛应用。可成片种植，也可盆栽。花期集中，可用于秋季花坛，也可用于花境或作切花材料。还可以用作硅藻泥材料

（续）

序号	花卉名称	生态学特性	栽培与养护技术要点	注意事项	应用特点
6	荷包牡丹（*Lamprocapnos spectabilis*）	喜侧方庇荫，忌烈日直射。忌暑热。要求肥沃、湿润的土壤，在黏土和砂土中明显生长不良。4~6月开花。花后至夏季茎叶渐黄而休眠	以分株繁殖为主，也可采用扦插和播种繁殖。春季浇足返青水，同时喷1%的敌百虫，进行土壤消毒。生长期要及时浇水，保证土壤有充足的水分。孕蕾期间，施1~2次磷酸二氢钾或过磷酸钙液肥，可使花大色艳。7月至翌年2月是休眠期，11月除浇防冻水外，还要在近根处施以油粕或堆肥。若栽植于树下等有侧方遮阴的地方，可以推迟休眠期。于7月花后地上部分枯萎时将植株挖起，栽于盆中，放入冷室至12月中旬，然后移入12~13℃的温室内，经常保持湿润，可使其春节开花	要注意雨季排水，以免植株地下部分腐烂	植株丛生而开展。叶翠绿色，形似牡丹，但小而质细。花似小荷包，悬挂在花梗上优雅别致。为花境丛植的良好材料，片植则具自然之趣。也可盆栽于室内、廊下等
7	桔梗（*Platycodon grandiflorus*）	多生长于山坡、草丛、林边沟旁。耐寒性强，喜凉爽、湿润。宜富含腐殖质、排水良好的砂质壤土	多用播种繁殖，也可采用分株、扦插繁殖。花期前后追肥1~2次。秋后欲保留老根，应剪去干枯茎枝并覆土越冬	发芽后注意保持土壤湿润	花期长，花色美丽。适宜花坛、花境栽植或点缀岩石园，也可作切花材料
8	飞燕草（*Consolida ajacis*）	喜光，稍耐阴，生长期可在半阴处，花期需充足阳光。耐旱和稍耐水湿。喜肥沃、湿润、排水良好的酸性土，pH以5.5~6.0为佳	可采用种子繁殖、扦插繁殖、分株繁殖。花前追施氮肥，花后多施磷、钾肥，并适当浇水。植株长到20cm高时立支架张网防倒伏。10月以后增加灯光照明，可促使早开花	浇水要做到见干见湿。在花期要适当多浇一点水，避免土壤过分干燥	花形别致，色彩淡雅。可栽植于花坛、花境，也可作切花材料
9	宿根石竹类（*Dianthus* spp.）	喜光，喜高燥、通风、凉爽环境，不耐炎热。忌湿涝。喜肥沃、排水良好的土壤	采用播种、分株及扦插等方法繁殖。以砂质土栽植为好，排水不良则易发生立枯病和白绢病。3月上旬需浇足返青水，同时进行土壤消毒，并施足基肥。3~6月为石竹类的生长期，应结合浇水及时中耕除草和进行防治病虫害。适时进行花后修剪	7~8月雨季时，应注意排水，防止植株倒伏	可用于花坛、花境，也可作为盆栽和切花材料。其中低矮型及簇生型品种又是布置岩石园及林缘镶边的优良材料

（续）

序号	花卉名称	生态学特性	栽培与养护技术要点	注意事项	应用特点
10	耧斗菜（*Aquilegia viridiflora*）	在林下半阴处生长良好。性强健，耐寒性强，在冬季气温不低于5℃的地方四季常青，不耐高温酷暑。忌涝，喜富含腐殖质、湿润且排水良好的砂壤土	采用分株繁殖和播种繁殖。3月上旬浇返青水，并浇灌1%的敌百虫进行土壤消毒。春天可在全光照条件下生长开花，夏季最好遮阴，否则叶色不好，呈半休眠状态。每年追肥1~2次	注意预防花叶病，重视科学施肥	植株高矮适中，叶形美丽，花形奇特，是花境的好材料。丛植、片植在林缘和疏林下，可以形成美丽的自然景观，表现群体美。也可用于岩石园，还是切花材料
11	冷水花（*Pilea notata*）	喜温暖湿润的气候，生长适宜温度为15~25℃，冬季不可低于5℃。喜疏松、肥沃的砂土	多用扦插繁殖，春、秋两季均可进行。很耐阴，但更喜欢充足光照，且应避免强光直射。夏天，经常向叶面喷雾可保持叶面清洁且具光泽	秋后注意增施磷、钾肥以壮茎秆、防倒伏	茎翠绿可爱，可作地被材料。耐阴，可作室内绿化材料，长期布置于有散射光的茶几、花架上，或用于布置阳台，或作吊盆悬挂于墙角或显眼处
12	虎眼万年青（*Omithogalum caudatum*）	喜阳光，也耐半阴，夏季怕阳光直射。耐寒，冬季重霜后叶丛仍保持苍绿。喜湿润环境。鳞茎有夏季休眠习性，分生力强，繁殖系数高	常用分球繁殖和播种繁殖。在晚秋、冬季和早春，由于气温不是很高，需给予直射阳光照射。在栽培管理时要特别注意保持环境温度。最适宜的生长温度为15~28℃，当温度降到10℃以下时会进入休眠。喜欢较干燥的空气环境。施肥要求遵循“少量多次、搭配均衡”的原则	注意生长期防倒伏	春季星状白花闪烁，幽雅朴素，是布置自然式园林和岩石园的优良材料。也适于盆栽作为室内和阴面阳台的观叶植物，欣赏大型叶片和灰绿色的鳞茎。还可作切花材料
13	红花酢浆草（*Oxalis corymbosa*）	喜光，在全光下和树荫下均能生长，但在全光下生长健壮。抗寒力较强。适生于湿润的环境，干旱缺水时生长不良。可耐短期积水	采用分球繁殖和分株繁殖。在炎热季节生长缓慢，基本上处于休眠状态。生长期每月施一次有机肥。稍加肥水管理，则生长迅速，开花不断。叶丛十分稠密，覆盖地面，使杂草难以生长。如栽培时间过长，可挖出球茎重新栽植复壮	叶片易受红蜘蛛危害	株丛稳定，株形优美，线条清晰，素雅高贵，景观效果丰富，在园林绿化中具有极其广泛的应用前景，是替代草坪植物的好材料，可用于布置花坛、花境及花台等
14	射干（*Belamcanda chinensis*）	喜温暖和阳光，耐干旱和寒冷。对土壤要求不严，山坡旱地也能栽培，但以肥沃、疏松、排水良好的中性或微碱性砂质壤土为好。忌低洼地和盐碱地	采用直播和育苗移栽，也可分割根茎繁殖。在生长前期、中期增施肥料，后期控制肥水，多施圈肥或堆肥。不耐涝，在每年的梅雨季节要加强防涝工作，以免渍水烂根	除留种田外，其余植株抽薹时须及时摘薹	花形飘逸，有趣味性，适用于布置花境

（续）

序号	花卉名称	生态学特性	栽培与养护技术要点	注意事项	应用特点
15	风铃草（*Campanula medium*）	喜光照充足的环境，可耐半阴。喜夏季凉爽、冬季温和的气候。以含丰富腐殖质、疏松透气、pH 5.5~6.2 的砂质土壤为好。喜干耐旱，忌水湿	以播种繁殖为主。阴雨天要少浇或不浇水，气温高、蒸发量大时要多浇水。花前增施含磷、钾的复合肥，可防止花期倒伏。冬季和盛夏则应停止施肥。每天 14h 光照可以自然开花。在阳光充足条件下，植株生长整齐，高度一致，开花整齐，花色鲜艳。从播种到开花需 6 个月左右，可根据开花时间确定播种时间	注意病虫害防治	株形粗壮，花朵钟状似风铃，花色明丽素雅，是园林中常见的冬、春季草花，也适合庭院栽培或作大中型盆栽用于布置客厅、阳台等
16	矢车菊（*Centaurea cyanus*）	喜欢阳光充足，不耐阴湿，须栽在阳光充足、排水良好的地方，否则常因阴湿而导致死亡。适应性较强，喜冷凉，较耐寒，忌炎热。喜肥沃、疏松、排水良好的砂质土壤	多用种子繁殖。幼苗具 6~7 片小叶时，可移栽或定植，株距约 30cm。栽植成活后每隔 10~15d 施稀释 5 倍的腐熟人粪尿液一次，到第二年 3 月停止施肥以待开花。如果 4~5 月播种，当年 7~10 月便可开花	植株茎秆细弱，容易倒伏，因此定植不宜过密	矮型品种株高仅 20cm，可用于布置花坛、草地镶边、作盆花或大片自然丛植。高型品种可以与其他草花结合布置花坛及花境，也可片植于路旁或草坪内，株形飘逸，花态优美，非常自然，还可作切花材料
17	紫露草（*Tradescantia ohiensis*）	喜半阴环境。喜温暖湿润气候，最宜生长温度在 15~25℃，耐寒。对土壤要求不高，在砂土、壤土中均可正常生长，在中性或偏碱性的土壤中生长良好，忌土壤积水	可采用分株、扦插等方法繁殖。分株多在春、夏季进行，扦插随时皆可进行。在种植前应施足基肥，生长期每 2 周施一次有机肥或复合肥，施肥后及时灌水，以防肥料烧伤根系。光照充足可使植株生长旺盛，但忌暴晒。花后及时剪除残花茎和枯叶	应注意栽植密度和水肥控制，避免徒长和倒伏	花色鲜艳，花期长，抗逆性强，在园林中多作为林下地被植物，既能观花、观叶，又能吸附粉尘，净化空气
18	铁线莲（*Clematis florida*）	生于低山区的丘陵灌丛中。耐寒性强，可耐 -20℃ 低温。喜肥沃、排水良好的碱性壤土，忌积水或夏季干旱而不能保水的土壤	播种、压条、嫁接、分株或扦插繁殖均可。生长的最适温度为夜间 15~17℃，白天 21~25℃。需要每天 6h 以上的光照。对水分非常敏感，不能过干或过湿，特别是夏季高温时期，基质不能太湿。在 4 月或 6 月追施一次磷酸肥，以促进开花	一般应每年修枝一次，去掉一些过密或瘦弱的枝条，并使新生枝条能向各个方向伸展	园林栽培中可用木条、竹材等搭架让新生的茎蔓缠绕其上生长，构成塔状；也可栽于绿廊支柱附近，让其攀附生长；还可布置在稀疏的灌木绿篱中，任其攀爬在灌木绿篱上，将灌木绿篱变成花篱。还可布置于墙垣、棚架、阳台、门廊等处

（续）

序号	花卉名称	生态学特性	栽培与养护技术要点	注意事项	应用特点
19	天竺葵（*Pelargonium hortorum*）	喜阳光充足的环境。喜冷凉气候，能耐0℃低温，忌炎热，夏季为半休眠状态，冬季需保持室温为10℃左右。要求土壤肥沃、疏松、排水良好，怕积水	以扦插繁殖为主。在栽培时应适当进行摘心，以促使多产生侧枝，利于开花。整个生长期浇水不能过多。花后一般进行短截，目的是使植株生长健壮，圆满而美观。剪后一周内不浇水、不施肥，以使剪口干缩避免水湿而腐烂	注意排湿，通风透光。潮湿低温，通风透光不良，易发生灰霉病	株丛紧密，花极繁密，花团锦簇，花期长，是重要的盆栽观赏植物。有些种类常在春、夏季用于布置花坛
20	垂盆草（*Sedum sarmentosum*）	喜温暖湿润、半阴的环境，对光线要求不严。一般适宜在中等光线条件下生长，也耐弱光。适应性强，较耐旱，耐寒。不择土壤，在疏松的砂质壤土中生长较佳。生命力极强，茎干落地即能生根，在贫瘠的土壤表现出生长衰弱的现象	用播种繁殖和扦插繁殖。栽植时须适量施入有机肥，经过粉碎的棉籽饼、麻酱渣或鸡粪干均可。生长过程中每15d少量施用一次复合肥。适宜生长温度为15～28℃。忌强光照的环境，遇强光表现出叶片发黄的现象，在一定遮阴条件下生长良好。生长速度快，需水量比较大，施肥后要立即浇灌清水，以防肥料烧伤茎叶或根系。注意土壤不能积水	注意病虫害防治	具有草坪草的优良性状以及耐粗放管理的特性，值得在屋顶绿化、地被、护坡、花坛、吊篮等城市景观工程中进行广泛推广应用。还可作庭院地被植物，或于室内吊挂欣赏
21	银叶菊（*Jacobaea maritima*）	喜凉爽湿润、阳光充足的气候，疏松、肥沃的砂质壤土或黏壤土	一般采用播种繁殖和扦插繁殖。在生长旺盛期保证充足的肥水供应，一般每10d左右施一次肥，以氮肥为主。若有徒长趋势，则应适当控水控肥。由于叶片是观赏部位，成株浇水施肥时注意不要沾污叶片，尽量点浇，勿施浓肥	生长期间可通过摘心控制株高	植株矮壮，适合作五色草花坛的配料和镶嵌材料，使整个花坛色彩更丰富，起到画龙点睛的作用
22	荷兰菊（*Symphyotrichum novi-belgii*）	喜阳光充足及通风良好的环境。耐寒。耐旱、耐瘠薄，对土壤要求不严，但在湿润及肥沃壤土中开花繁茂	以扦插繁殖、分株繁殖为主，很少用播种繁殖。早春及时浇返青水并施基肥。生长期间每2周追施一次肥水，入冬前浇冻水。每隔2～3年需进行一次分株，除去老根，更新复壮。株形高大，栽培时可利用修剪调节花期及植株高度	如要国庆节开花，应修剪2～4次。要在劳动节开花，可于上一年9月剪嫩枝扦插，或深秋挖老根上盆，冬季在低温温室培育	花色丰富，可用于花坛、花境布置，与其他花卉搭配营造色彩斑斓的景观，或作为中后层植物增加层次感和立体感。也可成丛或成群种植于草坪、林缘、建筑物旁或公园、广场等开阔地带。也适合盆栽，于室内外摆放。还是优良切花材料

任务实施

教师根据学校所处地域气候条件和学校实训条件，选取 1～2 种宿根花卉，指导各任务小组开展实训。

1. 完成宿根花卉露地栽培与养护方案设计，填写表 3-2-2。

表 3-2-2　宿根花卉露地栽培与养护方案

组别		成员	
花卉名称		作业时间	年　月　日至　年　月　日
作业地点			
方案概况	（目的、规模、技术等）		
材料准备			
技术路线			
关键技术			
计划进度	（可另附页）		
预期效果			
组织实施			

2. 完成宿根花卉露地栽培与养护作业，填写表 3-2-3。

表 3-2-3　宿根花卉露地栽培与养护作业记录表

组别		成员	
花卉名称		作业时间	年　月　日至　年　月　日
作业地点			

（续）

周数	时间	作业人员	作业内容(含宿根花卉生长情况观察)
第1周			
第2周			
第3周			
第4周			
第5周			
第6周			
第7周			
第8周			
第9周			
第10周			
……			

填表说明：

1. 生长情况一般包括：花卉的总体长势情况，如高度、冠幅、病虫害等；各种物候(发芽、展叶、现蕾、开花、结果、果实成熟等)发生情况。

2. 作业内容主要是指采取的技术措施，包括但不限于松土、除草、浇水、施肥、打药、绑扎、摘心、抹芽、去蕾等，应记录详细。

考核评价

根据表3-2-4进行考核评价。

表3-2-4　宿根花卉露地栽培与养护考核评价表

成绩组成	评分项	评分标准	赋分	得分	备注
教师评分(70分)	方案制订	宿根花卉露地栽培与养护方案含花卉生长习性和对环境条件的要求介绍(2分)、技术路线(3分)、进度计划(5分)、种植养护措施(5分)、预期效果(2分)、人员安排(3分)等	20		
	过程管理	能按照制订的方案有序开展宿根花卉露地栽培与养护，人员安排合理，既有分工，又有协作，定期开展学习和讨论	10		
		管理措施正确，花卉生长正常	10		
	成果评定	宿根花卉露地栽培与养护达到预期效果，成为商品花	20		
	总结报告	格式规范，关键技术表达清晰，问题分析有深度和广度	10		
组长评分(20分)	出谋划策	积极参与，查找资料，提出可行性建议	10		
	任务执行	认真完成组长安排的任务	10		

（续）

成绩组成	评分项	评分标准	赋分	得分	备注
学生互评（10分）	成果评定	宿根花卉露地栽培与养护达到预期效果，成为商品花	5		
	总结报告	格式规范，关键技术表达清晰，问题分析有深度和广度	3		
	分享汇报	认真准备，PPT图文并茂，表达清楚	2		
总　分			100		

任务3-3　球根花卉露地栽培与养护

任务目标

1. 熟悉球根花卉的常见种类及其生物学特性。
2. 掌握不同球根花卉对土壤、光照、温度、水分等环境条件的要求。
3. 知晓球根花卉露地栽培与养护的各个环节。
4. 能根据立地条件、季节等因素制订球根花卉露地栽培与养护方案并付诸实践。
5. 培养耐心与细心。
6. 锻炼分析问题和解决问题的能力。
7. 学会与他人交流分享经验和心得，促进共同进步。

任务描述

球根花卉是观赏植物的重要种类，其生产面积和贸易额占观赏植物总量的25%左右。中国是多种球根花卉的起源中心，现代百合、郁金香等球根花卉栽培品种中，几乎都与中国球根花卉有亲缘关系。本任务首先深入学习球根花卉露地栽培与养护管理的理论知识，了解球根花卉的种类、品种特性、生长习性及对生长环境的要求，并根据学校现有条件选择1~2种球根花卉，制订露地栽培与养护方案。然后，实施球根花卉露地栽培与养护操作，如按照正确的方法进行整地、施肥、放样、种植或移栽，持续对栽培的球根花卉进行浇水、施肥、中耕除草、修剪、病虫害防治等养护管理，并记录采取的养护管理措施及球根花卉的生长发育状况。最后，对球根花卉露地栽培与养护效果进行评估和经验总结，制作PPT进行分享汇报。

工具材料

球根花卉种球等繁殖材料；铁锹、花铲、播种器、喷水壶；直尺、铅笔、笔记本等；肥料、杀菌剂。

知识准备

一、球根花卉的栽培特点及要求

球根花卉主要依靠种球进行栽培。种球是指球根花卉地下部分的茎或根等变态、膨大并贮藏大量养分的无性繁殖器官，如朱顶红、郁金香、风信子、百合等的鳞茎，唐菖蒲的球茎，美人蕉的根状茎，仙客来的块茎，以及大丽花的块根等。种球能很好地保持母株的园艺性状，栽培容易，管理简便，种质资源交流便利。

二、常见球根花卉露地栽培与养护案例

（一）郁金香

郁金香（*Tulipa gesneriana*）为百合科郁金香属多年生草本植物（图3-3-1）。鳞茎扁圆锥形或扁卵圆形，长约2cm，外被淡黄色至棕褐色皮膜。叶分为基生叶和茎生叶，基生叶3~5片，长椭圆状披针形，长10~25cm，宽2~7cm；一般茎生叶仅1~2片，较小。

图3-3-1 郁金香

原产于地中海沿岸及中亚细亚和伊朗、土耳其等，现已在世界各地种植，其中以荷兰栽培最为盛行，实现商品化生产。

1. 品种类型

经过园艺家长期的杂交栽培，目前全世界已有8000多个郁金香栽培品种。花形有杯形、碗形、卵形、球形、百合花形、重瓣形等。花色有白色、粉红色、紫色、褐色、黄色、橙色等，深浅不一，单色或复色。花期有早、中、晚等。根据其在园艺上的不同特征，可将其分为16类（栽培群，group），分别为单瓣早花群（singleearly group）、重瓣早花群（doubleearly group）、特瑞安群（triumph group）、达尔文杂交群（darwinhybrid group）、单瓣晚花群（singlelate group）、百合花群（lily-flowered group）、流苏花群（fringed group）、绿花群（viridiflora group）、伦勃朗群（rembrandt group）、鹦鹉群（parrot group）、重瓣晚花群（doublelate group）、牡丹花形群（peony-flowered）、考夫曼杂交群（kaufmanniana group）、福斯特杂交群（fosteriana group）、格里克杂交群（greigii group）及混杂群（miscellaneous group）。

2. 生态学特性

郁金香属长日照花卉，喜向阳、避风的环境及冬季温暖湿润、夏季凉爽干燥的气候。8℃以上即可正常生长。耐寒性很强，一般可耐-14℃低温，苏州地区鳞茎可在露地越冬。怕酷暑，如果夏天来得早，同时盛夏很炎热，则鳞茎休眠后难以度夏，经常出现种球干枯现象。要求腐殖质丰富、疏松、肥沃、排水良好的微酸性砂质壤土，忌碱土

和连作。

3. 繁殖方法

常用分球繁殖。郁金香每年更新，花后即干枯，其茎旁生出一个新球及数个子球。子球数量因品种不同而有差异，一般早花品种子球数量少，晚花品种子球数量多。子球数量还与培育条件有关。每年5月下旬将休眠鳞茎挖起，除去残叶、残根、浮土，将表面清洁干净(注意勿伤外种皮)，分级晾晒贮存(忌暴晒，防鼠咬、霉烂，在5~10℃的通风、干燥环境贮存)。

4. 栽培与养护技术要点

(1)种植准备

选择疏松透气的土壤，施入腐熟的有机肥。作高畦，畦宽120cm，种植层厚30cm，工作道宽45cm。以多菌灵500倍液或75%辛硫磷乳油1000倍液喷浇土壤消毒。

(2)栽植技术

10月下旬栽种，株行距10cm×12cm。栽培地应施入充足的腐叶土和适量的磷、钾肥作基肥。栽后覆土5~7cm，立即浇水，以浇透为准，忌积水。

(3)养护技术

①水分管理　出苗期保持土壤充分湿润，一旦成苗，减少水分。保持土壤潮湿，视土壤湿度决定浇水次数。郁金香栽培，水分是关键之一。土壤过湿，透气性差，易产生病苗；过干，则易生成盲花。

②光温管理　出芽前后如光照较强，应给予遮光，生长期和花期均要求充足的光照。白天温度保持在18~24℃，夜间12~14℃，可根据花期及植株生长状况在此范围内进行调整。花后浇水次数要逐渐减少，以利于新鳞茎膨大和质地充实。

③追肥　在基肥充足的前提下，花蕾长出后和开花后各追肥一次。

④修剪　花谢后除预留种子的母株外，其余的均需及时剪除花茎，以便使养分集中供给新鳞茎。

⑤病虫害防治

疫病　主要危害叶片、花和球茎。叶片和花部受害后，植株弯曲，最后枯死。潮湿条件下，病部产生灰色霉层。防治方法包括选用无病种球、种植前进行土壤消毒、及时拔除病株并喷洒药剂等。

基腐病　主要危害球茎和根。病害多发生在球茎基部，植株叶片发黄、萎蔫，茎、叶提早变红枯黄，茎干基部腐烂，呈现疏松纤维状，根系少，极易拔出。防治方法包括选择健康的种球、种植前进行土壤消毒、加强栽培管理等。

腐朽菌核病　该病主要在郁金香幼苗期出现，阻碍幼苗生长。防治方法包括贮藏鳞茎时剔除受伤或有病鳞茎、栽种前进行土壤消毒、发现患病植株立即拔除等。

青霉病　真菌感染，主要危害鳞茎，使其腐烂。防治方法包括种球消毒、加强栽培管理等。

病毒病　主要症状表现为植株变矮、叶黄，出现卷叶、畸形叶等。防治方法包括及时拔除病株、防治蚜虫以减少传播、加强栽培管理等。

刺足根螨　在土中或贮藏期间危害鳞茎，引起鳞茎腐烂。防治方法包括用乙酯杀螨醇喷注鳞茎、将被害的鳞茎放在稀薄石灰水中浸泡等。

小贴士

在进行病虫害防治时，需要注意以下几点：选择健康的种球和适宜的种植环境；加强栽培管理，注意通风、光照和合理浇水、施肥；定期巡查，及时发现病虫害并采取相应的防治措施；合理使用农药，按照说明进行稀释和喷洒，避免过度使用。

(二)石蒜

石蒜(*Lycoris radiata*)是石蒜科石蒜属多年生草本植物(图3-3-2)。鳞茎广椭圆形。初冬出叶，线形或带形。花莛先于叶抽出，高约30cm，顶生4~6朵花；花鲜红色或有白色边缘，花被筒极短，上部6裂；裂片狭披针形，长4cm，边缘皱缩，向外反卷；雄蕊6；子房下位，3室，花柱细长。蒴果背裂。种子多数。花期9~10月，果期10~11月。

图3-3-2 石 蒜

东亚特有属，常野生于缓坡林缘、溪边等比较湿润及排水良好的地方，还能生长于丘陵山区山顶的石缝等土层稍深厚的地方。着生土壤为红壤。在我国集中分布于江苏、浙江、安徽三省。

1. 种类

石蒜属植物共有20余种，我国原产的有石蒜和忽地笑(*Lycoris aurea*)等15种。按花色可分为：

黄色系：如中国石蒜、忽地笑、广西石蒜、黄长筒石蒜、安徽石蒜等。

橙红系：石蒜、朝鲜石蒜、血石蒜、麦秆石蒜。

粉色、复色系：香石蒜、玫瑰石蒜、红蓝石蒜、换锦花、夏水仙、变色石蒜。

白色系：乳白石蒜、长筒石蒜、短蕊石蒜、江苏石蒜、陕西石蒜等。

2. 生态学特性

喜阴湿而排水良好的环境。耐寒性强，能忍受的高温极限为日平均气温24℃。喜湿润，也耐干旱。适应性强，对土壤要求不严，习惯于偏酸性土壤，以疏松、肥沃、pH 6~7的腐殖质土最好。有夏季休眠习性。

3. 繁殖方法

(1)分球法

分球时间以6月为好，此时老鳞茎呈休眠状态，地上部分枯萎。可选择多年生、具多个小鳞茎的健壮老株，将小鳞茎掰下，尽量多带须根，以利于当年开花。一般分球繁殖需间隔4~5年。

(2)鳞茎切割法

将清理好的鳞茎基底以“米”字形切割，切割深度为鳞茎高的1/2~2/3。消毒、阴干后插入湿润的沙、珍珠岩等基质中，3个月后鳞片与基盘交接处可见不定芽形成，逐渐生出小鳞茎，经分离栽培后可以成苗。

(3)组织培养法

用MS培养基，采花梗、子房作外植体材料，经培养，在切口处可产生愈伤组织。1个月后可形成不定根，3~4个月后可形成不定芽。用花梗和带茎的鳞片作外植体材料，也可产生不定芽、子鳞茎。

(4)播种法

一般只用于杂交育种。由于种子无休眠性，采种后应立即播种，20℃条件下15d后可见胚根露出。自然环境下播种，第一个生长周期只有少数实生苗抽出一片叶子，苗期可移植一次。实生苗从播种到开花需4~5年。

4. 栽培与养护技术要点

(1)种植技术

一般在春季(4~5月)苗凋谢后或秋季花后分球栽种。地栽一般不必施肥，栽植深度约5cm，株行距以10~15cm为宜。栽后浇透水，并经常保持土壤湿润不积水。新根生长的最适温度为22~30℃，一般栽后15~20d可长出新叶。

(2)养护技术

①温度管理　多数石蒜品种喜温暖的气候。最高气温不超过30℃，平均气温24℃，适宜石蒜生长。冬季平均气温8℃以上，最低气温1℃，不影响石蒜生长。

②光照管理　石蒜喜欢散射光，不耐强光，宜在林下种植。

③施肥　种植前应埋入充足的有机肥，之后每两个月追肥一次。追肥可用自制的腐熟堆肥或氮、磷、钾肥，适当提高磷、钾肥的比例，以促进球根发育和开花。

④水分管理　保持土壤间干间湿，忌积水。当表土干燥呈灰白色时，应及时补水。当叶逐渐枯萎时，应慢慢减少浇水。一旦进入休眠期，不可再浇水或施肥。

⑤病虫害防治

细菌性软腐病　栽植前用0.3%硫酸铜液浸泡鳞茎30min，然后用水洗净，晾干后种植。每隔15d喷50%多菌灵可湿性粉剂500倍液防治。发病初期用50%苯菌灵2500倍液防治。

斜纹夜蛾　主要以幼虫啃食叶肉，咬蛀花莛、种子，一般从春末到11月危害。可用5%氟虫腈悬浮剂2500倍液、灭多虫1000倍液防治。

石蒜夜蛾　其幼虫入侵的植株，通常叶片被蛀空，且幼虫可以直接蛀食鳞茎内部，受害处通常会留下大量的绿色或褐色粪粒。防治上，可结合冬季或早春翻地，挖除越冬虫蛹，减少虫口基数；经常注意叶背有无排列整齐的虫卵，一经发现，即刻清除；在早晨或傍晚幼虫出来活动(取食)时喷施毒死蜱1500倍液或辛硫磷乳油800倍液。

蓟马　通体红色，主要在鳞茎发叶处吸食营养，导致叶片失绿。果实成熟后发现较多。可以用25%吡虫啉3000倍液或70%吡虫啉6000~10 000倍液喷雾防治。

蛴螬　是一类分布广、危害重的害虫。幼虫终生栖居土中，喜食刚刚播下的种子、根、茎以及幼苗等，造成缺苗断垄。发现后应及时采用辛硫磷或敌百虫等药剂进行防治。

(三)美人蕉

美人蕉(*Canna indica*)是美人蕉科美人蕉属多年生草本植物，株高可达100~150cm(图

3-3-3）。根茎肥大。茎叶具白粉，叶片阔椭圆形。总状花序顶生，花径可达20cm，花瓣直伸，具4枚瓣化雄蕊，花色丰富。花期7~11月。

图3-3-3 美人蕉

原产于美洲热带和亚热带，现世界各地广泛栽培。

1. 品种类型

‘荷兰小姐’ 属胜利杂种型。茎高35~45cm。花高脚杯形，深紫红色，花被内面淡灰绿色，外面有紫红色晕；花心黄色，有蓝色条纹；花丝深蓝色，花药深棕色。

‘阿普多美’ 属达尔文杂种型。茎高60~65cm。花高脚杯形，红色，高9~10cm；花被外面杏红色，基部黄色，内面鲜红色；花心黑色，较大，有窄而明显的饰边；花丝、花药深紫色。

‘夜皇后’ 属达尔文杂种型。茎高70cm左右，是我国引种较早的黑色品种，已广泛栽培。花广高脚杯形，深紫黑色，高7~8cm；花心深蓝色；花丝淡黄色，花药黑色。

‘蓝鹦鹉’ 属鹦鹉型。茎高55~65cm。花杯形，开展，高9~10cm，淡紫色；花被有浅蓝色晕，内面深蓝色；花心蓝绿色，有黄色饰边；花丝淡黄色，有蓝色细条纹，花药黄色。

‘帝王血’ 属考夫曼型。茎高60~70cm。花广高脚杯形，高9~10cm，红紫色，边缘深红色；花心黄色，有饰边和绿色晕；花丝黄色，花药黑色。

‘绿地’ 属绿花型。茎高50cm。花高脚杯形；花被中肋绿色，两侧淡红色，先端粉红色，无花心；花药黑色，花丝白色，先端黑色。

‘金色旋律’ 属考夫曼型。茎高53~55cm。花高脚杯形，高6~7cm；花被深黄色，花心琥珀色；花丝黄色，花药棕黄色。

‘国泰’ 于1999年培育，花整体呈深紫色羽毛状鹦鹉形。2019年3月24日，彭丽媛受荷兰皇室邀请对其进行命名，赋予这款紫色郁金香以世界和平、国家昌盛、人民安康的全新内涵。现已成为国家外事活动、大型庆典、中外花展、高档殿堂场所装点陈列用花，以及高规格礼仪馈赠用花。

2. 生态学特性

喜温暖和充足的阳光，怕强风，不耐寒。露地栽培的最适温度为13~17℃。一经霜打，地上茎叶均枯萎，根状茎存于地下。对土壤要求不严，在疏松、肥沃、排水良好的砂壤土中生长最佳，也适应肥沃的黏质土壤。生长季节要经常施肥。

3. 繁殖方法

(1)播种繁殖

4~5 月将种子的坚硬种皮用利具割口，用温水浸种一昼夜后露地播种。播后 2~3 周出芽，长出 2~3 片叶时移栽一次，当年或翌年即可开花。

(2)分株繁殖

分割根状茎，每段带 2~3 个芽，当年可开花。

4. 栽培与养护技术要点

美人蕉栽培管理较为粗放。一般在春天种植，露地栽植株行距以 25~30cm 为宜。生长期要求肥水充足，高温多雨季节适度控制水分。植株长出 3~4 片叶后，每 10d 追施一次液肥，直至开花。花后及时剪掉残花，促使其不断萌发新的花枝。

美人蕉在生长过程中可能会受到以下病虫害的侵害：

卷叶虫　幼虫会吐丝卷叶或叠叶，咬食叶肉，残留叶脉和上表皮，形成透明的灰褐色薄膜，后破裂成孔，称“开天窗”。防治方法：秋、冬季及时捕杀落叶、土壤裂缝或建筑物附近的越冬幼虫，夏季及时捕杀初孵幼虫，必要时摘除受害叶。发生危害时，可以用 50% 敌敌畏 800 倍液或 50% 杀螟松乳油 1000 倍液喷洒防治。

蕉苞虫　成虫会将虫卵产在美人蕉的叶片、嫩茎和叶柄上，幼虫孵化后，爬到叶缘处咬食叶片，并且还会吐丝将叶片粘成卷苞状，早上和晚上爬到卷苞外咬食附近的叶片。防治方法：发现被咬食的叶片时，要及时摘除叶苞，并且杀死幼虫。在幼虫孵化尚未形成叶苞前，用 90% 的敌百虫 1000 倍液杀死幼虫，或用定虫隆 1000 倍液于晨间或傍晚喷杀。

地老虎　多食性害虫，主要以幼虫危害美人蕉，将幼苗近地面的茎部咬断，导致植株整株死亡。防治方法：在发现地老虎危害时，进行人工捕捉，或者用敌百虫 600~800 倍液灌注根部土壤。

黑斑病　美人蕉常见病害之一，一般在 6~8 月发病比较严重，先是叶缘或者叶端发病，之后蔓延到叶心，叶片表面有枯斑，背面病斑处会有黑色雾状物。防治方法：种植前用 50% 甲基硫菌灵可湿性粉剂 800 倍液浸泡球根 5~10min，预防发病。发病初期剪除病叶烧毁，并喷洒 75% 百菌清可湿性粉剂，每 7~10d 喷一次，连续 2~3 次，可抑制病情发展。

花叶病　发病初期，叶片上会出现花叶或者黄绿相间的花斑，花瓣会逐渐变小，颜色逐渐杂乱，出现碎色条纹。后期发病逐渐严重，叶片变成畸形、内卷，斑块坏死。防治方法：由于美人蕉多采用分根繁殖，易使病毒年年相传，所以在繁殖时宜选用无病毒的母株作为繁殖材料。一旦发现病株，立即拔除销毁，以减少侵染源。花叶病是由蚜虫传播的，所以在发病时需要使用杀虫剂防治蚜虫，一般用 40% 氧化乐果 2000 倍液，或 50% 马拉硫磷、20% 二嗪农、70% 灭蚜松各 1000 倍液防治。

(四)大丽花

大丽花(*Dahlia pinnata*)为菊科大丽花属多年生花卉(图 3-3-4)。具肥大的纺锤状肉质块根，多数聚生在茎基部，内部贮存大量水分，经久不干枯。株高随品种而异，40~200cm 不等。头状花序，总梗长伸直立，花色及花形丰富。华东地区花期 5~6 月。

原产于墨西哥高原地区，在我国大部分地区有栽植。

图 3-3-4 大丽花

1. 品种类型

‘寿光’ 株高110cm。花鲜粉色，花瓣末端白色，花朵艳丽，花径12cm。花期是夏天和秋天。

‘朝影’ 株高120cm。花朵黄色，花瓣先端白色，重叠圆厚，花心不外露，花径12cm左右。易栽培，因而很适合家中养殖。

‘丽人’ 株高100cm，直立性强，为小型切花品种。花紫红色，花瓣先端白色，花径10cm。

‘华紫’ 花紫色，花径一般12cm。在紫色大丽花中是最好的品种。

‘新泉’ 花鲜红色，花瓣先端有白色斑痕。花形美，开花早。

‘瑞宝’ 花橙红色，花心不显露，为睡莲外形，花径一般12cm。开花较早，适合南方地区栽种。

‘新晃’ 株高90cm。花多，鲜黄色，花瓣先端白色。

‘红妃’ 叶直立，枝多。花深红色。容易栽培。

‘红簪’ 花粉色，花瓣呈浑圆的玫瑰形，花径12cm左右。株形十分松散但很调和，开花时非常美丽。

‘美人’ 株高100cm，茎直立。花紫红色，花瓣先端为白色，花径一般10cm左右。

2. 生态学特性

喜阳光和温暖而通风的环境。忌黏重土壤，以富含腐殖质、排水良好的砂质壤土为宜。

3. 繁殖方法

主要采用分根繁殖和扦插繁殖。

(1)分根繁殖和繁殖

分根繁殖一般在3月下旬结合种植进行。因仅根颈部能发芽，所以在分根时必须带有部分根颈。在越冬贮藏块根中选充实、无病、带芽点的块根，2~3月在18~20℃的湿沙中催芽。发芽后，用利刀从根颈部带1~2芽切段，然后用草木灰涂抹切口防腐。

(2)扦插繁殖

全株各部位的顶芽、腋芽、脚芽均可作为插穗，但以脚芽最好。以3~4月在温室或温床内扦插成活率最高。取经催芽的块根，待新芽基部一对叶片展开时，即可剥取扦插。插壤以砂质壤土加少量腐叶土或泥炭为宜。

4. 栽培与养护技术要点

(1)种植技术

大田栽培一般在3月底进行，选择地势高燥、排水良好、阳光充足且背风的地方，作成高畦。如欲提早花期，可于温室或冷床中催芽，再行定植。栽植深度以 6～12cm 为宜。栽时可埋设支柱，以免后期设立支柱时误伤块根。

(2)养护技术

大丽花喜肥，生长期间每 7～10d 追肥一次。夏季，植株处于半休眠状态，一般不施肥。生长期要注意除蕾和修剪。茎细挺而多分枝的品种可不摘心。经霜后地上部完全凋萎而停止生长，11 月下旬掘出块根，使其外表充分干燥，埋藏于干沙内，维持 5～7℃，相对湿度 50%，待第二年早春栽植。

病虫害防治方法：

花叶病　选择健康的植株块根或萌生的芽作为繁殖材料；及时拔除并烧毁病株；喷施 40%乐果 1500 倍液或 25%西维因 800 倍液，以防治传毒害虫。

灰霉病　及时清除病叶、病花并深埋或烧毁；实行轮作或换用无病毒的新土栽种，避免栽植密度过大，浇水时避免水滴飞溅传播病菌；发病后可用 70%甲基硫菌灵粉剂 2000 倍液或 50%异菌脲可湿性粉剂 1500 倍液进行防治。

根腐病　栽种前对土壤进行消毒，盆底垫上排水层；合理浇水和排水，保持通风透气。

白粉病　及时摘除病叶并销毁；早春植株萌动前，喷洒一次 25%多菌灵可湿性粉剂 600 倍液杀死越冬的病菌，展叶后每隔 10～15d 喷洒一次 50%多菌灵可湿性粉剂 1000 倍液。

病毒病　避免用带有病毒的块根作繁殖材料；一旦发现病株，立即拔除烧毁；利用种子繁殖；植株生长期喷施杀虫剂防治传毒害虫。

(五)朱顶红

朱顶红(*Hippeastrum rutilum*)为石蒜科朱顶红属多年生草本植物(图 3-3-5)。鳞茎近球形。叶鲜绿色，带形。花莛中空，圆筒状，稍扁，具有白粉，高约 40cm 以上，宽约 2cm；花 2～4 朵；花被裂片长圆形，顶端尖，长约 12cm，宽约 5cm，洋红色，略带绿色，喉部有小鳞片；雄蕊 6、长约 8cm，花丝红色，花药线状长圆形，长约 6mm、宽约 3mm；子房长约 1.5cm，花柱长约 10cm，柱头 3 裂。蒴果球形。花期夏季。

图 3-3-5　朱顶红

原产于墨西哥、阿根廷等，现各国广泛栽培。常生长于林下、草坪、坡地或半阴处作地被植物。

1. 品种类型

(1)单瓣大花型

'阿弗雷'('Aphrodite')　花朵洁白，花芯部分黄绿渐变，花瓣质感细腻，花径 20～25cm。复花性良好，一个花莛上通常有 2～4 朵花，观赏价值高，深受花友喜爱。

'精灵'('Fairy')　浅粉色花瓣带有红色条纹和斑点，花瓣边缘红色波浪状，花朵灵动，花量比较多。

‘爱神’(‘Cupid’) 花朵主体白中带粉，有红色波浪边和粉红色纹脉，气质柔和，非常迷人。

(2)重瓣大花型

‘双梦’(‘Double Dream’) 来自荷兰，一个花莛能开4~6朵花，花色为艳丽的深粉色，花瓣尖透着白色光晕。花朵直径较大，重瓣看起来非常华丽。

‘舞后’(‘Dancing Queen’) 是经典的重瓣大花型品种，花径可达20cm。花色漂亮、大气，花瓣中间有清晰的白线，花朵形态优美，观赏价值极高。

(3)小花型

‘小宝贝’(‘Baby’) 植株相对矮小，花朵也较小，但是花量较多。花色多为粉色或红色，小巧玲珑，适合盆栽观赏，放在桌面等处增添色彩。

(4)特殊花型

‘鬼魅’(‘Ghost’) 花朵直径可达30cm，是大型花品种。花朵色彩绚丽，花瓣层层叠叠，红中透白。其花形和颜色组合非常独特，在花卉展览等场合很受关注。

‘花孔雀’(‘Peacock’) 花色很仙，由外到内是粉色到白色的渐变，界线分明，精致美观。花瓣较薄，在阳光下有通透感，观赏效果极佳。

2. 生态学特性

喜温暖、湿润气候，生长适温为18~25℃，不喜酷热。冬季休眠期要求冷湿的气候，以10~12℃为宜，不得低于5℃。阳光不宜过于强烈，应置于大棚下养护。怕水涝。喜富含腐殖质、排水良好的砂质壤土。

3. 繁殖方法

采用播种繁殖或分球繁殖。

(1)播种繁殖

即采即播，发芽率高。播种土用2份泥炭与1份河沙混合制成。种子较大，宜点播，间距为2~3cm。发芽适宜温度为15~20℃，10~15d出苗，长出2片真叶时分苗。从播种到开花需要2~3年。

(2)分球繁殖

多采用人工切球法大量繁殖子球。将母鳞茎纵切成若干份，然后分别从中部分为两半，使其一端各附有部分鳞茎盘作为发根部位，再扦插于泥炭与沙混合制成的扦插床内，适当浇水。经6周后，鳞片间便可发生1~2个小球，并在下部生根。这样，一个母鳞茎可得到子鳞茎近百个。

4. 栽培与养护技术要点

(1)种植技术

选择肥沃、疏松的砂质壤土，pH以5.5~6.5最为适宜。于春季萌动前种植，一般株行距25cm×25cm。种植后及时浇水，发新根后加强水肥管理。

(2)养护技术

①浇水 朱顶红喜欢湿润的生长环境，因此在浇水时要浇透，但不能浇太多。下雨时要做好排水工作。

②光照和温度管理　全光照，但夏季宜适当遮阴。

③施肥　叶片长到5~6cm时开始追肥，每15d施一次饼肥水。开花后，则每隔20d施一次，增施磷、钾肥，可以增大鳞茎，促使新的鳞茎产生。

④修剪　朱顶红生长快，叶长且密，应在种植时把败叶、枯根、病虫害根叶剪去，留下旺盛叶片。

⑤越冬管理　10月上旬挖出鳞茎(注意不要损伤)，剪去上部茎叶，将根土洗净，日晒或阴干。待鳞茎表皮及剪口处干燥后，放于室内干燥处或集中沙藏。

⑥病虫害防治

斑点病　危害叶、花、花莛和鳞茎，发生圆形或纺锤形赤褐色斑点，尤以秋季发病多。防治方法：摘除病叶；栽植前，鳞茎用0.5%福尔马林溶液浸2h；春季定期喷洒等量式波尔多液。

病毒病　侵入后引起叶和花茎发病，并逐步向鳞茎方向蔓延，使根、叶腐烂。防治方法：鳞茎用43℃温水加入0.5%福尔马林浸3~4h。

线虫病　线虫主要从叶片和花茎上的气孔侵入，侵入后引起叶和花茎发病，并逐步向鳞茎蔓延。防治方法：鳞茎用43℃温水加入0.5%福尔马林浸3~4h。

红蜘蛛　可用40%三氯杀螨醇乳油1000倍液或90%杀虫脒粉剂1000倍液喷杀。

赤斑病　危害叶、花、花莛及鳞茎，发生圆形或纺锤形赤褐色病斑，尤以秋季为重。防治方法：摘除病叶；栽植前鳞茎用0.5%福尔马林溶液浸2h；春季喷波尔多液预防。

三、其他球根花卉露地栽培与养护(表3-3-1)

表3-3-1　其他球根花卉露地栽培与养护

序号	花卉名称	生态学特性	栽培与养护技术要点	注意事项	应用特点
1	铃兰 (*Convallaria keiskei*)	喜凉爽、湿润及散射光充足的环境。耐寒性强，忌炎热干燥	常用分株繁殖。于秋季分割带芽的根状茎栽种。成龄苗养护管理主要是松土、保墒，干旱时浇水，防止杂草丛生，保持土壤肥力充足	由于小苗根嫩，栽培实生苗时要细心；深度以苗尖露出地面2cm为宜	于阳台、窗台处装饰或案头处点缀，也适合花坛、花境或林缘栽培观赏
2	花毛茛 (*Ranunculus asiaticus*)	喜凉爽及半阴环境。怕湿、怕旱，喜排水良好、肥沃、疏松的中性或偏碱性土壤	栽植时要施入充足的基肥。块根栽植宜在9月上中旬进行，过迟不利于植株生长，影响翌年春天开花；过早，则因温度高，块根易腐烂	遇高温炎热会休眠	地栽、盆栽均宜

（续）

序号	花卉名称	生态学特性	栽培与养护技术要点	注意事项	应用特点
3	晚香玉（*Polianthes tuberosa*）	喜温暖湿润、阳光充足的环境。以黏质壤土栽培为宜	露地栽培需选择肥沃、潮湿而不积水的黏质壤土，种前半个月深耕整地并施足基肥。种植时覆土深度一般以顶芽露出土面为宜。栽种后要浇足水，出现杂草应立即拔除。生长旺盛期，宜勤浇水保持土壤湿润。生长中期进行追肥，每次施肥后第二天要浇水并及时进行松土以利于养分的吸收	自花授粉	非常重要的切花之一
4	六出花（*Alstroemeria hybrida*）	长日照植物。耐旱，忌积水。喜肥沃、湿润、排水良好的土壤	在幼苗阶段需移栽2~3次。生长适温15~25℃，夏季35℃以上时休眠。生长期需供应充足的水分，65%~85%的相对湿度有利于其生长	土壤pH最好控制在5.5左右	低矮品种是优良的盆栽材料，可点缀窗台、客厅、橱窗、宾馆等
5	唐菖蒲（*Gladiolus gandavensis*）	长日照植物，喜温暖湿润、阳光充足、通风良好的环境。喜土层深厚、疏松、肥沃、排水良好的微酸性砂壤土	种植季节依当地的气候条件和最佳观赏时间而定。生长期需要充足的水分，但不耐涝。喜肥，基肥以有机肥为主，磷肥能提高成花质量，钾肥可提高茎秆的硬度	土壤pH以5.5~6.5为宜，忌连作	作切花或于花境种植
6	马蹄莲（*Zantedeschia aethiopica*）	喜温暖湿润及稍有遮阴的环境，不耐寒和干旱。要求肥沃、保水性能好的微酸性黏质壤土	喜大水大肥。生长期间要多浇水，每隔2周追施一次液肥	夏季高温期块茎进入休眠状态	重要的切花种类之一。矮生和小花品种可盆栽，摆放于台阶、窗台、阳台
7	香雪兰（*Freesia hybrida*）	喜凉爽湿润与光照充足的环境，耐寒性较差。喜疏松、排水良好、富含腐殖质的土壤	短日照有利于促进花芽分化，长日照可以提早开花。通常9月种植球茎，11月上旬花芽开始分化，11月下旬分化完成	较高的温度可以促进提早开花，但植株生长会衰弱	可切花栽培，也可温室盆栽

（续）

序号	花卉名称	生态学特性	栽培与养护技术要点	注意事项	应用特点
8	葱兰（*Zephyranthes candida*）	喜阳光充足的环境，耐半阴与低湿。喜肥沃、带有黏性而排水良好的土壤	很容易自然分球，分株繁殖容易。只要冬季注意防寒，养护起来很简单	分株后的 3～4 周内要控制浇水，以免烂根	常用作花坛的镶边材料，也宜在绿地丛植，最宜作林下半阴处的地被植物，或于庭院小径旁栽植
9	百子莲（*Agapanthus africanus*）	喜温暖、湿润和阳光充足的环境。光照对生长与开花有一定影响。要求疏松、肥沃的微酸性砂质壤土	可选用分株繁殖或播种繁殖	常见叶斑病、红斑病。叶斑病可用 70% 甲基硫菌灵可湿性粉剂 1000 倍液防治；红斑病的预防措施为在浇水时注意防止水珠滴在叶面	优秀的地被和花境植物材料
10	大花葱（*Allium giganteum*）	喜凉爽、阳光充足，忌湿热多雨。生长适温 15～25℃。要求疏松、肥沃的砂壤土，忌积水	定植后叶片出土时，及时松土、浇水，配合追液态肥每 10～15d 浇一次水。注意中耕除草。空气干燥的地方适当进行少量人工喷雾或遮阴，可以缓和初夏时叶片枯黄的现象	忌连作、半阴	用于花境、岩石园或草坪旁装饰和美化

任务实施

教师根据学校所处地域气候条件和学校实训条件，选取 1～2 种球根花卉，指导各任务小组开展实训。

1. 完成球根花卉露地栽培养与护方案设计，填写表 3-3-2。

表 3-3-2　球根花卉露地栽培与养护方案

组别		成员	
花卉名称		作业时间	年　月　日至　年　月　日
作业地点			
方案概况	（目的、规模、技术等）		

（续）

材料准备	
技术路线	
关键技术	
计划进度	（可另附页）
预期效果	
组织实施	

2. 完成球根花卉露地栽培与养护作业，填写表3-3-3。

表3-3-3 球根花卉露地栽培与养护作业记录表

组别		成员	
花卉名称		作业时间	年 月 日至 年 月 日
作业地点			
周数	时间	作业人员	作业内容（含球根花卉生长情况观察）
第1周			
第2周			
第3周			
第4周			
第5周			
第6周			
第7周			
第8周			
第9周			
第10周			
……			

填表说明：

1. 生长情况一般包括：花卉的总体长势情况，如高度、冠幅、病虫害等；各种物候（发芽、展叶、现蕾、开花、结果、果实成熟等）发生情况。

2. 作业内容主要是指采取的技术措施，包括但不限于松土、除草、浇水、施肥、打药、绑扎、摘心、抹芽、去蕾等，应记录详细。

考核评价

根据表 3-3-4 进行考核评价。

表 3-3-4　球根花卉露地栽培与养护考核评价表

成绩组成	评分项	评分标准	赋分	得分	备注
教师评分（70 分）	方案制订	球根花卉露地栽培与养护方案含花卉生长习性和对环境条件的要求介绍（2 分）、技术路线（3 分）、进度计划（5 分）、种植养护措施（5 分）、预期效果（2 分）、人员安排（3 分）等	20		
	过程管理	能按照制订的方案有序开展球根花卉露地栽培与养护，人员安排合理，既有分工，又有协作，定期开展学习和讨论	10		
		管理措施正确，花卉生长正常	10		
	成果评定	球根花卉露地栽培与养护达到预期效果，成为商品花	20		
	总结报告	格式规范，关键技术表达清晰，问题分析有深度和广度	10		
组长评分（20 分）	出谋划策	积极参与，查找资料，提出可行性建议	10		
	任务执行	认真完成组长安排的任务	10		
学生互评（10 分）	成果评定	球根花卉露地栽培与养护达到预期效果，成为商品花	5		
	总结报告	格式规范，关键技术表达清晰，问题分析有深度和广度	3		
	分享汇报	认真准备，PPT 图文并茂，表达清楚	2		
总　分			100		

任务 3-4　水生花卉露地栽培与养护

任务目标

1. 了解水生花卉的概念。
2. 能够通过形态特征识别常见的水生花卉。
3. 掌握水生花卉的生长习性和露地栽培特点。
4. 掌握常见水生花卉的繁殖方法、露地栽技术及养护措施。
5. 能够完成 2~3 种水生花卉露地栽培与养护方案设计及任务实施，并能总结经验，实现知识和技能的迁移。

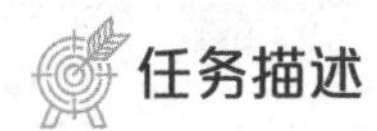

本任务首先深入学习水生花卉露地栽培与养护的理论知识，了解水生花卉的种类、品种特性、生长习性及对生长环境的要求，根据学校现有条件选择1~2种水生花卉，制订露地栽培与养护方案。然后，开展水生花卉露地栽培与养护实践操作，如按照正确的方法进行移栽或播种、浇水、施肥、除草、修剪、病虫害防治等，并认真记录所采取的养护管理措施及花卉的生长发育状况。最后，对水生花卉露地栽培与养护效果进行评估和经验总结，制作PPT进行分享汇报。

工具材料

水生花卉种子或各种无性繁殖材料；水池、卷尺、水缸、水盆、剪刀；化肥、有机肥等。

知识准备

一、水生花卉分类及栽培与养护特点

（一）水生花卉分类

水生花卉常为多年生草本花卉，多生长在水中或沼泽中，对栽培技术有特殊的要求。按生态习性及与水的关系，水生花卉主要分为以下几类：

1. 挺水花卉

根生于泥水中，茎叶挺出水面。如荷花、千屈菜、菖蒲、香蒲等。

2. 浮水花卉

根生于泥水中，叶片浮于水面或略高于水面。如睡莲、王莲等。

3. 漂浮花卉

根伸展于水中，叶浮于水面，可随水漂浮流动，在水浅处可生根于泥水中。如浮萍、凤眼莲(水葫芦)、菱、满江红等。

4. 沉水花卉

根生于泥水中，茎叶沉入水中生长，在水浅处偶有露出水面。如苦草、茨藻、金鱼草等。

（二）水生花卉栽培与养护特点

1. 水位

养护水生花卉时，挺水花卉需要将茎叶露出水面，浮水花卉只要保障水深足够漂浮即可，沉水花卉要求水位超过植株高度。

2. 水质

水生花卉是在有水的环境下生长的，水体要干净、清洁、无污染。如果采用缸栽，要

求勤换水，以避免水质恶化。如用自来水养护，要先静置1~2d，将水体中的氯气挥发后再使用。

3. 光照

对于挺水花卉和漂浮花卉来说，光照是生长的首要条件。光照不足时，水生花卉徒长，叶片变薄，植株纤弱，不开花、不结实甚至倒伏沉水。但只能以散射光为主，避免强光暴晒。

4. 营养

水生花卉的生长需要一定的养分。栽培初期施入有机肥、化学肥料等作为基肥，生长期施入追肥。

5. 除草

由于水中营养丰富，夏季水温高时，杂草极易生长，要及时控制杂草的生长。一般进行人工除草。

二、水生花卉栽培与养护案例

(一)荷花

荷花(*Nelumbo nucifera*)别名莲花、水芙蓉，为睡莲科莲属多年生水生花卉(图3-4-1)。被誉为“花中君子”，为中国十大传统名花之一。地下茎长而肥厚，有长节。叶盾圆形。花单生于花梗顶端，花瓣多数，嵌生在花托穴内，有红、粉红、白、紫等色，或有彩纹、镶边。坚果椭圆形。种子卵形。花期6~9月。

图3-4-1 荷 花

原产于亚洲热带和温带地区，中国早在周朝就有栽培记载。其出淤泥而不染的品格为世人称颂，历来为文人墨客歌咏、绘画的题材之一。

1. 品种类型

荷花种类繁多，王其超和张行言编著的《中国荷花品种图志》记载了162个荷花品种，将中国莲花品种群与美国莲及其种间杂种的品种群列为第1级分类标准，再按花径、花形、花色的顺序分别排列为2级、3级、4级标准。按花径，分小花型和大、中型2类；按花形，分为单瓣、复瓣、重瓣、重台、千瓣5类；按花色，分红、粉、白、洒金、黄5色系。

2005年，又按株型大小、花形、花色的顺序，分别列为1级、2级、3级、4级标准，共分为3系、6群、16类、48型，包括608个品种。

2. 生态学特性

荷花具有喜水、喜温、喜光的习性。生长期要求充足的阳光。对温度要求较严格，冬天水温不能低于5℃。一般8~10℃开始萌芽，14℃时抽生地下茎，同时长出幼小的钱叶，18~21℃开始抽生立叶，23~30℃时加速生长，抽出立叶和花梗并开花。喜肥，要求含有丰富腐殖质的肥沃壤土，pH以6.5~7.0为好，土壤酸度过大或土壤过于疏松均不利于其生长发育。

3. 繁殖方法

可用分株繁殖和播种繁殖，园林应用中多采用分株繁殖，可当年开花。

(1)分株繁殖

选用主藕2~3节或子藕作种藕(必须具有完整无损的顶芽，否则不易成活)。分株时间以4~5月、藕的顶芽开始萌发时最为适宜，过早易受冻害，过迟顶芽萌发，钱叶易折断，影响成活。

(2)播种繁殖

选用充分成熟的莲子，播种前先"破头"，即用锉将莲子凹进去的一端锉一个小口，露出种皮。将"破头"后的莲子投入温水中浸泡一昼夜，使种子充分吸胀再播于泥水盆中，温度保持在20℃左右，经1周便可发芽，长出2片小叶时便可单株栽植。若池塘直播，也要先"破头"，然后撒播在水深10~15cm的池塘中，1周后萌发，1个月后浮叶出水成苗。实生苗一般2年可开花。

4. 栽培与养护技术要点

(1)准备工作

栽植前应先放干水，施入厩肥、绿肥、饼肥作基肥，耙平捣细，再灌水。

(2)种植技术

先将种藕"藏头露尾"状栽于淤泥浅层，行距150cm左右，株距80cm左右。栽后不立即灌水，待3~5d后泥面出现龟裂时再灌少量水。生长早期水位不宜深，以15cm左右为宜。

缸栽宜选用适合的品种。场地应地势平坦，背风向阳。栽植容器选用深50cm、内径60cm左右的桶式花盆或花缸，盆(缸)中填入富含腐殖质的肥沃湖(塘)泥，泥量占盆(缸)深的1/3~1/2，加入腐熟的豆饼肥、人粪尿或猪粪作基肥，与湖(塘)泥充分搅拌成稀泥状。一般每盆(缸)栽1~2支种藕。栽两支时顶芽要顺向，沿缸边栽下。刚栽时宜浅水，水深2cm。

(3)养护技术

①水质及水位　荷花是挺水花卉，生长期内时刻都离不开水。生长前期，水深要控制在3cm左右，水太深不利于提高土温。如用自来水，最好另盆(缸)盛放，晒1~2d再用。盆(缸)栽浮叶长出后，随着浮叶的生长逐渐加水，最后可放满水。夏季水分蒸发快，每隔2~3d加一次水(以清晨加水为好)。秋末降温后，剪除残枝，清除杂物，倒出大部分水，仅留1cm深，将盆(缸)移入室内或埋入冻土层下。

地栽生长早期水位不宜深，以15cm左右为宜，以后逐渐加深。夏季生长旺盛，水位50~60cm。立秋后再适当降低水位，最深不过100cm，以利于藕的生长。入冬前剪除枯叶，把水位加深到100cm(北方地区应更深一些，以防池泥冻结)。

②施肥　荷花的肥料以磷、钾肥为主，辅以氮肥。如土壤较肥，则全年可不必施肥。腐熟的饼肥及鸡、鸭、鹅粪是最理想的肥料，小盆(缸)中施250g即可，大盆(缸)中最多只能施25g，切不可多施，并要与泥土充分拌和。出现立叶后可追施1次腐熟的饼肥水。生长旺盛期，如发现叶片色黄、瘦弱，可用0~5g尿素拌泥，搓成10g左右的小球，每盆(缸)一粒，施于盆(缸)中央的泥土中，7d见效。

③病虫害防治

黑斑病　初期叶面上出现不规则褐色病斑，略有轮纹，后期病斑上着生黑色霉状物，常几个病斑连在一起，形成大块病斑，严重时整株枯死。防治方法：发病初期及时喷洒50%的多菌灵或75%的百菌清500~800倍液进行防治。

腐烂病　发病初期叶缘出现青枯色斑块，以后连成片向内扩展，最后整叶变褐。藕发病后中心部位变褐，并逐渐向藕节及叶柄纵向坏死。防治方法：发病初期喷洒50%的多菌灵500~600倍液进行防治。

蚜虫　对气候的适应性较强，分布很广，主要刺吸植株茎、叶尤其是幼嫩部位的汁液。蚜虫繁殖能力和适应力强，种群数量巨大，因此各种方法都很难取得根治的效果，需要定期使用80%的敌敌畏乳油500~1000倍液喷雾。

(4)花期调控技术

①促成栽培　选用早花品种进行小盆栽植，在拟开花日期前90~100d播种。播种后正常管理，温度保持20~25℃，充分接受阳光。

②抑制栽培　选3~4月分株繁殖的刚长出立叶的盆栽荷花种苗，在5~6月施多效唑。先将多效唑粉剂混入土壤中，每千克土中混入5g多效唑粉剂。当植株长出数片立叶时，再按每千克栽培基质用10g多效唑撒入缸内，不宜多施，否则产生的抑制作用太强。用多效唑处理，可使叶色变深，株高降低，同时还可使开花期延迟7~10d。

选长势中等的种藕，从盆中磕出，晾至稍潮时，于5月上旬栽植，9月下旬可开花，供国庆节用花。

于8月上旬将正在开花的植株移至玻璃温室中，温度保持20~25℃，充分见光(每天光照14~16h)，则可持续开花至10月中旬。

课程思政

荷花出淤泥而不染的特性，使其成为廉洁自律的象征。同学们在面对复杂的社会环境和各种诱惑时，要像荷花一样保持纯洁的心灵和高尚的道德品质，并将这种品德内化为自己的行为准则。

(二)睡莲

睡莲(*Nymphaea* spp.)为睡莲科睡莲属多年生浮叶型水生花卉(图3-4-2)。根状茎肥厚，直立或匍匐。叶二型，浮水叶浮生于水面，基部深裂，马蹄形或心脏形，叶缘波状全缘或有齿；沉水叶薄膜质，柔弱。花单生，有大小与颜色之分，浮水或挺水开花；萼片4枚，花瓣、雄蕊多。果实为浆果，在水中成熟，不规律开裂。种子深绿色或黑褐色，为胶质包裹，有假种皮。花期6~8月，每朵花可开2~5d，花后结实。果实成熟后在水中开裂，种子沉入水底。冬季茎叶枯萎，翌春重新萌发。

图3-4-2　睡　莲

广泛分布于亚洲、美洲及大洋洲。

1. 种类

睡莲有耐寒种和不耐寒种两大类，共约35种。我国目前栽种的品种多数原产于温带，属于耐寒品系，地下根茎一般在池泥中越冬。不耐寒种分布于热带地区，花大而美丽，近年有引种。

常见栽培的种类有：

白睡莲(*N. alba*) 花白色，花径12~15cm；花瓣16~24枚，2~3轮排列，有香味。夏季开花，终日开放。原产于欧洲，是目前栽培最广的种类。

黄睡莲(*N. mexicana*) 花黄色，花径约10cm。午前至傍晚开放。原产于墨西哥。

香睡莲(*N. odorata*) 花白色，花径3.6~12cm。上午开放，午后关闭，极香。原产于北美。

此外，还有甚多变种、种间杂种和栽培品种等。

2. 生态学特性

喜强光，喜空气湿润和通风良好的环境。较耐寒，长江流域可在露地水池中越冬。对土壤要求不严，但需富含腐殖质的黏质土，pH 6~8。生长期间要求水的深度为20~40cm，最深不得超过80cm。

3. 繁殖方法

可采用分株繁殖和播种繁殖。

(1)分株繁殖

睡莲常采用分株繁殖，通常在春季断霜后进行。于2~4月将根茎挖出，选带有饱满新芽的根茎切成长10~15cm，随即平栽在塘泥中。

(2)播种繁殖

睡莲果实成熟后，种子常沉入水中泥底，因此必须从泥底捞取种子(也可在花后用布袋套头以收集种子)。种子捞出后，仍须放于水中贮存，一旦干燥，即失去萌芽能力。一般在春季(3~4月)播于浅水泥中，萌发后逐渐加深水位。

4. 栽培与养护技术要点

(1)准备工作

早春把池水放尽，底部施入基肥(饼肥、厩肥、碎骨头和过磷酸钙等)，之后上填肥土。

(2)种植技术

①缸栽 栽植时选用高50cm左右、口径尽量大的无底孔花缸，缸内放置混合均匀的营养土，填土深度控制在30~40cm。将生长良好的根茎埋入花缸中心位置，深度以顶芽稍露出土面为宜。栽种后加浅水，水深以2~3cm最佳，以利于升温，保证成活率。随着植株的生长，逐渐增加水位。此方法的优点是管理方便，缺点是在京津地区冬季越冬困难，需移入温室或沉入水池。

②盆栽沉水 选用高30cm、口径40cm的无孔营养钵。栽种方法及营养土同缸栽，填土厚度为25cm左右，栽种完成后沉入水池，水池水位以控制在刚刚淹没营养钵为宜。随着植株的生长，逐渐增加水位。此方法的优点在于越冬容易，只需冬季增高水位，使顶芽保持在冰层以下，即可越冬。缺点是管理时必须进入水池，略感不便。

③池塘栽培 选择土壤肥沃的池塘(池底至少有30cm深泥土)，将根茎直接栽入泥土中。水位开始要浅，控制在2~3cm，以便于升温。随着植株的生长，逐渐增高水位。入冬前加深水位，使根茎在冰层以下，即可越冬。此方法的优点是群体效果较好，生长量大。缺点是翌年采挖困难，病虫害不易防治。

(3)养护技术

①水位管理 在生长旺盛的夏季，水位可深些，可保持在40~50cm，水流不宜过急。

若池水过深，可在水中用砖砌种植台或种植槽。也可先栽入盆(缸)，再将其放入池中。

水位是影响睡莲正常生长的重要因素之一。随着生长期的不同，睡莲对水位的要求不同，要注意对水位的控制。生长初期叶柄短，水位应尽量浅，以不让叶片暴露到空气中为宜，以尽快提高水温，促进根系生长，提高成活率。随着植株的生长，逐步提高水位。生长旺期，水位达到最大值，叶柄增长，叶片增大，有助于营养物质储存。进入秋季，降低水位，以提高水温，并使叶片得到充足的光照，增强光合作用，促进根茎和侧芽生长，提高翌年的根茎数量。秋末天气转凉后，逐渐加深水位(以不没过大部分叶片为宜)，以控制营养生长。冬季水面结冰之前根据历史最大结冰厚度将水位一次性加深，以保证顶芽在冰层以下，以免池底冰冻，冻坏根茎。

②施肥　生育期可适当追肥 1~2 次。追肥的原则是既有益于植株生长，又无浪费(肥料的浪费会导致水体富营养化而加快藻类及水草的生长，进而污染水体)。可用有韧性、吸水性好的纸将饼肥粉 50g 加尿素 10g 混合包好，并在包上扎几个小孔(以便肥分释放)，施入距根部 15~20cm 的位置，深度在 10cm 以下，每株 2~4 包。也可用潮湿的园土(或黏土)与肥料按一定的比例(一般土与化肥 10∶1，土与有机肥 4∶1)混合均匀后攥成土球(以攥不粘手、松手不散坨为宜)，距根茎中心 15~20cm 处分 3 点放射状施到深度 10~15cm 处，随攥随施。

盛花期前 15d 追肥，以后每隔 15d 追肥一次，以保障开花量。追肥不宜过多，否则容易加大营养生长，影响花期整体效果。合理的追肥可延长耐寒睡莲的群体花期，也可增加翌年根茎的生长数量。

③病虫害防治　睡莲容易感染黑斑病和褐斑病，要做好预防措施，及时把病叶清除，以减少病源。发病初期，适当喷药。情况比较严重时，可以换新土栽培。主要的虫害有棉水螟，幼虫主要吸食植株的叶片，严重时经常会把叶肉吃净，只留下网状叶脉。要注意防治时间，抓好时机。在成虫羽化期，水面上设置上黑光灯，可以诱捕成虫。如果使用水池栽植，可以在池内养一些鱼，这样能捕食幼虫。

(4)花期调控技术

要使睡莲在 6 月 1 日前开花，可在 3 月下旬至 4 月上旬用分株法育苗。定植时间不宜迟于拟开花之日前 50d。

图 3-4-3　花菖蒲

(三)花菖蒲

花菖蒲(*Iris ensata* var. *hortensis*)为鸢尾科鸢尾属多年生挺水型水生花卉(图 3-4-3)。根状茎短而粗，须根多，在植株的基部或者根部周围覆盖纤维状枯叶梢。叶基生，线形，中脉凸起，两侧脉较平整。花莛直立并伴有退化叶 1~3 片；花大，直径可达 15cm；外轮 3 枚花瓣呈椭圆形至倒卵形，中部有黄斑和紫纹，立瓣狭倒披针形；花柱分枝 3 个，花瓣状，顶端二裂。蒴果长圆形，有棱。种皮褐黑色。春季萌发较早，冬季进入休眠状态，地上茎叶枯死。花期 6~7 月，果期 8~9 月。

产于中国黑龙江、吉林、辽宁、山东(昆仑山)、浙江(昌化)。自然状态下多生于沼泽地或河岸水湿地。也产于朝鲜、日本。在世界各地应用广泛。

1. 品种类型

花菖蒲是玉蝉花的变种。已有品种以紫色系、粉色系、白色系为主，蓝色系和黄色系品种较少。上海植物园培育的'达普罗'是花色最接近蓝色的一个品种，重瓣大花型，蓝色花瓣配合白色脉纹，花量非常大。除蓝色系品种外，还有渐变粉色系的'北国佳人'、复古素雅脉纹系的'蓬蓬裙'、紫色砂纹系的'紫恋'，以及淡蓝色系的'初夏细雨'和白色系的'山雨'。

2. 生态学特性

耐寒。喜水湿，适于湿地生长，也能旱生栽培。喜欢富含腐殖质的酸性土壤，忌石灰质土壤。

3. 繁殖方法

主要采用分株繁殖和播种繁殖。

(1)分株繁殖

分割根茎，剪除病根、死根、老根，每株保留3~4个芽。在夏、秋分株繁殖时，应将植株上部叶片剪去一部分，留25~30cm进行栽植。

常于早春(3月)或晚秋(10~11月)分割株丛，以3~4株为一小丛，必须带有根颈部分，按30~40cm的株行距栽植。

(2)播种繁殖

播种繁殖主要用于培育新品种。通过自然杂交或人工杂交得到花菖蒲的蒴果。种子可以随采随播，或0~4℃冷藏，到第二年3月播种。9月中旬播种，室温为15~25℃时，30~40d出苗，长至10cm以上可移栽上盆。在大棚或温室的条件下，花菖蒲小苗可保持绿色，虽然生长很慢，但可不休眠顺利过冬。第三年便可开花，从中选育新品种。9月中旬播种可比第二年3月播种早1年开花。

4. 栽培与养护技术要点

(1)准备工作

栽植地应选择排水良好、略黏质、富含有机质砂壤土地块，pH以5.5~6.5为宜。以床栽为主，床的规格：高5~10cm，宽1.2~1.5m，长10~30m。每亩施入腐熟有机肥1200~1500kg。床边缘起土埂，土埂高10cm，宽20~25cm。栽植深度应比原深度深1~1.5cm。

(2)种植技术

栽植前可用硫酸铵、过磷酸钙、硫酸钾等作基肥，也可用农家肥。基肥必须与土壤拌匀。分株与栽植最好同时进行，尽量少伤根，以利于尽快缓苗。剪除病虫根、叶，枯死叶，以及残余花茎。将植株上部过长叶片剪去，留下约20cm后进行栽植。由于花菖蒲的根颈部分有逐年上升的特性，因此种植不宜过浅，通常根颈以上覆土应在5cm以上。分株后，春植株丛当年可开花。花菖蒲在夏季有一个短暂的休眠期，因此也可以在开花后进行分株。将老株挖起，去除一半叶片，然后分割种植。

(3)养护技术

①浇水　花菖蒲喜水湿，定植后，早期应尽量保持苗床有较高的湿度，不得久旱。生长旺季一定要保证水分充足，其余季节水分可相对少一些。盆栽要充分浇水或将盆钵放于

浅水中。夏季地下部分休眠时也不宜过干，但水位要控制在根颈以下。12 月底地上部分枯萎后，盆土可略干燥。

②施肥　生长过程中追施 3~4 次肥。

③修剪　春、秋或夏季花后均可修剪。

④病虫害防治　幼苗期土壤干旱时，东北大黑鳃金龟子和铜绿金龟子的幼虫(蛴螬)危害根茎。

园艺防治：通过深翻，人工捕杀；利用成虫的趋光性进行诱杀；施入的基(底)肥一定要充分腐熟，以减少其成虫产卵。

药物防治：每公顷用 2.5%~3%的敌百虫粉剂 15~25kg 喷粉；或用 3%的克百威、50%的辛硫磷颗粒剂 2500g 加细土 25~50kg 充分混合后，均匀撒于床面上，再翻下土中毒杀；或用 50%的辛硫磷乳油 1000~1500 倍液，在苗床上开沟或打洞灌溉根部毒杀。

(4)花期调控技术

①促成栽培　在植株接受自然低温之后，于 12 月下旬开始在温室保温和加温，解除休眠，可提前开花。注意温度超过 30℃时应换气降温。经过这样的处理，可于 4~5 月开花。如需提前到 1~2 月开花，则需于上一年 9 月下旬至 10 月中旬用凉温、短日照处理 50d 以促进花芽分化，随后加温及加光，给以长日照条件促进花芽发育与开花。

②抑制栽培　挖起株丛，在早春萌芽前保湿贮藏在 3~4℃的条件下，可抑制萌芽。在计划开花前 50~60d，为了使植株适应环境，先将库温升到 8~12℃，3~4d 后出库种植，可于夏、秋季开花。花后加强肥水管理，可于翌年连续开花。

(四)凤眼莲

凤眼莲(*Eichhornia crassipes*)别名水浮莲、凤眼莲、水葫芦、布袋莲、浮水，为雨久花科凤眼莲属水生花卉(图 3-4-4)。茎极短，具长匍匐枝。叶基生，莲座状排列，宽卵形或宽菱形，先端钝圆或微尖，基部宽楔形或幼时浅心形。花莛具棱，穗状花序；花冠近两侧对称，四周淡紫红色。蒴果卵形。花期 7~10 月，果期 8~11 月。

图 3-4-4　凤眼莲

原产于南美洲，我国引种后广为栽培，广布于中国长江、黄河流域及华南各地。

1. 品种类型

有 2 个品种：‘大花’凤眼莲(‘Major’)，花大，粉紫色；‘黄花’凤眼莲(‘Aurea’)，花黄色。

2. 生态学特性

喜欢温暖湿润、阳光充足的环境，适应性很强。具有一定耐寒性。适宜水温 18~23℃，超过 35℃也可生长，气温低于 10℃停止生长。喜欢生于浅水中，在流速不大的水体中也能够生长，随水漂流，繁殖迅速。

3. 繁殖方法

可采用种子繁殖和分根繁殖。

(1)种子繁殖

选择开花植株较多的水塘，于 9~10 月果实呈淡黄色时，将弯曲的结实花梗摘下，摊开风干，剥去果皮，取出种子。2月下旬至3月初将饱满且呈黄褐色的种子放在25~30℃水中浸泡10d，然后播在水面上，并保持30℃左右的温度，经1~2周萌发。待幼苗长出5~6片叶时，茎开始膨大，已有一定浮力。幼苗分枝后，即可移植。立夏以后，平均气温升至20℃左右，可移至内塘的水面。

(2)分根繁殖

凤眼莲腋芽较多，能发育成为新的植株。匍匐枝较长，嫩脆易断，断离后也可成为独立的新株，具有极强的无性繁殖能力。

4. 栽培与养护技术要点

(1)准备工作

挑选新株、壮株，并摘去病叶和烂叶后留作种苗，放养量5kg/m^2。

(2)种植技术

提前采收种子，将种子放入水中浸泡几个小时，再将种子撒在水中或泥土里，即可发芽。长成幼苗后，就可以移植。必须保持一定的株行距。

(3)养护技术

①水肥管理　春天气温逐渐升高，风大，水分蒸发快，此时要经常喷水和定期换水。一般两个月换一次水，新换水与原水的温差不应太大。若采用低温保苗，可以不换水。水位以60~100cm为宜，且要养分充足。保种苗除施足底肥外，还要注意经常追肥。最好用稀释20倍的腐熟人粪尿，注意不可直接洒在苗上。也可以用腐熟的厩肥，每隔15~20d追一次肥，每次1000kg左右。还可用人、畜粪尿加水稀释后泼施，或用0.1%~0.3%的硫酸铵溶液喷施。

②光照管理　凤眼莲对光照的要求很高，光照时间越长，光合作用越旺盛。无论气候冷暖，每天必须光照4~5h，尤其是春天，若2~3d因覆盖过严而不能见光、透光，就会烂根甚至死亡。

③温度管理　喜18~23℃的水温，要尽量控温处理。保持低温，可以抑制种苗生长(保种阶段适宜水温为13~15℃，昼夜温差不能超过2℃)。不耐寒，在10℃以下停止生长，4~5℃可维持生活，0℃以下即死亡。

④病虫害防治　初期生长缓慢，易受杂草危害，要及时捞除水中青苔、杂草。常见的害虫有蚜虫，可用40%的乐果2000倍液喷洒防治。

三、其他水生花卉露地栽培与养护列表(表3-4-1)

表3-4-1　其他水生花卉露地栽培与养护列表

序号	花卉名称	生态学特性	栽培与养护技术要点	注意事项	应用特点
1	千屈菜(*Lythrum salicaria*)	喜强光、潮湿以及通风良好的环境。尤喜水湿，通常以在浅水中生长最好，也可露地旱栽，但要求土壤湿润。耐寒性强，在我国南北各地均可露地越冬。对土壤要求不严	以分株繁殖为主，春、秋季均可进行。盆栽时，应选用肥沃壤土并施足基肥。在花穗抽出前经常保持盆土湿润而不积水，花将开放时可逐渐使盆面积水，并保持水深5~10cm，这样可使花穗多而长，开花繁茂。生长期间应将盆放置于阳光充足、通风良好处。冬天将枯枝剪除，放入冷室或背风向阳处越冬。若露地栽培，养护管理简便，仅需冬天剪除枯枝，任其自然过冬	注意水的深度	株丛整齐清秀，花色淡雅，花期长，最宜水边丛植或水池栽植，也可作花境背景材料和盆栽供观赏等

（续）

序号	花卉名称	生态学特性	栽培与养护技术要点	注意事项	应用特点
2	再力花（*Thalia dealbata*）	喜温暖、水湿、阳光充足的环境，耐半阴。不耐寒冷和干旱。最适生长温度为 20～30℃。在微碱性的土壤中生长良好。繁殖系数大，生长速度快，水肥吸收能力强	常用分株繁殖和播种繁殖。一般要求保持较浅的水位或只保持泥土湿润，其目的主要是提高土壤温度，以利于萌芽。生长季节吸收的营养物质多，因此除了施足基肥外，追肥是很重要的一项工作。以三元复合肥为主，也可追施有机肥。施肥原则是薄肥勤施。灌水要掌握“浅—深—浅”的原则，即春季水浅，夏季水深，秋季水浅，以利于生长。植株被蜡质，抗性较强，一般病虫害很少发生	根、茎、叶的浸提液对其他植物的种子萌发和幼苗生长产生抑制作用	叶、花有很高的观赏价值，植株一年有 2/3 以上的时间翠绿而充满生机，花期长，花和花茎形态优雅飘逸，是水景绿化的上品花卉。除供观赏外，还有净化水质的作用。常成片种植于水池或湿地，也可盆栽供观赏或种植于庭院水体景观中
3	水葱（*Schoenoplectus tabernaemontani*）	最佳生长温度 15～30℃，10℃ 以下停止生长。能耐低温，在北方大部分地区可露地越冬。常生长在湖边、浅水塘、沼泽地或湿地草丛中	常用分株繁殖和播种繁殖。子叶伸直以前不要浇水，以免引起表土板结。清明后，幼苗开始生长，要加强肥水管理。4～5 月可移苗定植，为了便于管理，最好分级栽植。一般株行距 20cm×20cm，每穴 3～4 株；分蘖力强的品种株行距 20cm×25cm，每穴 2～3 株。定植时用尖圆柱形木棒插孔，栽植深度以露心为宜	育苗时忌连作	株形奇趣，株丛挺立，富有特别的韵味，于水边布置，甚为美观
4	慈姑（*Sagittaria trifolia*）	生于湖泊、池塘、沼泽、沟渠、水田等水域。喜温暖湿润及阳光充足的环境，适于黏壤土生长	以球茎的顶芽繁殖。整个生育期要保持浅水层，严防干旱。苗期要浅水勤灌，以提高土温。栽植 1 个月至开始形成球茎，需经常进行中耕除草。后期去除老叶。在中耕时，将枯黄的叶踩入泥中。在球茎膨大期间，每株仅留 7～8 片叶，将外叶和老叶剥去。在霜降到大雪期间采收	慈姑钻心虫是慈姑田重要的钻蛀性害虫，应注意防治	叶形奇特，适应能力较强，可作水边的绿化材料，也可盆栽供观赏
5	梭鱼草（*Pontederia cordata*）	喜温，喜光，怕风，不耐寒。生长适温为 15～30℃，越冬温度不宜低于 5℃。喜肥，喜湿，在静水及水流缓慢的水域中均可生长。适宜在 20cm 以下的浅水中生长	用分株繁殖和播种繁殖。梭鱼草喜欢充足的光照，保持温度在 18～35℃，温度在 18℃ 以下生长会减缓，温度在 10℃ 以下会停止生长。梭鱼草喜湿、喜肥，水肥一定要充足。适合在静水当中生长，一般 20cm 以下的浅水比较适合。盆栽时灌满盆，保持一定的水层。冬季温度低时需要进行防寒，可以将盆栽灌水并放进室内越冬，保持温度在 5℃ 以上	繁殖能力强，条件适宜时，可在短时间内覆盖大片水域	叶色翠绿，花色迷人，花期较长，串串紫花在翠绿叶片的映衬下别有一番情趣，可用于园林湿地、水边、池塘绿化，也可盆栽供观赏

（续）

序号	花卉名称	生态学特性	栽培与养护技术要点	注意事项	应用特点
6	香蒲 （*Typha angustata*）	喜阳光。对环境条件要求不严，适应性强。耐寒。喜深厚、肥沃的泥土，最宜生长在浅水湖、塘或池沼内	可用播种繁殖和分株繁殖，一般用分株繁殖。要求水层深浅适中，前期保持15~20cm浅水，以提高土温，但要严防干旱，以免抑制营养生长，引起大量抽序开花；以后随着植株长高，水深逐渐加深到60~80cm，最深不宜超过120cm。一般栽植后1个月左右追施1次腐熟的粪肥或厩肥，立夏前后花序柄长出水面，应随时拔除，同时可剥取基部嫩秆及周围鞘状嫩叶作蒲芽上市	连作3~4年后，地下盘根错节，植株长势衰退，必须更新换田	叶绿穗奇，宜作花境、水景的背景材料，常用于点缀园林水池、湖畔，构筑水景。也可盆栽布置庭院
7	芡实 （*Euryale ferox*）	喜温暖、阳光充足的环境。不耐寒，也不耐旱。生长适宜温度为20~30℃，水深30~90cm。适宜在水面不宽、水流动性小、水源充足、能调节水位高低、便于排灌的池塘、水库、湖泊和大湖湖边生长。要求肥沃、富含有机质的土壤	采用种子繁殖。定植时水深不宜浅于30cm，成活后可逐渐增加至70~100cm，最深不宜超过1.5m。在叶片封行前根据杂草生长情况除草3~5次，除草可结合壅根，即逐次将穴边泥土向穴中推进。施肥时，把捏成鹅蛋大小的肥球均匀地塞在根系四周的耕作层内。7~8月，水温高于35℃时，应在清晨泼凉水于叶面，以降低叶面温度，促进开花结实	全株有刺。一般只采收1~2次。种子必须放在水中保存	与荷花、睡莲、香蒲等构筑水景，尤多野趣
8	旱伞草 （*Cyperus alternifolius*）	喜温暖、阴湿及通风良好的环境。生长适宜温度为15~25℃，不耐寒冷，冬季室温应保持在5~10℃。适应性强，对土壤要求不严格，以保水力强的肥沃土壤最为适宜。在沼泽及长期积水的湿地生长良好	可用实生苗或播种苗移栽。生长期每10~15d追施一次稀饼肥水或其他有机肥。结合追肥及时清除盆内杂草，剪掉黄叶，保持株形美观。高温炎热的季节，应保持盆内满水，并避免强光直射。立冬前移入温室越冬。室内越冬时应适当控制基质水分，并可稍见阳光。植株生长1~2年后，当茎秆密集、根系满盆时，应及时进行分株移栽	栽植地光照条件要特别注意，应尽可能选择在背阴处进行栽种	植株茂密，丛生，茎秆秀雅挺拔。叶伞状，奇特优美。种植于溪流岸边，与假山、礁石搭配，四季常绿，风姿绰约，尽显安然娴静的自然美，是园林水体造景常用的观叶植物。也是制作盆景的材料，还可水培或作插花材料
9	萍蓬莲 （*Nuphar pumila*）	喜温暖湿润、向阳环境。宜于深厚、肥沃的河泥中生长。生于池塘、湖泊及河流浅水处	常用播种繁殖和分株繁殖。水深30~60cm，最深不宜超过1m。生长适宜温度为15~32℃，温度降至12℃以下停止生长。耐低温，在长江以南可在露地水池越冬；在北方冬季需保护越冬，休眠期温度保持在0~5℃即可	地下茎的扩展能力非常强，若不加以管控，对其他水生植物的生长及航道的安全会造成不良影响	初夏开放，叶色亮绿，金黄的花朵从水中抽出，小巧而艳丽，是夏季水景园的重要花卉。可丛植或片植，也可盆栽装点庭院

（续）

序号	花卉名称	生态学特性	栽培与养护技术要点	注意事项	应用特点
10	泽泻（*Alisma plantago-aquatica*）	生长于湖泊、河湾、溪流、水塘的浅水带，沼泽、沟渠及低洼湿地也有生长	可以采用种子繁殖、分芽繁殖或块茎繁殖。定植后，于次日检查，发现倒伏的幼苗应立即扶正，缺苗应补齐，确保全苗。在生长期间一般宜浅水灌溉。移栽后保持水深2~3cm，第二次中耕除草后保持水深3~7cm。11月中旬以后，逐渐排水，进行烤田，以利于采收。要中耕除草、追肥3~4次	注意摘花莛、抹侧芽	株形整齐，孤植于水体、容器极宜，也可丛植、片植。适合用于室内水体绿化，是装饰玻璃容器的良好材料。在水族箱栽培时，常作为中景草使用
11	‘花叶’芦竹（*Arundo donax* ‘Versicolor’）	喜光、喜温，耐水湿，不耐强光和干旱。喜疏松、肥沃及排水良好的砂壤土	常用分株繁殖或扦插繁殖。育苗前，将育苗地整平，均匀撒施50kg氮磷钾复合肥，充分翻土、耙细。一般双行栽植，株距40cm。如遇高温，要进行叶面喷水。及时施入壮苗肥并拔除杂草，防止与苗争夺养分	为了避免苗期灼伤叶片，扦插后要覆盖遮阳网	茎秆高大挺拔，形状似竹。早春叶色黄白条纹相间，后增加绿色条纹，盛夏新生叶则为绿色。主要用于水景园林的背景绿化，也可点缀于桥、亭、榭四周，还可盆栽用于庭院观赏。花序可作切花材料
12	雨久花（*Monochoria korsakowii*）	喜光照充足，稍耐荫蔽。为了保证开花繁茂，每天应保证4h以上的直射光照。喜温暖，不耐寒，在18~32℃的条件下生长良好，越冬温度不宜低于4℃	常用播种繁殖和分株繁殖。适合种植在池塘边缘的浅水处，水深最好保持在10~20cm。露地栽培在春季（4~5月）进行，可沿着水体的边缘按园林水景规划的要求进行带形或方形栽植，株行距25cm左右，当年即可生长成片。生长发育期最好保持浅水栽培，及时清除杂草，以免与幼苗争夺养分。对肥料需求较多，可在生长旺盛阶段每隔2周追肥一次。当植株开花时，可追施磷酸二氢钾，用可腐性纸袋装好后塞入泥中。冬季要清除枯枝落叶，预防病虫害的发生	分株后光照不要过强，最好放在荫棚内养护	花大而美丽，淡蓝色，像飞舞的蓝鸟，叶色翠绿、光亮、素雅，在园林水景中常与其他水生观赏植物搭配使用，单独成片种植效果也好
13	铜钱草（*Hydrocotyle chinensis*）	耐阴，栽培处以半日照或遮阴为佳，忌阳光直射。喜温暖潮湿。对土壤要求不严，以松软、排水良好的栽培土为佳。或采用水培，最适水温22~28℃。耐湿，稍耐旱，适应性强	以分株繁殖或扦插繁殖为主。水培时要求硬度较低的淡水，盐度不宜过高。水体的pH最好控制在6.5~7.0，即呈微酸性至中性。对肥料的需求量较多，生长旺盛阶段每2~3周追肥一次。如盆栽或种于其他容器中，则需少量施肥。盆栽时，保持盆里的水不干，每2周施一次复合肥	要剪掉太挤的叶子，以保持株形美观	株形美观，叶色青翠，十分耐看，是花友较为喜欢的水草之一。在温暖地区可露地盆栽，也适宜栽于水池、湿地中，还可用于室内水体绿化

任务实施

教师根据学校所处地域气候条件和学校实训条件，选取 1~2 种水生花卉，指导各任务小组开展实训。

1. 完成水生花卉露地栽培与养护方案设计，并填写表 3-4-2。

表 3-4-2　水生花卉露地栽培与养护方案

组别		成员	
花卉名称		作业时间	年　月　日至　年　月　日
作业地点			
方案概况	（目的、规模、技术等）		
材料准备			
技术路线			
关键技术			
计划进度	（可另附页）		
预期效果			
组织实施			

2. 完成水生花卉露地栽培与养护作业，填写表 3-4-3。

表 3-4-3　水生花卉露地栽培与养护作业记录表

组别		成员	
花卉名称		作业时间	年　月　日至　年　月　日
作业地点			
周数	时间	作业人员	作业内容（含水生花卉生长情况观察）
第 1 周			
第 2 周			

（续）

周数	时间	作业人员	作业内容(含水生花卉生长情况观察)
第 3 周			
第 4 周			
第 5 周			
第 6 周			
第 7 周			
第 8 周			
第 9 周			
第 10 周			
……			

填表说明：

1. 生长情况一般包括：花卉的总体长势情况，如高度、冠幅、病虫害等；各种物候(发芽、展叶、现蕾、开花、结果、果实成熟等)发生情况。

2. 作业内容主要是指采取的技术措施，包括但不限于松土、除草、浇水、施肥、打药、绑扎、摘心、抹芽、去蕾等，应记录详细。

考核评价

根据表 3-4-4 进行考核评价。

表 3-4-4　水生花卉露地栽培与养护考核评价表

成绩组成	评分项	评分标准	赋分	得分	备注
教师评分(70 分)	方案制订	水生花卉露地栽培与养护方案含花卉生长习性和对环境条件的要求介绍(2 分)、技术路线(3 分)、进度计划(5 分)、种植养护措施(5 分)、预期效果(2 分)、人员安排(3 分)等	20		
	过程管理	能按照制订的方案有序开展水生花卉露地栽培与养护，人员安排合理，既有分工，又有协作，定期开展学习和讨论	10		
		管理措施正确，花卉生长正常	10		
	成果评定	水生花卉露地栽培与养护达到预期效果，成为商品花	20		
	总结报告	格式规范，关键技术表达清晰，问题分析有深度和广度	10		
组长评分(20 分)	出谋划策	积极参与，查找资料，提出可行性建议	10		
	任务执行	认真完成组长安排的任务	10		
学生互评(10 分)	成果评定	水生花卉露地栽培与养护达到预期效果，成为商品花	5		
	总结报告	格式规范，关键技术表达清晰，问题分析有深度和广度	3		
	分享汇报	认真准备，PPT 图文并茂，表达清楚	2		
总　分			100		

任务3-5 木本花卉露地栽培与养护

任务目标

1. 了解木本花卉的概念。
2. 能够通过形态特征识别常见的木本花卉。
3. 掌握木本花卉的特点和露地栽培特点。
4. 掌握常见木本花卉繁殖方法、露地栽培技术及养护措施。
5. 能够根据立地条件、季节等因素制订木本花卉露地栽培与养护方案并付诸实施，并能总结经验，实现知识和技能的迁移。

任务描述

木本花卉指茎木质化，木质部发达，枝干坚硬难折断的一类花卉。本任务首先深入学习木本花卉露地栽培与养护的理论知识，了解木本花卉的种类、品种特性、生长习性及对生长环境的要求，根据学校现有条件选择1~2种木本花卉，制订露地栽培与养护方案。然后，进行木本花卉露地栽培与养护操作，如按照正确的方法进行放样、整地、挖穴、施肥、起苗、运苗、移栽、修剪等，持续对栽培的木本花卉进行浇水、施肥、中耕松土、修剪、病虫害防治等养护管理，并认真记录所采取的养护管理措施及花卉的生长发育情况。最后，对木本花卉露地栽培与养护效果进行评估和经验总结，制作PPT进行分享汇报。

工具材料

各种木本花卉繁殖材料；铁锹、喷壶、筛子、剪刀；碎瓦片、泥炭、蛭石、珍珠岩、腐叶土；复合肥等。

知识准备

一、木本花卉露地栽培特点及要求

(一)木本花卉的分类

1. 乔木类

乔木类地上部有明显的主干，且主干与侧枝区别明显，具有一定形状的树冠。如山茶、桂花、梅花、樱花、杜鹃花等。

2. 灌木类

灌木类地上部无明显主干，由基部发生分枝，各分枝间无明显区别，呈丛生状。如牡丹、月季、蜡梅、栀子、贴梗海棠、迎春花、南天竹等。

3. 藤木类

藤木类的茎细长木质，不能直立，需缠绕或攀缘其他物体生长。如紫藤、凌霄、络石等。

(二)木本花卉的繁殖方法

木本花卉以营养繁殖为主，包括分株、扦插、嫁接、压条等方法，很少用播种繁殖。

(三)木本花卉的栽培管理特点

木本花卉根系强大，入土较深，种植前应深翻土壤。整地深度一般为60~80cm。株行距50~60cm。因其一次种植后不用移植，可多年生长，所以在整地时应大量施入有机肥，以较长期地维持良好的土壤结构，利于木本花卉的正常生长。

木本花卉适应环境的能力较强，比较耐干旱，浇水次数可少，但在其旺盛生长期，仍需按照各种花卉的习性给予适当的水分，在休眠前则应逐渐减少浇水。

以观花为主的树种，为了增加着花量，需要使树冠通风透光。应从幼苗开始，把树冠整成开心形。一般幼龄树以整形为主，对各主枝要轻剪，以扩大树冠，使其迅速成形；成年树以平衡树势为主，应掌握弱枝重剪，以增强树势。

(四)木本花卉常用的整形修剪方法

1. 摘心

摘心是指摘除正在生长的嫩枝顶端。摘心可以促使侧枝萌发，增加开花枝数，使植株矮化，株形圆整，开花整齐。摘心也有抑制生长推迟开花的作用。春季或夏季对嫩枝摘心，能使花期延后10~15d，保障整个生长季花开不绝。摘心要趁早，一般在花蕾长到黄豆大小时进行。

2. 抹芽

抹芽是指剥去过多的腋芽或挖掉脚芽，限制枝数的增加或过多花朵的发生，使营养相对集中，花朵充实，花朵大。抹芽需要在早春大量发芽时进行。

3. 剥蕾

剥蕾是指剥去侧蕾和副蕾，使营养集中供主蕾开花，保证花朵的质量。

4. 折枝和捻梢

折枝是将新梢折曲，但仍连而不断。捻梢指将枝梢捻转。折枝和捻梢均可抑制新梢徒长，促进花芽分化。

5. 曲枝

为了使枝条生长均衡，将生长势过旺的枝条向侧方压曲，将长势弱的枝条顺直，可得到抑强扶弱的效果。

6. 疏剪

剪除枯枝、病弱枝、交叉枝、过密枝、徒长枝等，以利于通风透光，且使树体造型更加完美。

7. 短截

短截分重截和轻截。重截是剪去枝条的2/3，轻截是将枝条剪去1/3。

二、木本花卉露地栽培与养护案例

(一)牡丹

牡丹(*Paeonia×suffruticosa*)又名富贵花、木芍药、洛阳花、谷雨花等，为毛茛科芍药属落叶灌木或亚灌木，被称誉为“花王”(图3-5-1)。株高1~3m，肉质直根系，枝干丛生。茎枝粗壮且脆，表皮灰褐色，常开裂脱落。二回三出羽状复叶，小叶阔卵形或长卵形等；顶生小叶常先端3裂，基部全缘，基部小叶先端常2裂；叶面绿色或深绿色，叶背灰绿或有白粉；叶柄长7~20cm。花单生于当年生枝顶部，大型两性花，花径10~30cm；花萼5瓣，原种花瓣多5~11枚，离生心皮5枚，花色多为紫红色。栽培品种花形及花色极为丰富，有单瓣及重瓣等，花色有白色、黄色、粉红色、紫色、墨紫色、雪青色及绿色等。果为蓇葖果。种子大，圆形或长圆形，黑色。花期4~5月。

图3-5-1 牡 丹

1. 品种类型

牡丹在我国栽培历史悠久，栽培品种繁多，有多种分类方法。按花色可分为白色、粉色、红色、黄色、紫色、复色花系；按花期早晚可分为早花、中花、晚花3类，时间相差10~15d；按花瓣的多少和层数分为单瓣类、重瓣类；按分枝习性可分为单枝型和丛枝型两类；按叶的类型分为大型圆叶类、大型长叶类、中型叶类、小型圆叶类、小型长叶类；按用途分为观赏类和药用类。较常见的品种有‘姚黄’、‘魏紫’、‘墨魁’、‘豆绿’、‘二乔’、‘白玉’、‘状元红’、‘洛阳紫’、‘迎日红’、‘朝阳红’、‘醉玉’、‘仙女妆’、‘天女散花’等。

原产于我国西北部。

2. 生态学特性

喜凉恶热，喜燥怕湿，可耐低温，在年平均相对湿度45%左右的地区可正常生长。喜阳光，适合于露地栽培。喜土层深厚、肥沃、排水良好的砂质壤土。怕水涝，栽培场地要求地下水位低。土壤黏重，通气不良，易引起根系腐烂，造成整株死亡。

3. 繁殖方法

以分株繁殖、嫁接繁殖为主，也可采用扦插繁殖、压条繁殖等。播种繁殖一般用于培育新品种。

(1)分株繁殖

每年的9月下旬到10月，选枝繁叶茂的4~5年生植株，挖出根系并抖去附土，晾1~2d，待根变软后，根据株丛大小顺根系缝隙分成数丛，每丛3~5个枝条。每个枝条至少要有2条根系，伤口处涂以草木灰防腐，并剪去老根、死根、病根和枯枝。分株早，当年入冬前可长出新根；分株太晚，当年新根长不出来，易造成冬季死亡。

(2)嫁接繁殖

生产中多采用根接法。选择 2~3 年生植株的根作砧木，在立秋前后先把根挖出来，阴干 2~3d，待其稍微变软后取下带有须根的一段剪成长 10~15cm。随即采生长健壮、表皮光滑且节间短的当年生枝条作接穗，剪成长 5~10cm。每段接穗上要有 1~2 个充实饱满的侧芽，并带有顶芽，用劈接法或切接法嫁接在根段上，接后用塑料薄膜将接口包住，立即栽植在苗床上。栽植时将接口栽入土内 6~10cm，然后轻轻培土呈屋脊状。培土要高于接穗顶端 10cm 以上，以防寒越冬。在寒冷地区要盖草防寒。翌年春暖后除去覆盖物和培土，露出接穗让其萌芽生长。

(3)扦插繁殖

选择由根部发出的当年生枝，或在整形修剪时选择茎干充实、顶芽饱满且无病虫害的枝条作插穗，长 10~18cm。牡丹的根为肉质根，喜高燥，忌潮湿，耐干旱，因此扦插床应选择通风向阳处，筑成高床。扦插时，插完一畦浇灌一畦，一次浇透。

(4)压条繁殖

腋芽萌动前或开始萌动时，在母株的基部留 2cm 左右剪截，促使基部发生萌蘖；当萌蘖长到 15~30cm 时，对新梢基部进行第一次培土，培土厚度为新梢高度的 1/2，培土前可将新梢的基部几片叶摘除，也可同时刻伤；1 个月左右新梢长到 40~50cm 时，进行第二次培土，即在原土堆上再培土 10~15cm。每次培土前要视土壤墒情灌水，保证土壤湿润。一般培土后 20d 左右可生根。入冬前或第二年春萌芽前即可分株起苗。

(5)播种繁殖

播种前必须对土壤进行较细致的整理消毒。土地要深耕细作，施足底肥，然后筑成宽 70~80cm 的小畦。穴播、条播均可。播种不可过深，以 3~4cm 为度。播种后覆土，再轻轻将土壤踏实，随即浇透水。

4. 栽培与养护技术要点

(1)准备工作

土壤要求疏松、肥沃、排水良好的中性至微碱性砂壤土。栽植前施足基肥，如堆肥、饼肥、过磷酸钙等肥料，然后深翻。

(2)种植技术

每年的 9~10 月，地温尚高时栽植，可促发植株的新根，有利于越冬成活且不影响第二年开花。牡丹为长肉质根系，应挖直径为 30~40cm、深 40~50cm、坑距 100cm 的定植坑，将表土和底土分开，在坑底填表土并混入充分腐熟的有机肥，堆成土丘状，然后放入植株，使根系均匀分布在坑底，再覆土，并提苗轻踩。栽植不宜过深，以地面露出茎基部为宜。填平栽植坑后浇透水，再扶一次苗。

(3)养护技术

①浇水　牡丹怕积水，较耐旱，浇水不宜过多，但在早春干旱时要注意适时浇水。夏季天热时要定期浇水，雨季少浇水并注意雨后排水，勿使受涝。秋季适当控制浇水。

②施肥　新栽的牡丹切忌施肥，半年后可施肥。牡丹喜肥，一年至少施 3 次肥。

花肥　春天结合浇返青水施入，宜用速效肥。

芽肥　于花后追施，补充开花消耗的营养和为花芽分化供应充足养分。除氮肥外，可增加磷、钾肥。

冬肥　结合浇封冻水施入，有利于植株安全越冬。

③中耕除草　从春天起，按照“除小、除净”的原则及时松土除草。尤其7~8月，天热雨多，杂草滋生迅速，更要勤除、除净。秋、冬季，对2年生以上植株的地块实施翻耕。

④温度与光照　牡丹生长适温为17~20℃，温度在25℃以上会使植株呈休眠状态，最低能耐-30℃的低温。牡丹喜光，应栽培在光照充足之处。

⑤整形修剪　新移栽的植株，第二年现蕾时，每株保留一朵花，其余花蕾摘除。花谢后如果不需要结实，应及时去除残花，以减少养分消耗。栽培2~3年后要进行定枝，生长势旺、发枝力强的品种，可留5~7个枝；生长势弱、发枝力差的品种，只剪除细弱枝，保留强枝。观赏用植株，应尽量去掉基部的萌生枝，以尽快形成美观的株形；繁殖用的植株，则萌生枝可适当多留。

⑥病虫害防治　褐斑病是牡丹经常发生的病害，发病后可喷65%的代森锌500~600倍液。锈病也是病害之一，发病后可用15%的三唑酮800倍液防治。红斑病的危害面积很大，牡丹的叶片、花瓣、叶柄、种子等都会受到影响，发病后需摘除病叶。主要的害虫有线虫，可喷洒15%的涕灭威、3%的克百威防治。

(4)花期调控技术

每年9~10月挖出植株放入潮湿、庇荫、通风的冷室贮存。可根据开花的时间上盆。一般在开花前50~60d上盆，上盆后置于10℃左右的环境，充分见光。10~15d移入15~20℃环境，用50mg/L的赤霉素点滴花芽。随着温度升至25~28℃，花芽逐渐长大露出花蕾，此时停止点滴赤霉素，每天向花枝上喷水一次，经过50d左右即可开花，适合春节应用。

(二)梅花

梅花(*Armeniaca mume*)别名干枝梅、红梅、春梅，为蔷薇科李属落叶小乔木(图3-5-2)。高达10m，常具枝刺，树冠近圆头形。树干褐紫色，有驳纹。小枝呈绿色，无毛。叶广卵形至卵形。花为淡粉红色或白色，花径2~3cm，有芳香，花瓣5枚。核果近球形，径2~3cm，黄色或绿色。花期1~3月，果期5~6月。

图3-5-2　梅　花

1. 品种类型

中国梅花现有300多个品种，按种型分为真梅系、杏梅系、樱李梅系3个种系。真梅系是由梅花的原种和变种演化而来，按枝条姿态分为直枝类、垂枝类、龙游类，此系是梅花的主体，品种多且富于变化。杏梅系的形态介于杏、梅之间，花呈杏花形，多为复瓣，水红色，瓣爪细长，抗寒性强，适于北移。樱李梅系是梅与红叶李杂交得来，花与叶同放，花大而密，观赏价值高。

真梅系的直枝类有7个类型，即江梅型、宫粉型、玉蝶型、朱砂型、绿萼型、洒金型、黄香型；垂枝类有4个类型，即单粉垂直型、残雪垂直型、白碧垂直型、骨红垂直型；龙游类有1个类型，即玉蝶龙游型。杏梅系有3个类型，即单杏型、丰后型、送春型。樱李梅系有1个类型，即美人梅型。

原产于长江以南地区。

2. 生态学特性

梅花喜温暖、湿润的气候条件，喜阳光充足、通风良好的环境。一般不耐低温，只有杏梅系可耐-30～-20℃的低温。对温度比较敏感，一般当旬平均气温达到6～7℃时开花。喜空气湿度较大，花期忌暴雨，忌积水，要求排水良好。对土壤要求不太严格，耐贫瘠，以黏壤土或壤土为宜。

3. 繁殖方法

可用嫁接、播种、扦插等方法繁殖，但以嫁接繁殖为主。

(1)嫁接繁殖

砧木在南方多用梅或桃，在北方常用杏、山杏或山桃，选1～2年生的实生苗。嫁接时间和方法各地有所不同，春季多用切接、劈接、靠接、腹接，夏、秋季常采用芽接，冬季常采用腹接。

(2)播种繁殖

播种繁殖常用于培养砧木和培育新品种。在6月采收成熟种子，将种子清洗后晾干，进行秋播。如进行春播，则先将种子混沙层积，以待翌春播种。

(3)扦插繁殖

扦插宜在早春或晚秋进行。扦插时选1年生健壮枝条，取其中下部，剪成长10～15cm的插穗(刀口处可用1000mg/L的萘乙酸处理8～10s)，插入蛭石中，深度为插穗长度的1/2～2/3，上留一个芽节，长度不超过3cm。插后浇透水，遮阴，并保持一定的温度和湿度，促进生根。

4. 栽培与养护技术要点

(1)准备工作

露地栽培场地应选择地势高燥、排水良好的地块。

(2)种植技术

黄河以南大部分地区，在冬季以前栽植，有利于提前扎根生长。北方干旱地区，可春季栽植。栽植前要挖好栽植穴，混施基肥。

(3)养护技术

①施肥　每年施肥3次：入冬时施基肥，以提高越冬防寒能力及备足翌年生长所需养分；花前施速效性催花肥；新梢停止生长后施速效性花芽肥，以促进花芽分化。每次施肥都要结合浇水进行。

②整形修剪　合理地整枝修剪有利于控制株形，并改善树冠内部光照条件，促进幼树提早开花。修剪以疏剪为主，最好整成美观自然的开心形。以略微剪去枝梢的轻剪为宜，修剪过重易导致徒长，影响翌年开花。多于初冬剪去枯枝、病枝和徒长枝，花后对全株进行适当修剪整形。

③病虫害防治

流胶病　梅花常见病，发病时枝干上产生褐色病斑，并伴随流胶，常导致树势衰弱及枝条干枯。发病后，应刮除病斑，用70%的甲基硫菌灵50倍液防治。

炭疽病　发病初期叶片及嫩梢上出现褐色小斑点，然后扩大成不规则的圆形，叶缘处病斑呈半圆形，病斑中央出现灰白色环纹，造成叶片穿孔。发病初期可喷70%的硫菌灵1000倍液或代森锌600倍液防治。

介壳虫　常在初春开始活动，吸食植株汁液。受害病株叶片发黄枯萎、脱落。可采取人工刮除结合喷施药剂进行防治。药剂可用50%的杀螟松1000倍液。

(4)花期调控技术

花期控制要根据品种的特性在室内进行，选择盆栽梅花。

①促成栽培　要使梅花在元旦开花，小雪以后，室内温度保持在4℃左右，于12月中旬移至15~25℃的阳光充足之处，不干不浇，每天喷一次水。

②抑制栽培　要使梅花在劳动节开花，可将上一年长满花芽的植株放在1℃的冷室中，于4月上旬移出室外正常养护。

(三)桂花

桂花(*Osmanthus fragrans*)为木樨科木樨属常绿乔木或灌木(图3-5-3)。叶对生，革质，呈椭圆形、长椭圆形或椭圆状披针形，先端渐尖，基部渐狭呈楔形或宽楔形。花梗较细弱，且花丝极短，花极芳香。果实歪斜，一般为椭圆形，呈紫黑色。花期9~10月，果期翌年3月。

图3-5-3　桂　花

1. 品种类型

桂花经过长期自然杂交和人工选育，产生了许多栽培品种。根据花色，有金桂、银桂、丹桂之分；根据叶形，有柳叶桂、金扇桂、滴水黄、葵花叶、柴柄黄之分；根据花期，有八月桂、四季桂等之分。桂花的四大栽培品系为：四季桂、丹桂、金桂、银桂。

2. 生态学特性

桂花较喜阳光，也能耐阴。喜欢洁净、通风的环境。喜温暖，抗逆性强，既耐高温，也较耐寒，在中国秦岭、淮河以南的地区均可露地越冬。喜湿润，但也有一定的耐干旱能力，切忌积水。对土壤的要求不太严，除碱性土和低洼地或过于黏重、排水不畅的土壤外，一般均可生长，但以土层深厚、疏松、肥沃、排水良好的微酸性砂质壤土最为适宜。原产于中国西南。

3. 繁殖方法

主要采用嫁接、扦插或播种繁殖，少量繁殖也可用压条繁殖(此处不做详细介绍)。

(1)嫁接繁殖

砧木多用女贞、小叶女贞、小蜡、水蜡、白蜡和流苏树等。大量繁殖苗木时，北方多用小叶女贞。在春季发芽之前，自地面以上5cm处剪断砧木；剪取长10~12cm的桂花1~2年生粗壮枝条作为接穗，基部一侧削成长的2~3cm削面，对侧削成一个45°的小斜面；在砧木一侧约1/3处纵切一刀，深2~3cm；将接穗插入砧木切口内，使二者形成层对齐，

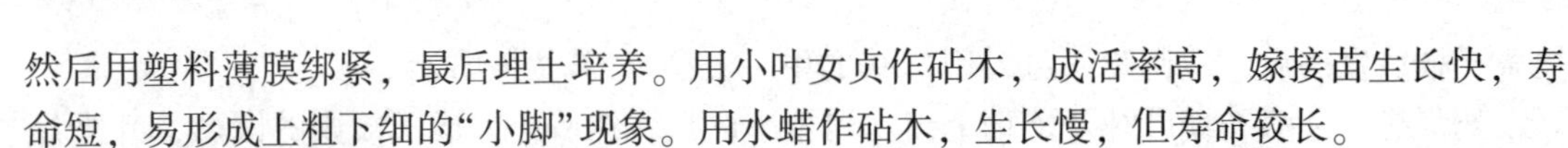

然后用塑料薄膜绑紧，最后埋土培养。用小叶女贞作砧木，成活率高，嫁接苗生长快，寿命短，易形成上粗下细的“小脚”现象。用水蜡作砧木，生长慢，但寿命较长。

(2)扦插繁殖

在春季发芽以前，用1年生发育充实的枝条，剪成长5~10cm的枝段，去掉下部叶片，上部留2~3片叶，插于河沙或黄土制作的苗床，株行距3cm×20cm。插后及时灌水或喷水，并遮阴，保持温度20~25℃，相对湿度85%~90%，2个月后可生根移栽。

(3)播种繁殖

4~5月桂花果实成熟，当果皮由绿色变为紫黑色时即可采收。桂花种子有后熟作用，至少要有半年的沙藏时间。采收后洒水堆沤，清除果肉，置于阴凉处使种子自然风干，然后混沙贮藏，沙藏后可秋播或春播。沙藏期间要经常检查，防止种子霉烂或遭鼠害。

播种繁殖一般采用条播的方法。播种前要整好地，施足基肥，也可播于室内苗床。播种时将种脐侧放，以免胚根和幼茎弯曲，将来影响幼苗生长。播后覆盖一层细土，然后盖上草苫，经常保持土壤湿润，当年即可出苗。小苗于苗床生长2年后，第三年可移栽。实生苗开花较晚，定植6~7年后方能开花。

4. 栽培与养护技术要点

(1)准备工作

选择通风、排水良好且温暖的地方，光照充足或半阴环境均可。栽植土要求偏酸性，忌碱土。移栽前要打好土球，以确保成活率。

(2)种植技术

应选在春季或秋季种植，尤以阴天或雨天栽植最好。地栽前，栽植穴内应先掺入草本灰及有机肥料，栽后浇一次透水。

(3)养护技术

①温度管理　在冬季气温较低的地区，需在植株的根部周围覆盖一层厚厚的稻草或落叶(厚度可以达到10~15cm)。对于一些比较珍贵或者耐寒性较差的品种，可以用塑料薄膜搭建简易的温室，提高植株周围的温度，但要注意在天气晴朗时适当通风，以防止温度过高和湿度过大滋生病害。

温度持续38℃以上时，应在植株周围的地面覆盖一层遮阳网或者铺设草帘，以减少地面对热量的反射，降低植株周围的温度。同时，适当增加浇水的频率，起到降温的作用。在条件允许的情况下，可以在植株周围设置小型的喷雾装置，通过喷雾增加空气湿度，降低温度。

②湿度管理　湿度对桂花生长发育极为重要，要求年平均湿度75%~85%，年降水量1000m左右，特别是幼龄期和开花成年树需要水分较多，若遇到干旱天气，会影响生长发育或影响开花。

③光照管理　强日照和荫蔽对其生长不利，一般要求每天6~8h光照。生长期若光照不足，会影响花芽分化。

④施肥　新枝萌发前保持土壤湿润，切勿浇肥水。一般春季施一次氮肥；夏季施一次磷、钾肥，使花繁叶茂；入冬前施一次越冬有机肥，以腐熟的饼肥、厩肥为主。忌施浓肥，尤其忌人粪尿。

⑤病虫害防治

褐斑病　一般发生在4~10月。发病时可以使用氢氧化铜、嘧菌酯或者多菌灵防治。

枯斑病　发生在7~11月。发病初期，可以使用丙环唑乳油或者苯菌灵粉剂防治。

螨虫　以成虫、若虫和幼虫危害桂花的叶片，使其失绿长斑。发病时可用虫螨腈、三唑锡等药剂喷洒叶面。

(四)茉莉花

茉莉花(*Jasminum sambac*)别名抹丽、茶叶花，为木樨科茉莉花属直立或攀缘灌木(图3-5-4)。茎干呈圆柱形，中空。叶对生，纸质，呈圆形，叶柄较长。花为伞状，花苞较小，呈锥形；花冠白色，呈长圆形。果实球形，黑褐色。花期5~8月，果期7~9月。

原产于我国西部和印度，我国南北各地普遍栽培。

图3-5-4　茉莉花

1. 品种类型

茉莉花的栽培品种有3个：

‘金花’　枝条蔓生。花数多，花蕾较尖，花单瓣，香气较重瓣茉莉花浓烈。

‘广东’　枝条直立、坚实粗壮。花头大，花瓣两层或多层，香味淡。

‘千重’　枝条比‘广东’柔软，新发生枝似藤本状。最外两层花瓣完整，花心的花瓣碎裂，香气较浓。

2. 生态学特性

喜阳光充足的环境和炎热潮湿的气候。生长适温为25~35℃，不耐寒，冬季气温低于3℃时，枝叶易遭受冻害，如持续时间长，就会死亡。畏干旱且不耐湿涝，如土壤积水，常引起烂根。耐肥力强。要求肥沃、富含腐殖质、排水良好的砂质壤土，pH以5.5~6.5为宜。

3. 繁殖方法

可用扦插、分株及压条等方法繁殖，以扦插繁殖为主。

(1)扦插繁殖

扦插以6~8月为宜，在温室内可周年进行。选择当年生、发育充实的粗壮枝条作插穗。扦插后注意遮阴并保湿，在30℃的气温下约1个月即可生根。

(2)分株繁殖

茉莉花的分蘖力强，多年生老株可在春季结合换盆、翻盆进行分株繁殖。适当剪短枝条，并尽量保护好土团，利于恢复。

(3)压条繁殖

选较长的枝条，在夏季进行压条，1个月生根，2个月后可与母枝割离另行栽植。

4. 栽培与养护技术要点

(1)准备工作

茉莉花要求土壤富含有机质，而且具有良好的透水和通气性能。一般可用田园土

4份、堆肥4份、河沙或谷糠灰2份，外加充分腐熟的干枯饼末、鸡鸭粪等适量，并筛出粉末和粗粒，以粗粒垫底盖面。

(2)种植技术

以每年4~5月新梢萌发前种植最为适宜。

(3)养护技术

①光照管理　选择阳光充足的地块进行露地栽植，每天至少保证6h的光照时间。但在夏季的高温时段(如12:00~15:00)，适当的遮阴可以避免强烈阳光对植株造成伤害。

②浇水　茉莉花喜湿润，生长期间要保持土壤湿润。在春季和秋季，一般每周浇水2~3次；夏季气温高，蒸发量大，每天早、晚各浇一次水，并且向植株周围喷水，增加空气湿度；冬季植株生长缓慢，减少浇水频率，每1~2周浇一次水即可，且要选择在晴天的中午浇水，避免水温过低对根系造成伤害。

③施肥　在生长季节，每月追施一次稀薄的液肥，如腐熟的饼肥水(稀释10~15倍)或复合肥溶液(浓度0.1%~0.2%)。在花芽分化期(5~6月)，增施磷、钾肥，如磷酸二氢钾溶液(浓度0.2%~0.3%)，每10~15d喷施一次，连续喷施2~3次，促进花芽分化和开花。

④修剪

花期修剪　花后及时修剪残花(将花朵连同花下1~2对叶片一起剪掉)，以减少养分消耗，促进新枝萌发和再次开花。

冬季修剪　在冬季休眠期，对茉莉花进行重剪。剪掉枯枝、病枝、细弱枝和过密枝，保留植株高度1/3~1/2，这样可以减少植株的养分消耗，有利于翌年的生长和开花。

⑤病虫害防治　主要害虫有卷叶蛾和红蜘蛛，危害顶梢嫩叶，要注意及时防治。

生物防治：清除枯枝落叶，集中烧毁，可以减少害虫越冬基数；保护和利用天敌，捕食螨、瓢虫、草蛉、蓟马等对螨都具有一定的控制作用，若有条件，可人工释放天敌。

药剂防治：红蜘蛛繁殖能力强，容易产生抗药性，应及时用药和轮换用药。常用药剂有25%的三唑锡可湿性粉剂1000~2000倍液、50%的溴螨酯乳油2000~3000倍液、20%的甲脒乳油1000~2000倍液、20%的三氯杀螨醇1000~1500倍液等。

(4)花期调控技术

茉莉花从初夏即陆续开花，若管理得当，可出现三期盛花。

6月下旬至7月上旬是第一期盛花。此时需加强肥水管理，薄肥勤施，每隔2d施肥一次，施以充分腐熟的有机液肥，肥水比为1∶4。浇水要充足，一般每2d浇一次水。浇水宜在早晨进行，而施肥则以傍晚为好。这样持续至7月下旬，由于肥水充足，可使花大而多。

8月上旬，茉莉花的第二期花形成。此时施肥要比之前略浓，一般以肥水各半为宜。为了促使更好地开花，还可向叶面喷洒过磷酸钙溶液。到8月下旬，逐步减少施肥，每6~7d施一次，浇水仍需较多，保持每2d一次。

9月上旬至10月上旬，茉莉花的第三期花形成。此时应停止施肥，浇水量也要逐渐减少。由于天气已逐渐转凉，会影响花蕾的形成，因而这批花的数量较少，至10月中旬以后开花结束，保持土壤略湿润即可。

三、其他木本花卉露地栽培与养护(表 3-5-1)

表 3-5-1　其他木本花卉露地栽培与养护

序号	花卉名称	生态学特性	栽培与养护技术要点	注意事项	应用特点
1	桃花(*Prunus persica*)	喜光。喜通风良好的环境条件。喜高温,较耐寒。耐旱,怕水淹。要求肥沃、排水良好的砂壤土	以嫁接繁殖为主,也可压条繁殖。移植或定植可在落叶后至翌春叶芽萌动前进行。幼苗裸根或打泥浆,大苗及大树则应带土球。种植穴内应以有机肥作基肥,以满足其生长发育的需要。树形以自然开心形为主,要注意控制内部枝条,以改善通风透光条件。夏季对生长旺盛的枝条摘心,冬季对长枝适当缩剪,能促生花枝,并保持树冠整齐。通常每年冬季施基肥一次,花前及5~6月分别追肥一次,以利于花芽的形成和开花	常见病虫害有桃蚜、桃粉蚜、桃浮尘子、梨小食心虫、桃缩叶病、桃褐腐病等。应注意防治	可植于路旁、园隅,或成丛(或成片)植于山坡、溪畔,形成佳景。与柳间种于湖滨、溪畔等临水地带,可形成桃红柳绿、柳暗花明的春日胜景
2	榆叶梅(*Prunus triloba*)	喜光,稍耐阴。耐寒,能在-35℃下越冬。根系发达,耐旱力强。不耐涝。对土壤要求不严,以中性至微碱性而肥沃的土壤为佳。抗病力强	采取嫁接、播种、压条等方法繁殖。在夏季要及时供给充足的水分,防止因缺水而导致苗木死亡。要注意浇好3次水,即早春的返青水、仲春的生长水、初冬的封冻水。从进入正常管理的第二年开始,可于每年春季落花后、夏季花芽分化期、入冬前各施一次肥。在短截时要注意树冠的平衡,强枝要轻剪,弱枝要重剪,剪口下留外芽	移栽后的第一年应特别注意水分的管理	枝叶茂密,花繁色艳,是中国北方园林、街道等的重要绿化、美化树种。适宜种植在公园的草地、路边,或庭园中的角落、水池边等
3	樱花(*Prunus* subg.)	喜光,较耐寒。忌积水。喜肥沃、湿润而排水良好的壤土,不耐盐碱土	可采用播种、扦插和嫁接等方法繁殖,以嫁接繁殖为生。宜以腐熟堆肥为基肥。日常要注意浇水和除草、松土。7月施硫酸铵作为追肥,冬季多施基肥,以促进花枝发育。早春发芽前和花后,需剪去徒长枝、病弱枝并短截开花枝,以保持树冠圆满	枝条修剪后要及时用药剂消毒伤口,以防止雨淋后病菌侵入,导致腐烂	宜孤植于庭院中、建筑物前,也可列植于路旁、墙边、池畔

（续）

序号	花卉名称	生态学特性	栽培与养护技术要点	注意事项	应用特点
4	月季（*Rosa chinensis*）	喜光，不耐阴，为中日照植物。喜温暖、湿润气候及阳光充足和通风良好的环境。稍耐寒，怕积水和干旱，不耐炎热。生长适温为15~28℃，温度在5℃以下或30℃以上时进入半休眠状态，并易患病害，温度在35℃以上时易死亡。要求深厚、肥沃、疏松、排水良好的微酸性黏壤土，pH为6~6.5，在强酸性土、碱土、砂土及高温高湿条件下生长不良	以扦插繁殖、嫁接繁殖为主，也可采用压条繁殖、播种繁殖。施肥是栽培管理的重要环节。栽植前翻土整地，以有机肥为基肥，以后每年冬季修剪后，应进行追肥。春季展叶后，可施稀薄液肥，以促进枝叶生长。生长期多施追肥，每月2次，以满足多次开花的需要。晚秋应节制施肥，以免新梢过旺而遭冻害。修剪的主要时期在冬季，修剪强度依树形而定。低干的在离地30~40cm处重剪，保留3~5个分枝，其余部分都剪除；高干的适当轻剪，树冠内部侧枝应疏剪，病枝、虫枝、枯枝一并剪除。花谢后应及时剪除花梗，以节约养分，促使再发新梢	夏季注意防治病虫害	适宜在分车带等街头绿地栽种，还可盆栽或作切花。藤本月季是垂直绿化的优良材料，并可植为花篱、花架、花门
5	苏铁（*Cycas revoluta*）	喜光照充足、温暖湿润的环境，耐半阴。稍耐寒，生长适温20~30℃。在含有丰富腐殖质和微量铁质的土壤中生长良好	可采用播种繁殖、分蘖繁殖和切茎繁殖。春、夏生长旺盛时，需多浇水；夏季高温期还需早、晚喷叶面水，以保持叶片翠绿新鲜。每月可施腐熟饼肥水一次，入秋后应控制浇水。日常管理要适量浇水。若发现植株倾倒的现象，应于根部开排水沟，并暂时停止浇水，否则水分过多，易发生根腐病。苏铁生长缓慢，每年仅长1轮叶丛，新叶展开生长时，应对下部老叶适当加以剪除，以保持其整洁古雅的姿态	夏季怕暴晒，应注意遮阴	可盆栽摆设于大型建筑物入口和厅堂，也可制成盆景摆设于走廊、客厅等。在华南地区露地栽植可作花坛中心。切叶供插花使用
6	紫薇（*Lagerstroemia indica*）	喜光。喜温暖气候，不耐寒。有一定耐旱力。长时间渍水，生长不良。适于肥沃、湿润而排水良好的石灰性土壤。萌芽力强	常用播种、分株或扦插等方法繁殖。生长期要经常保持土壤湿润。早春施基肥，5~6月施追肥，以促进花芽生长，这是保证夏季多开花的关键。冬季要进行整枝修剪，使枝条均匀分布，冠形完整，达到花繁叶茂的效果	在当年生枝上开花，一定要重剪	常于庭院堂前对植两株。此外，在池畔、草坪角隅植之也佳。还宜制作盆景

（续）

序号	花卉名称	生态学特性	栽培与养护技术要点	注意事项	应用特点
7	栀子（*Gardenia jasminoides*）	喜光，但要求避免强烈阳光直晒。在庇荫条件下叶色浓绿，但开花较差。喜温暖，喜空气湿度高、通风良好的环境。喜疏松、肥沃且排水良好的酸性土。有一定的抗有毒气体的能力	以扦插繁殖、压条繁殖为主。夏季应在荫棚下养护，并注意叶面喷水和浇水。若强光直射、高温加上浇水过多，可造成下部叶黄化，甚至死亡。栀子喜肥，但以薄肥为宜，叶黄时及时追施矾肥水。小苗移栽后，每月可追肥一次。每年5~7月修剪，剪去顶梢，促使分枝，以形成完整的树冠。成年树摘除残花，有利于继续旺盛开花，延长花期	注意病虫害防治	叶色亮绿，四季常青，花色洁白，香气浓郁，与茉莉花、白兰同为“香花三姊妹”，是很好的香化、绿化、美化树种。可成片或丛植，配置于林缘、庭前、路旁，也可盆栽或作切花

任务实施

教师根据学校所处地域气候条件和学校实训条件，选取1~2种木本花卉，指导各任务小组开展实训。

1. 完成木本花卉露地栽培与养护方案设计，填写表3-5-2。

表3-5-2　木本花卉露地栽培与养护方案

组别		成员	
花卉名称		作业时间	年　月　日至　年　月　日
作业地点			
方案概况	（目的、规模、技术等）		
材料准备			
技术路线			
关键技术			
计划进度	（可另附页）		

（续）

预期效果	
组织实施	

2. 完成木本花卉露地栽培与养护作业，填写表3-5-3。

表3-5-3 木本花卉露地栽培与养护作业记录表

组别		成员	
花卉名称		作业时间	年 月 日至 年 月 日
作业地点			
周数	时间	作业人员	作业内容(含木本花卉生长情况观察)
第1周			
第2周			
第3周			
第4周			
第5周			
第6周			
第7周			
第8周			
第9周			
第10周			
……			

填表说明：

1. 生长情况一般包括：花卉的总体长势情况，如高度、冠幅、病虫害等；各种物候(发芽、展叶、现蕾、开花、结果、果实成熟等)发生情况。

2. 作业内容主要是指采取的技术措施，包括但不限于松土、除草、浇水、施肥、打药、绑扎、摘心、抹芽、去蕾等，应记录详细。

考核评价

根据表3-5-4进行考核评价。

表 3–5–4 木本花卉露地栽培与养护考核评价表

成绩组成	评分项	评分标准	赋分	得分	备注
教师评分(70分)	方案制订	木本花卉露地栽培与养护方案含花卉生长习性和对环境条件的要求介绍(2分)、技术路线(3分)、进度计划(5分)、种植养护措施(5分)、预期效果(2分)、人员安排(3分)等	20		
	过程管理	能按照制订的方案有序开展木本花卉露地栽培与养护，人员安排合理，既有分工，又有协作，定期开展学习和讨论	10		
	成果评定	管理措施正确，花卉生长正常	10		
		木本花卉露地栽培与养护达到预期效果，成为商品花	20		
	总结报告	格式规范，关键技术表达清晰，问题分析有深度和广度	10		
组长评分(20分)	出谋划策	积极参与，查找资料，提出可行性建议	10		
	任务执行	认真完成组长安排的任务	10		
学生互评(10分)	成果评定	木本花卉露地栽培与养护达到预期效果，成为商品花	5		
	总结报告	格式规范，关键技术表达清晰，问题分析有深度和广度	3		
	分享汇报	认真准备，PPT图文并茂，表达清楚	2		
总 分			100		

巩固训练

一、名词解释

1. 露地栽培 2. 中耕除草 3. 轮作 4. 定植

二、填空题

1. 花卉露地栽培中常用的灌溉方法有________、________、________等。
2. 花卉露地栽培中常用的土壤改良方法有________、________、________等。
3. 花卉露地栽培的整地要求为________、________、________。

三、选择题

1. 以下适合春季露地栽培的花卉是(　　)。

A. 菊花　　B. 郁金香　　C. 荷花　　D. 蜡梅

2. 花卉露地栽培浇水的最佳时间一般是(　　)。

A. 清晨　　B. 中午　　C. 傍晚　　D. 夜间

3. 能促进花卉花芽分化的肥料是(　　)。

A. 氮肥　　B. 磷肥　　C. 钾肥　　D. 复合肥

4. 以下对土壤酸碱度要求较高的花卉是(　　)。

A. 鸡冠花　　B. 风信子　　C. 石蒜　　D. 一串红

5. 花卉露地栽培定植的株行距主要取决于(　　)。

A. 花卉种类　　B. 土壤肥力　　C. 栽培目的　　D. 以上都是

6. 防止花卉倒伏常用的措施是(　　)。

A. 培土　　B. 施肥　　C. 修剪　　D. 遮阴

7. 花卉露地栽培常见的防寒措施不包括(　　)。

A. 覆盖　　B. 包扎　　C. 涂白　　D. 浇水

8. 花卉生长中出现叶子发黄，可能是缺乏(　　)元素。

A. 氮　　B. 磷　　C. 钾　　D. 铁

9. 适合一年生花卉露地播种的季节是(　　)。

A. 春季　　B. 夏季　　C. 秋季　　D. 冬季

四、判断题

1. 露地栽培的花卉不需要浇水。(　　)
2. 所有花卉都适合在春季进行定植。(　　)
3. 花卉施肥越多，生长得越好。(　　)
4. 定期修剪可以促进花卉更好地开花。(　　)
5. 露地栽培的花卉不会受到病虫害的影响。(　　)
6. 夏季高温时，所有花卉都需要每天浇水。(　　)
7. 给花卉进行土壤改良是可有可无的操作。(　　)
8. 只要冬季做好防寒措施，所有花卉都能露地越冬。(　　)
9. 摘心只适用于草本花卉。(　　)
10. 合理的轮作可以减少花卉病虫害的发生。(　　)

五、简答题

1. 简述花卉露地栽培的基本步骤。
2. 花卉露地栽培过程中如何进行施肥管理？
3. 花卉露地栽培过程中如何预防病虫害？
4. 说明花卉露地栽培过程中中耕除草的作用。
5. 列举 3 种适合露地栽培的宿根花卉。
6. 某花卉种植区面积为 $500m^2$，计划种植密度为 25 株/m^2，现已有花卉种苗 8000 株，还需要购进多少株花卉种苗？

数字资源

项目4 花卉盆栽与养护

项目描述

花卉盆栽是将花卉种植在花盆等容器中的一种栽培方式，适用于家庭养花、会议租摆等多个方面。传统盆栽，其培养土以泥土为主，为植物提供养分和固定植株，同时可在泥土的基础上添加其他非泥土基质(如珍珠岩、蛭石、椰糠等)，以改善培养土的物理性质，增强透气性和透水性，为植物根系创造适宜的生长环境。本项目通过理论学习和实践操作等多元化的学习方式，掌握盆栽花卉的生物学特性、生长周期及对环境条件的要求等专业知识，以及花盆和盆栽基质选择、上盆移栽、浇水、施肥、整形修剪、常见病虫害识别与防治等传统盆花生产相关技能。无土栽培(即非土壤栽培)相关内容将在项目7中详细阐述。

学习目标

知识目标

1. 了解常见盆栽花卉的种类、名称及主要特性。
2. 掌握盆栽花卉生长对环境的基本要求，如光照、温度、湿度、土壤等方面的要求。
3. 了解花卉盆栽的基本特点，明确花卉盆栽的浇水、施肥原则和要点。
4. 掌握花卉盆栽日常养护管理的流程和细节，以及不同季节花卉盆栽的养护重点和差异。
5. 掌握常见观花类、观叶类、观果类花卉的盆栽技术要点。

技能目标

1. 能够使用各式盆栽容器，调制花卉营养土。
2. 能够制订花卉盆栽及养护管理方案。
3. 能够完成常见盆栽花卉的养护实践。

4. 能够对盆栽花卉的生长状态进行观察和评估，及时发现并解决问题。
5. 能够根据用花需求，设计并制作具有美感和创意的花卉盆栽作品。

素质目标

1. 在养护花卉的过程中逐步养成沉稳、专注的工作态度，培养耐心和细心。
2. 学会欣赏花卉的美，提高对色彩、形态搭配的审美能力。
3. 锻炼观察力，能够敏锐地察觉花卉生长过程中的细微变化。
4. 在小组合作中学会沟通、协作与分享，培养团队合作精神。
5. 通过在花卉盆栽设计与养护方法上进行创新尝试，激发创新能力。

任务 4-1 观花类花卉盆栽与养护

任务目标

1. 了解常见盆栽观花类花卉的种类。
2. 能够区分不同观花类花卉的形态特征。
3. 掌握观花类花卉盆栽的特点和技术要求。
4. 掌握常见观花类花卉的繁殖方法、盆栽技术及养护措施。
5. 能完成观花类花卉盆栽与养护方案设计及任务实施，并能总结经验，实现知识和技能的迁移。

任务描述

观花类花卉是盆栽花卉中最大的一类，深受人们喜爱。在观花类花卉盆栽过程中，要注意盆的选择，并要根据花卉和盆的特点选择适宜的方式进行养护和管理，才可以有效地提高观花类花卉的观赏效果。本任务首先深入学习观花类花卉盆栽与养护的理论知识和技术要求，制订观花类花卉盆栽与养护方案。然后，进行观花类花卉盆栽与养护操作，如根据观花类花卉生长习性和栽培要求选择合适的花盆，准备适宜的栽培基质，上盆栽种，持续进行浇水、施肥、整形修剪等养护管理，观察并记录花卉的生长发育情况。最后，总结经验，制作 PPT 进行分享汇报。

工具材料

观花类花卉种子或小苗；各种花盆、花铲、浇水壶；碎瓦片、培养土及各类基质；肥料、农药等。

知识准备

一、盆栽观花类花卉的特点及栽培要点

（一）盆栽观花类花卉的特点

观花类花卉主要是指花形美观，花色艳丽，观赏价值较高的一类花卉。观花类花卉露地栽培常因受气候或地域等特定环境因素的制约，不能满足市场的用花需求。将观花类花卉栽入盆中，易于搬移，可以随时布置室内外，并能够及时满足市场空缺，从而提高市场占有率。盆栽观花类花卉小巧玲珑，花冠紧凑，对栽培环境和栽培技术要求严格。

（二）盆栽观花类花卉的栽培要点

盆栽观花类花卉一般是种植在室内的高档观花类花卉，对土壤、温度、湿度等要求严格，因此大多是在人工控制的条件下生长发育的。根据各种盆栽观花类花卉的生态学特性，采用相应的栽培与管理技术，创造适宜的环境条件，可以取得优良的栽培效果，达到质优、成本低、栽培期短、供应期长、产量高的生产要求。生产上，盆栽观花类花卉以温室栽培为主。在不同的地区，同一种花卉的栽培方式略有差异。

1. 培养土配制及消毒

由于盆栽观花类花卉栽种在花盆中，花盆容量限制了花卉根系的伸展，所以对培养土的要求较高，不能随便取土栽培。一般培养土要求结构良好、营养丰富、疏松通气、排水保肥、酸碱适度等。通常将田土、河沙、腐殖土、炉渣、锯木屑、泥炭、珍珠岩等基质混合使用。

首先，按照不同花卉种类或不同发育时期确定培养土的配方和比例。然后，将其分别过筛后混合。需注意的是，常用的培养土基质配方和比例要以当地易得的材料为主。培养土配制后需要进行消毒处理才能使用。消毒方法主要有日光下暴晒、炒土、蒸汽加热杀菌、药物消毒等。

2. 上盆、换盆和转盆

将花苗从苗床或育苗容器中取出移入花盆的过程，称为上盆。上盆的操作过程为：选好花盆后，在盆底平垫瓦片，然后铺一层粗粒河沙，并加入配制好的培养土，再将花苗栽在中央，蹾实，最后将培养土加至离盆口 5cm 处，留出浇水空间。栽苗后洒水或浸盆供水。

花苗在花盆中生长一段时间后，植株逐渐长大，需将花苗换栽入较大的花盆中，这个过程称为换盆。如果再栽入与原来一样大小的花盆中，则称为翻盆。换盆的操作过程为：配好换盆土后，在盆底平垫瓦片，先对花苗进行初步修剪，然后将花苗从原花盆中脱出，抖掉根系上的土后，对根系进行修剪（剪除老根和残根），再把花苗栽入新盆中，深度与原来相同或略深 1~2cm，留出浇水空间 2cm 左右。栽后浇透水，放半阴处养护。

在光线强弱不均或日光温室中栽培花卉时，因为花卉具有向光性，会偏向一侧生长，导致生长不良或降低观赏价值，所以应定期转动花盆的方位，这一过程称为转盆。不同的花卉转盆周期不同，如有的每天要转盆一次，而有的要每周转盆一次。

3. 浇水与施肥

盆栽花卉浇水的原则是“见干见湿，间干间湿，不干不浇，浇必浇透”，目的是既使花卉根系吸收到水分，又使盆土有充足的氧气。此外，还应根据花卉的种类、生育期和生长季节而采取相应的浇水措施。例如，喜湿花卉宁湿勿干，喜干花卉则宁干勿湿等。夏季天气炎热，蒸发量大，需要每天浇水1~2次；冬季气温低，需要减少浇水量或不浇水。常用的浇水方式是用喷壶或水管向盆土中浇水，其次是向叶面喷水，以增大空气湿度。

盆栽花卉根部的吸收面积受到花盆大小的限制，因此施肥对盆栽花卉比对露地花卉更为重要。施肥方式分为基肥、根部追肥和叶面施肥。其中，基肥在上盆或换盆时随盆土加入，也可在盆底直接加入有机肥料。常用的有机肥料有麻酱渣、豆粕、豆饼渣、蹄片等。根部追肥是花卉生长发育期增补到土壤中的肥料，如豆饼水、矾肥水、兽蹄水、磷酸二氢钾、尿素等。叶面施肥要控制好浓度，一般用浓度为0.1%~0.2%的速效肥料，如磷酸二氢钾、尿素、硝酸铵等。施肥次数和时间要根据花卉的生长阶段和季节来确定。

4. 整形修剪

为了保持盆栽花卉株形美观、枝叶紧凑和花果繁密，常通过整形修剪来调节其生长发育。整形修剪方法包括修剪、绑扎、支架、摘心、抹芽等。盆栽花卉的整形要根据花卉植株的形态和观赏价值体现方式来进行。例如，欲使枝条集中向上生长，则留内侧的芽；欲使枝条向外开展生长，则在外侧芽上剪去上部枝条等。一般落叶花卉在秋季落叶后或春季发芽前进行修剪；常绿花卉修剪量不要太大，注意疏剪。

5. 盆花摆放

不同盆栽观花类花卉对光照、温度和水分的适应性不同，因此在室内的摆放位置略有差异。例如，喜光花卉应放在阳光充足的南面，耐阴花卉应放在背阴面或高大花卉的后面；喜湿花卉可放在低处，耐旱花卉可放在高处等。

6. 病虫害防治

盆栽观花类花卉主要在室内栽培，由于空气流通性差，很容易引发病害和虫害。因此，需要加强管理，一方面调节环境因子，另一方面施用低毒药剂。主要防治原则是：预防为主，综合防治。

二、观花类花卉盆栽与养护案例

（一）菊花

菊花（*Chrysanthemum morifolium*）别名黄花、节花、秋菊、金蕊，为菊科菊属宿根花卉（图4-1-1）。株高30~150cm。茎直立，多分枝，基部半木质化；小枝绿色或带灰褐色，被柔毛。单叶互生，有柄，托叶有或无；叶形变化较大，是识别品种的依据之一；叶边缘有缺刻状锯齿，叶表有腺毛，常分泌一种香气。头状花序单生或数个聚生于茎顶；花序边

图4-1-1 菊 花

缘为舌状花，多为不孕花，俗称“花瓣”，花色丰富，有黄、白、红、紫、灰、绿等色，浓淡皆备；花序中心为筒状花，俗称“花心”，多为黄绿色。瘦果细小，褐色。花期一般在10~12月，也有春季、夏季、冬季及四季开花等不同生态型。

1. 品种类型

中国菊花是种间天然杂交而成的多倍体，经我国历代园艺学家精心选育而成，后传至日本，又掺入了日本若干野菊基因。我国目前栽培的菊花有观赏菊和药用菊两大类。观赏菊经长期培育，品种十分丰富。园艺上，常按开花季节、花序直径大小、栽培和应用方式等进行分类。

(1)按开花季节分类

春菊　花期4月下旬至5月下旬。

夏菊　花期6~9月。日中性花卉，10℃左右进行花芽分化。

秋菊　花期10月中旬至11月下旬。典型的短日照花卉，15℃以上进行花芽分化。

寒菊　花期12月至翌年1月。花芽分化、花蕾生长、开花都要求短日照条件。15℃以上进行花芽分化；高于25℃，花芽分化缓慢，开花受抑制。

四季菊　四季开花。花芽分化及花蕾生长要求中性日照，且对温度要求不严。

(2)按花序直径大小分类

大菊系　花序直径10cm以上，一般用于标本菊的培养。在大菊系中按花瓣类型又分五大类，即平瓣、匙瓣、管瓣、桂瓣和畸瓣，并进一步分为不同花型和亚型。

中菊系　花序直径6~10cm，多栽于花坛或作切花及培育大立菊。

小菊系　花序直径6cm以下，多用于培育悬崖菊、塔菊和露地栽培。

(3)按栽培和应用方式分类

①盆栽菊(图4-1-2)

独本菊　一株一花。

立菊　一株多干数花的菊花。

案头菊　与独本菊相似，但低矮，株高20cm左右，花朵硕大。

图4-1-2　盆栽菊

②造型菊

大立菊　一株数百至数千朵花。

嫁接菊　在一株的主干上嫁接各种花色的菊花。

悬崖菊　通过整枝修剪，整个植株呈悬垂状。

菊艺盆景　将植株制作成桩景或盆景。

③切花菊　参见任务5-1。

2. 生态学特性

菊花喜阴，怕夏季烈日，7~8月生长缓慢。光照过弱时茎叶徒长，荫蔽环境可使花期延长。一些绿色品种在散射光下更能表现自然本色。典型短日照植物，每天日照短于12h才能进行花芽分化，形成花蕾。人工缩短或延长光照可控制花期。喜温暖，耐寒，生长适宜温度为18~22℃。夏季高温时生长受抑，冬季低于3℃停止生长，低于0℃茎叶受冻，-5℃根系无恙，大多数品种地下部在-10℃低温下可安全过冬。

对土壤要求不严，喜肥沃、湿润、排水良好、微酸性或中性的土壤。有一定的耐旱能力，忌水涝，忌连作。烈日、大风、多雨、高温、干旱对生长十分不利，应设法避免。

3. 繁殖方法

以扦插繁殖为主，也可用嫁接、播种、分株的方法繁殖。

(1)扦插繁殖

①嫩枝扦插　是常用的繁殖方法。在4~6月，剪取从宿根萌发、长8~10cm、具3~4个节的嫩梢作为插穗，留2~3片叶(如叶片过大，可剪去1/2)。先用竹签打洞，然后将插穗插入苗床或盆内，深度为插穗长的1/3~1/2，再将周围泥土压实。扦插株距3~5cm，行距10cm。插后立即浇透水，并保持土壤湿润，3周后生根，生根1周后即可移植。

②芽插　多用根际萌发的脚芽进行扦插。在11~12月，挖取长8cm左右、芽头丰满、距植株较远的脚芽，剥去下部叶片，按一定株行距扦插。插后保持7~8℃的室温，至翌年3月中下旬即可移栽。此法多用于大立菊、悬崖菊的培育。

若开花时缺乏脚芽，可用茎上叶腋处的芽带一叶片作插穗进行腋芽插。此芽形小细弱，养分不足，插后需精细管理。因腋芽插后易生花蕾，故此法应用不多。

(2)嫁接繁殖

菊花嫁接多采用黄蒿(*Artemisia annua*)和青蒿(*A. apiacea*)作砧木。黄蒿的抗性比青蒿强，生长强健，但青蒿的茎较高大，宜嫁接塔菊。可于11~12月选取鲜嫩的健壮植株挖出上盆，在温室越冬，或栽于露地苗床内，此时需加强肥水管理，使其生长健壮，根系发达。嫁接可在3~6月进行，多采用劈接法。在砧木离地面7cm处(也可以进行高接)切断，切断处不宜太老，如发现髓心发白，表明已老化。选取长5~6cm的充实顶梢作接穗，粗细最好与砧木相似，留1~2片顶叶，将茎部斜削成楔形。将砧木在断面劈开相应的长度，然后嵌入接穗，再用塑料薄膜绑住接口(松紧要适当)。嫁接后置于阴凉处，2~3周后可除去缚扎物，并逐渐增加光照。

(3)播种繁殖

一般用于培养育品种。将种子掺沙撒播于盆内，然后覆土、浸水，盖上玻璃或塑料薄膜，并置于较暗处。晚上需揭开玻璃，以通风透气。4~5d后发芽，此时出芽不整齐，全部出齐需1个月左右。发芽后要逐渐增加光照，并减少灌水。幼苗长出2~4片真叶时，即可移植。

(4)分株繁殖

菊花开花后根际发出较多蘖芽，可在11~12月或翌年清明节前将母株挖起，分成若干小株，并适当去除基部老根，即可进行移栽。

4. 栽培与养护技术要点

(1)配制培养土

培养土用腐叶土、砂壤土各4份半，饼肥渣1份，混匀。或用酵素菌加麦糠或锯屑发酵而成的培养土，效果也很好。

(2)上盆

立秋上盆。扦插生根后的菊苗，选择口径15cm的花盆，盆底用两块瓦片搭成“人”字形排水孔，再放一层炉渣，上覆培养土。将菊苗放入盆中央，加土压实，上留2cm空间，以便浇水。初上盆浇透水，防日晒，5d后移至向阳处。当菊苗长到15~20cm高时换盆一次，共需换盆2~3次。

(3)养护技术

①水分管理　幼苗期要保持盆土湿润，用晒过的温水，每1~2d浇一次。夏季早、晚各浇水一次，雨天不浇，雨后倒去盆内积水，阴天少浇。生长旺盛期，每天浇一次水。开花期，上午或下午浇一次水。

②光照管理　菊花为短日照植物，在春季和夏季为营养生长阶段，要保障充足的光照(在每天14.5h的长日照条件下进行营养生长)。在生殖生长阶段，即花芽分化和花蕾生长期间，则要限制光照时数(每天12h以上的黑暗与10℃的夜温适于花芽发育)。

③施肥　要适时、适量。在春季和夏季，施以富含氮和钾的肥料，以促使枝叶茂盛，根系发达。从立秋后孕蕾开始，每5~7d施一次稀饼肥水，浓度逐渐增加。如用化肥，第一次每盆施尿素0.5g、复合肥1g，第二次施复合肥2g，第三次施复合肥3g，并可用0.1%的磷酸二氢钾喷施，使花朵大、花色鲜艳而有光泽。

④摘心除蕾　一般盆栽菊留花4~7朵，定植后留4~5片叶摘心，当腋芽长大后留2~3片叶进行第二次摘心。白露现蕾后每枝留一个蕾形圆整、豌豆大小的顶花蕾，其余全部摘除。

⑤病虫害防治

地蚕、蚜虫、菊虎、尺蠖、红蜘蛛危害叶片，椿象危害花蕾等，可用40%的乐果2000倍液、80%的敌敌畏1000倍液或0.2~0.3波美度石硫合剂喷洒防治。

对白粉病、褐斑病、白绢病、黑斑病、黑锈病、白锈病等，要及时用波尔多液、硫菌灵防治。应经常做好清园工作，以预防为主。

(4)花期调控技术

菊花是短日照植物，通过调控光照，可以使其在元旦、春节、劳动节、建党节、国庆节等开花。

①元旦、春节开花　在8月中旬进行连续光照，光照时间每天保持16h以上，以抑制其开花。到国庆节前夕，接受自然光照，11月中下旬可现蕾，元旦前后开花。或者在7月中下旬扦插或分株，翌年1月中下旬气温下降时转移到15~25℃温室内，加强肥水管理，利用根颈的脚芽，每株留1~2个壮苗，3~4个月后就可开花。

②劳动节开花　12月下旬剪除地上茎，并移到15~25℃温室内，发芽后加强肥水管理，每盆留1~2个健壮脚芽，翌年4月下旬可以开花。

③建党节开花　2月上旬挖出老株，移到15~25℃温室中萌发幼芽，每盆栽1~2株。3月上旬开始，每天下午进行遮光(每天光照7~10h)，连续处理40~50d，4月下旬现蕾，6月中下旬开花。

④国庆节开花　春天分株，6月中下旬开始进行40~50d遮光处理，8月中下旬现蕾，国庆节前后开花。

课程思政

《九歌·礼魂》中写道“春兰兮秋菊，长无绝兮终古”，作者借菊花比喻自己不随流俗的品德节操，表达自己对国家的忠诚和对理想的执着追求。同学们要立长志，树立远大理想，不被周围的不良风气所影响，坚守自己的品德和信念，对祖国、对理想保持忠诚和执着，用坚定的信念去克服困难，绽放出属于自己的光彩。

(二)报春花类

报春花类(*Primula* spp.)为报春花科报春花属多年生草本花卉(图4-1-3)，常作二年生栽培。叶基生，有柄或无柄；叶丛莲座状。伞形花序或头状花序；花冠漏斗状或高脚杯碟状；花萼形状为种间识别特征；花柱两型，有的植株花柱长，雄蕊生于花冠筒中部，有的植株花柱短，雄蕊生于花冠筒的口部，这有利于异花传粉。花期一般12月至翌年5月。注意：许多种类的叶、花茎、花萼上的纤毛含有樱草碱，具刺激性，有人对它敏感，接触后可用苏打水冲洗。

图4-1-3　报春花

同属植物约580种，多分布于北温带和亚热带高山地区，少数产于南半球。中国约有400种，大部分具有观赏价值；主产于西部和西南部，云南是世界报春花属植物的分布中心。

1. 种类

报春花类种类繁多，常见的有以下几种。

报春花(*P. malacoides*)　原产于云南、贵州。为优良冷室冬季盆花。

鄂报春(*P. obconica*)　又名四季樱草。原产于西南。园艺品种花色丰富，色彩鲜明，既有单瓣型，又有重瓣型，为冷室冬季和早春盆花。现广泛栽种于世界各地，在昆明全年开花不辍，故又名四季报春。

藏报春(*P. sinensis*)　又名中国樱草。原产于四川、湖北等地。原种花紫色，园艺品种花型更大，花色有桃红、橙、深红、蓝及白等色，为重要的冷室冬、春盆花。

欧报春(*P. vulgaris*)　商业上常用 *P. acaulis* 来表示园艺变种群。原产于西欧和南欧，现代园艺品种除单瓣、重瓣外，还有套瓣。花色丰富。耐寒，在西欧可露地越冬，为早春花坛优良品种。也可盆栽。

2. 生长习性

报春花类种间习性差异大。一般喜温暖、湿润，夏季要求凉爽、通风环境。不耐炎热，较耐寒(耐寒力因种而异)。在酸性土(pH 4.9~5.6)中生长不良，叶片变黄。栽培土要含适量钙质和铁质才能生长良好。报春花属植物花色受细胞液酸碱度的影响，有明显变化，如pH 3为红色，pH 4为粉色，pH 5~8为堇紫色，pH 9为蓝色，pH 10为蓝绿色，

pH 11 为绿色。

3. 繁殖方法

报春花类可以自播繁衍。栽培上常以种子繁殖为主。为了保持优良品种及重瓣品种的性状，也可分株繁殖。

(1)播种繁殖

①播种前准备　报春花类种子寿命短，宜在采收后尽快播种(一般 8~10 月播种)。准备疏松、肥沃、排水良好的微酸性土，可用腐叶土、泥炭土和珍珠岩按 3∶2∶1 混合。容器可用育苗盘、浅盆或花盆，底部要有排水孔。将培养土装入容器后压实、整平。

②播种　把种子均匀撒在土面，可不覆土或稍覆土(覆土厚度不超 0.5cm)，然后用细孔喷壶喷水，使土壤湿润，注意别冲走种子。

③播种后养护　播种后放在室内温暖明亮处，避免阳光直射。温度保持在 15~20℃，温度过高或过低都不利于发芽。保持土壤湿润但不积水，可用保鲜膜或玻璃板覆盖容器保湿，每天打开通风 1~2h 以防发霉。发芽前提供散射光，幼苗长出第一片真叶后逐渐增加光照强度和时间，避免强光直射。

(2)分株繁殖

一般在秋季(9~10 月)进行分株，此时植株生长减缓，分株影响小，分株后有时间恢复生长和生根。选生长健壮、株形饱满的植株，分株前 2~3d 停止浇水，以方便取出植株且减少根系损伤。小心取出植株，抖落根部泥土，用锋利、干净的刀具将植株分成若干丛，每丛至少有 3 个芽和相应根系，注意动作要轻，避免损伤。将每丛分别种入准备好的花盆(大小适中，土壤疏松、肥沃)，压实土壤，浇透水。放于阴凉通风处，避免阳光直射和强风，保持土壤湿润，2~3 周后恢复生长，可逐渐增加光照并正常养护。

4. 栽培与养护技术要点

(1)配制培养土

使用疏松、肥沃、排水良好且呈微酸性的土壤。通常可将腐叶土、泥炭土和珍珠岩按 3∶2∶1 的比例混合。也可以在土壤中添加少量的基肥，如腐熟的鸡粪或饼肥，以增加土壤肥力。在使用前最好对土壤进行消毒。可以将土壤放在阳光下暴晒几天，或者用微波炉高火加热几分钟来杀死病菌和害虫。土壤应保持微酸性，pH 在 5.5~6.5。如果土壤偏碱性，可以添加一些酸性物质如硫黄粉来调节 pH 。

(2)上盆

先在花盆底部铺一层排水材料，如陶粒或碎瓦片，厚度为 2~3cm，以增强花盆的排水性能。然后，将准备好的土壤填入花盆，填至花盆高度的 1/3 左右。再将幼苗放入花盆中央，扶正，并慢慢往花盆里填土，边填土边轻轻提动幼苗，使土壤填满幼苗根系间的空隙。填土以刚好覆盖幼苗根系，且幼苗的根颈与土壤表面持平为宜。栽后及时浇一次透水，使土壤与幼苗根系紧密结合。最后，放在阴凉通风的地方进行缓苗(一般需 1~2 周)，避免阳光直射和强风，保持环境温度在 15~20℃。在缓苗期间，要注意观察幼苗的状态，如果发现叶片出现枯萎或发黄的现象，要及时调整环境条件。

(3)养护技术

①光照管理　在春季和秋季，报春花类可以接受适当的直射光，但在中午阳光强烈时，最好进行适当遮阴，避免叶片灼伤。一般可将其放置在朝东或朝西的阳台，每天保证4~6h的光照，有利于植株的光合作用和花芽分化。报春花类不耐高温和强光，夏季要将其移至阴凉通风处，如室内北向窗户边或者室外树荫下。可以使用遮阳网进行遮阴，遮光率50%~70%。同时，要注意保持空气流通，防止闷热环境对植株造成伤害。冬季光照较弱，可以接受全日照。

②温度管理　报春花类适宜在12~18℃条件下生长。在这个温度范围内，植株生长迅速，叶片翠绿，花芽分化良好。当夏季温度过高时，可以通过在植株周围喷水、使用风扇等方式来降低温度。如果是在室内，开启空调降温也是一种有效的方法，但要注意避免空调风口直接对着植株吹。报春花类有一定的耐寒性，但在冬季温度较低的地区，需要做好保暖措施。可以将花盆移至室内温暖的地方，如靠近暖气设备处，但要注意保持一定的距离，防止温度过高烫伤植株。

③浇水　报春花类对水质较为敏感，最好使用雨水。如果使用自来水，需要将其静置1~2d，让水中的氯气挥发掉，以免对植株造成不良影响。浇水频率要根据季节、天气和土壤干湿情况来调整。在春季和秋季，一般每2~3d浇一次水；夏季气温高，蒸发快，每天早、晚各浇一次水，但要注意避免积水；冬季植株生长缓慢，每7~10d浇一次水即可。采用见干见湿的浇水原则，即等到土壤表面干燥后再浇水，浇水时要浇透，使水从盆底流出。

④施肥　在生长旺盛期(春季和秋季)要定期追肥。一般每隔1~2周施一次稀薄的液肥，可以选用花卉专用肥或自制的有机肥溶液(如饼肥水)。在花芽分化期，要增施磷、钾肥，如0.2%~0.3%的磷酸二氢钾溶液，可通过叶面喷施或灌根的方式进行施肥，以促进花芽分化和提高开花质量。

施肥时要遵循薄肥勤施的原则，避免浓肥烧根。同时，在施肥后的第二天最好浇一次清水，以稀释肥液浓度，防止肥液残留对植株造成伤害。

⑤修剪整形　修剪一般在春季或秋季进行。在生长过程中，如果发现枝叶过于密集，影响通风透光，可以进行适当的修剪。剪掉过密的叶片、徒长枝和病弱枝，以保持植株美观和健康。花后要及时修剪残花，修剪位置一般在花朵下第一对叶的上方。修剪后的伤口可以涂抹少量多菌灵溶液，以防止病菌感染。

⑥病虫害防治　常见病害有白粉病、灰霉病等，虫害有蚜虫和红蜘蛛等。

白粉病　在发病初期及时摘除病叶，然后喷施三唑酮1000~1500倍液进行防治。

灰霉病　注意保持环境通风干燥，发病初期可以喷施多菌灵500~800倍液进行防治。

蚜虫　发现蚜虫后，可以用毛笔蘸水轻轻刷掉，或者喷施吡虫啉1000~1500倍液进行防治。

红蜘蛛　用清水冲洗叶片背面，然后喷施哒螨灵1500~2000倍液进行防治。

(三)风信子

风信子(*Hyacinthus orientalis*)别名洋水仙、五色水仙，为风信子科风信子属球根花卉(图4-1-4)。鳞茎卵形，有膜质外皮。叶4~8片，肉质，狭披针形，上有凹沟，绿色，有光泽。花茎肉质，略高于叶，总状花序顶生，花5~20朵，横向或下倾，漏斗形；花被筒长，基部膨大，裂片长圆形、反卷；有紫花、白花、红花、黄花、粉花、蓝花等品种，还有重瓣、大花、早花等品种。姿态娇美，五彩缤纷，艳丽夺目，清香宜人，为欧美各国流行的名花之一。适合盆栽、水培，也可作切花材料，摆设在阳台、居室供人欣赏。

图4-1-4 风信子

1. 品种类型

全世界风信子的园艺品种有2000个以上，主要分为荷兰种和罗马种两类。前者属正宗品种，绝大多数每株只长1个花莛，粗壮，花朵较大，多数消费者喜购。而后者则多是变异的杂交种，每株着生2~3个花莛。

2. 生态学特性

喜光，较耐寒。宜在排水良好、肥沃的砂壤土生长，在低温黏重地生长极差。

3. 繁殖方法

主要为分生鳞茎，每年秋季(10月)露地种植。6月中旬叶黄后挖起鳞茎，风干后收贮于室内。

播种繁殖常用于培育新品种。在一般贮藏条件下，种子的发芽能力可维持3年。将成熟种子埋藏于沙内，秋季将种子播入冷床的培养土内，覆土1cm，翌年1月底至2月初种子萌发。由实生苗培养的小鳞茎，需4~5年才能开花。

4. 栽培与养护技术要点

(1)配制培养土

用腐叶土、园土、粗沙、骨粉按5∶3∶1.5∶0.5的比例配制培养土，要求土壤肥沃、有机质含量高、团粒结构好、pH 6~7。

(2)盆栽

栽种前，在土温10~15℃的情况下，可用福尔马林等化学药剂处理土壤表面，施药后立即覆盖薄膜。3d后，撤去薄膜，晾置1d后栽种。栽植深度以鳞茎肩部与土面平齐为宜。栽后充分浇水，保持土壤湿润并入冷室。

(3)养护技术

风信子喜光照充足和比较湿润的环境，生育期要放在阳光充足的地方，经常保持盆土湿润。抽出花莛后每天向叶面喷水1~2次，以增加空气湿度。开花前、后各施1~2次1%的磷酸二氢钾，花后施肥可促进子球生长。6月天气渐热，叶片枯黄，将鳞茎从盆内挖出，略加干燥，放在室内通风阴凉处贮藏。

病虫害防治：

黄腐病　染病后叶尖附近产生黄色水浸状条斑，继而向下扩展，褐变坏死。花梗被害后也出现水渍状褐变，继而皱缩枯萎。感病鳞茎的中心部分黄色软腐，横切病变区可见大量黄色黏性细菌。鳞茎带菌，通过雨水和风传播，高温多湿利于发病。该病在荷兰非常严重，因此一定要加强检疫，避免使用带病的种球。在国内已普遍流行，发病很重。若发现病株，应及时拔除，并及时喷洒 100mg/L 的链霉素。

灰霉病　被害植株叶尖褐变、皱缩，继而叶片软化腐烂，表面被一层灰绿色霉状物覆盖，后期产生针头大小的黑色菌核。病菌以菌核在病残体及土壤中越冬，通过风雨传播。发病期间用 80%的代森锌 500 倍液或 75%的百菌清 800 倍液防治。

菌核病　主要危害叶序和鳞茎，病株叶片变黄、枯萎，极易从鳞茎中拔离。感病鳞茎内部变色腐烂，其中贯穿着白色菌丝，鳞茎外表和鳞片之间有扁平的菌核。菌核初为白色，后变为黑色。以菌核在土壤中越冬，菌丝在土壤表面蔓延侵染周围健康植株。可用五氯硝基苯消毒基质，消灭越冬病源。发现病株，及时拔除。发病初期，可用 65%的敌磺钠 600~800 倍液防治。

(4)花期调控技术

室温保持 4~6℃，促使生根。待花茎开始生长时将花盆移到温暖处，并逐渐增温至 22℃，3~4 月即可开花。

(四)水仙

水仙(*Narcissus tazetta* var. *chinensis*)又名中国水仙、雅蒜、天葱，是多花水仙的一个变种，为石蒜科水仙属球根花卉(图 4-1-5)。鳞茎卵状至广卵状球形，外被棕褐色皮膜。叶由鳞茎顶端绿白色筒状鞘中抽出，狭长带状。花茎(俗称箭)则由叶片中抽出，一般每个鳞茎可抽花茎 1~2 个，多者可达 8~11 个；伞状花序，花瓣多为 6 枚，花瓣末处呈鹅黄色；花蕊外面有一个如碗一般的保护罩。蒴果室背开裂。花期春季。

图 4-1-5　水　仙

水仙雅号为“凌波仙子”“水中仙子”，在唐朝从意大利传入我国，有翡翠般的绿叶，洁白无瑕的花被，金黄色的花心，清新高洁，淡雅幽香，适于盆栽摆放在居室案几、窗前。

1. 品种类型

全世界水仙有 30 种，1 万余个品种，大体分为喇叭水仙、明星水仙、红口水仙、多花水仙等。

2. 生态学特性

喜温暖湿润的气候，喜水湿，忌炎热高温，较耐寒。水仙为秋植球根花卉，具有秋、冬生长，早春开花并贮存养分，以及夏季休眠的习性。休眠期在鳞茎生长部位进行花芽分化。

3. 繁殖方法

常通过分离鳞茎的方法繁殖。10月从老鳞茎分离出许多小鳞茎，然后按大小进行培育。小鳞茎要培育3年才能开花，大鳞茎当年即可开花。

4. 栽培与养护技术要点

(1)配制培养土

宜选深厚、疏松、富含有机质、保水力强的砂壤土，pH以5~6.5为宜。

(2)上盆

秋季上盆，覆土厚度为鳞茎高的2倍。若覆土过浅，小球发生多，影响开花。家养水仙多以水养为主。在10月选择大的鳞茎，一半埋于土中，待长出花茎后挖出，洗去泥土，剥去褐色外皮，放在浅水盆里，夜间将水倒去，白天再注入清水。在水中加入0.05%~0.1%的稀薄化肥，可促使花开得更好，花期更长。

(3)养护技术

①光照管理　水仙为短日照花卉，每天只要10h光照就能正常生长发育。若光照不足，叶徒长，花少；光照太强，不利于生长发育。

②温度管理　前期喜凉爽，中期耐寒，后期喜温暖。气温20~24℃，相对湿度70%~80%，适宜鳞茎膨大。花芽分化的适温为17~20℃，空气相对湿度80%。温度超过25℃时，花芽分化受到抑制。开花适温为10~20℃。

③水分管理　水仙喜水湿，生长旺盛期需水更多，成熟期对水分需要量相对减少。

④病虫害防治　水仙的病虫害有大褐斑病、基腐病、线虫病、病毒病等。

大褐斑病　发病初期叶片中部和叶尖现褐色小点，后扩展成椭圆形、纺锤形、半圆形或不规则形浅红褐色大斑，周围组织变黄，病斑连接成细长大型条斑。病重时，叶片像火烧，农民称其为“火团病”。病菌在鳞茎顶部的鳞片内越夏、过冬，或在朱顶红、文殊兰等其他寄主越夏，在水仙幼苗上过冬。病菌通过雨水、灌溉水传播，生长适温为20~25℃。种球剥去膜质鳞片，用0.5%的甲醛浸泡30min或65%的代森锌300倍液浸泡15min，可减少初次侵染源。从水仙萌发到开花期末，用75%的百菌清600倍液、50%的克菌丹500倍液或80%的代森锰锌500倍液，每10d一次，交替使用。

基腐病　一般地下部先感病，根系变褐色、水浸状腐烂，鳞茎基盘出现褐色斑点并向上蔓延，使鳞茎组织呈现褐色腐烂，鳞片间可见白色丝状物，重病株鳞茎腐烂，地上部褐变枯死。病菌在病株残体及土壤中存活、越冬，从鳞茎及根部伤口侵入，发病适温为28~32℃。种植前用50%的苯菌灵500倍液浸泡鳞茎15~30min，或用甲醛120倍液浸泡鳞茎3~4h。发病后可用多菌灵800倍液灌根。

线虫病　危害叶与鳞茎。感病鳞茎横切面有一至数个深色环，上有乳白色线虫。病株矮化，鳞茎小，腐烂。叶片被害时，产生浅黄色小疱状斑，畸形扭曲。病源是甘薯茎线虫。要加强检疫，土壤用涕灭威，1.2~5.6g/m^2，加细土拌匀撒入种植穴内，或用80%的棉隆粉剂加70%的敌磺钠500倍液浇灌。带病种球在50~52℃热水中浸泡10min，或放在45~46℃温水中浸泡10~15min。

病毒病　有花叶型、黄条斑型等，由水仙花叶病毒、黄瓜花叶病毒（通过叶蝉、汁液或接触传毒）和水仙黄条斑病毒（通过桃蚜、其他蚜、汁液传毒）等引起。可用脱毒、销毁病株及防治传毒昆虫等方法防治。

（五）山茶

山茶（*Camellia japonica*）为山茶科山茶属常绿灌木或小乔木（图 4-1-6）。树皮淡灰褐色。叶厚革质，光滑，倒卵形或椭圆形，顶部短钝渐尖，基部楔形，1/3 以上有细锯齿。花单生，或生于叶腋或枝顶，大红花，花瓣 5~6，且多重瓣，顶端有凹缺。蒴果近球形。花期 5 月，果期 10 月。

图 4-1-6　山　茶

山茶是我国十大传统名花之一，其树姿优美，枝叶繁茂，花团锦簇，五彩缤纷。可丛植或散植于假山旁，配以迎春花、玉兰、杜鹃花等构成一景，或盆栽装饰客厅、书房、阳台。

1. 品种类型

中国是山茶种质资源最丰富的国家，拥有全世界 90% 以上的山茶种质资源。其中，华东山茶广泛分布于长江中下游地区，尤以浙江、江苏、安徽最多；云南山茶又称滇山茶，分布于西南云贵高原地区；广西作为金花茶的原产地，拥有最多的金花茶种质资源；广东和福建也分布着相当数量的山茶种质资源。

（1）国内常见华东山茶品种

华东山茶目前品种数量相对较多，仅浙江原产的就有 40 余种。其花有单瓣、半重瓣、重瓣等瓣型，花色繁多。花期较长，一般分早花型、中花型、晚花型 3 类。目前，国内华东山茶品种主要有：‘花佛鼎’、‘花鹤翎’、‘红露珍’、‘白千层’（‘雪塔’）、‘十八学士’、‘赤丹’、‘小桃红’、‘狮子笑’、‘金盘荔枝’、‘九曲’、‘倚阑娇’、‘花牡丹’、‘嫦娥彩’、‘六角’、‘革命旗’、‘绯爪芙蓉’、‘十样景’、‘鸳鸯凤冠’等。

（2）国内常见云南山茶品种

云南山茶树体较高大，荫浓叶阔，叶片稍小而肥厚，花朵硕大，花色艳丽。云南山茶已有 1000 多年的栽培历史，也是“八大名花”中最享有盛名的一种。目前国内广泛栽植的云南山茶品种主要有：‘恨天高’、‘童子面’、‘早桃红’、‘柳叶银红’、‘大银红’、‘凤山茶’（又称‘软枝绣球’）、‘大理茶’等。

（3）国外常见山茶品种

17 世纪末期，山茶被引种至欧洲，随后又被引种至美洲。随着现代园艺的兴起，许多新的山茶品种被不断培育出来。自 20 世纪中后期起，一些花形美观且独特的优秀山茶品种被陆续引种回国内。目前，国内已引进的优秀国外山茶品种有：‘午夜魔幻’（‘Midnight Magic’）、‘黑魔法’（‘Black Magic’）、‘火瀑布’（‘Fire Fall’）、‘朱红宽彩带’（‘Margaret Daris Var.’）、‘情人节’（‘Valentine Day’）、‘复色情人节’

（‘Valentine Day Var.’）、‘大海伦’（‘Helen Bower’）、‘帕克斯先生’（‘Dr. Clifford Parks’）、‘深斑大卡特’（‘Cater's Sunburst Pink Var.’）、‘银凯旋’（‘Silver Triumph’）、‘赛牡丹’（‘Elegant Splendor’）、‘大卡特’（‘Cater's Sunburst’）、‘毛缘黑玛瑙’（‘Clake Hubbs Var.’）、‘复色期望’（‘Anticipation Var.’）、‘黑塞墨’（‘He-isaimo’）等。

2. 生态学特性

山茶在疏荫下生长良好，要求庇荫度为50%左右，怕阳光暴晒。若遭烈日直射，嫩叶易灼伤，造成生长衰弱。喜夏季凉爽湿润、冬季温暖的环境，生长适温15~25℃。喜湿润，怕干旱，忌积水。在疏松、肥沃、透气性和排水性好、呈酸性的砂壤土生长良好，pH以5~6.5为宜。在华东地区花期12月至翌年4月，花后由花下之芽萌发形成新枝。春梢5月中旬前后停止生长，并在枝条叶腋内形成新芽。蒴果秋末成熟，但多数重瓣花不能结果。

3. 繁殖方法

可采用扦插、嫁接、播种等方法繁殖，以扦插繁殖为主。

（1）扦插繁殖

扦插时间以6月中下旬梅雨季节和8月下旬至9月最为适宜。选树冠外部组织充实、叶片完整、芽饱满的当年生半成熟枝为插穗，长度一般4~10cm，先端留2个叶片，基部要带踵。插于遮阴的苗床，随剪随插。密度因叶片大小而异，以叶片相互不重叠为准。插穗入土3cm左右，浅插生根快，深插生根慢。插后压实床土，使插穗与砂土密接，并浇透水，加遮阳网，网上加两层帘子。以后每天叶面喷雾数次，保持湿润。防风，切忌阳光直射。插后约3周开始愈合，6周后生根。待新根产生，要逐步增加光照。10月开始只盖一层帘子，以加速木质化。11月拆除遮阳网，改装暖棚越冬。

（2）嫁接繁殖

嫁接时间以5~6月为最好，常用靠接、枝接和芽接。靠接易成活，生长快，但操作烦琐，管理不便，费材料；枝接和芽接实际应用较多，用材经济，操作方便，只要温度、湿度适宜，精心管理，成活率80%以上。

砧木以油茶为多，也可用单瓣山茶。枝接的接穗带两片叶，芽接的接穗带一片叶。嫁接后必须将接口用塑料薄膜绑扎，并分3次剪砧：第一次，在绑扎后断梢顶，以削弱砧木的顶端优势，促进愈合；第二次，在接穗的第一次新梢充分木质化后，截断砧木上部1/3枝条，保留部分枝叶，以利于光合作用；第三次，在接穗第二次新梢充分木质化后，与接口同高处在砧木上向下锯一个约45°的斜口，断掉砧木。高温季节嫁接，必须盖双层帘子，使棚内基本上见不到直射光，且中午前后需喷水降温。

（3）播种繁殖

此法主要用于培育砧木和新品种。应随采随播，否则种子会失去发芽力。若秋季不能及时播种，应在湿沙中贮藏至翌年2月播种。一般秋播比春播发芽率高。

4. 栽培与养护技术要点

(1)配制培养土

培养土要求富含有机质的酸性壤土，可用园土或竹根泥和堆肥混合制成。

(2)上盆

上盆宜在8~9月进行，换盆则以春季花后进行为好。生长健壮的植株，2~3年换一次盆，小苗不宜用大盆。上盆时注意不要将嫩根弄断，对长的粗根可适当短截，以诱发新根。上盆后浇一次透水，并移至阴处缓苗1周，以后待盆土稍干再浇水。

(3)养护技术

①水肥管理　山茶喜空气湿度大，忌干燥，相对湿度宜30%左右。早春及晚秋每2~3d浇一次水，夏季每天早、晚叶面喷水1~2次，雨季防积水烂根。3~9月结合浇水，每月施油饼水或人粪尿一次，均以腐熟稀薄为宜。

②光照管理　山茶喜半阴，夏季应防止烈日暴晒。

③修剪　山茶不宜强剪，只要剪除病虫枝、过密枝和弱枝即可。为了防止因开花消耗过多营养，保证花大色艳，应在6~7月适当摘除顶梢花蕾，每个枝条顶端仅留花1~2朵。

④病虫害防治

炭疽病　6~8月发生在老叶上，多发生在叶尖和叶缘处，初现半圆形或不规则病斑，中央灰白色或淡褐色，边缘暗褐色，外围有时还有黄色晕圈，略下陷，有不明显的轮纹，后期长出黑色小点，散生或轮状排列。病斑直径5~15mm，枝梢受害引起枯梢。病菌在病叶及落叶上越冬，通过风雨和昆虫传播，由伤口或气孔侵入。高温、潮湿、多雨，通风不良，重黏土栽植，发病重。发病后用80%的多菌灵800倍液或50%的甲基硫菌灵800倍液，每7~10d喷一次，连喷3次，效果良好。

灰斑病　又称云纹叶枯病，多发生在叶缘处，病斑呈近圆形或不规则形，中央灰白色，边缘褐色，与健康组织分界清晰，病部生黑色小点，病组织后期破裂、脱落。病菌在病组织上越冬，通过风雨传播，由伤口侵入。防治方法同炭疽病。

枯枝病　叶片受害后叶色变淡，叶脉隆起，在嫩梢与老叶交界处出现坏死组织，维管束呈棕褐色。随病情加重，叶芽萎缩枯死。发病时可用75%的甲基硫菌灵800倍液喷洒。或者用12.5%的增效多菌灵在叶芽伸出前喷洒。

山茶藻斑病　受害初期叶片正面出现针头状灰色或黄褐色小圆点，后扩大成圆形或椭圆形隆起的毡状物，呈灰绿色或黄褐色，表面有纤维状细纹，直径2~10mm，边缘不整齐。病原为头孢藻，以营养体在病组织内过冬，通过风雨传播。发病初期用0.6%的石灰半量式波尔多液或1波美度石硫合剂防治。

茶梢蛾　危害嫩梢，使其中空而枯。以幼虫在枝梢内过冬，应及时剪除病梢。幼虫危害时，可喷Bt乳剂500倍液。

介壳虫　可用20%的苄氯菊酯乳油2500倍液或40%的杀扑磷乳油1500倍液防治。土埋15%的涕灭威内吸颗粒剂，每盆2g，效果较好。

红蜘蛛　可用15%的哒螨酮乳油4000倍液、20%的三唑锡悬乳剂2000倍液、10%的速效浏阳霉素2000倍液或20%的甲氰菊酯2000倍液，效果都很好。

三、其他观花类花卉盆栽与养护（表4-1-1）

表4-1-1 其他观花类花卉盆栽与养护

序号	花卉名称	生态学特性	栽培与养护技术要点	注意事项	应用特点
1	杜鹃花（*Rhododendron simsii*）	喜生于气候凉爽、空气湿度大的环境。野外生长在阴坡上。喜肥沃、疏松的酸性土壤。耐瘠薄，不耐积水。花期4~5月	可采用分株、压条、扦插、播种等方法繁殖。春季和秋季均可移栽。开花期需要充足的水分。从3月起，每隔15d施1~2次氮、磷结合且以磷肥为主的稀薄肥液，以增加开花数，促使花大色美。要及时进行疏蕾，每枝只留1个花苞，使开出的花朵整齐美观，花大、色彩艳丽。6~8月是盛夏，杜鹃花生长渐趋缓慢，处于半休眠状态，过多的肥料不仅会使老叶脱落、新叶发黄，而且容易引发病虫害，因此应停止施肥。9月下旬天气逐渐转凉，杜鹃花进入生长状态，每隔10d施一次20%~30%的含磷液肥，可促使花芽生长。一般10月以后生长基本停止，不再施肥。病虫害以预防为主，冬季和春季新芽萌发前，用硫菌灵600~800倍液或等量式波尔多液喷洒花盆、盆土和植株2~3次。新芽萌发后，用50%的多菌灵600倍液喷洒，每周一次，连续3次。盛夏时节易发生红蜘蛛，可用50%的敌敌畏乳剂2000倍液喷杀	施肥要掌握季节，做到适时、适量及浓度适当。杜鹃花的根系很细密，吸收水肥的能力强，喜肥但怕浓肥。人粪尿一般不适用，适宜追施矾肥水	枝叶繁茂，四季常绿，花朵繁密，色彩艳丽，耐修剪，萌发力强，根桩奇特，病虫害少，寿命长。为优良的盆景材料，除了盆栽供观赏外，常用于庭园装饰，点缀于林缘、山坡、溪边、路旁、草坪、石旁，可成片或成丛栽植，造景十分优美。也可组成花篱、绿篱，春季繁花似锦，夏季绿叶青翠，秋、冬红叶满树，四季皆可欣赏。大部分品种都可作切花材料
2	瓜叶菊（*Pericallis hybrida*）	喜光，但夏季需适当遮阴。喜温暖（10~20℃），不耐高温，怕低温。喜疏松、肥沃、排水良好的土壤，生长时要保持土壤适度湿润	主要采用播种繁殖或扦插繁殖。7~8月播种，将种子与细沙混合后撒播，盖薄土，保持土壤湿润，在20℃左右的阴凉通风处3~5d发芽。5~6月进行扦插。选长6~8cm的侧枝，去除下部叶，保留顶部2~3片叶，插入消毒后的基质，保持基质湿润，18~20℃下2~3周生根。培养土用腐叶土、泥炭土、珍珠岩按3∶2∶1混合，使用前消毒。选口径10~12cm、底部有排水孔的花盆，待幼苗长出2~3片真叶时上盆。当植株长出6~7片真叶时，要换到口径较大的花盆中。换盆时要添加适量的基肥，如腐熟的有机肥或复合肥。生长期间要保持土壤湿润，但不能积水。施肥要薄肥勤施，除了每周施一次稀薄的液肥外，在花芽分化期要增施磷、钾肥，如磷酸二氢钾溶液，可促进花芽分化和开花。在生长初期，可以通过摘心来促进侧枝的生长，增加花量。当花谢后，要及时剪掉残花，避免养分消耗，同时剪掉枯枝、病枝，保持植株整洁美观。白粉病发病初期，可以用三唑酮、多菌灵等杀菌剂进行喷雾防治，每隔7~10d喷一次，连续喷2~3次。一旦发现植株有根腐病症状，如根部变黑、腐烂，叶片发黄枯萎，要及时将病株挖出，并用高锰酸钾溶液对土壤进行消毒处理，同时对健康植株用甲霜灵等药剂进行灌根预防。蚜虫可以用吡虫啉、啶虫脒等杀虫剂进行喷雾防治。红蜘蛛可以用阿维菌素、哒螨灵等杀螨剂进行喷雾防治，每隔7~10d喷一次，连续喷2~3次	温度骤变可能会影响瓜叶菊正常的生理活动，要尽量保持温度稳定，避免温度大幅度波动。特别是在昼夜温差较大或者季节交替时，要注意做好温度调节	植株形态美观，可以用于装点窗台、阳台、客厅等空间，也可以在花坛、花境中作为边缘花卉或点缀花卉，提升整体景观的美观度。为元旦、春节等节日期间非常受欢迎的观赏花卉

（续）

序号	花卉名称	生态学特性	栽培与养护技术要点	注意事项	应用特点
3	叶子花（*Bougainvillea spectabilis*）	喜温暖湿润气候和阳光充足的环境，不耐寒。对土壤要求不严，以排水良好的砂质土最为适宜。耐贫瘠、耐碱。耐干旱，忌积水。花期10月至翌年6月	可在1~3月或夏季进行扦插繁殖。由于生长势强，枝叶伸展较快，盆栽时必须适当控制生长。可于每年春季或花后进行，剪去过密枝、干枯枝、病弱枝、交叉枝等，促发新枝。冬季注意控制浇水，使其充分休眠。在南方可露地越冬，其他地区在温室越冬。虫害主要有叶甲和蚜虫，常见病害有枯梢病。平时要加强松土除草，及时清除枯枝、病叶，注意通风透气，以减少病源。加强病情检查，发现病情及时处理，可用乐果、硫菌灵等药剂防治	每5年进行一次重剪更新。生长期应及时摘心，以促发侧枝，利于花芽形成，促使开花繁茂。对老株可短剪。花期落叶应及时清理，花后及时摘除残花	具攀缘特性，可利用这一特性进行绑扎造型，整成花环、花篮、花球等，必要时还可设立支架，整成花柱等
4	仙客来（*Cyclamen persicum*）	中日照植物，对光照强度有严格的要求。要求疏松、肥沃、富含腐殖质、排水良好的微酸性砂壤土。花期在冬、春两季	采用播种繁殖和分球繁殖。生长期适宜温度为15~20℃，超过30℃时开始休眠，35℃以上时植株易腐烂死亡。喜阳光充足，在中午前后温度较高时需要遮阴。进入高温期后，要注意通风、遮阴，降低温度和光照强度。1月以后，要把盆花移至室内向阳处，并注意保温，使其陆续开花。每天上午浇水一次，由盆边缓慢浇灌，不能直接对着叶片和顶芽洒水。忌过湿。阴雨天尽量不要浇水。花期过后减少浇水，可2~3d浇水一次。7月底停止浇水，让叶片枯萎，进入休眠期。仙客来喜肥，但忌施浓肥、生肥，须薄肥勤施。生长期施肥浓度较幼苗期大一些。生长初期以氮肥为主，生长后期增施磷、钾肥如骨粉、过磷酸钙等，也可以在整个生长期浇水时结合施入氮、磷、钾比例为1∶1∶1的复合肥。每7~10d施一次，肥水比为2∶10左右。进入旺盛生长期，可浇施1%的复合肥液，并喷施1%的磷酸二氢钾叶面肥。高温休眠期应停止施肥。开花后可再施一次骨粉，以利于果实发育和种子成熟。生长前期去掉枯黄的叶片和徒长软弱的细叶，生长后期将中心叶片向外拉，以使株形开展。开花期摘掉残花及病残叶。生长期主要病害有灰霉病、软腐病和叶腐病，可采取物理方法和化学方法进行防治	植株有一定的毒性，尤其根茎，误食可能导致腹泻、呕吐，皮肤接触后可能会引起红肿、瘙痒，家养时须注意	对空气中的有毒气体二氧化硫有较强的抵抗能力，叶片能吸收二氧化硫，并通过氧化作用将其转化为无毒或低毒的硫酸盐等物质。株形美观、别致，花盛色艳，还有具香味的品种，适宜盆栽观赏，尤其适宜在家庭中点缀几架、书桌。用无土栽培的方法进行盆栽，清洁迷人，更适合家庭装饰

任务实施

教师根据学校所处地域气候条件和学校实训条件，选取 1~2 种观花类花卉，指导各任务小组开展实训。

1. 完成观花类花卉盆栽与养护方案设计，填写表 4-1-2。

表 4-1-2 观花类花卉盆栽与养护方案

组别		成员	
花卉名称		作业时间	年 月 日至 年 月 日
作业地点			
方案概况	（目的、规模、技术等）		
材料准备			
技术路线			
关键技术			
计划进度	（可另附页）		
预期效果			
组织实施			

2. 完成观花类花卉盆栽与养护作业，填写表 4-1-3。

表 4-1-3 观花类花卉盆栽与养护作业记录表

组别		成员	
花卉名称		作业时间	年 月 日至 年 月 日
作业地点			
周数	时间	作业人员	作业内容（含观花类花卉生长情况观察）
第 1 周			
第 2 周			
第 3 周			
第 4 周			

（续）

周数	时间	作业人员	作业内容(含观花类花卉生长情况观察)
第5周			
第6周			
第7周			
第8周			
第9周			
第10周			
……			

填表说明：

1. 生长情况一般包括：花卉的总体长势情况，如高度、冠幅、病虫害等；各种物候(发芽、展叶、现蕾、开花、结果、果实成熟等)发生情况。

2. 作业内容主要是指采取的技术措施，包括但不限于松土、除草、浇水、施肥、打药、绑扎、摘心、抹芽、去蕾等，应记录详细。

考核评价

根据表4-1-4进行考核评价。

表4-1-4 观花类花卉盆栽与养护考核评价表

成绩组成	评分项	评分标准	赋分	得分	备注
教师评分(70分)	方案制订	观花类花卉盆栽与养护方案含花卉生长习性和对环境条件的要求介绍(2分)、技术路线(3分)、进度计划(5分)、种植养护措施(5分)、预期效果(2分)、人员安排(3分)等	20		
	过程管理	能按照制订的方案有序开展观花类花卉盆栽与养护，人员安排合理，既有分工，又有协作，定期开展学习和讨论	10		
		管理措施正确，花卉生长正常	10		
	成果评定	观花类花卉盆栽与养护达到预期效果，成为商品花	20		
	总结报告	格式规范，关键技术表达清晰，问题分析有深度和广度	10		
组长评分(20分)	出谋划策	积极参与，查找资料，提出可行性建议	10		
	任务执行	认真完成组长安排的任务	10		
学生互评(10分)	成果评定	观花类花卉盆栽与养护达到预期效果，成为商品花	5		
	总结报告	格式规范，关键技术表达清晰，问题分析有深度和广度	3		
	分享汇报	认真准备，PPT图文并茂，表达清楚	2		
总　分			100		

任务 4-2 观叶类花卉盆栽与养护

任务目标

1. 了解常见盆栽观叶类花卉的种类。
2. 能够区分不同种类观叶类花卉的形态特征。
3. 掌握观叶类花卉盆栽的特点和技术要求。
4. 掌握常见观叶类花卉的繁殖方法、盆栽技术及养护措施。
5. 能完成观叶类花卉盆栽与养护方案设计及任务实施，并能总结经验，实现知识和技能的迁移。

任务描述

观叶类花卉盆栽四季可赏，不受花期影响，深受人们喜爱。本任务首先深入学习观叶类花卉盆栽与养护的理论知识和技术要求，制订观叶类花卉盆栽与养护方案。然后，进行观叶类花卉盆栽与养护操作，如根据观叶类花卉生长习性和栽培要求选择合适的花盆，准备适宜的栽培基质上盆栽种，持续进行浇水、施肥、整形修剪等养护管理，观察并记录花卉的生长发育状况。最后，总结经验，制作 PPT 进行分享汇报。

工具材料

观叶类花卉小苗；花铲、浇水壶、遮阳网、花盆；碎瓦片、培养土、肥料；农药等。

知识准备

一、盆栽观叶类花卉的习性及栽培要点

(一)盆栽观叶类花卉的习性

观叶类花卉一般是指叶形和叶色美丽的花卉，为盆栽花卉的主要类型。盆栽观叶类花卉是目前世界上流行的观赏花卉门类之一，它在园艺上泛指原产于热带、亚热带，主要以赏叶为主，兼赏茎、花、果的形态各异的植物群。由于受原产地气候条件及遗传特性的影响，在系统生长发育过程中，盆栽观叶类花卉形成了自己独特的生态习性，即要求较高的温度、湿度，不耐强光。盆栽观叶类花卉种类繁多，品种极其丰富，且形态各异，因此其对环境条件的要求有所不同。

1. 温度

盆栽观叶类花卉都要求较高的温度，大多数适于在 20~30℃ 的环境中生长。冬季低温

往往是限制其生长乃至生存的一大障碍。由于原产地纬度的不同以及形态结构上的差异，不同盆栽观叶类花卉所能忍耐的最低温度也有差别。在栽培上，必须针对不同类型的盆栽观叶类花卉对温度的需求区别对待，以满足各自的越冬要求(表4-2-1)。

表4-2-1 盆栽观叶类花卉越冬所需温度

越冬温度要求	代表植物
10℃以上	网纹草、银边南洋参、喜荫花、花烛、黛粉芋、广东万年青、星点木、铁甲秋海棠、绿羽竹芋、孔雀竹芋、花纹竹芋、斑叶竹芋、海南三七、变叶木、五彩芋、多孔龟背竹、观音莲、五彩千年木、丽穗凤梨类等
5℃以上	龙血树、朱蕉、散尾葵、袖珍椰子、夏威夷椰子、美洲苏铁、橡皮树、垂叶榕、椒草、合果芋、孔雀木、吊兰、冷水花、吊竹梅、虎耳草、鸟巢蕨、鹿角蕨、波士顿蕨、鹅掌柴、紫鹅绒、白鹤芋、凤梨、喜林芋等
0℃以上	荷兰铁、丝兰、酒瓶兰、春羽、龟背竹、麒麟叶、天门冬、鹤望兰、常春藤、肾蕨、海芋、江边刺葵、棕竹、苏铁、一叶兰等

以上仅根据常见盆栽观叶类花卉对越冬温度的基本要求进行一般分类。由于栽培条件的差异及引种驯化的时间不同，它们对低温的敏感度有所差别。一般冬季低温来临前，应注意做好越冬防寒工作。

夏季温度过高也不利于盆栽观叶类花卉的正常生长。如当温度超过30℃时，洋常春藤和竹芋的生长就会受阻，甚至停止生长，同时还会引发生理性病害和虫害。因此，在夏季高温时，必须注意遮阴与通风，营造较凉爽的小环境，保证盆栽观叶类花卉正常生长。

2. 水分

盆栽观叶类花卉除个别种类比较耐旱外，大多数在生长期都需要比较充足的水分。水分包括土壤水分和空气湿度两个方面。由于盆栽观叶类花卉多是原产于热带、亚热带森林中的附生植物或林下喜阴植物，所以空气湿度对于它们而言尤为重要。但是，由于盆栽观叶类花卉的原生环境存在差异性以及形态结构和生长具有多样性，它们对空气湿度的需求有所不同(表4-2-2)。

表4-2-2 盆栽观叶类花卉对空气湿度的要求

相对湿度要求	代表植物
60%以上	喜林芋、花叶芋、花烛、绿萝、白鹤芋、观音莲、冷水花、金鱼草、龟背竹、竹芋、凤梨、蕨类等
50%~60%	天门冬、黄脉爵床、球兰、椒草、秋海棠、散尾葵、三药槟榔、袖珍椰子、夏威夷椰子、马拉巴栗、龙血树、花叶万年青、春羽、合果芋等
40%~50%	酒瓶兰、一叶兰、鹅掌柴、橡皮树、琴叶榕、棕竹、江边刺葵、变叶木、垂叶榕、苏铁、美洲苏铁、朱蕉等

盆栽观叶类花卉对水分的要求随植株的发育时期和季节的变化而有所不同。一般旺盛生长期需要较充足的土壤水分和较高的空气湿度，才能保证正常生长需要；休眠期则需要

较少的水分，只要满足生理活动需要即可。春、夏季气温高，阳光强烈，遇到大风、空气干燥的天气，须给予充足的水分；秋季气温较高，空气湿度较低，蒸发量也大，也须给予充足的水分；秋末及冬季气温低，阳光弱，则需水量较少。

3. 光照

相对而言，盆栽观叶类花卉对光照的需求不如盆栽观花类花卉那么严格。盆栽观叶类花卉在原产地大多在林荫下生长，所以更适于在半阴环境中栽培。但不同种类和不同品种的盆栽观叶类花卉在原产地林荫下所处层次不同以及形态结构的多样性，决定了它们对光照的需求和适应也有所不同。

表4-2-3所列为根据盆栽观叶类花卉对光照强度的不同要求进行的简单归类。在栽培与养护过程中，为了给具体品种选择最佳的光照强度，可利用照度计检测光照强度指标，使盆栽观叶类花卉在较适宜的光照下良好生长，呈现最佳观赏状态。

表4-2-3　盆栽观叶类花卉对光照强度的要求

光照强度要求	代表植物
较喜光	变叶木、花叶榕、朱蕉、荷兰铁、美洲苏铁、苏铁、‘花叶’鹅掌柴、‘金叶’垂榕等
既喜光，也耐阴	橡皮树、琴叶榕、垂枝榕、常春藤、虎尾兰、马拉巴粟、鹅掌柴、南洋杉、酒瓶兰、江边刺葵等
中等耐阴	黛粉芋、龙血树、五彩芋、观音莲、椒草、吊兰、春羽、散尾葵、袖珍椰子、棕竹、鹤望兰、竹芋、凤梨等
喜阴	蕨类、一叶兰、白鹤芋、龟背竹、麒麟叶、夏威夷椰子、绿萝、喜林芋等

（二）盆栽观叶类花卉的栽培要点

盆栽观叶类花卉冬季防寒工作是栽培管理过程中的一个重要技术环节。盆栽观叶类花卉多原产于热带、亚热带地区，在系统的发育过程中形成了对低温的敏感性。当温度低于正常的越冬温度时，其生理活动受到影响，根的吸收能力减退或停止吸收活动，地上部表现为嫩枝叶萎蔫、老叶枯黄脱落。若低温时间不长，尚可恢复，但时间稍长便会引起植株死亡。当温度降至0℃以下时，大部分盆栽观叶类花卉即出现冻害，这时已危及植株体内各项生理机能，细胞间隙水分结冰，细胞内原生质体失水凝结，失去活性，从而危及植株的生命。因此，冬季必须密切注意气温的变化，做好各项防寒工作。

首先，根据各种盆栽观叶类花卉的越冬温度要求进行分类管理。尤其对于耐寒性差的盆栽观叶类花卉品种，必要时可将其集中于有增温或保温设施的场所。

其次，依据秋末温度的变化，让盆栽观叶类花卉对低温有一个适应过程，即在秋冬之交温度逐渐降低时，对盆栽观叶类花卉进行稍低气温的锻炼，这样可使其自身抗寒潜力得到充分发挥，从而提高对低温的抵御能力。

最后，做好肥水管理。在冬季低温期，要严格控制水分，使盆土处于相对干燥的状态。对于大部分盆栽观叶类花卉品种，一般5~7d或更长时间浇水一次，即可维持植株正常的生命活动需要，这样有利于植株体内细胞液浓度增高，提高其抗寒能力。在冬季低温来临前1个月左右，除正常的施肥管理外，要增施磷、钾肥，如每7d连续喷施0.3%~

0.5%的磷酸二氢钾2~3次，以使植株生长健壮，提高抗寒越冬能力。在冬季，则一般不施肥或少施肥，以控制其生长，免遭寒害或冻害。

二、观叶类花卉盆栽与养护案例

（一）吊兰

吊兰（*Chlorophytum comosum*）为百合科吊兰属多年生草本植物（图4-2-1）。具短根状茎和肥大肉质须根。叶基生，宽线形，鲜绿色；叶宽0.5~1.5cm，长25~45cm，顶端渐尖，基部抱茎。生长成熟的吊兰会从叶腋间抽生出数根长短不一的走茎（也称匍匐茎），长30~80cm，其顶端皆可生出带气生根的小植株，从花盆上悬垂而下，婀娜多姿，使吊兰具有极佳的观赏效果。每年的春、夏季（3~6月），走茎的顶端会着生白色小花，成簇排列成顶生总状花序。在室内，冬季也可开花。蒴果三棱状扁球形。

图4-2-1　吊　兰

1. 品种类型

除了纯绿叶品种外，常见的园艺品种还有：

'宽叶'吊兰　叶片宽1.5~2.5cm。

'金心'吊兰　形态似'宽叶吊兰'，但叶中部有黄色纵条纹。

'银心'吊兰　叶片沿主脉具白色宽纵纹。

'金边'吊兰　叶缘黄色，叶片较宽。

'银边'吊兰　叶缘白色。

2. 生态学特性

吊兰对光线的要求不严，一般适宜在中等光照条件下生长，也耐弱光。喜温暖，不甚耐寒。生长适温为15~25℃，越冬温度为5℃。温度为20~24℃时生长最快，也易抽生走茎。30℃以上停止生长，叶片常常发黄干尖。冬季室温保持12℃以上，植株可正常生长，抽叶开花；若温度过低，则生长迟缓或休眠；低于5℃，则易发生寒害。适应性强，较耐旱，不择土壤，在排水良好、疏松、肥沃的砂质土壤中生长较佳。

3. 繁殖方法

常用分株繁殖，也可分离走茎上的小植株直接栽植，但走茎上不易产生幼株。

（1）分株繁殖

吊兰生长强健，基部产生幼株的能力强，故常用分株繁殖。室内温度不低于10℃时一年四季均可进行分株，一般结合早春换盆进行。具体做法是：去掉旧培养土，将密集的盆苗分成数丛，每丛3~4株，分栽于直径15~20cm的花盆内，分株后2~3周即可恢复生长。如分株时温度在18~22℃，分株后1周即可恢复生长，2~3周即可达到理想观赏效果。

（2）走茎繁殖

不论走茎先端的小植株有无气生根，均可将其摘下栽植于盆内，很快就能健壮生长。

也可先在疏松透气的栽培基质和全元素栽培营养液中栽植，待小植株长根后再移植至盆中。该方法小植株生长较快，且不易烂根。

4. 栽培与养护技术要点

(1)配制培养土

吊兰对土壤的适应能力强，可用肥沃的砂壤土、腐殖土、泥炭或细砂土加少量基肥作盆栽用土。

(2)上盆栽植

为求茎叶茂盛，盆栽吊兰在每年的3月应换盆一次。若盆较深，基肥较足，也可两年换盆一次。在换盆时，将植株从盆中脱出，剪去枯腐根和多余的根系，换上新的富含腐殖质的培养土，再施以牲畜蹄(角)片或腐熟的饼肥作基肥。栽好后，放于半阴温暖处缓苗。

(3)养护技术

①温度管理　吊兰不耐寒，冬季温度应不低于5℃，以10℃以上为宜。

②光照管理　吊兰在中等光照条件下生长良好，最适合家庭室内栽培观赏。盛夏季节光照强烈，白天需遮光50%~70%，以防叶片发白、失去光泽。冬季需置于阳光充足的窗台或室内光照充足的地方，以使叶色鲜亮。

③施肥　一般不施尿素等氮素化肥，以免导致叶片脆薄容易折断。生长季节每隔15~30d施一次稀薄的有机液肥，以使叶片翠绿、发亮。在冬季一般不施肥。

④水分管理　吊兰喜湿润环境，如温度高、空气干燥，极易使叶片发黄枯焦，严重影响观赏性。在生长旺盛季节，如夏季，可每天浇水1~2次，保持盆土湿润。秋季每1~3d浇水一次。冬季气温降低，可每7~15d浇水一次。如盆土湿润，可不浇盆土，只进行叶面喷雾。忌盆土积水，否则易造成叶色发黄、变黑，肉质根腐烂。

⑤修剪　平时随时剪去黄叶。每年3月翻盆时，剪去老根、腐根及多余须根。5月上、中旬将老叶剪去一些，可促使萌发更多的新叶和幼株。

⑥病虫害防治　吊兰病虫害较少，主要为生理性病害。盆土积水且通风不良时会导致烂根，也可能会发生根腐病，应加强肥水管理。

介壳虫　应经常检查，及时抹除叶上的介壳虫。若虫刚孵化时，体表尚未分泌蜡质，介壳更未形成，用药易将其杀死。可根据介壳虫的发生情况，在若虫盛期喷药。可用40%的氧化乐果1000倍液或50%的马拉硫磷1500倍液、50%的敌敌畏1000倍液、2.5%的溴氰菊酯3000倍液喷雾。每隔7~10d喷一次，连续喷2~3次。

粉虱　用多菌灵可湿性粉剂500~800倍液浇灌根部，每周一次，连用2~3次即可。

蚜虫　可喷氧化乐果1500倍液杀灭。

螨虫　在夏、秋季，需用三氯杀螨醇1000倍液杀灭。注意通风和增加叶面湿度，可减少感染。

根腐病　可以定期用噁霉灵、甲霜灵等杀菌剂进行灌根预防，每1~2周灌根一次，连续灌根3~4次。

(二)绿萝

绿萝(*Epipremnum aureum*)又名黄金葛、魔鬼藤、石柑子，为天南星科藤芋属常绿大型攀缘藤本植物(图4-2-2)。原产于所罗门群岛，在热带地区攀缘生长于雨林的岩石和树干

图 4-2-2 绿 萝

上，茎长逾 10m，多分枝；叶片大，可长达 60cm。在室内盆栽条件下，茎纤细下垂；叶片甚小，心形，长约 10cm，光亮嫩绿。叶角质层较厚，耐旱。

盆栽可作悬垂观叶植物，放在会客厅、办公室，也可剪取带叶枝条插于有水的花瓶中，还可作墙壁、立柱的主要绿化植物。最流行的是图腾柱式盆栽绿萝。

1. 种类

园艺变种有花叶绿萝。同属的栽培种还有褐斑绿萝，其变种为银星绿萝(星点藤)，海南岛还有一种野生种大叶藤芋。

2. 生态学特性

喜散射光，忌阳光直射，较耐阴。光照过强会灼伤叶片，过阴会使美丽的纹斑消失，以每天接受 4h 散射光为好。喜高温、高湿的环境，不耐寒。生长适温白天 20~28℃，夜间 15~18℃。越冬温度 10℃以上，低于 5℃造成落叶。

3. 繁殖方法

以扦插繁殖为主。剪取长 15~30cm 的枝条，将基部 1~2 节的叶片去掉，扦插于盆中的培养土，每盆插 3~5 根。插后浇透水，经常保持土壤和空气湿润，在 25℃的半阴环境中，约 3 周生根发芽成为新株。

4. 栽培与养护技术要点

(1)配制培养土

盆栽土以疏松、富含有机质的微酸性砂壤土为宜，可用腐叶土 70%、红壤土 20%、饼肥(或骨粉)10%混合沤制。也可用腐殖土、泥炭和细砂土配制。

(2)上盆

用培养土直接扦插盆栽，当年就能长成具有观赏价值的植株。

(3)养护技术

①水分管理　盆土以湿润为度，发现盆土发白时要浇透水。平时适度浇水，保持盆土湿润，切忌干燥，否则叶色易变黄，且株形不佳。冬季低温时要控制浇水，保持盆土不干即可。

②光照管理　在室内应放在明亮、直射光很少的地方，也可在春暖后搬至室外阴处，秋季再移入室内。在阴处 2~4 周后应放在光线较强的地方恢复生长。

③施肥　以氮肥为主，钾肥为辅。在春季生长期前，每隔 10d 施 0.3%的硫酸铵或尿素溶液一次，并可喷 0.5%~1%的尿素溶液，使叶片绿色、光亮。

④修剪　长期在室内盆栽，下部叶片会脱落。5~6 月进行更新修剪，使基部茎干上萌发新枝。

⑤病虫害防治

炭疽病　病菌多危害叶片中段。初时，病部出现湿性红褐色或黑褐色小脓疱状斑点，斑点周边有褪绿色晕，扩大后，呈长椭圆形或长条形，边缘为黑褐色，内部为黄褐色，并有由暗色斑点汇聚成的环状斑纹。由于病斑黑褐色，因而也称为黑斑病或黑褐病。生长期

内可重复侵染。发病时，可喷洒咪鲜胺锰盐1500倍液。

根腐病　发病期喷50%的多菌灵可湿性粉剂500倍液，或用5%的克百威颗粒剂灌根。

叶斑病　清除病叶，注意通风。可用95%的代森铵500倍液或80%的多菌灵可湿性粉剂1000倍液等喷施防治。

（三）马拉巴栗

马拉巴栗（*Pachira macrocarpa*）别名发财树、中美木棉，为木棉科木棉属常绿小乔木（图4-2-3）。树干直立，枝条轮生。掌状复叶，具小叶5~7，小叶长椭圆形至倒卵形，具有较长的叶柄。花淡白绿色，花丝细长。蒴果卵圆形。

图4-2-3　马拉巴栗

1. 盆栽形式

马拉马栗株形美观，耐阴性强，为优良的室内盆栽观叶类花卉。常见盆栽形式有以下4种：

独株种植：适合茎干粗大的植株，可将茎干截短，让其重新发出许多细枝，成为一株大树的缩影。

辫子造型：利用铁丝将2~3株苗木的茎干交互缠绕，让其长成辫子状。

群聚造型：将数株茎干较细小的马拉巴栗聚集种植，使其成丛。

独特造型：成长过程中以铁丝将其塑造成独特的造型。

2. 生态学特性

喜光，有一定的耐阴能力，在室内光线比较弱的情况下，可正常生长2~4周。光线过弱时，生长停止或新生长出的叶片纤细，时间过久会引起老叶脱落。喜温暖的气候，生长适温20~32℃，冬季6℃以上才能安全过冬。一般应在16℃以上环境中养护。有较强的抗旱能力，不会旱死，但干燥易造成落叶，因此夏季高温时需要充足的水分。在冬季低温时，必须保持盆土相当干燥。对土壤要求不严，要求微酸性的土壤，pH以6~6.5为宜。

3. 繁殖方法

多用播种繁殖，也可采用扦插繁殖。播种宜用新鲜的种子，秋天成熟后采摘，去除种壳，随即播种。播种后覆盖细土约 2cm，然后放置于半阴处，保持湿润，约 7d 可发芽。实生苗生长迅速，苗期要薄施氮肥和增施 2~3 次磷、钾肥，以促使茎干基部膨大。春季也可利用植株截顶时剪下的枝条，扦插在砂石或粗沙中，保持一定的湿度，约 30d 可生根，但扦插苗的观赏价值不如播种苗高。

4. 栽培与养护技术要点

(1)配制培养土

一般用疏松的菜园土或泥炭、腐叶土、粗沙配制培养土，加少量复合肥或鸡粪作基肥。

(2)上盆

1~2 年换盆一次，换盆时间在深秋或早春。选择直径 18~35cm 的大中型盆。换盆前不要浇水，待盆土微干、与盆壁分离时拍打盆壁和盆底，整株取出。若不易取出，可沿盆壁间隙轻轻注水，让水渗入盆底，然后拍打盆壁并轻轻摇动，就可取出。切不可掏挖盆土。适当修剪根系，除去枯根及缠绕过多的须根，抖去部分板结的原土。在盆中加入培养土及基肥，放入植株，填土至膨大肥圆的茎基裸露于盆面。栽后浇水，放在阴处缓苗 2~3 周。

(3)养护技术

①水分管理　生长期要保持盆土湿润，不干不浇。马拉巴栗的膨大茎能贮存一定水分和养分，盆栽应排水畅通，不可潮湿滞水。如水分过多，则生长不良或根部腐烂；土壤也不宜太干，尤其晴天空气干燥时须适当喷水，以保持叶片油绿而有光泽。

②光照管理　在全光照条件下，叶节短，叶片宽，叶色浓绿，树冠丰满，茎基部肥大。长期弱光，枝条纤细，叶柄下垂。从室内搬到室外时，要有一个适应的过程，否则会使叶片灼伤、焦边。可先见光 1~2h，后逐步延长光照时间直至全光照。但在夏天，天气炎热，以遮阴为好。

③施肥　生长期每月施腐熟花生麸水或复合肥 1~2 次。施肥以施薄肥为好，切忌施浓肥，且应增施磷、钾肥，以使茎干膨大。喷施叶面，每 15d 喷一次，共喷 1~2 次，可使叶片厚、叶色墨绿而有光泽。

④修剪　应根据树冠的造型确定修剪的强度。对于徒长枝，从叶节以上 3cm 处剪除枝梢。如要促进分枝，宜截顶或摘心。对于过高的植株，即超过 1.5m 的植株，可平茬促进重分枝。对于叶节短、叶轮多、叶幕厚的结辫树，可将树辫尾处小心解开，松散树冠，使之独立成伞形。

⑤病虫害防治　蔗扁蛾对马拉巴栗危害十分严重，以幼虫在皮层内上下蛀食并诱发病害。幼虫有群集性，每株有 20~30 头幼虫同时出现，而且在基部靠近基质处危害较多，危害速度快，特别在北方温室内越冬时，使植株很快死亡。成虫体黄褐色，体长 6~8mm，前翅棕褐色，后缘有长毛。幼虫乳白色、透明，老熟幼虫长 28mm，头棕褐色。防治蔗扁蛾，可用敌敌畏或氯化苦熏蒸；或用溴氰菊酯 800 倍液加敌敌畏 800 倍液混合喷雾，每周一次，连喷 3 次；或用辛硫磷 2000 倍液浇灌植株基部并密封土面，防治效果尚佳。

(四)一品红

一品红(*Euphorbia pulcherrima*)别名圣诞花、象牙红、老来娇，为大戟科大戟属常绿灌木(图 4-2-4)。高 0.5~3m，茎叶含白色乳汁。茎光滑，嫩枝绿色，老枝深褐色。单叶互生，卵状椭圆形；顶端靠近花序的叶片呈苞片状，开花时朱红色，为主要观赏部位。杯状花序聚伞状排列，顶生；雄花具柄，无花被；雌花单生，位于总苞中央。自然花期 12 月至翌年 2 月。

图 4-2-4　一品红

原产于墨西哥及非洲热带地区，世界各地广为栽培。

1. 品种类型

一品红的不同品种一般根据苞叶的颜色进行区分，主要有'一品白'、'一品黄'、'斑叶一品红'、'一品粉'、'珍珠'、'喜庆红'、'橙红利洛'、'奶油草莓'、'亨里埃塔·埃克'、'深红'、'重瓣'、'火焰球'、'大理石'、'三倍体'、'珍珠'、'甜蜜腮红'等。

2. 生态学特性

一品红为短日照植物，向光性强，喜充足光照。喜温暖气候，生长适宜温度为 18~29℃，低于 15℃或高于 32℃生长不良，易落叶，13℃以下停止生长，35℃以上茎变细、叶变小。要求排水好、通气性好的疏松、肥沃土壤。对水分要求严格，土壤湿度过大时，常会引起根部发病，进而导致落叶；土壤湿度不足时，植株生长不良，也会落叶。

3. 繁殖方法

主要以扦插繁殖为主。在繁殖过程中应注意防止感染细菌或病毒，以保证植株的成活率和健康生长。

(1)扦插时间

可在 3 月下旬翻盆时进行扦插。

(2)扦插基质

①基质选择　好的扦插基质应该具备质轻、通气、排水良好、富含营养等特点。建议使用泥炭、珍珠岩、河沙等按 10∶2∶2 的体积比混合配制。用石灰调节基质 pH 至 5.5~6.5。

②基质消毒　是生产高品质一品红至关重要的一个环节。常用的消毒方法有甲醛消毒、蒸汽消毒、棉隆消毒等。应按操作说明书使用，注意人员安全，防止中毒。

(3)插穗处理

从母株上切取节间短而粗壮的 1 年生枝条或新梢作为插穗，剪成长 10~12cm 的小段，将切口蘸上草木灰，以保护伤口。

(4)扦插方法

先用小木棍在基质上打孔，深度为插穗的 1/2，然后根据盆的大小，每盆插 1~4 株。插后轻轻按压插穗基部周围，使插穗与基质紧密结合，并浇透水，保持适宜的湿度和温度。如果喷水量太大，温度过高，会导致扦插苗死亡。待扦插苗高10～12cm时即可上盆。

4. 栽培与养护技术要点

(1)上盆

一般用菜园土3份、腐殖土3份、腐叶土3份、腐熟的饼肥1份，加少量的炉渣混合配制培养土。选择生长健壮的苗木及合适的花盆，每盆种植1～4株，栽后及时浇足定根水。

(2)养护技术

①光温管理　一品红喜阳光充足的环境，但夏季忌强光直射，需放在凉棚下或置于庇荫处。生长适温为18～29℃。当花苞着色后，温度以白天20℃、夜间15℃左右为宜。入冬夜间室温不能低于15℃。

②水肥管理　一品红既怕干旱，又怕水涝，浇水要注意均匀，防止过干或过湿，否则会造成植株下部叶片发黄脱落，或枝条生长不匀称。冬、春季应少浇水，以免徒长；夏季气温高，枝叶生长旺盛，需水较多。生长期需水量大，应经常浇水以保持土壤湿润，但水分过多易引起根腐病；花期不要浇水过勤，并控制温度，以延长花期。

施肥的原则是薄肥勤施。除上盆时施用迟效性基肥外，每15d施经过腐熟的饼肥水等肥液一次。立夏、芒种前后正是新芽和新枝的生长期，施稀薄的有机肥液，促其生长健壮。在摘心后1个月内，每10d左右施薄肥一次。8月以后至开花前，每7d左右追施氮、磷结合的肥液。10月下旬移入室内前，可施一次氮肥。接近开花时，施过磷酸钙溶液，可使苞叶色泽艳丽。

③摘心和修剪　上盆后1个月左右便可进行摘心。从基部往上留4～5片叶，把顶端剪去，以促发侧枝，当年便可长出3～4个侧枝。在每个侧枝基部留1～2个芽，再将上部枝条全剪去，以使养分集中，促使新芽生长健壮，从而提高观赏价值。

一品红经常采用绑扎拿弯的方法达到矮化、美化的效果。具体做法是：绑扎拿弯两次，第一次于8～9月将直立生长的枝条盘曲拉低，并用细绳拴牢固定，使植株变矮；第二次于10月中旬将枝条的顶部拉平齐，使开花部位处于同一平面，均匀、整齐而美观。

④病虫害防治　常见病虫害有细菌性软腐病、根腐病、灰霉病、白粉病、白粉虱等。

细菌性软腐病　主要发生在扦插繁殖期间，插穗在扦插后3～5d从基部开始发病。

目前对该病的病原菌尚未有特效的杀菌剂，若发现病株，应立即清除。预防措施是：扦插繁殖期间，温度要保持在32℃以下，并避免基质水分过多。生长期也会发生细菌性软腐病，应避免伤口及叶片之间的互相摩擦，同时降低湿度等。

根腐病　该病在基质排水不良或基质含水量太大的情况下容易发生。由腐霉菌引起的根腐病有一个特点，即病原菌在栽培早期已侵入，但到成花期植株将要开花时症状才开始明显出现，造成植株变黄枯萎甚至死亡。防治方法：及时清除染病植株，不随意乱丢带病原菌的枝叶；发病初期可选用50%的苯菌灵可湿性粉剂1000倍液、

50%的克菌丹可湿性粉剂500倍液或50%的福美双可湿性粉剂500~800倍液喷淋防治。

灰霉病　一品红栽培中最常见的病害，在整个生长季节都可能出现。低温高湿条件下易发生，且植株的各个部分都可能感染。幼嫩植株在基质表面附近部位有时会染病。比较成熟的植株染病时茎上会出现棕黄色的环形溃疡，并导致叶片萎蔫。当病原菌侵染苞叶时，红色苞叶会变成紫色。防治方法：保持空气流通，特别是在夜间；植株不要摆放过密，使空气可以穿过植株冠面；避免植株受到机械损伤；夜晚加温及通风降低湿度，并避免将水溅到叶上；尽可能将温度保持在16℃以上；及时清除病叶、死株；发病时，可喷施苯菌灵、腐霉利等杀菌剂。

白粉病　该病在一品红整个生产季节都可能发生，其中春季或深秋是高发季节，而且在高温潮湿的环境或施氮肥过多、土壤缺少钙或钾时极易发生。防治方法：控制温室的环境条件，注意通风透光；清除病株、病枝，减少病源；在发病初期选用15%的三唑酮可湿性粉剂1500倍液、20%的三唑酮乳油2000倍液、50%的甲基硫菌灵粉剂800倍液或75%的百菌清可湿性粉剂600倍液等，每隔7~10d喷施一次，连喷2~3次。

白粉虱　控制白粉虱的关键在于避免大量发生。温室及室外养护应设防虫网，避免害虫侵入。也可采取一些方法监测粉虱种群的变化趋势，如利用橘黄色塑料板，涂上凡士林，置于略高于植株处，人工轻轻摇动植株，成虫会被亮黄色所吸引而粘到塑料板上，既可达到诱杀的目的，又可起到监测的作用。若虫害发生，应及时除去带有大量卵和若虫的下层叶子，并用2.5%的溴氰菊酯乳油1500倍液，每7~10d喷施一次(喷药时间以6:00~10:00为好)，连续喷3~5次。也可用杀扑磷、毒死蜱等药剂1000倍液进行喷施。

(3)花期调控技术

一品红是短日照植物，花芽分化所需的临界光照时间是12~12.5h。因此，自然条件下一品红都是在秋天开始花芽分化。若长夜(暗期)受到中断，会影响花芽分化进程。而且只要植株周围有100lx以上的光照，就能中断其暗期。黑幕(黑色薄膜)可用于长日照条件下对一品红花期的调节。一般每天需黑幕遮光13~15h。

不同品种对短日照的感应时间不同。早花品种短日感应时间为6~7周，自然花期在11月中旬；中花品种短日感应时间为8~9周，自然花期在11月下旬至12月上旬；晚花品种短日感应时间为9~10周，自然花期在12月上中旬。应根据需要选择合适品种。

①国庆节开花　要使一品红在国庆节开花，必须选择耐热性好的早花品种，并进行人工遮光处理。人工遮光处理采用不透光的黑幕，从17:00至第二天8:00，每天遮光15h。遮光处理时间为7月中旬至9月上旬。进行遮光处理时要注意通风。

②春节开花　生产春节开花的一品红，应选择晚花品种，并在种植过程中进行补光处理。具体方法是：从9月上旬开始，每天22:00至第二天2:00用白炽灯补光，光照强度110~130lx，至10月中下旬停止。

三、其他观叶类花卉盆栽与养护(表 4-2-4)

表 4-2-4　其他观叶类花卉盆栽与养护

序号	花卉名称	生态学特性	栽培与养护技术要点	注意事项	应用特点
1	棕竹 (*Rhapis excelsa*)	喜温暖湿润及通风良好的半阴环境。极耐阴,畏烈日。稍耐寒。适宜温度 10~30℃。气温高于 34℃时,叶片常会焦边,生长停滞。越冬温度不低于 5℃,但可耐 0℃左右低温。最忌寒风、霜雪,在一般居室可安全越冬。株型小,生长缓慢,对水肥要求不严格。不耐积水。要求疏松、肥沃的酸性土壤,不耐瘠薄和盐碱。在碱性土生长时,发出的新叶会出现黄化,并导致植株生长衰弱。要求较高的土壤湿度	可用播种繁殖或分株繁殖。阳光直射时叶片会变黄并灼伤叶尖而引起叶片枯焦。夏季炎热,光照强时,应适当遮阴。喜较高的空气湿度,其中又以小叶棕竹为甚。空气过于干燥会引起叶尖干枯。生长期宜每天用清水喷洒植株和周围地面数次,以提高空气湿度。喜湿润,生长期盆土过干会导致叶尖枯焦,或在叶面产生棕色不规则斑纹,因此"宁湿勿干"。但不宜过湿,浇水过多,盆土长期过湿或积水,会造成叶片变黄甚至烂根死亡	忌暴晒,畏寒	植株丛生,株形挺拔,枝叶繁茂,姿态潇洒,叶形秀丽,四季青翠,似竹非竹,美观清雅,富有热带风光,为家庭栽培广泛的室内观叶植物
2	鹅掌柴 (*Heptapleurum heptaphyllum*)	喜温暖湿润及半阴的环境。光照适应范围广。越冬最低温度 5℃左右。抗旱,喜空气湿度高	采用播种繁殖或扦插繁殖。盆土一般用泥炭、腐叶土、河沙(或珍珠岩)各 1/3 混合而成。单株盆栽,苗高 15~20cm 时将顶尖摘去,促使分枝,每株留 3~4 个分枝,很快就可以长满盆。株高 30~50cm、冠幅 30~40cm 时,用直径 15cm 左右的花盆栽植,作为中小盆栽观叶植物。鹅掌柴喜肥,4~9 月每 1~2 周施一次饼肥水或以氮为主的复合肥。斑叶品种施含氮较少的氮、磷、钾三元复合肥。要保持较高的空气湿度和较多的水分。夏季每天浇水一次,春、秋季每 2~4d 浇水一次,冬季每 1~2 周浇水一次。平时应放在半阴环境,夏季防止烈日暴晒,冬季不要遮光。鹅掌柴易萌发徒长枝,应注意修剪整形。高温干燥时注意叶螨危害,可用 40%的二氯杀螨醇乳油 1000 倍液防治	易萌发徒长枝,平时要注意整形修剪,以促进侧枝萌生,保持良好的树形。幼株进行疏剪和轻剪,以造型为主。老株体型过于庞大时,可结合换盆进行重剪,剪除大部分枝条,同时切去一部分根,重新盆栽,促使萌发新叶	大型盆栽植物,适用于宾馆大厅、图书馆阅览室和博物馆展厅摆放,可营造自然、和谐的绿色环境
3	印度橡皮树 (*Ficus elastica*)	喜强光,也能耐阴。喜暖湿,不耐寒,生长适温为 20~25℃。要求肥沃土壤。宜湿润,也稍耐干燥	生长季节采用扦插繁殖。盆栽时宜用 1 份腐叶土、1 份园土和 1 份河沙并加少量基肥配成培养土。春季到秋季应放在阳光下栽培,冬季应放在光线较强处。一般每月施 1~2 次有机液肥或复合肥,同时保持较高的土壤湿度。入秋后,逐渐减少施肥的次数,以促进植株生长充实,利于越冬。在高温潮湿的环境中生长很快,每 5~10d 可生出一片叶,在此期间必须保证充足的水分。常见的病害有炭疽病、叶斑病和灰霉病,可用 5%的代森锌 500 倍液喷洒防治。虫害有介壳虫和蓟马,可用 40%的氧化乐果乳油 1000 倍液喷杀	冬季注意防寒	可盆栽,在宾馆、饭店常用于美化环境

（续）

序号	花卉名称	生态学特性	栽培与养护技术要点	注意事项	应用特点
4	变叶木（*Codiaeum variegatum*）	喜高温多湿、日光充足的环境，不耐寒。要求疏松、肥沃、排水良好、富含腐殖质的砂质土壤	4~5月选生长健壮的顶端嫩枝进行扦插繁殖。盆土用泥炭加1/4松针土和少量细碎黏土，也可用肥沃的腐殖土。幼苗每20d施一次中量肥，成株每7~10d施一次液肥。氮肥不能太多，否则叶会暗淡不鲜艳，斑条褪色。4~9月要定期浇水，高温季节喷水降温增湿。冬天减少浇水量，用温水浇灌，切忌盆土过于干燥。在北方，春、夏、秋季应遮光50%，冬季不遮光，室内栽培每天至少3h日照。冬季长期低于10℃，是变叶木死亡的主要原因。易受红蜘蛛及介壳虫危害，可喷40%的氧化乐果1000倍液防治	冬季注意防寒	著名的观叶树种，在华南可用于园林造景。适于路旁、墙隅、石间丛植，也可植为绿篱或作基础种植材料。北方常见盆栽，用于点缀案头或布置会场、厅堂
5	广东万年青类（*Aglaonema* spp.）	喜温暖、湿润、半阴的环境。耐阴性强，忌强光直射。生长适温为20~28℃，不耐寒，冬季需保持在8℃以上，温度过低易受冻害。以疏松、肥沃、排水良好的微酸性土壤为宜。忌干旱，怕积水受涝	采用扦插繁殖或分株繁殖。生长期间，每20d左右施一次腐熟的液肥。初夏生长较旺盛，可每10d左右追施一次液肥(加少量0.5%的硫酸铵，能促使其生长更好，叶色浓绿光亮)。6~7月，每15d左右施一次0.2%的磷酸二氢钾溶液，以促进花芽分化。盆土不干不浇，宁可偏干，也不宜过湿。除夏季须保持盆土湿润外，春、秋季浇水不宜过勤。夏季每天早、晚各浇一次水，还应向盆四周地面洒水，以形成湿润的小气候。注意防范大雨浇淋，否则易引起烂根。冬季要控制浇水，若此时盆土过湿，叶片易变黄并引起根部腐烂。保证良好通风，以避免介壳虫、红蜘蛛的发生。多年生老株茎干下部叶片易黄化脱落，移植过迟、根系较多、冬季低温时间过长、室内湿度较低等都能是诱因	可常年放在庇荫处生长，即使经历短时间的暴晒，叶面也会变白后黄枯。一经落叶，就会死亡。在生长期间盆土不能过干，否则水分缺乏易使叶片萎黄枯落。盛夏一般应停止施肥	株形丰满端庄，叶形秀雅多姿，叶色浓绿、有光泽或五彩缤纷，具有极强的耐阴力，特别适宜陈设于其他观叶植物无法适应的阴暗场所，如走廊、楼梯等处，能保持四季苍翠，经久不衰。也可以瓶插水养，还是良好的切叶材料
6	巴西木（香龙血树）（*Dracaena fragrans*）	喜温暖和阳光充足的环境，但也能耐阴，适于室内养护。不耐寒冷和霜冻。宜在疏松、肥沃、排水良好的微酸性土壤中生长	常用扦插繁殖。巴西木生长快，消耗养分多，树大盆小，每年早春(3~4月)要换盆补肥。将老株脱盆，清除部分枯死的老根，更换大一号的花盆，加新的培养土(可用泥炭、河沙、椰糠各1/3，加厩肥或4~5片蹄片配制而成)，栽后浇透水。6~9月，每15d施一次复合肥或饼肥水，注意氮肥不能太多，否则花叶品种条纹会变淡。浇水要见干见湿，一般在3cm深表土干燥时再浇水。夏季每天浇水一次，冬季室温在15~20℃时，每5~7d浇一次水，如室内太干燥，可洒水或向叶面喷水。秋末除控制浇水量外，喷0.2%~0.5%的磷酸二氢钾，以提高其抗寒的能力。早春和秋后可接受全日照，夏天要遮阴，保持50%~70%的透光率，摆在室内离窗3~4m处。常见病害有叶斑病和炭疽病，可用70%的甲基硫菌灵可湿性粉剂1000倍液喷洒防治。虫害有介壳虫和蚜虫，可用40%的氧化乐果乳油1000倍液喷杀	对光照适应范围较广，但不耐强光，尤其5~10月的强光会导致叶片泛黄或叶尖枯焦，应注意遮阴，给予较明亮的散射光即可。虽耐阴，但过于荫蔽会使叶色暗淡，尤其是斑叶品种，斑纹容易消失，降低观赏价值	株形优美、规整，格调高雅、质朴，并带有南国情调，盆栽宜置于较宽阔的客厅、书房、起居室内摆放

（续）

序号	花卉名称	生态学特性	栽培与养护技术要点	注意事项	应用特点
7	朱蕉（铁树、千年木、红叶铁树）（*Cordyline fruticosa*）	喜半阴，不能忍受烈日暴晒，且在完全庇荫处叶片易发黄。喜高温多湿气候，不耐寒。生长适温为20～25℃，冬季不宜低于10℃。除广东、广西、福建等地外，均只宜置于温室内盆栽观赏。要求富含腐殖质和排水良好的酸性土壤，忌碱土。植于碱性土壤中叶片易发黄，新叶失色。不耐旱	常用扦插、压条和播种等方法繁殖。宜在每年春季新叶大量生长前换盆。适宜用腐叶土、沙等混合配制的肥沃、疏松的弱酸性土壤，忌用碱性土壤。喜温暖潮湿，生长季节不仅要求盆土湿润，还要求较高的空气湿度，否则会造成叶片干尖和边缘枯黄。但应注意，在低温下如盆土过于潮湿，会出现根系腐烂，因此秋、冬应少浇水。光照要适度，光照过强会出现日灼；光照太弱，则易使叶面色彩不鲜艳，叶片早衰。因此，夏季宜放在荫棚下，使其处于半阴状态；春、秋、冬均可摆放在室内近窗台向阳处。冬季不甚寒冷的地区，除严寒天气外，应每隔15d搬至室外接受3～4h光照	朱蕉喜肥，生长期宜每15d施一次有机复合肥，否则会出现老叶脱落、新叶变小的现象	盆栽适用于室内装饰。如盆栽幼株，用于点缀客室，优雅别致。也可成片摆放于会场、厅室出入处，端庄整齐，清新悦目。数盆摆设于橱窗、茶室，更显典雅豪华
8	文竹（*Asparagus setaceus*）	喜温暖湿润、半阴和通风的环境。夏季忌阳光直射。生长适温为15～25℃，室温以保持在12～18℃为宜，超过20℃时要通风散热，越冬温度为5℃，冬季不耐严寒。不耐干旱，也不能浇太多水，否则根会腐烂。以疏松、肥沃、排水良好、富含腐殖质的砂质壤土栽培为好	采用播种繁殖或分株繁殖。适宜用腐殖土、泥炭等，在土壤中添加一点有机肥，更有利于植株的生长。施肥宜薄肥勤施，切不可施浓肥，否则容易引起枝叶发黄。春、夏生长季，以氮肥为主，可每月施一次腐熟的稀薄液肥。当植株定形后，要适当控制施肥，以免徒长，影响株形美观。花盆与植株的大小比例应为1∶3，这样可限制根系的生长，保持株形不变。当新生芽长到2～3cm时，摘去生长点，可促进茎上再生分枝和叶片，并能控制其不长蔓，使枝叶平出，株形不断丰满。文竹喜欢湿润，但忌浇水过多。春、秋每3～5d浇一次水；夏天每2d浇一次水；冬季气温低，要减少浇水量，以免冻坏根部，同时水温应尽量与周围温度接近。空气湿度越大越好。在天气炎热时，要经常向枝叶和植株周围的地面喷水以增加空气湿度	最好放在有散射光的室内。除了冬天外，其余季节不能放在有阳光直射的地方，特别是夏天，应防止烈日暴晒	以盆栽观叶为主，清新淡雅，挺拔秀丽，布置书房更显书卷气息。稍大的盆株可置于窗台，大型盆株加设支架，使其叶片均匀分布，可陈设于墙角处。枝叶纤细，疏密青翠，姿态潇洒，也是良好的切花、花束、花篮的陪衬材料
9	孔雀竹芋（*Calathea makoyana*）	喜半阴，不耐阳光直射。适应在温暖、湿润的环境中生长，怕低温与干风。温度保持在12～29℃，冬季温度宜维持在16～18℃。春、夏两季生长旺盛，需较高的空气湿度，可进行喷雾。对土壤要求不甚严格，但要保持适度湿润	一般采用分株繁殖，于每年初夏日温20℃左右时进行。培养土宜用排水良好、肥沃、疏松的微酸性腐叶土，可加入少量腐熟的基肥、泥炭和河沙。生长季节每月追施一次液肥，以补充新老叶更迭所需的养分，并可促使植株健壮、叶色艳丽。缺肥时，植株明显变得矮小，叶色淡黄，金属光泽不显。肥料应以磷、钾肥为主（磷、钾肥对新芽萌发和生长极有利），氮肥不可过多。一般用0.2%的液肥直接喷洒叶面，然后用少量水淋洗以防止肥害。冬季应停止施肥。病虫害较少，但在空气干燥、通风不良的条件下易发生介壳虫、粉虱等，可用25%的亚胺硫磷乳剂1000倍液或40%的氧化乐果1500倍液喷杀	忌阳光暴晒，夏季应放在荫棚下栽培。当温度高于30℃时，叶缘枯焦，新芽萌发减少，叶片变黄，应经常喷水，以保湿降温。冬季应给予充足阳光	耐阴性较强，叶色美丽，可种植于宾馆、商场、大型会场等公众场所的边角地段作永久布置，但在栽培管理的过程中要适当补充光照并定期向叶面喷水，提高空气湿度

（续）

序号	花卉名称	生态学特性	栽培与养护技术要点	注意事项	应用特点
10	袖珍椰子（*Chamaedorea elegans*）	喜半阴环境，在明亮的散射光下生长良好。生长适宜温度为20～30℃。耐寒能力较弱，当温度低于13℃时，植株会进入休眠状态；温度低于10℃时，可能会受到冻害。对空气湿度要求较高，适宜湿度为60%～80%。在干燥的环境中，叶片边缘容易出现褐色的干尖现象。喜疏松、肥沃、排水良好的土壤	主要采用播种繁殖和分株繁殖。用腐叶土、泥炭土和珍珠岩按照2∶1∶1的比例混合配制培养土。上盆后浇一次透水，放置在半阴的环境中，避免强光直射。一般1～2年换盆一次，最好在春季进行换盆。换盆时，可适当修剪老根和病根，更换部分旧土，添加新的培养土，并在盆底施足基肥，如腐熟的有机肥或缓释复合肥。要保持土壤湿润，但避免积水。一般春、秋季可每周浇水2～3次；夏季气温高，水分蒸发快，每天浇水1～2次，并经常向叶面喷水，增加空气湿度；冬季植株生长缓慢，要减少浇水频率，待土壤表面干燥后再浇水。在生长季节（春季和夏季）每月施1～2次稀薄的液肥，如腐熟的饼肥水或复合肥溶液，浓度为0.1%～0.2%。秋季逐渐减少施肥，冬季停止施肥。容易受到红蜘蛛、介壳虫等害虫的侵害。如果发现红蜘蛛，可使用哒螨灵等杀螨剂进行喷雾防治；对于介壳虫，可用乙醇擦拭叶片或用吡虫·噻嗪酮等药剂喷雾防治。同时，要注意保持环境通风良好，避免高温、高湿，以减少病虫害的发生	自来水中含有氯等物质，长期使用可能会对植株造成不良影响，浇水时尽量使用雨水或经过晾晒的自来水	植株小巧玲珑，形态优美，叶色翠绿光亮，是室内极佳的观赏植物。可以将其摆放在客厅、书房、卧室等，也可以放置在办公室的桌面、窗台等，美化环境。可以与其他观叶植物或多肉植物组合盆栽，通过高低错落的搭配，营造出丰富多样的景观效果
11	龟背竹（*Monstera deliciosa*）	喜温暖湿润、较遮阴的环境，忌强光暴晒与干燥。不耐寒，生长适温为20～30℃，15℃条件下停止生长，越冬温度为5℃。春、夏、秋三季生长过程中需要有充足水分，冬季微潮，减少浇水	扦插繁殖多在春季（4月）气温回升后进行。龟背竹管理粗放，通常每隔2年结合翻盆换土一次。常用2份园土、2份黄沙、1份厩肥配制成培养土。上盆后需放在荫棚内养护。生长期每隔15～20d施一次腐熟的饼肥水。此外，还可用0.1%的磷酸二氢钾喷施叶面，每10d左右喷施一次，可使叶片增长、增厚，提高亮度。要经常保持土壤湿润。干旱季节每天淋水一次，并多次给叶面和地面喷水，以保持较高的空气湿度。同时经常喷洗叶面，使叶面保持清新翠绿。入秋后，需控制肥水，以保证安全越冬。11月移入温室，注意通风保湿，以免介壳虫危害。叶片过于稠密、枝蔓过长时，注意整株修剪，力求自然、美观	盛夏应放在室内或荫棚下，不能放在光照过强的阳台上，否则易造成枯叶。冬季气温下降到6℃时应移入室内，防止冷风吹袭，否则叶片易枯黄脱落	常用于盆栽观赏，点缀客室和窗台。也可种在廊架或建筑物旁，让其蔓生于廊架或贴生于墙壁，成为极好的垂直绿化材料

任务实施

教师根据学校所处地域气候条件和学校实训条件，选取 1～2 种花卉，指导各任务小组开展实训。

1. 完成观叶类花卉盆栽与养护方案设计，填写表 4-2-5。

表 4-2-5　观叶类花卉盆栽与养护方案

组别		成员	
花卉名称		作业时间	年　月　日至　年　月　日
作业地点			
方案概况	（目的、规模、技术等）		
材料准备			
技术路线			
关键技术			
计划进度	（可另附页）		
预期效果			
组织实施			

2. 完成观叶类花卉盆栽与养护作业，填写表 4-2-6。

表 4-2-6　观叶类花卉盆栽与养护作业记录表

组别		成员	
花卉名称		作业时间	年　月　日至　年　月　日
作业地点			
周数	时间	作业人员	作业内容（含观叶类花卉生长情况观察）
第 1 周			
第 2 周			
第 3 周			
第 4 周			
第 5 周			
第 6 周			

（续）

周数	时间	作业人员	作业内容(含观叶类花卉生长情况观察)
第 7 周			
第 8 周			
第 9 周			
第 10 周			
……			

注意事项：

1. 分株时不要伤到根系。
2. 上盆时不要窝根，上盆后要及时浇水。
3. 配制农药的过程中，注意农药剂量及自身安全，防止中毒。

填表说明：

1. 生长情况一般包括：花卉的总体长势情况，如高度、冠幅、病虫害等；各种物候(发芽、展叶、现蕾、开花、结果、果实成熟等)发生情况。
2. 作业内容主要是指采取的技术措施，包括但不限于松土、除草、浇水、施肥、打药、绑扎、摘心、抹芽、去蕾等，应记录详细。

考核评价

根据表 4-2-7 进行考核评价。

表 4-2-7　观叶类花卉盆栽与养护考核评价表

成绩组成	评分项	评分标准	赋分	得分	备注
教师评分(70 分)	方案制订	观叶类花卉盆栽与养护方案含花卉生长习性和对环境条件的要求介绍(2 分)、技术路线(3 分)、进度计划(5 分)、种植养护措施(5 分)、预期效果(2 分)、人员安排(3 分)等	20		
	过程管理	能按照制订的方案有序开展观叶类花卉盆栽与养护，人员安排合理，既有分工，又有协作，定期开展学习和讨论	10		
		管理措施正确，花卉生长正常	10		
	成果评定	观叶类花卉盆栽与养护达到预期效果，成为商品花	20		
	总结报告	格式规范，关键技术表达清晰，问题分析有深度和广度	10		
组长评分(20 分)	出谋划策	积极参与，查找资料，提出可行性建议	10		
	任务执行	认真完成组长安排的任务	10		
学生互评(10 分)	成果评定	观叶类花卉盆栽与养护达到预期效果，成为商品花	5		
	总结报告	格式规范，关键技术表达清晰，问题分析有深度和广度	3		
	分享汇报	认真准备，PPT 图文并茂，表达清楚	2		
总　分			100		

任务4-3　观果类花卉盆栽与养护

任务目标

1. 了解常见盆栽观果类花卉的种类。
2. 能够区分不同种类盆栽观果类花卉的形态特征。
3. 掌握观果类花卉盆栽的特点和技术要求。
4. 掌握常见观果类花卉的繁殖方法、盆栽技术及养护措施。
5. 能完成观果类花卉盆栽与养护方案设计及任务实施，并能总结经验，实现知识和技能的迁移。

任务描述

观果类花卉一般都有美丽、奇特或具香味的果实，可供观赏的时间比较长。盆栽观果类花卉是因市场需求孕育而生的，而且随着消费者对盆栽类花卉的需求日趋多样化，以及观果类花卉盆栽的逐步发展和市场推广，集观赏、食用、美化功能于一体的观果类花卉越来越受到人们的欢迎。本任务首先认真学习观果类花卉盆栽与养护的理论知识和技术要求，制订观果类花卉盆栽与养护方案。然后，进行观果类花卉盆栽与养护操作，如定期浇水、施肥，及时修剪残花、枯枝，开展保花、保果及病虫害防治等，观察并记录花卉的生长发育状况。最后，总结经验，制作PPT进行分享汇报。

工具材料

观果类花卉种子或小苗；花盆、花铲、浇水壶；碎瓦片、培养土及各类基质、肥料；农药等。

知识准备

一、观果类花卉盆栽与养护特点及要求

观果类花卉一般具有以下一个或多个特点：果实明显，数量众多；果序明显，形状优美；果实形状奇特或体积较大；果实颜色美丽，色泽鲜艳。从果实的类型来看，观果类花卉涉及浆果类、仁果类、核果类、蒴果类等。由于观果类花卉花果期长、造型美，既能起到绿化的效果，又能够欣赏到从开花到结果的全过程，比绿化更添情趣，因而越来越受到人们的喜爱。其盆栽与养护特点及要求如下。

1. 尽量露天种植

所有的观果植物，都需要通风透气、光照充足的环境。夏季高温，盆土干得快，需要多浇水，但不能始终处于湿漉漉的状态。良好的通风能够加快水分蒸发，减少病虫害，并增加枝条密实度；充足的光照可以使果实上色好，果大形正。

2. 加大肥水力度

施肥以有机肥为主，添加速效肥。喷施叶面肥，可促使果实迅速膨大。9月初使用氮肥浇灌，减少使用磷、钾肥，可以延长果实挂果期。施用肥水时，注意避免盆土积水。

3. 使用植物生长调节剂

使用赤霉素、芸薹素、防落素、氯吡脲、丁酰肼、萘乙酸、青鲜素等药剂，每15d喷一次，可以减少落果，延长观赏期。

4. 加强病虫害防治

盆栽观果类花卉生产要求整株植株没有病叶、虫叶或者枯叶等，否则就会影响商品价值。因此，盆栽观果类花卉的病虫害防治更为严格，是生产上的一个难点。常见虫害主要有蚜虫、螨虫、菜青虫和白粉虱，病害主要是病毒病、白粉病、炭疽病、疫病和灰霉病等。

应坚持“预防大于治疗”的原则。可以选择无土栽培，并在种植前对基质进行彻底消毒，防止基质携带病源。在品种选择上，尽量选择抗病品种，并在栽培中加强管理。一旦感染病虫害，应尽量采用生物防治、物理防治，如静电除雾、人工捕杀等，少用化学防治。必须使用农药时，尽量使用植物性、矿物性的生物农药。

二、观果类花卉盆栽与养护案例

(一)金橘

金橘(*Fortunella margarita*)别名金桔、金柑，为芸香科金橘属常绿灌木或小乔木(图4-3-1)。高可达3m，通常无刺，分枝多。叶片披针形至矩圆形，全缘或具不明显的细锯齿，表面深绿色、光亮。单花或2~3朵集生于叶腋；花两性，整齐，白色，芳香。果矩圆形或卵形，金黄色。

图4-3-1 金 橘

1. 品种类型

目前栽种较多的金橘品种有‘油皮’金橘、‘滑皮’金橘和‘脆蜜’金橘，一般由单株芽变选育而成。

2. 生态学特性

喜光，但怕强光。喜温暖湿润，稍耐寒。怕涝，不耐旱。要求富含腐殖质、疏松、肥沃和排水良好的微酸性培养土。

3. 繁殖方法

播种繁殖的实生苗后代多变异，品种易退化，结实晚，因此一般不采用播种繁殖。

常用嫁接繁殖。砧木用枸橘、酸橙，可提高抗寒能力。盆栽常用靠接法，第二年萌芽前移植。

4. 栽培与养护技术要点

(1)配制培养土

基质以疏松、富含有机质的微酸性砂壤土为宜，可用腐叶土70%、红壤土20%、饼肥(或骨粉)10%混合沤制。也可用腐殖土、泥炭和细砂土。

(2)上盆

可在3~9月上盆。嫁接苗新梢长5~10cm即可上盆。上盆前可喷退菌特500~700倍液对土壤进行消毒，预防炭疽病。初上盆时宜放在荫蔽处。注意树冠整形，剪去弱枝、过密枝、下垂枝。换盆时，在盆底施入蹄片或腐熟的饼肥作基肥。

(3)养护技术

①水分管理　金橘喜湿润但忌积水，盆土过湿容易烂根。因此，以保持盆土适度湿润为好。春季干燥多风，需每天向叶面喷水一次。夏季每天喷水2~3次，并向地面喷水。雨季应及时倒出盆内积水，以免烂根。放到室外时，最好用砖将盆垫起，以利于排水。开花期不要喷水，以防烂花，影响结果。自花期至幼果期对水分的要求较敏感，以使盆土保持不干不湿的半墒状态为宜。此时若盆土过干，花梗和果柄易产生离层而脱落；若浇水过量，同时盆土透水性能差，也易引起落花、落果。

②光照管理　金橘喜阳光充足的环境和温暖湿润的气候，养护时要放置在阳光充足的地方。若光照不足，环境荫蔽，往往会造成枝叶徒长，开花结果较少。夏季光照强度大，需在荫棚下养护。特别要避免中午的强光直射，可使其接受9:00以前及17:00以后的阳光照射。初秋需遮去30%光照，秋末和冬季应摆放在室内向阳处，使其充分接受光照。

③温度管理　秋末气温低于10℃时应及时搬入室内。冬季室温最好能保持在6~12℃，温度过低易遭受冻害，过高会影响植株休眠，不利于翌年开花结果。翌年清明节后可适当开窗通风，使其逐步适应室外的气温，谷雨后方可搬出室外。

④施肥　金橘喜肥，从新芽萌发开始到开花前，可每7~10d施一次腐熟的稀酱渣水，相间浇几次矾水。入夏之后，宜多施一些磷肥，以利于孕蕾和结果。结果初期应暂停施肥，待幼果长到直径约1cm时，可继续每周施一次液肥直至9月底。

⑤病虫害防治　金橘的病害主要有溃疡病、炭疽病等，虫害主要有天牛、尺蠖、潜叶蛾、红蜘蛛等。

溃疡病　危害叶、枝梢和果实，造成落叶、落果。叶片受害，初期叶背呈黄色渍状小斑点，以后逐渐扩大呈近圆形，两侧隆起，粗糙木质化，其中央有裂口，最后为灰褐色，溃疡状，四周有黄色晕环，严重者引起落叶。病菌随风雨传播，在20~30℃和湿润条件下发生最为严重。药物防治：用硫酸铜0.25kg、生石灰0.5kg，兑水50kg，配成波尔多液喷雾。

炭疽病　危害叶、枝梢及果实，严重时造成枝梢干枯、落果。该病在金橘生产基地普遍发生。用5%的代森铵500~800倍液或退菌特600倍液，每10d左右喷雾一次，连续用药2次。

天牛　防治方法：在 3 月成虫飞出产卵前采用涂白剂(用生石灰 7.5kg、盐 0.75kg、硫黄粉 0.75kg、猪油 0.075kg、水 18kg 合制而成)，每涂一次可保持 2 个月。以 3 月、5 月、7 月各涂一次为好。如发现树干上已有幼虫钻入，则要除去再涂。涂白剂除可防治天牛外，还可防治地衣、苔藓及部分介壳虫。

尺蠖　幼虫化蛹后在树干周围挖蛹，用 90%的敌百虫 800 倍液或敌敌畏 1000 倍液喷杀初龄幼虫。

潜叶蛾　用 90%的敌百虫 1000 倍液或溴氰菊酯 5000 倍液喷杀。

红蜘蛛　用 40%的亚胺硫磷乳剂 1000~1500 倍液喷杀。

(二)石榴

石榴(*Punica granatum*)别名安石榴，为石榴科石榴属落叶灌木或小乔木(图 4-3-2)。树皮粗糙，黄褐色。幼枝常呈四棱形，顶端多为棘状。叶对生或近簇生，新叶红色。花顶生或腋生，萼筒紫色，花瓣皱缩状，有大红、粉红、黄、白等色。浆果球形，顶部有宿存萼。花期 5~6 月，果熟期 8~9 月。石榴花色艳丽，花期长，是夏季观花树种。石榴是盆景的好材料，也是极好的观果树种。

图 4-3-2　石　榴

原产于巴尔干半岛至伊朗及其邻近地区，全世界的温带和热带都有种植。

1. 品种类型

栽培品种很多，主要有：'白花'石榴、'银红'石榴、'海石榴'、'火石榴'、'花石榴'、'黄花'石榴、'金边'石榴等。

2. 生态学特性

喜温暖向阳的环境，耐寒。耐旱，也耐瘠薄，不耐涝和荫蔽。对土壤要求不严，但以排水良好的夹砂土栽培为宜。

3. 繁殖方法

用播种、扦插、压条、分株、嫁接等方法繁殖均可。多用硬枝扦插，在 2 月剪取长 15cm 左右、1~2 年生的充实健壮枝条，插于苗床，注意保持土壤湿润。3~4 月生根发叶，秋后移栽。

4. 栽培与养护技术要点

(1)配制培养土

盆栽用土要求疏松透气、保肥蓄水、营养丰富。可按园土 3 份、腐叶土 3 份、厩肥 2 份、细沙 2 份混匀配制，或者按马粪、园土、细沙各 1 份混合配制。将培养土堆成堆，用塑料薄膜盖严，高温杀菌 15~20d，过筛后装盆。

(2)上盆

秋季落叶后至翌年春季萌芽前均可上盆或换盆。

(3)养护技术

①水肥管理　生长期每1~2个月浇肥水一次。石榴喜肥，以多施为佳，可促其花茂果多。在果实生长的前期(5~7月)，应进行多次灌水，并在灌后覆草或覆膜保墒，使果实匀速生长。在果实生长的后期(8~9月)雨季来临，要停止灌水，及时排除积水，防止果实因吸收过多的水分而裂果。采取幼果套袋措施，既能防止病虫危害，又能使果袋内保持较好的湿度，使果实匀速生长，并防止雨水直接浸入果实引起籽粒急速生长，以致胀裂果皮。

②光照管理　生长期要求全日照，并且光照越充足，花越多、越鲜艳。背风、向阳、干燥的环境有利于花芽形成和开花。光照不足时，会只长叶不开花，影响观赏效果。

③温度管理　适宜生长温度15~20℃，冬季温度不宜低于-18℃，否则会受到冻害。

④修剪　夏季要及时修剪，以改善通风透光条件，减少病虫害的发生。落叶后将过密枝、病弱枝及根部萌蘖枝剪除，保持树形优美。

⑤病虫害防治　病害主要有白腐病、黑痘病、炭疽病。坐果后每15d左右喷一次等量式波尔多液200倍液，可预防多种病害发生。病害严重时可喷退菌特、代森锰锌、多菌灵等杀菌剂。虫害防治不宜使用氧化乐果和敌敌畏，以避免药害。花期禁止使用高毒性农药，避免杀伤蜜蜂，影响授粉，降低坐果率。

课程思政

习近平总书记说：“在中华民族大家庭中，大家只有像石榴籽一样紧紧抱在一起，手足相亲、守望相助，才能实现民族复兴的伟大梦想，民族团结进步之花才能长盛不衰。”石榴，千房同膜，千子如一。交融汇聚、多元一体，这是石榴籽的特点，也是我们中华民族的特点。各民族如同石榴籽一样紧紧团结，共同为国家的繁荣发展而努力。在班级中，每位同学也像石榴籽一样，只有大家齐心协力，才能让班级这个“石榴”更加饱满和有力量。

(三)佛手

佛手(*Citrus medica* var. *sarcodactylis*)为芸香料柑橘属常绿小乔木，因其果实酷似人手而得名(图4-3-3)。枝叶灰绿色，嫩枝新叶微带紫红色，具短硬棘刺，有香气。总状花序，花小，单生或簇生于叶腋，有白、红、紫等色，以白色为多，花冠5瓣。果实圆形或卵形，皮皱，鲜黄色，有光泽，先端开裂、手指状张开的称“开佛手”，卷曲半握状的称“拳佛手”。全年多次开花，果期为11~12月。

图4-3-3　佛　手

1. 品种类型

①白花大种　株形高大，生长旺盛，耐寒性较强。枝淡灰绿色，嫩梢绿色。叶较小，长8cm，宽5cm，青绿色。花白色。果大小不一，大者可达500g。

②紫花大种　耐寒性较差。枝灰绿褐色，嫩梢暗紫色，小枝不多，长枝易下弯，需立支柱。叶深绿色。花紫红色。果较大，大者可达1000g。

③白花小种　植株矮小，抗寒性差。茎淡灰色。花白色，香味浓郁。果较多而小，成熟期早，多为拳形。盆栽一般用该种。

2. 生态学特性

喜阳光充足的环境和温暖湿润的气候，年日照时数以1200~1800h为宜，耐阴。不耐严寒，怕冰霜及干旱，耐瘠，耐涝。以雨量充足、冬季无冰冻的地区栽培为宜。最适生长温度22~24℃，越冬温度5℃以上。适合在土层深厚、疏松、肥沃、富含腐殖质、排水良好的酸性壤土、砂壤土或黏壤土中生长。

3. 繁殖方法

常用嫁接繁殖，用枳作砧木。也可扦插繁殖。扦插时间为6月下旬至7月上中旬。从健壮母株上剪取长6~10cm的枝条作为插穗，约1个月可生根，2个月发芽，发芽后即可定植。也可用长枝扦插，取3~4年生健壮枝条，剪成长50cm作插穗。

4. 盆栽与养护技术要点

(1)配制培养土

佛手喜酸性土壤，pH以保持在5.3为宜。培养土的配比为腐殖土60%、河沙30%、泥炭(或炉渣)10%。

(2)上盆

春、秋两季都可定植。以2月气温开始转暖、新芽即将萌发时上盆较好。

(3)养护技术

①水分管理　水多易烂根，因此盆土表层不干不浇，浇则一次浇透，全年如此。初夏气温渐高，应每天浇一次水。盛夏蒸发量大，要早、晚各浇一次水，还要向叶面喷水。气温低或梅雨季节要控制浇水，不使盆内积水。

②光照和温度管理　幼苗期尤怕强烈阳光，不耐阴。冬季低于3℃则大量落叶，在较冷地区要注意防寒。

③施肥　根据树龄、生长状况而定。一般上盆后前3年在3~8月每月施一次速效有机肥；进入盛果期后一年可追肥3次，分别在花前、幼果期和采果后及时施入麸饼、堆肥、人畜粪尿，并加入磷、钾肥或复合肥，尤其要注意施好冬肥。

④修剪　当新梢长至5~8cm时摘心，去掉顶芽和侧芽，以培育一定的树形，并促进提前进入结果期。

⑤保花保果　佛手不易坐果，要用各种方法促其坐果。一般在春季(3~4月)每株施有机肥10~15kg、过磷酸钙0.5~1kg、硫酸钾0.3~0.5kg。进行疏蕾，畸形蕾、病弱蕾都要疏掉，不能留蕾过多，只留靠近枝条顶部长势最好的2~3个蕾。

⑥病虫害防治　病害主要有炭疽病、疮痂病、煤烟病等，虫害主要有红蜘蛛、介壳虫和蚜虫等。

炭疽病　加强栽培管理，增施有机肥，以增强树势，提高植株的抗病能力。冬季做好清园工作，清除病叶、病果和枯枝，集中烧毁。发病初期，可选用70%甲基硫菌灵可湿性粉剂800~1000倍液、50%多菌灵可湿性粉剂600~800倍液或80%炭疽福美可湿性粉剂600~800倍液等进行喷雾防治，每隔7~10d喷一次，连喷3~4次。

疮痂病　冬季修剪时，剪去病枝、病叶和病果，集中烧毁。在春梢新芽萌动至芽长

2mm 前和谢花 2/3 时，是防治疮痂病的关键时期。可选用 75%百菌清可湿性粉剂 500~700 倍液、50%退菌特可湿性粉剂 600~800 倍液或 65%代森锌可湿性粉剂 500~600 倍液等进行喷雾防治，每隔 10~15d 喷一次，连喷 2~3 次。

煤烟病　防治煤烟病的关键是控制好蚜虫和介壳虫等害虫。同时，可在发病初期用清水冲洗叶片和果实表面的霉层，然后喷施 0.3%~0.5%的波尔多液或 50%多菌灵可湿性粉剂 600~800 倍液等进行防治。

红蜘蛛　加强果园管理，合理修剪，保持树冠通风透光，干旱时及时浇水，改善果园小气候，以减轻红蜘蛛的危害。可选用 1.8%阿维菌素乳油 3000~4000 倍液、20%哒螨灵可湿性粉剂 1500~2000 倍液或 73%克螨特乳油 2000~3000 倍液等进行喷雾防治。注意不同药剂要交替使用，避免红蜘蛛产生抗药性。

介壳虫　冬季清园时，可使用松脂合剂 8~10 倍液或机油乳剂 50~100 倍液进行喷雾，杀灭越冬虫体。若虫孵化盛期是防治的最佳时期，可选用 40%杀扑磷乳油 1000~1500 倍液、25%噻嗪酮可湿性粉剂 1000~1500 倍液或 95%机油乳剂 100~200 倍液等进行喷雾防治。由于介壳虫体表有蜡质层，在喷药时可加入适量的有机硅助剂，以提高药剂的渗透性和附着力。

蚜虫　可采用物理防治，如悬挂黄色粘虫板诱捕蚜虫。化学防治可选用 10%吡虫啉可湿性粉剂 2000~3000 倍液、3%啶虫脒乳油 1500~2000 倍液或 50%抗蚜威可湿性粉剂 2000~3000 倍液等进行喷雾防治。

三、其他观果类花卉盆栽与养护(表 4-3-1)

表 4-3-1　其他观果类花卉盆栽与养护

序号	花卉名称	生态学特性	栽培与养护技术要点	注意事项	应用特点
1	金弹子(*Diospyros cathayensis*)	柿科柿属常绿灌木或小乔木。果期 8~10 月。喜光。耐低温，但需活动积温高，每年生长适宜期在 4~11 月，适宜温度为 28~33℃。喜肥沃、疏松而湿润的砂质壤土。生长缓慢，成形以后易于保持树形比例	一般采用播种繁殖。也可以进行嫁接繁殖和扦插繁殖，能保证后代性状不变，同时明确雌、雄株，有利于培育挂果盆景。栽培容器宜用中深的釉陶盆，紫砂陶盆或石盆也可。色彩以素淡为佳，不宜过深。每隔 2~3 年翻盆一次。常用腐殖土或熟化田园土掺拌砂土配制培养土。宜在春、秋两季进行栽种，注意将盆底垫一层粗沙或蛭石，以保证通气、透水性良好。喜温暖湿润，因此宜置于温暖而阳光充足的场所。夏季宜稍加遮阴，冬季放入室内。平时需保持盆土湿润，不可偏干。在夏季高温时，应经常喷水、浇水，以增加空气湿度，促进良好生长。进入观赏期，控制水分可缩小树叶，而全树摘叶能促发小叶。生长期要常施肥。夏、秋宜增施磷肥，以促进开花和结果。宜用棕丝攀扎结合修剪进行造型。自幼培育的苗木可从 3 年生开始造型；从山野挖取的树桩，则宜在地上先养胚，生长 1~2 年后再造型。多在 3 月进行修剪，剪去杂乱枝及过密枝，以保持一定的树形。虫害主要有介壳虫，通常人工刷洗将其杀灭	造型培育期水分和肥料充足，长势才快。翻盆时疏剪根系更能塑造小叶。雌雄异株，因此开花期间要尽量保证雌株旁边有雄株开花，以便自然传粉，提高挂果率。如果雌株旁边没有雄株开花，可进行人工授粉。当雌株花落，果实已挂在花蒂上时，可每 15d 喷一次磷酸二氢钾 800 倍液，共喷 2 次，以提高坐果率。农历九月，可喷 2 次尿素 600 倍液，这样能使果大而有光泽	叶片翠绿，枝繁叶茂，从 10 月到翌年 2 月红果满枝，给人一种丰收、喜悦、祥和美好的感觉。常用来制作盆景，置于庭院观赏

（续）

序号	花卉名称	生态学特性	栽培与养护技术要点	注意事项	应用特点
2	乳茄（*Solanum mammosum*）	又名五指茄、黄金果。喜温暖湿润和阳光充足的环境。生长适温为15~25℃，有一定的耐寒性，能耐3~4℃的低温，但冬季温度一般不得低于12℃。怕水涝和干旱。宜肥沃、疏松和排水良好的砂质壤土	采用播种繁殖和扦插繁殖。播种繁殖一般在春季进行，扦插繁殖在夏季进行。比较适合在强光下生长，不能长期过于荫蔽，光照不足时会植株徒长，叶片发黄脱落。对水肥的需求量较大，喜欢湿润的环境。浇水要适量，忌干旱和积水。在夏季高温干燥时，可以每天浇水1~2次。在上盆或换盆时要施足底肥。在生长期，为了更好地促进生长，可以多施氮肥，每15d施一次液肥。花期、果期以磷、钾肥为主。为了使植株充分矮化，在生长期间可以进行摘心。常发生叶斑病、炭疽病、病毒病等病害，虫害有蚜虫、粉虱和红蜘蛛，可以使用药剂喷洒防治	结果后，若结果量较大，可以立支架支撑，并适当疏果，使果实硕大	花果期在夏、秋之间。果实形状美丽，经久不变色、不干缩，金光灿灿，象征财运高照、五代同堂、吉祥如意，多栽培供观赏
3	蓝莓（*Semen trigonellae*）	俗称蓝浆果，杜鹃花科越橘属灌木，为第三代新兴果树。花芽一般着生在枝条顶部。果期5~6月。喜光，如缺乏充足的阳光，植株生长停滞，即使开花，也不结果。既不耐旱，也不耐涝。根系分布较浅，根纤细，没有根毛。最适土壤pH 4.5~4.8、有机质含量8%~12%，要求土质疏松、通气良好、湿润但不积水。高丛蓝莓、矮丛蓝莓要求pH为4~5.2，兔眼蓝莓要求pH为5.5以下。土壤pH过高，常造成缺铁失绿，生长不良，产量降低	以组织培养繁殖为主。家庭盆栽可用扦插繁殖。花盆最好选泥瓦盆，不要用上过釉的瓷盆。定植后，在阴凉通风处放置一周缓苗，再搬到阳台外正常养护。喜湿，尤其在夏天，每天都需给足水。但要注意不能积水，否则会烂根。喜光、耐热，即使在夏天40℃条件下，也可存活。在生长季可以忍受周围环境40~50℃高温，但清晨应给足水。对施肥反应敏感，过量施肥容易使植株生长受到抑制甚至死亡。秋、冬季施用有机肥作为基肥，萌芽前追施硫酸铵或硫酸钾型复合肥，落花后和采果后同样需要追肥。松土深度以5~10cm为宜。常见的病害主要有白粉病、霜霉病、僵果病、茎干腐烂病。不同种类和品种对病害的抗性有明显差异。高丛蓝莓的抗性明显低于兔眼蓝莓。对于各种病害，均可在生产管理季节用石硫合剂或多菌灵等杀菌剂进行防治。常见虫害主要有蚜虫、螨类、果蝇、毒蛾、刺蛾、大蚕蛾、金龟子、天牛、椿象、枝梢食心虫等，危害叶、果、枝干和根。对于蚜虫、毒蛾、刺蛾、大蚕蛾等叶部害虫，可用杀虫剂防治，也可在夜晚实施灯光诱杀成虫；对于天牛、食心虫等枝干害虫，可用杀虫剂喷杀幼虫；对于果蝇等果实害虫及部分天牛，可在4~7月用糖醋液诱杀成虫，特别是4月下旬开始诱杀第1、2代成虫，是减少7~8月果实成熟盛期虫害非常关键的防治措施，而且效果明显	嫌钙、寡营养，施肥应视土壤肥力及树体营养状况而定，要特别注意防止过量，以免产生肥害。肥料以氮、磷、钾肥为主，根据植株生长势酌情调节。对铵态氮有较强的吸收能力，施用硫酸铵等铵态氮肥或完全肥料能提高产量。对氯敏感，过量极易中毒。因此，如果选用复合肥，要选择硫酸钾，不要选择氯化钾	花白色，花形独特，美丽动人。浆果成熟期不一致，有绿的、红的、紫的，颇具观赏价值。为集观花、观果、食果于一体的花卉

（续）

序号	花卉名称	生态学特性	栽培与养护技术要点	注意事项	应用特点
4	火棘（*Pyracantha fortuneana*）	喜光，稍耐阴。比较耐寒、耐旱、耐瘠薄，对土壤要求不严，但以湿润、疏松的微酸性土和中性土为好。适应性强，繁殖容易，萌芽力强，耐修剪，病虫害少，生长迅速，耐粗放管理	一般用播种或扦插的方法进行繁殖。开花前施氮、磷、钾均衡的复合肥，促进植株旺盛生长。花果期增施磷、钾肥，以利于开花和坐果；少施氮肥，以防徒长。不耐涝，雨水多时应注意排水，防止根部积水。花果期不宜缺水，否则易导致落花、落果。栽植成活后宜重剪定干，此后可采用疏散分层形的整形方法培育结实面积大的株形。萌芽力强，春季开花期间，需适当修剪过多的花枝并疏除花枝上过密的小花；夏季随时剪掉徒长枝和根部萌蘖枝，防止植株丛状生长，利于通风和保证充足的光照；秋季须保留夏、秋萌发的短枝或对长枝短截，以确保翌年花繁果盛。抗逆性强，病虫害较少。主要病害是根腐病，多由根部积水引起，发病初期可用50%的多菌灵1000~1500倍液灌根，后期需将植株拔除，病穴撒石灰粉消毒。主要虫害有蚜虫、刺蛾等，可喷洒40%的氧化乐果乳剂或90%的敌百虫1000~1500倍液进行防治	自然状态下，树冠杂乱而不规整，内膛枝条常因光照不足呈纤细状，结实能力差。为了促进生长和结果，每年要对徒长枝、细弱枝和过密枝进行修剪，以利于通风透光和促进新梢生长	园林绿化和水土保持的优良植物。枝繁叶茂，绿叶白花，红果累累，经冬不凋。宜作绿篱，或丛植于草坪、园隅、岩坡、池畔。也可制作盆景

任务实施

教师根据学校所处地域气候条件和学校实训条件，选取1~2种花卉，指导各任务小组开展实训。

1. 完成观果类花卉盆栽与养护方案设计，填写表4-3-2。

表4-3-2 观果类花卉盆栽与养护方案

组别		成员	
花卉名称		作业时间	年 月 日至 年 月 日
作业地点			
方案概况	（目的、规模、技术等）		
材料准备			
技术路线			
关键技术			
计划进度	（可另附页）		
预期效果			
组织实施			

2. 完成观果类花卉盆栽与养护作业，填写表4-3-3。

表4-3-3 观果类花卉盆栽与养护作业记录表

组别		成员	
花卉名称		作业时间	年 月 日至 年 月 日
作业地点			
周数	时间	作业人员	作业内容(含观果类花卉生长情况观察)
第1周			
第2周			
第3周			
第4周			
第5周			
第6周			
第7周			
第8周			
第9周			
第10周			
……			

填表说明：

1. 生长情况一般包括：花卉的总体长势情况，如高度、冠幅、病虫害等；各种物候(发芽、展叶、现蕾、开花、结果、果实成熟等)发生情况。

2. 作业内容主要是指采取的技术措施，包括但不限于松土、除草、浇水、施肥、打药、绑扎、摘心、抹芽、去蕾等，应记录详细。

考核评价

根据表4-3-4进行考核评价。

表4-3-4 观果类花卉盆栽与养护考核评价表

成绩组成	评分项	评分标准	赋分	得分	备注
教师评分(70分)	方案制订	观果类花卉盆栽与养护方案含花卉生长习性和对环境条件的要求介绍(2分)、技术路线(3分)、进度计划(5分)、种植养护措施(5分)、预期效果(2分)、人员安排(3分)等	20		
	过程管理	能按照制订的方案有序开展观果类花卉盆栽与养护，人员安排合理，既有分工，又有协作，定期开展学习和讨论	10		
		管理措施正确，花卉生长正常	10		
	成果评定	观果类花卉盆栽与养护达到预期效果，成为商品花	20		
	总结报告	格式规范，关键技术表达清晰，问题分析有深度和广度	10		

（续）

成绩组成	评分项	评分标准	赋分	得分	备注
组长评分（20分）	出谋划策	积极参与，查找资料，提出可行性建议	10		
	任务执行	认真完成组长安排的任务	10		
学生互评（10分）	成果评定	观果类花卉盆栽与养护达到预期效果，成为商品花	5		
	总结报告	格式规范，关键技术表达清晰，问题分析有深度和广度	3		
	分享汇报	认真准备，PPT图文并茂，表达清楚	2		
总　分			100		

巩固训练

一、名词解释

1. 上盆　2. 换盆　3. 转盆　4. 扣水　5. 叶面施肥

二、填空题

1. 花卉营养繁殖的方法主要有________、________、________、________。
2. 常见的盆栽基质有________、________、________、________、________等。
3. 常见的盆栽容器有________、________、________、________、________等。
4. 控制花期的方法有________、________、________等。

三、选择题

1. 被誉为“世界花坛植物之王”的是(　　)。
A. 万寿菊　B. 一品红　C. 三色堇　D. 矮牵牛
2. 下列喜全光照的花卉是(　　)。
A. 玉簪　B. 万寿菊　C. 蝴蝶兰　D. 杜鹃花
3. 仙客来的繁殖方法主要是(　　)。
A. 扦插繁殖　B. 压条繁殖　C. 分球繁殖　D. 播种繁殖
4. 冬菊属于(　　)。
A. 长日照植物　B. 短日照植物　C. 日中性植物　D. 以上都不是
5. 下列为了维持植株株形匀称完整的操作是(　　)。
A. 上盆　B. 换盆　C. 转盆　D. 扦盆
6. 下列属于喜阴花卉的是(　　)。
A. 兰花　B. 一串红　C. 山茶　D. 菊花
7. 下列属于观果类花卉的是(　　)。
A. 菊花　B. 马拉巴栗　C. 君迁子　D. 孔雀竹芋
8. 观叶花卉应多施(　　)肥。

A. 钾　　B. 磷　　C. 氮　　D. 钼

四、判断题

1. 价格低廉且非常适合花卉生长的花盆是釉陶盆。(　　)
2. 扦插后可以等到土壤干了再浇水。(　　)
3. 花芽分化期应多施氮肥，营养生长阶段应多施磷、钾肥。(　　)
4. 浇水要适时、适量，浇水时以水温与土温的温差最小为宜。(　　)
5. 提高土壤 pH，可加硫黄；降低土壤 pH，可加石灰。(　　)
6. 组织培养育苗时，必须在无菌条件下进行接种操作。(　　)
7. 月季属于短日照植物。(　　)
8. 菊花可以用扦插的方式繁殖。(　　)
9. 观果类花卉不能盆栽。(　　)
10. 观果类花卉可以制作盆景。(　　)

五、简答题

1. 常见的盆栽观花植物有哪些？
2. 常见的盆栽观叶植物有哪些？
3. 常见的盆栽观果植物有哪些？
4. 盆栽的优点有哪些？
5. 为什么盆栽花卉要换盆？

数字资源

项目5 切花栽培与养护

项目描述

切花是指从活体植株上切取的有观赏价值、用于花卉装饰或具有芳香宜人气味的新鲜茎、叶、花、果等植物材料。切花包括切花、切叶、切枝。本项目通过理论学习和实践操作等多元化的学习方式，掌握切花花卉的生物学特性及对环境条件的要求等专业知识，以及整地、作床、定植、张网、浇水、施肥、修剪、除蕾、病虫害防治、切花采收和贮藏等切花生产相关技能。

学习目标

知识目标

1. 了解切花的商品特性。
2. 掌握常见切花花卉的生长习性及对环境条件的要求。
3. 掌握常见切花花卉的种类与品种。
4. 掌握切花花卉的栽培方式、管理要点及其采收与保鲜等的原理及方法。

技能目标

1. 能够利用设施设备，进行百合、菊花、月季、香石竹等常见切花花卉的栽培与养护。
2. 能对切花花卉的生长状态进行观察和评估，及时发现问题并解决问题。
3. 能适时采收切花并分级处理后进行包装。
4. 会配制切花保鲜剂并进行切花的采后处理。
5. 能制订切花栽培与养护方案和采收与保鲜方案。
6. 能够完成常见切花花卉的栽培与养护实践和采收与保鲜实践。

素质目标

1. 培养发现问题和解决问题的能力。

2. 培养耐心与细心，在养护花卉的过程中逐步养成沉稳、专注的工作态度。

3. 培养吃苦耐劳的精神。

4. 树立“三农”情怀。

5. 培养团队合作精神，会沟通、协作与分享。

任务5-1 切花栽培

任务目标

1. 掌握切花花卉的生长习性及对环境条件的要求。

2. 熟知切花生产流程及栽培与养护技术要点。

3. 能完成切花栽培与养护方案设计及任务实施，并能总结经验，实现知识与技能的迁移。

任务描述

切花栽培是指以生产可供剪切用于瓶插或制作花束、花篮、花环等的花材(包括花、果、枝、叶、树皮等植物材料)为目的的一种花卉栽培方式。本任务首先深入了解切花花卉的生长习性和栽培要求，制订切花栽培与养护方案。然后，进行切花栽培与养护实践操作，如整地、作床、定植、张网(设支架)、定期浇水、施肥等，观察并记录切花花卉的生长发育状况。最后，总结经验，制作PPT进行分享汇报。

工具材料

切花繁殖材料；铁锹、修枝剪、花铲、嫁接刀、穴盘、尼龙网、喷壶；栽培基质；有机肥、尿素、消毒剂、生根粉。

知识准备

一、切花栽培与养护特点及要求

切花栽培具有以下特点：单位面积产量高，效益高；生产周期短，易于周年生产及供应；贮存、包装、运输方便，易于国际贸易交流；可采用大规模工厂化生产等。

(一)影响切花质量的因素

切花品质涉及观赏寿命、花朵大小、小花发育状况、鲜度、颜色、茎和花梗的支撑力、叶色和质地等方面。其不仅取决于切花花卉种类和品种及切花采后处理措施，还取决于采收前的生产管理，如光照、温度、湿度、施肥、病虫害和空气污染等方面的管理。

影响切花质量的因素、原理及解决方法见表 5-1-1 所列。

表 5-1-1　影响切花质量的因素、原理及解决方法

序号	影响切花质量的因素	原　　理	解决方法
1	切花花卉种类和品种	不同种类、不同品种的切花，花色、花形、产量、抗性、生产周期、采后寿命差别较大	选择所需优良品种
2	光照	光照强度影响植株的光合作用，而光合作用又直接影响植株中糖类的累积，进而影响植株的组织发育程度；影响花瓣的色泽。光照弱，花茎长，花色不好；光照强，组织泛红，发生日灼	根据不同切花花卉种类和品种的光照需求，利用反光帘和遮阳网调控光照强度
3	温度	温度过高，会使植株体内积累的糖类大量被消耗，同时失去较多水分，花朵小，品质不好，货架寿命短	根据切花花卉对温度的需求，调控环境温度
4	施肥	过量施肥，土壤含盐量及含氯量过高，会对植株造成生理伤害，增加病虫害感染机会，并缩短切花的瓶插寿命	合理施肥，维持氮、磷、钾和其他营养元素的适宜数量和比例，不要过量施肥
5	浇水	土壤水分过多或不足，均会对植株造成生理伤害，最终缩短切花的瓶插寿命	控制浇水量(采用滴灌的方法)
6	空气湿度	空气湿度太大，会给细菌和真菌的生长创造有利条件；空气湿度太小，切花失水多，会产生较多的内源乙烯，加快其衰老过程	注意环境的通风透气
7	病虫害	病虫害会损伤植株的器官和组织，降低切花的外观质量，并使组织脱水，加速切花萎蔫，同时刺激内源乙烯生成，加快切花老化	严格控制病虫害的发生
8	空气污染	废气中含有大量的乙烯和其他有害物质，它们会对植株造成生理伤害，加快切花的衰老	注意避免空气污染
9	其他	已受粉的花朵和腐烂的植物材料也会产生大量的乙烯，促进切花衰老	保持环境清洁卫生，及时清除腐烂茎叶，摘除已受粉的花朵

(二)切花栽培的方式

1. 土壤栽培

土壤栽培有露地栽培和保护地栽培两种方式。露地栽培季节性强，管理粗放，切花质量难以保证；保护地栽培可调控环境，切花产量高、品质好，能周年生产，是切花生产的主要方式。

2. 无土栽培

一是岩棉栽培，二是无土混合基质栽培。常用的混合基质原料有：泥炭、珍珠岩、沙、锯末、水苔、陶粒等。

（三）基质配制与消毒

切花栽培一般需要疏松、肥沃、排水良好的土壤。近年来，切花生产越来越多地使用人工配制的营养土(基质)。其所用的原料主要有腐殖土、河泥、山泥、火山灰、煤渣、珍珠岩、椰子壳、棕丝、刨花、菇渣和锯末等。栽培不同种类的切花花卉，基质成分及比例不同。

为了减少病虫害，大棚、温室在种植切花花卉前要进行土壤消毒。常用的消毒方法有高温消毒和药剂消毒。常用的消毒药剂有三氯硝基甲烷、甲基溴化物、福尔马林等。消毒时，将药剂喷洒在土壤表面，然后与土壤拌匀，再用塑料薄膜密封，同时将大棚、温室密封，熏蒸 24~30h 后解除覆盖，通风换气 7~10d 后方可种植。

采用轮作制和多施基肥，是控制病虫害、改良土壤、维持土地生产力的有效措施。

（四）种苗来源

切花生产的种苗为当地培育或从外地购进。当地苗圃培育的种苗，种源及历史清楚，适应性强，来源广，运输成本低；从外地购进种苗可解决当地种苗不足的问题，但必须进行严格的检疫。

种苗类型主要有组培苗、种球、嫁接苗、扦插苗等。

（五）切花栽培与养护流程

选择切花花卉种类和品种
↓
栽培设备设置、准备基质
↓
确定适宜的环境条件
↓
确定栽培方式
↓
实施可行的栽培技术措施
↓
在不同栽培阶段进行环境因子调控

二、常见切花栽培与养护案例

（一）切花百合

百合为百合科百合属多年生球根花卉(图 5-1-1)。切花百合在我国切花市场中属于高档切花。用于切花栽培的百合，都是在 20 世纪中叶出现的观赏品种，是园艺杂交种，称为现代百合，可以全年供花。株高 70~150cm。根分为肉质根和纤维状根两类。肉质根称为下盘根，数目为几十条，吸收水分能力强，隔年不枯死；纤维状根称为上盘根、不定根，发生较迟，纤细，多者有 180 余条，分布在土壤表层，每年与茎干同时枯死。茎有鳞茎和地上茎之分。无

图 5-1-1　百　合

皮鳞茎球形，淡白色，先端常开放如莲座状，由多数肉质肥厚、卵匙形的鳞片聚合而成；地上茎直立，圆柱形。叶互生，无柄，披针形至椭圆状披针形，全缘。花大，漏斗形，单生于茎顶。硕果长卵圆形，具钝棱。种子多数，卵形，扁平。

原产于北半球的温带和寒带，热带极少分布，而南半球没有野生种的分布。主要分布地区是中国、日本、北美和欧洲等温带地区，中国是世界百合的分布中心。目前生产切花百合的国家主要有荷兰、中国、韩国、日本、肯尼亚等，我国在上海、北京、甘肃、陕西、辽宁、云南和四川等地都建立了大型切花生产基地。

1. 品种类型

根据各栽培品种的原始亲本与杂交遗传的衍生关系，切花百合的栽培类型主要有亚洲百合杂种系、东方百合杂种系、麝香百合杂种系。

(1) 亚洲百合杂种系

叶宽披针形，排列疏散。花数朵，多侧向开放，具芳香气味。花瓣反卷或呈波浪形，花被片常有彩斑。常见品种有‘阿拉斯加’、‘精英’、‘日内瓦’、‘红山’、‘新中心’等。

(2) 东方百合杂种系

叶狭披针形，排列密集。花色丰富，花数朵，向上开放，花瓣边缘光滑、不反卷，无芳香气味。常见品种有‘奥运之星’、‘西伯利亚’、‘星空’、‘贤士’、‘地中海’等。

(3) 麝香百合杂种系

叶狭披针形，排列密集。花数朵顶生，花朵为喇叭形，侧向开放，花瓣白色，具芳香气味。常见品种有‘白缎’、‘雪皇后’、‘杰理阿’等。

2. 生态学特性

既喜阳光，又略耐阴。百合为长日照植物，生长期要求阳光充足，但大多数更适合略有遮阴的环境，光照强度以自然光的70%~80%为好，尤其是幼苗期。喜冷凉湿润气候，耐寒性较强，耐热性较差。生长开花的最适宜日温为20~25℃，夜温为10~15℃。在10~15℃，随温度升高而提早花芽分化，30℃以上花芽分化受抑制，5℃以下停止开花。最适相对湿度为80%~85%，且湿度要稳定，否则易引起叶灼。对土壤要求不严，适应性较强，但以疏松、肥沃、排水良好的砂壤土为好。pH以5.5~7为宜，忌高盐分土壤。

3. 繁殖方法

主要采用分球繁殖和扦插繁殖。

(1) 分球繁殖

在采收切花时，基部留5~7片叶，花后6~8周新的鳞茎便成熟，可以将小鳞茎挖出，以泥炭2份、蛭石2份、细沙1份为培养基质，种植在塑料箱或纸箱内，1年后种植在栽培床或畦上，2年后便可作“开花球”。

(2) 扦插繁殖

扦插床应选择排灌条件良好的苗床，用消毒后含水量60%的泥炭填充，使其中间高、四周低，以防积水。于秋季挖取个头硕大、品种优良的鳞茎，稍加摊晾，使鳞片发软，然后剥取健全的鳞片。剥取的鳞片要保持整洁，并注意创面要晾干。将选取好的鳞片斜插入疏松的苗床中，行距10~15cm，株距4~5cm。鳞片的凹面倾斜朝上，入土深度以每一鳞片的顶端稍露出一点在土面为宜，切勿过浅或过深，否则不利于其形成愈伤组织和分化小鳞茎。控制温度在 18~22℃，湿度 55%~60%，扦插后 1~2 个月，大部分鳞片即可生根，并在鳞片基部生出小鳞茎，同时抽出叶片，这时便可以进行移栽培育。培育 3~4 年便可成为“开花球”。

4. 栽培与养护技术要点

(1)准备工作

①畦面准备　华南地区可露地栽培。华中、华东、华北等地可盆植、箱植和床植(又分地床植和台床植)。盆植、箱植能移动，可集约使用温室。地床植根群深，水分调控困难，且茎叶长得过大，降低了切花的商品价值。台床植容易调节水分，但设备费用更高。生产中以箱植和地床植居多。箱植时，需要配制营养土(选用泥炭和珍珠岩配制)。营养土的 pH 需控制在 5.5~6.5。调节方法是：每立方米施 1kg 碳酸钙，pH 上升 0.3。同时，每立方米泥炭添加 0.5kg 硝酸钙和 1kg 复合肥(氮、磷、钾比例为 12.5∶15∶27)，浇水至营养土湿润。地床植时，要进行土壤消毒，然后作畦。通常畦宽 1~1.2m，畦高 15~20cm。

②种球准备　生产用种球周径要大于 14cm。种球到货后立即打开包装放在 10~15℃的环境下进行解冻，待完全解冻后进行消毒。消毒方法：将种球放入 0.1%的克菌丹或百菌清、多菌灵等溶液中浸泡 30min，待种球表面药液稍干后进行种植。

③冷库生根　采用泥炭箱栽来进行冷库生根。箱子底部铺薄薄一层泥炭，种球鳞片朝上紧密排列(防止搬运过程中种球歪倒)一层，上面覆盖泥炭(覆土时不能太厚，以免芽出土时消耗的能量太多，致使后期植株生长不良)，浇透水后移入 12℃左右的冷库进行生根。2~3 周后，待茎生根萌动即可移栽于温室。

(2)种植技术

定植时间可根据栽培类型及上市时间确定。

①箱植　高温季节，选择早晨或傍晚下种。种植时，先在箱内铺上 4cm 厚的基质(基质湿度以手握成团、落地松散为好)，然后种入种球(通常一箱种 9 个)，最后覆上基质。注意以下几个方面：尽量选择芽高度一致的种球种于同一个箱中；种球必须种于箱子底部，越深越好(因为百合是茎生根，种浅了根系外露影响吸收)；种好后必须浇透水，使基质与种球充分接触，为茎生根的发育创造良好的条件；种球的芽头必须保持直立状态。

②地床植　种植深度以种球顶部距地表 8~10cm 为宜(冬季为 6~8cm)。种植密度因品种、种球大小和季节而有所不同。亚洲系品种为 40~55 个/m^2，东方系品种为 25~35 个/m^2，麝香系品种为 35~45 个/m^2。种植后张网，以后随着植株的生长抬升网的高度，以避免由于植株太高而倒伏。网格的大小为 15cm×15cm，一般架两层网，植株特别高大的品种可架 3 层网。

(3)养护技术

①温度管理　低温对发根有利，生长前期温度以 12~13℃为宜。经前期低温处理，亚洲系的栽培温度要求保持在 14~15℃，其白天温度可以升高到 20~25℃，夜间温度保持在 8~10℃，东方系、麝香系的栽培温度可以相对高一些。栽培期间设施内要避免 30℃以上高温和 10℃以下低温，以免影响切花的质量，如可能会导致落蕾、黄叶和裂苞。

②光照管理　夏季要避免强光直射，遮阴度要达到 50%左右。冬季栽培会因光照强度不足和日照时间较短而影响切花质量。亚洲系对光的敏感度较强，东方系对光不太敏感。

可每 $10m^2$ 加设一盏 400W 太阳灯进行补光。常从植株萌芽到现蕾连续给予 16h 光照。尤其是对东方系进行补光，可以促使切花提早进入市场。

③肥水管理　浇水以保持土壤适度湿润为标准，一般选在晴天的上午浇水。相对湿度以 80%~85%为宜，应避免太大的波动，否则可能发生叶灼。当相对湿度过大时，应开窗或开环流风机来减小相对湿度。

种植后的 3 周内，不用施肥。3 周后，适当追肥。百合对钾元素的需求量很大，可按氮：磷：钾 = 14：7：21 的比例配制复合肥。每 10~15d 追肥一次，每次追施 15~20kg/亩，直至采花前 3 周。同时要注意铁、硼、锌等微量元素的补充。

④疏蕾　为了使花蕾发育整齐、大小均匀，需及时进行疏蕾。疏蕾应在显蕾后、膨大前进行，最好进行摘心疏蕾，每株留蕾 2~5 个，其余疏掉。疏蕾时间宜选择在不喷农药、叶面肥的晴天，尤其以上午为宜。

⑤病虫害防治　常见病害有青霉菌、疫霉菌、腐霉病等，应加强土壤消毒，选用抗病植株。发病时，及时喷施杀菌剂。

在生长前期易受蛴螬、地老虎、金针虫等的幼虫危害，可使用毒土与毒饵诱杀。生长期受蚜虫、蓟马、螨虫及线虫危害，一般在种植前 3~5d 用水温为 45℃的福尔马林(30%~40%的甲醛)200 倍液浸泡种球 1h 进行消毒；虫害发生时，每周喷施杀虫剂，注意交替用药以防产生抗药性。

(二)切花菊

菊花为我国原产的传统名花，在我国已有 3000 多年的栽培历史。18 世纪中叶，欧洲开始利用温室进行菊花的切花生产，我国自 20 世纪 80 年代开始种植切花菊至今，形成了山东、云南、海南等生产规模较大的产区，其中云南和山东实现了周年供货，以日本、韩国等国家为出口对象。

1. 品种类型

切花菊的分类标准多样，通常按头状花序大小和数量、自然花期、花型等分类。

按头状花序大小和数量，分为单枝大花型和多头小花型两种类型。国内与日本生产的切花菊主要是单枝大花型，花序单生于茎顶，花序直径 10~15cm；欧美盛行多头小花型，一枝多花，花径 5cm 左右。

按自然花期，分为夏菊、夏秋菊、秋菊和寒菊。夏菊(3~7 月开花)适合春季与初夏用于切花栽培；夏秋菊(8~9 月开花)常用于切花的夏季栽培；秋菊(10~11 月开花)可用于周年栽培；寒菊(12 月至翌年 2 月开花)常用于切花的冬、春季栽培。

按花型，分为平瓣类、匙瓣类、管瓣类、桂瓣类与畸瓣类。

常见的栽培品种：夏菊有‘优香’、‘白扇’、‘白诺亚’、‘粉萨姆’、‘玛丽’等；秋菊有‘神马’、‘黄金’、‘白安娜’、‘绿安娜’等；夏秋菊有‘黄天赞’、‘南农绯紫’等。

切花菊一般选择平瓣内曲、花形丰满的莲座形和半莲座形的品种。要求瓣质厚硬，茎秆粗壮挺拔、节间均匀，叶片肉厚平展、鲜绿有光泽，并适合长途运输和贮存，吸水后能挺拔复壮。我国用于切花菊栽培的大多数品种都是从日本和欧美引进的，如秀芳系列、精元系列等。

2. 生态学特性

参见任务 4-1。

3. 繁殖方法

切花菊的繁殖方法有分株繁殖、扦插繁殖、组织培养等，在生产中常采用扦插繁殖或组织培养。此处着重介绍穴盘扦插繁殖。

选 72 孔的穴盘，使用前用高锰酸钾 1500 倍液喷洒或浸泡消毒。选择健壮、品系纯的母株，剪取长 5~8cm 的顶芽作插穗，去掉下部的叶片，保留顶端 2 叶 1 心(图 5-1-2)。每 20 枝一束，将下切口速蘸 100~200mg/L 的萘乙酸或 50mg/L 的生根粉。用细沙或蛭石或珍珠岩与蛭石按 1 : 1 的比例混合制作插床，保湿、保温，插后 10d 左右可生根(图 5-1-3)。

图 5-1-2　切花菊扦插穗条

图 5-1-3　切花菊扦插生根苗

4. 栽培与养护技术要点

(1)准备工作

切花菊栽培要求有 3 年以上的轮作，每亩可用敌磺钠或棉隆 25~30kg 进行土壤消毒，施有机质 2500~3000kg。采用深沟高畦，畦高 20~30cm，宽 90~110cm，保持种植渠排水通畅。栽培密度为：多本菊 20 株/m^2 左右，每株留 3~4 个分枝；独本菊 60 株/m^2 左右，采用宽窄行，每畦 3~4 行，株距 8~10cm。栽后铺设网格，拉紧固定在 4 根竖杆上，并在两头用横杆固定。

(2)种植技术

根据栽培类型及供花时间选择适宜的定植时间。一般春季栽培在 12 月至翌年 2 月定植，夏季栽培在 3~4 月定植，秋季栽培在 5~7 月定植，冬季栽培在 7~8 月定植。

当扦插苗苗龄 25d 左右、具有 6~7 片真叶时定植。将扦插苗定植在网格的正中，深度以苗根所带基质没入土中为佳。定植后立即补水，尽量缩短缓苗时间。

(3)养护技术

①肥水管理　菊花喜湿润，忌水涝，必须经常使土壤保持一定持水量，切忌过干或过湿。土壤干燥，易造成根系损伤。切花菊在整个生育期内需要大量养分供给。秋菊每 100m^2 施有效成分氮 2.0~2.5kg、磷 1.5~1.8kg、钾 1.8~2.0kg。秋菊基肥量为全年标准施肥量的 30%~60%，摘心后 2 周及花芽分化时分别施一次追肥。夏菊基肥量全年标准施肥量的 70%，集中在 3~4 月追肥 1~2 次。一般现蕾前以氮肥为主，以促进营养生长，使茎枝健壮，叶片均匀茂盛，适当增施磷、钾肥。植株转向生殖生长时，可暂停施肥。待现

蕾后，可用0.1%~0.2%的尿素与0.2%~0.5%的磷酸二氢钾进行根外追肥。追肥宜薄肥勤施。

②整枝、抹芽、摘蕾　大花型品种应在植株具6~7片叶时摘去顶梢，保留4~5片叶。从萌发的新枝中选留3~4个健枝，剪去多余的侧枝，并及时抹去分枝上的腋芽。多头小花型品种在定植后1个月左右摘去幼嫩的顶芽，留茎下部4~5片叶，促进萌发侧枝，保留全部侧枝和花蕾。当顶蕾开始变圆(直径6~9mm)时，于上午进行剥侧蕾，注意不可碰伤主蕾，并将花枝上、中部侧芽全摘除。

③除叶　为了增加植株内部通风透气性，当切花菊进入生殖生长后，将植株根部20cm以下的叶片摘除干净。

④提网、张网　切花菊茎高，生长期长，易发生倒伏。欲在生长期确保茎秆挺立，生长均匀，必须立柱架网。在定植时铺第一层网，在30cm高度处固定。以后随着植株的生长，逐渐将网格上移(植株生长30cm，架第二层网；出现花蕾时架第三层网)。一般选择在中午温度高的时间段进行提网。

⑤应用植物生长调节剂　在切花菊栽培中，可以利用赤霉素、丁酰肼等植物生长调节剂来提高切花质量。在小苗成活后用5mg/L的赤霉素喷洒一次，3周后再用25mg/L的赤霉素喷洒一次，可以增加植株的茎秆高度。在花蕾直径为0.5cm时，用毛笔将500~2500mg/L的丁酰肼涂于花蕾，能有效降低切花菊的花茎长度。对于一些易徒长的品种，当出现徒长现象时也可使用丁酰肼调节茎秆高度。

⑥遮光与补光处理　可通过遮光，缩短日照时间，使秋菊与寒菊提早开花。或通过补光，延长日照时间，使花期推迟。一般在摘心后，植株生长至高度25cm左右时，17:00开始遮光，第二天8:00~9:00打开黑幕。共遮光30~40d。补光宜在摘心后10~15d，新芽长10~12cm、花芽分化前进行，在预采花期前60~70d结束。秋菊在8月15~20日补光，在10月上中旬结束，则在12月中下旬开始供花。补光强度要求达到50lx以上。通常每$10m^2$架设一盏100W白炽灯，设置在植株顶部以上1~1.5m处，通常8~9月补光2h，10月补光3h。

⑦病虫害防治　常见的病害有白粉病、斑枯病、立枯病、炭疽病、锈病、叶枯病及线虫病等，常见的虫害有蚜虫、绿盲蝽、地老虎、蛴螬、菊天牛等，应及时进行防治。一旦发现茎梢枯萎症状，在其断茎下3~6cm处摘除枯梢，集中销毁，以减少成虫产卵并杀死幼虫。一般虫害发生初期可用氧化乐果、敌百虫等药剂喷雾防治。也有的用氧化乐果1000倍液灌根，杀幼虫效果明显。

(三)切花月季

切花月季又名现代月季、玫瑰、杂种月季，为蔷薇科蔷薇属常绿或半常绿灌木。切花月季是近200多年来，由蔷薇属的10多种植物经过多次杂交育种，培育而成的园艺杂交种。切花月季在切花行业中占有极其重要的位置，是世界五大切花之一。小枝常具粗壮略带钩的皮刺。一回奇数羽状复叶互生，小叶3~5，少数7，宽卵形或卵状披针形，有锯齿，两面无毛；托叶大部与叶柄合生。花单生、丛生或呈伞房花序生于枝顶，花梗长，花形与花瓣数因品种不同差异较大，花色丰富，多具香气。四季开花。

1. 品种类型

切花月季作为国际市场上交易量最大的切花，品种选择要求如下：花形优美，高心卷边或高心翘角，开放过程较慢；花瓣质地硬，衰败慢，整齐，无碎瓣；花色鲜艳；花枝硬挺、刺较少，叶片平整、有光泽；抗性强，生长旺盛，耐修剪，产花率高。

目前，用于切花栽培的主要是杂交茶香月季和壮花月季以及少量丰花月季，是四季开花的单花月季，花枝顶端一般只有顶芽孕花。花径在 10cm 以上，最大的花径可达 15cm，花朵单生或簇生于茎顶，花瓣多数为重瓣，花形多姿，花色丰富。

常见品种有：

红色系品种　‘萨曼莎’、‘卡罗拉’、‘红衣主教’、‘珍爱’(图 5-1-4)等。

粉色系品种　‘外交家’、‘索尼亚’、‘贝拉’、‘火鹤’、‘猪猪小姐’(图 5-1-5)等。

黄色系品种　‘金丝雀’、‘碧翠丝’、‘艾莎’(图 5-1-6)等。

白色系品种　‘雪山’、‘诱惑’、‘坦尼克’等。

图 5-1-4　‘珍爱’

图 5-1-5　‘猪猪小姐’

图 5-1-6　‘艾莎’

2. 生态学特性

喜光，为中日照植物。喜温暖、湿润气候及阳光充足和通风良好的环境，不耐阴，不耐炎热，稍耐寒。生长适温为 15~28℃，温度在 5℃以下或 30℃以上时进入半休眠状态，并易患病害，温度在 35℃以上时易死亡。怕积水和干旱，要求深厚、肥沃、疏松、排水良好的微酸性黏壤土，pH 为 6~6.5，在强酸性土、碱土、砂土及高温高湿条件下生长不良。在长江流域的自然条件下，2 月开始萌芽，从萌芽至开花需 50~70d，5 月上旬为第一次开花高峰期，若管理好，可持续至 7 月初；9 月再次萌芽，10 月上旬至 11 月为第二次开花高峰期。温室栽培则四季均开花。切花月季通常生长 5~6 年后开始衰弱，需更新。

3. 繁殖方法

生产上主要用扦插繁殖和嫁接繁殖。扦插苗前期生长慢，产量低，但后期生长稳，产量高，多用于无土栽培；嫁接苗生长势好，切花质量和产量高。

(1) 扦插繁殖

整个发育期内均可进行，一般以 4~10 月较适宜。选开花 1 周左右的半成熟健壮枝条，将枝条剪成具有2~3个芽的小段；保留1片复叶，以减少水分蒸发；基部蘸一些植物生长调节剂，如吲哚丁酸(IBA)或萘乙酸(NAA)，以促进生根；插条间距3~5cm，插入基质2.5~3.0cm，插后喷透水。采用全光照喷雾育苗，可提高育苗成活率。

(2)嫁接繁殖

采用芽接或枝接。芽接通常采用"T"字形芽接，砧木可采用十姊妹(野蔷薇变种)、野蔷薇的实生苗或扦插苗。芽接适宜在气温15~25℃的生长季节内进行。枝接适宜在每年的生长开始之前或休眠前不久进行。

4. 栽培与养护技术要点

(1)准备工作

切花月季定植后连续采花5~6年，因此必须对土壤进行改良，要求pH 5.6~6.5。种植前可对土壤进行深翻(深度40~50cm)，每亩施腐熟的有机肥2500~3000kg和45%的复合肥25~30kg。前茬种植过其他植物的，需每亩用敌磺钠25~30kg进行土壤消毒。南方多雨潮湿，宜作高床，北方多采用低床，栽培床宜南北向，床宽60~70cm。

(2)种植技术

根据品种特性与市场需求确定栽植时间与上市时间。切花月季全年都能进行栽植，但最有利的时期在休眠期。裸根苗可在早春(2月)芽萌动前定植，带土球绿枝苗可在6月前定植。

图5-1-7 二行式种植

为了操作方便，常用二行式种植(图5-1-7)，即每床种植2行，行距为35~40cm，株距为20cm、23cm、25cm或30cm，对应种植密度为10株/m^2、8.7株/m^2、8株/m^2、6.7株/m^2。种植深度以将嫁接苗的接口露出地面1~2cm为宜，种植后将植株周围土壤压实并浇水，使根系与土壤紧密结合。

(3)养护技术

①肥水管理　定植时施足基肥，还可以每年冬季在行间挖沟施有机肥。有机肥可选用腐熟的鸡粪、牛粪等。追肥在生长季内进行，每隔2~3周结合浇水追施一次薄肥。定植初期肥料以氮肥为主，以促进新根的生成。后期以促进花芽形成与花蕾发育为主，要重视磷、钾肥的供给，避免过多施用氮肥。通常采用低氮高钾的营养配方，氮、磷、钾的常用配比以1：1：2或1：1：3为好，同时需要注意钙、镁及微量元素的配合施用。

定植后1周内充分保证根部土壤和表土湿润，白天叶面喷水，适当遮阴。20d后当有大量的新根萌发时，可减少浇水量，适当蹲苗，促使根系进一步生长。大棚内保持相对湿度为70%~80%。成苗期生长迅速，需要补充足够的水分。冬季每4~6d浇一次水，夏季每2~3d浇一次水。开花期，白天空气相对湿度控制在40%，夜间空气相对湿度应控制在60%。

②摘心、摘蕾、抹芽　从定植到开花，绿枝小苗至少要进行3~4次摘心。芽接苗，接芽萌发后长出5~6片叶时摘心，促使侧芽发梢，并选择3个粗壮枝留作主枝。主枝粗度达到0.6~0.8cm时，将主枝再度重剪，栽植后当年秋季可以开始采花。盛夏形成的花蕾

无商品价值，要及时摘除。

③修剪　是切花月季栽培中一项十分重要的措施。剪除弱枝、内交叉枝、重叠枝、枯枝及病虫枝等，以改善光照条件；根据生长需要，抹去影响整体生长的腋芽；及时摘除侧蕾；夏季采取捻枝或折枝的方法越夏，冬季可采取强修剪；每次采花应在花枝基部以上第3~4个芽点处剪断，注意尽量保留外向的芽。

根据月季对温度敏感的特点，修剪的时间主要是冬、秋两季。夏季多不修剪，只摘蕾、折枝、捻枝。冬季待月季进入休眠后、发芽之前进行修剪。冬剪的目的主要是修整树形，控制高度。秋剪是在月季生长季节进行，主要目的是促进枝条发芽，更新老枝，控制开花期，决定出花量。月季的花期控制主要采用修剪的方法来达到。在日温25~28℃时，剪枝后40~45d可以第二次采花。修剪时保留2~3片叶，萌芽后每枝留1~2个健壮萌芽生长，其余抹去。

④温度和湿度管理　切花月季大多采用温室栽培和大棚栽培。夏季温度超过30℃时，不利于生长，可通过使用遮阳网、充分打开窗户或拆除薄膜来降温。同时，通过减少浇水来迫使植株处于休眠状态。入秋后，温度逐渐下降，切花月季生长又处于高峰期，应注意通风透气，夜间注意保温。冬季产花，要求晚上最低温度不低于10℃。此外，冬季一般棚室内温度高，空气不流通，易引发病害大发生，需要选择晴朗的中午开窗，以降低空气湿度。

⑤病虫害防治　主要病害有白粉病、灰霉菌、黑斑病等，应注意棚室的温度和湿度管理，改善通风透光条件，做好预防工作。通常每7~10d用保护剂和杀菌剂交替防治。主要虫害有蚜虫、叶螨、叶蛾等。在虫害发生期，用50%杀螟硫磷1000倍液等进行喷杀。

课程思政

月季被称为“花中皇后”，其重要特点是花期长，四季常开。部分品种即使在较为恶劣的气候条件下，如高温的夏季和寒冷的冬季，也能坚持开花。同学们在追求知识的道路上，不管遇到什么困难，都要像月季一样保持长期的努力，坚持不懈地学习，才能收获成功的“花朵”。

(四)切花香石竹

香石竹(*Dianthus caryophyllus*)又名康乃馨、麝香石竹，是石竹科石竹属宿根草本花卉。株高30~100cm。茎直立，多分枝，节部膨大。单叶对生，全缘，条状披针形，基抱茎。花单生或2~3朵簇生于枝端，具淡香；花蕾椭圆形，花径5~10cm，花瓣扇形、具爪，内瓣多呈皱缩状；花色丰富，有白色、红色、桃红色、橘黄色、紫红色、杂色与点洒绛红等复色，或镶边。蒴果。种子褐色。常年开花，为世界五大切花之一。

原产于南欧及西亚等，世界各地广泛栽培。目前世界上切花香石竹高水平生产的年产量为130~150枝/m^2，最高250枝/m^2以上，我国平均年生产水平在100枝/m^2左右，还具有很大增产潜力。

1. 品种类型

香石竹品种达1000余个，一般以栽培方式、花枝的花朵数目与大小、用途等进行分类。

(1)大花香石竹

茎秆坚硬健壮，每枝1朵花。花径6~7.5cm，为大花型，芳香，色彩丰富，产花期长。常见品种：

红花系列　‘马斯特’、‘多明哥’、‘海伦’、‘弗朗克’。

桃红色系列　‘达拉斯’、‘多娜’、‘成果’、‘达拉斯’。

粉色系列　‘卡曼’、‘佳勒’、‘鲁色娜’、‘奥粉’。

黄色系列　‘日出’、‘莱贝特’、‘普莱托’、‘黄梅’。

紫色系　‘紫瑞德’、‘紫帝’、‘韦那热’。

橙黄色系　‘玛里亚’、‘佛卡那’。

绿色系　‘普瑞杜’。

白色系　‘白达飞’、‘妮娃’。

复色系　‘俏新娘’、‘内地罗’、‘莫瑞塔斯’。

(2)小花香石竹

主要品种：‘红色芭芭拉’、‘粉色芭芭拉’、‘珍珠粉’、‘瑞雪’、‘绿茶’。

2. 生态学特性

香石竹原种为长日照植物，栽培中已成为四季开花的日中性植物，但15~16h的长日照条件对花芽分化有促进作用。喜冷凉的气候，不耐寒。生长适温为15~20℃，以昼温21℃、夜温12℃较佳，对30℃以上或5℃以下温度的适应性差，周年生产要求有冬季保温、夏季降温通风的栽培设施。喜肥沃、通气性和排水性好、腐殖质丰富、pH 6.0~6.5的微酸性黏壤土，忌连作。

3. 繁殖方法

切花香石竹在生产中可采用扦插繁殖和组织培养的方法。除炎热夏天外，其他时间都可进行扦插。一般以1~3月效果好，成活率可达90%以上。应选用母本茎中第二、第三节生出的侧芽作插穗。当侧芽长出6对叶时，即可用手掰取带3~4对叶的侧芽，芽基部要带有踵状部分，经整理，保留3叶1心(图5-1-8)。扦插前可用适宜浓度的吲哚丁酸、生根粉处理，更利于成活。培养土可用珍珠岩、蛭石加园土、河沙，也可用40%的珍珠岩和60%的泥炭混合而成。扦插深度以1cm为宜，插后温度控制在15~21℃，湿度控制在70%~80%，一般20~30d即可生根，根长2cm时定植。

图5-1-8　香石竹扦插苗

4. 栽培与养护技术要点

(1)准备工作

切花香石竹栽培过程中病虫害严重，必须建立严格的轮作制度和进行土壤消毒。香石竹根系为须根系，应在种植前2个月对表土层进行翻耕。作畦或床，宽1~1.1m，中间沟宽60cm、高30cm。每亩施充分腐熟的猪粪或牛粪3500kg，翻入畦面表土10cm以下。

(2)种植技术

栽植期根据采花期要求与栽培方式而定，作型有春作型(目前栽培面积最广的作型)、冬作型和秋作型。通常从定植到始花需110~150d，所以春作型4~5月定植，10月以后的秋、冬采收；冬作型主要是12月定植，翌年6~7月采收；秋作型9月定植，翌年3~4月采收。除此之外，还有多年作型，即一次定植，连续2~3年采收。

定植密度通常为每亩1.2万~1.4万株。每畦种6行，株行距可以控制在15cm×18cm(图5-1-9)。以浅栽为好，即以栽植后原有插穗生根介质稍露出土表为宜。

(3)养护技术

①肥水管理　切花香石竹生长期长，且要分期、分批多次采收切花，因而需要大量养分的补充。除在栽植前施用充足的基肥外，还需要进行追肥。追肥的原则是少量多次。可施稀薄的有机液肥。在不同生育期，要根据生长量调整施肥次数和施肥量。生长旺盛期，结合供水进行追肥。在生长中后期逐渐减少氮肥用量，适当增加磷、钾肥用量。花蕾形成后，可每7d喷一次磷酸二氢钾，以提高茎秆硬度。因铵态氮不利于切花香石竹生长，所以应尽可能使用硝态氮。

香石竹喜湿润，但不耐涝，应避雨栽培。缓苗期保持土壤湿润，缓苗后要适度“蹲苗”，使根向下扎，形成强壮的根系。夏季土壤水分含量不宜过高，浇水应做到清晨浇水，傍晚落干。9月中旬开始，增加浇水次数。只能横向对根部浇水，不能垂直于叶面浇水，否则叶面湿度过高，很容易引起茎叶病害。

②张网　为了使切花香石竹的茎能伸直生长，在摘心结束、苗高15cm时进行张网。先在畦边每1.5m打一根桩，桩长1.2m，插入土中30cm。打桩时必须纵向拉一根绳，使桩排列在一条直线上。一般使用的网是由尼龙绳编织而成，网格大小为10cm×10cm。每畦张3层网，最低一层固定于15cm高处，其余两层分别与下层相距20cm左右(图5-1-10)。

图5-1-9　切花香石竹定植

图5-1-10　张　网

③摘心　根据栽培类型和对花期的要求，可采取一次摘心、一次半摘心、二次摘心等(图5-1-11)。

一次摘心又称单摘心，仅摘去植株的原生茎顶尖，可使4~5个营养枝延长生长、开花，从种植到开花的时间最短。

一次半摘心又称半单摘心，为原主茎单摘心后，待侧枝延伸足够长时，每株上有一半

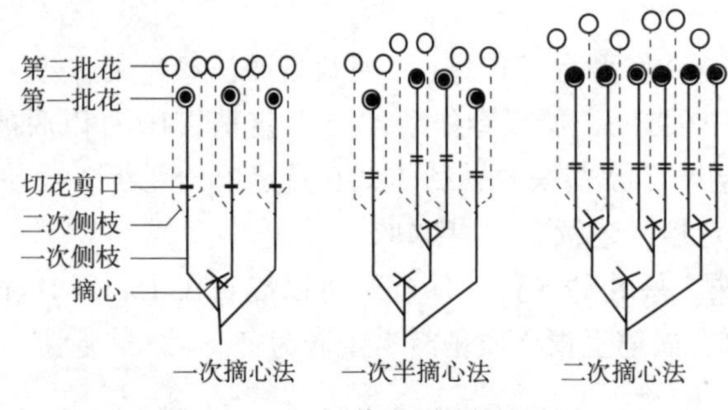

图 5-1-11 切花香石竹摘心方法

侧枝再摘心，即后期每株上有2~3个侧枝再摘心。这种方法会使第一次采收数量减少，但产花量稳定，避免出现采花的高峰与低潮问题。

二次摘心又称双摘心，为原主茎摘心后，待侧枝生长到足够长时，对全部侧枝(3~4个)再摘心。二次摘心造成同一时间内形成较多数量的花枝(6~8个)，初次采收数量集中，但易使下次花的花茎变弱。该方法在实践中较少采用。

摘心的目的为促进分枝，提高单株产花量及调节花期(表5-1-2)。通常第一次摘心在定植后30d左右、幼苗主茎有6~7对叶展开时进行，多数在主茎上留5~6个节，摘除顶芽；第二次摘心是在第一次摘心后30d左右、侧枝有5~6个节时进行。经过两次摘心，每株可发生6~10个开花侧枝。一般4~6月最后一次摘心，80~90d后为盛花期；7月中下旬最后一次摘心，110~120d后为盛花期；8月中旬最后一次摘心，120~150d为盛花期。因此，为了保证12月至翌年1月为盛花期，最后一次摘心时间应为8月初。

表 5-1-2 切花香石竹周年生产日程

定植时间	摘心方法	采花时间
2月	一次摘心	6月底始花，第一次开花高峰期在7月，第二批在元旦、春节上市，翌年5~6月第三批花上市，花期可延续至7月初
3月	不摘心	6月中旬开花，第二批花在国庆节上市，第三批花在翌年3~4月上市
4~5月	一次半摘心	7月始花，为一级枝开的花，8~9月二级枝开花
6月上旬	两次摘心	第一批花在元旦期间上市，第二批花在5月中上旬前后上市
9月上旬	一次摘心	翌年4~5月为开花高峰期，7~8月仍有优质花供应上市

④光照管理　香石竹是已知花卉中对光要求最高一种。强光有助于香石竹健壮生长。光照强度小于4000lx则引起生长缓慢、茎秆软弱等现象。光照时间增加到16h，或22:00到次日2:00用人工光照来间断黑夜，或整夜用低光强度光照，都会对香石竹的生长产生较好的影响。随着光照时间与光照强度的增加，光合作用加强，有利于加速营养生长，促进花芽分化，提早开花期，并提高产花量。

⑤温度管理　10月中旬以后应覆盖薄膜进行保温。冬季寒冷地区可通过棚内设置2~3层膜进行保温，必要时进行加温，但应注意充分通风和换气，以防止病害发生。不同季节适宜的昼夜温度见表5-1-3所列。

⑥病虫害防治　常见病害有立枯病、病毒病、叶斑病及锈病等，防治方法有：选用无

表 5-1-3 不同季节适宜的昼夜温度　℃

项目	春	夏	秋	冬
白天	19	22	19	16
夜间	13	10~16	13	10~11

病插穗(芽)；拔除病株，喷药防治；进行土壤消毒。一般每 7d 左右必须用多种杀菌剂交替喷洒一次。虫害有蝇、蝼蛄，可用毒饵诱杀。对于蚜虫、红蜘蛛、夜盗蛾等，可用三氯杀螨醇等杀螨药剂防治。

三、其他切花栽培与养护(表 5-1-4)

表 5-1-4 其他切花栽培与养护

序号	切花种类	生态学特性	栽培与养护技术要点	注意事项	应用特点
1	唐菖蒲(*Gladiolus gandavensis*)	喜光，长日照植物。生长期要求阳光充足、通风良好的环境。喜温暖，怕寒冻，不耐过度炎热。喜疏松、土层深厚、富含腐殖质且排水良好的砂质壤土，pH 宜在 6.0～7.0。不耐涝	采用分球、播种、组织培养等方法繁殖。采用基肥充足、pH 5.8~6.5 的砂壤土。畦面宽 1.0~1.2m，畦高 10～15cm。整地后张网(15cm×15cm)。种球用清水浸泡 15min，然后用多菌灵或甲基硫菌灵等 800 倍液浸泡 30min，取出后用清水洗净，晾干。按每亩种植 1.5 万球的密度种植，深度为球茎高度的 3~4 倍，一般为 10~12cm。定植初期温度以 10～18℃为宜，茎叶出土后，可提高温度至 20～25℃，昼夜温差以 10℃为宜。 生长期浇水量不宜过多，忌受水渍。需按时追肥，第一次在长出 2 片叶时施，第二次在长出 4 片叶时施，第三次在长出 6 片叶时施。前期以氮肥为主，中后期要增加磷、钾肥。生长季节光照强度控制在 30 000lx 左右，时长要大于 12h。如遇上阴雨天，可适当补光	植株长高后应及时进行支撑，防止倒伏。掌握好采摘切花的最佳时机，一般在花朵显色但未开放时采摘。采摘后及时进行保鲜处理，如浸泡保鲜液等，以延长切花的观赏期	重要的鲜切花，可用于制作花篮、花束，或瓶插等，具有极高的观赏价值。与切花月季、切花香石竹和切花非洲菊被誉为“世界四大切花”，在全球范围内受到广泛喜爱
2	非洲菊(*Gerbera jamesonii*)	喜阳光充足的环境。对光周期的反应不敏感，光周期长短对开花数与花的质量影响不大。喜冬季温暖，夏季凉爽。最适生长温度为昼温 20～25℃，夜温 16℃。开花期要求不低于 15℃，不超过 30℃。若气温适宜，四季有花。要求肥沃、疏松透气、排水良好的微酸性土壤，pH 以 6～6.6 为好	采用组织培养和分株繁殖。选择疏松透气、排水良好、富含腐殖质的砂壤土，pH 6.0～6.5。种植前深翻(30cm 以上)，施腐熟厩肥 2000～3000kg/亩，进行土壤消毒后平整土地，起沟作畦。畦高 30cm、宽 60～80cm，沟宽 70～80cm。全年均可种植，4～5 月为较理想的定植期。通常每床种植两行，交错种植，行间距为 25～30cm，株距为 25cm 左右。定植时需浅栽，植株的心叶应与土面相平或稍高出土面。定植当天要浇一次透水，随后注意保持适宜的温度及湿度，不宜太湿或太干，缓苗期将整个栽培床喷湿以增加湿度。早春时节，早、晚要适当保温，超过 25℃时要及时通风降温，晴天适当遮阴。需每天检查并剔除带病植株，补栽健壮小苗。定植成活后，可施少量低浓度的营养液，以促进生根长叶。若温度适宜，定植后 1 个月左右进入旺盛生长期，应大肥大水，以促进生长。进入夏季高温期或冬季低温期，以保根促壮为主，适当控制浇水和施氮肥，增施磷、钾肥，并及时摘除老叶。光照强度超过 60 000lx 时，应适当遮阴。初花期要及时摘除花蕾，去除黄叶、花叶及病叶，以减少养分消耗。一般每株留 25 片叶，按去劣留优的原则摘除过多的花茎和花蕾。保留的花蕾在发育程度上要有梯度，以便能开花均衡。夏季花期要注意遮阴及通风降温，冬季花期要注意保温及加温	及时摘除老叶和病叶，合理疏蕾，保证花朵质量。保证良好的通风环境，以减少病虫害滋生	花朵硕大，花色鲜艳，花姿挺拔，十分美丽。无论是盆栽、作切花还是园林栽植，都能达到不错的观赏效果

（续）

序号	切花种类	生态学特性	栽培与养护技术要点	注意事项	应用特点
3	金鱼草（*Antirrhinum majus*）	长日照植物，喜阳光充足，稍耐半阴。喜凉爽，较耐寒，不耐酷热及水涝。生长适温为白天15~18℃，夜间10℃左右。喜肥沃、疏松、排水良好和富含有机质的中性或稍碱性砂壤土	采用播种繁殖。整地时施入腐熟有机肥3kg/m^2，并对土壤进行消毒处理。作畦，畦高15~20cm、宽80cm，过道50cm。铺设15cm×15cm尼龙网。待苗长出3~6对真叶时定植，要求苗高一致，无病虫害，根系完整。如果采用单干栽培，株行距为10cm×15cm；如果采用多干栽培，则株行距为15cm×15cm。定植后浇透水，栽后1周内及时扶正、浇水，并对缺苗处及时补苗。幼苗期，浇水以见干见湿为宜。当花穗形成时，要充分浇水，不能出现干旱。在阴凉条件下，要防止过度浇水。生长期光照要充足，冬季应补充人工光照。花芽分化阶段适温为10~15℃，如出现0℃低温，会造成盲花。随着植株生长，逐渐向上提网，部分品种需设2层网。如果采用多干栽培，应摘心2次。在植株形成1对分枝时第一次摘心，形成2对分枝时再次分别摘心，使其形成4个花枝。在花枝形成阶段，追施磷酸二氢铵和磷酸二氢钾复合肥50g/m^2，也可喷施0.2%的磷酸二氢钾，每周施一次。同时注意防治蚜虫及锈病	植株较高时注意支撑，防止倒伏。避免连作，防止土壤病虫害积累。可通过调节播种时间等方式调控花期	可用于布置花坛、营造花境、盆栽、作切花
4	向日葵（*Helianthus annuus*）	要求光照充足，不耐阴。喜温暖，不耐寒。生长最适温度是白天18~30℃，夜间10~18℃。稍耐旱	采用播种繁殖。选向阳、排水良好的地块，施入腐熟农家肥作基肥，同时每亩施入1000kg商品有机肥、100kg复合肥（15-15-15）和200kg过磷酸钙。精细耕作后沿东西走向起垄，作深沟高畦，畦宽70cm，畦高25~30cm，沟宽30~40cm。在定植行两侧约15cm处铺设两条直径为20~30mm的喷管。在播种初期应给予充足光照，以防植株徒长倒伏。植株长出3~4片真叶时定植，每畦定植3行，株行距为20cm×30cm或25cm×30cm，每亩可种植8000~10 000株。生长期要求保持表土湿润。孕穗前期施肥以氮、磷肥为主，用复合肥和过磷酸钙兑水1000倍进行滴灌，每7d一次，连续2~3次，可以保持叶片浓绿。现蕾期应适当控制水分，但在光照强、气温高的条件下，水分消耗量大，应及时浇水，以防叶片萎蔫，影响植株正常生长，导致切花品质下降。在整个生长发育过程中，应控制温度不低于10℃。在花芽分化期至现蕾期做好水分调控，以防白粉病、锈病的发生。发现茎腐病病株时，应及时拔除并烧毁。虫害主要有蚜虫和美洲斑实蝇，可用70%的吡虫啉1000倍液和1.8%的阿维菌素乳油3000倍液或20%的阿维菌素·杀虫单乳油1500倍液和40%的氰戊菊酯乳油6000倍液混合喷施	对温度的适应性较强，但在适宜温度范围内生长更好，需注意温度的调节	花朵大而鲜艳，金黄色非常醒目，具有很强的观赏性。可用于庭院、花园等景观布置。还可作美丽的切花，用于插花、制作花束等，给人以阳光、积极的感觉

（续）

序号	切花种类	生态学特性	栽培与养护技术要点	注意事项	应用特点
5	情人草（舞草）（*Codoriocaly×motorius*）	喜光照充足，荫蔽环境下生长缓慢，分枝少。喜温暖，耐严寒。环境温度为 15～25℃时生长最快	采用播种繁殖。小苗长出 5 片真叶时可进行定植。定植前完成春化作用，春化温度 2～5℃，持续 40d。春化后，升温过程及时补水和施肥，以使植株萌发新叶。施入腐熟农家肥作基肥，用量为 2～3g/m^2。除氮、磷、钾的供应外，还要增施硼肥（2g/m^2）。作高畦，畦宽 100cm，畦高 15cm，沟宽 40cm。采用双行交叉种植，株行距为 40cm×40cm。栽植不要过深，土面稍高于根颈即可。定植初期湿度保持在 30%左右，温度控制在 20～25℃，中午温度过高时要加盖遮光率为 50%以上的遮阳网。营养生长期根据天气情况每 10～15d 浇一次水，保证土壤湿润。植株进入生殖生长后，尽量延长光照时间，保证每天光照 10h 以上。白天温度 20～25℃，夜间温度 10～15℃，避免高湿度和 30℃以上的高温。抽薹后控制浇水（湿度 20%左右），只要保证植株不枯萎即可，垄干时可利用滴灌浇水。病虫害主要有茎腐病、叶斑病、灰霉病、锈病、蚜虫、红蜘蛛等。发病初期，及时摘除病叶并烧毁；每隔 10～15d 喷 50%的百菌清或 50%的甲基硫菌灵 1000～1500 倍液进行预防。防治茎腐病，发病初期用 50%的多菌灵或 50%的甲基硫菌灵 1000 倍液喷施花茎基部；防治叶斑病，用 1∶1∶100 的波尔多液，或退菌特与波尔多液交替喷洒 3～4 次；防治灰霉病，发病初期采用烯酰吗啉和氰霜唑 1000 倍液混合或交替喷雾；防治锈病，用 30%的百菌清可湿性粉剂 1000 倍液进行喷雾；防治蚜虫和红蜘蛛，用吡虫啉和氧化乐果乳油混合液 1000 倍液连续喷洒 3～4 次	喷药后 1 周内不要灌水。为了防止花茎倒伏，应分别在距地面 20～30cm 和 50～60cm 处张网	花形独特，色彩鲜艳，常作为切花用于插花艺术中，能增添浪漫和独特的氛围。也适合制作干花，延长观赏期

任务实施

教师根据学校所处地域气候条件和学校实训条件，选取 1～2 种切花，指导各任务小组开展实训。

1. 完成切花栽培与养护方案设计，填写表 5-1-5。

表 5-1-5　切花栽培与养护方案

组别		小组成员	
花卉名称		作业时间	年　月　日至　年　月　日
作业地点			
方案概况	（目的、规模、技术等）		
材料准备			

（续）

技术路线	
关键技术	
计划进度	（可另附页）
预期效果	
组织实施	

2. 完成切花栽培与养护作业，填写表5-1-6。

表5-1-6　切花栽培与养护作业记录表

组别		成员	
花卉名称		作业时间	年　月　日至　年　月　日
作业地点			
周数	时间	作业人员	作业内容（含切花生长情况观察）
第1周			
第2周			
第3周			
第4周			
第5周			
第6周			
第7周			
第8周			
第9周			
第10周			
……			

填表说明：

1. 生长情况一般包括：花卉的总体长势情况，如高度、冠幅、病虫害等；各种物候（发芽、展叶、现蕾、开花、结果、果实成熟等）发生情况。

2. 作业内容主要是指所采取的技术措施，包括但不限于松土、除草、浇水、施肥、打药、绑扎、摘心、去蕾等，应记录详细。

考核评价

根据表 5-1-7 进行考核评价。

表 5-1-7 切花栽培与养护考核评价表

成绩组成	评分项	评分标准	赋分	得分	备注
教师评分（70 分）	方案制订	切花栽培与养护方案含花卉生长习性和对环境条件的要求介绍(2 分)、技术路线(3 分)、进度计划(5 分)、种植养护措施(5 分)、预期效果(2 分)、人员安排(3 分)等	20		
	过程管理	能按照制订的方案有序开展切花栽培与养护，人员安排合理，既有分工，又有协作，定期开展学习和讨论	10		
		管理措施正确，花卉生长正常	10		
	成果评定	切花栽培与养护达到预期效果，成为商品花	20		
	总结报告	格式规范，关键技术表达清晰，问题分析有深度和广度	10		
组长评分（20 分）	出谋划策	积极参与，查找资料，提出可行性建议	10		
	任务执行	认真完成组长安排的任务	10		
学生互评（10 分）	成果评定	切花栽培与养护达到预期效果，成为商品花	5		
	总结报告	格式规范，关键技术表达清晰，问题分析有深度和广度	3		
	分享汇报	认真准备，PPT 图文并茂，表达清楚	2		
总　分			100		

任务 5-2 切花采收、贮运和保鲜

任务目标

1. 了解不同品种切花的采收成熟度标准。
2. 熟悉各种切花的最佳采收时机。
3. 知晓切花采后生理变化特点及影响切花储运和保鲜的因素，如温度、湿度、气体成分等。
4. 掌握常见的切花保鲜剂的成分和作用原理。
5. 清楚切花储运过程中的包装要求和注意事项。
6. 能够准确判断切花的采收时机。
7. 掌握正确的切花采收方法，避免对切花造成损伤。
8. 会对切花进行适当的预处理，如整理、分级等。

9. 能够为不同品种切花选择合适的保鲜剂并正确配制和使用。

10. 能够熟练进行切花的包装，以确保储运过程安全。

11. 掌握切花储运过程中温度、湿度等的调控方法，并能应对可能出现的问题。

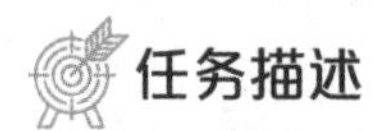

任务描述

切花是从活体植物上采摘下来的，虽然脱离了母体，但仍具有一定的生活力。其代谢旺盛，需要的营养物质主要靠自身贮存供给。因此，从采收、分级到包装的各个生产环节，都要应用科学的方法，精心操作，以达到保鲜并延长观赏期的目的。本任务首先学习切花采收、贮运及保鲜的理论知识和技术要求，制订1~2种切花采收、贮运和保鲜方案。然后，开展切花采收、贮运和保鲜实践操作，如根据切花采收的要求选择合适的采收时间进行采收，采收后及时进行初步整理，去除多余的叶片和受损部分，选择适宜的包装材料和方式，保护花朵在运输过程中不受挤压和损伤，控制贮运环境的温度、湿度和通风条件，并定期检查鲜切花的状态，及时处理出现问题的花朵等。最后，总结经验，制作PPT进行分享汇报。

工具材料

切花；剪刀、直尺、水桶、烧杯、量筒、玻璃棒；鲜花包装纸、标签；自来水、蔗糖、硝酸银、水杨酸等。

知识准备

一、切花采收

（一）采收时间

切花适期采收很重要。若采收过早，花朵不能正常开放，或易于枯萎。采收晚了，则切花寿命缩短，增加流通损耗。

除了切花本身的成熟度以外，切花最适宜的采收时间还因花卉种类、品种、季节、环境条件、与上次采收的时间间隔和消费者的特殊要求而异，在不同切花种类之间以及同一种类不同品种之间存在着明显差异。翠菊、鹤望兰、菊花、香石竹、月季、唐菖蒲等一般蕾期采收，而兰花、大丽花等必须在花朵开放后采收。切花采收后的瓶插寿命在很大程度上取决于其自身组织中糖类和其他营养物质的积累。因此，许多切花，如石竹、月季和菊花等，在夏季采收的可早些，而在冬季采收的则宜晚一些，以保证它们在瓶插期间能正常开放。用于本地市场直接销售的切花，采收时间比长距离运输或用于短期贮藏的晚一些。

一般而言，在花朵发育的越后期采收，切花的瓶插寿命越短，因此在能保证花蕾正常开放、不影响品质的前提下，尽量在花蕾期采收。其优点有：缩短切花生产周期，提早上市，提高温室或花圃及其相关设施的利用率，降低生产成本；减少早霜和病虫的危害；在秋、冬光照强度和光照时间不够的条件下，提高切花的质量；蕾期花朵紧凑，可节省空间，便于采后的贮藏和运输；减少切花流通过程中的机械损伤，降低对乙烯的敏感性，延长切花采后的寿命。

一天之中，不同种类、同一种类不同品种的切花适宜采收时间有所不同。

上午采收　可使切花细胞保持高的膨胀压，即切花此时含水量最高，有利于减少采后萎蔫现象的发生。但因上午露水多，切花较潮湿，容易受真菌等病害感染，在采后处理各环节中要注意。对于大部分切花，尤其是距离市场近、可直接销售的切花和采后易失水的种类，宜在清晨采收。如小苍兰、白兰等清晨采收香气更浓，且不易萎蔫。要尽可能避免在高温和强光下采收。

下午采收　特点是：经过一天的光合作用，花茎中积累了较多的糖类等营养物质，切花质量相对高些，但下午温度一般比较高，切花采收后容易失水。在晴朗炎热的下午，深色花朵的温度比白色花朵高逾6℃。

傍晚采收　在夏季，最适宜的采收时间是20:00左右。因为经过一天的光合作用，花茎中积累了较多的糖类等营养物质，切花质量较高，但此时采收往往影响当日销售。

如果切花采后直接放在含糖的保鲜液中，采收的时间可以灵活掌握(表5-2-1)。

表5-2-1　不同去向切花采收时机

花卉名称	远距离运输	远距离兼近距离运输	就近批发出售	尽快出售
亚洲百合	基部第一朵花苞已经转色，但未充分显色	基部第一朵花苞充分显色，但未充分膨胀	基部第一朵花苞充分显色和膨胀，但仍紧抱	基部第一朵花苞充分显色和膨胀，花苞顶部已经绽开
菊花	舌状花紧抱，其中一两枚外层花瓣开始伸出	舌状花外层开始松散	舌状花最外两层花瓣都已展开	舌状花大部分花瓣展开
香石竹	花瓣伸出花萼不足1cm，呈直立状	花瓣伸出花萼1cm以上，且略松散	花瓣松散	花瓣全面松散
小苍兰	基部第一朵花苞微绽开，但较紧实	基部第一朵花苞充分膨胀，但仍紧实	基部第一朵花苞松散	基部第一朵花苞完全松散
非洲菊	舌状花花瓣基本长成，但未充分展开，管状花雌蕊有2轮开放	舌状花花瓣充分展开，管状花雌蕊有三四轮开放	舌状花花瓣大部分展开，管状花花粉开始散发	舌状花花瓣大部分展开，管状花花粉大量散发
唐菖蒲	花序最下部一两朵小花都显色而花瓣仍紧抱	花序最下部1~5朵小花显色，小花花瓣未展开	花序最下部1~5朵小花都显色，其中基部小花花瓣略呈展开状态	花序下部7朵以上小花露出苞片，其中基部小花已经开放
满天星	小花盛开率10%~15%	小花盛开率16%~25%	小花盛开率26%~35%	小花盛开率36%~45%
补血草	花朵充分着色，盛开率30%~40%	花朵充分着色，盛开率40%~50%	花朵充分着色，盛开率50%~70%	花朵充分着色，盛开率71%
月季	花萼略有松散	花瓣伸出萼片外	外层花瓣开始松散	内层花瓣开始松散
郁金香	花苞发育到半显色，但未膨胀	花苞充分显色，但未充分膨胀	花苞充分显色和膨胀，但未绽开	花苞充分显色和膨胀，花苞顶部已经绽开

(二)采收方法

切花采收一般用花剪，对于一些木本切花，如梅花、蜡梅、银芽柳等，可用果树剪。采收工具要锋利，让切口平滑，以避免压破花茎，引起含糖汁液渗出，引发微生物侵染。花枝长度是切花质量等级的指标之一，因此采收切花时要尽可能带长花茎。同时，由于花茎基部木质化程度过高，从基部采收会导致切花吸水能力下降，寿命缩短，因此采收的部位应选择靠近基部而木质化程度适度的地方。

切花采收后，应立即放入清水或保鲜液中，并尽快预冷，以防水分丧失。对于那些对乙烯敏感的切花，在田间可先置于清水中，待转移到分级间后进行抗乙烯处理。

一品红等会在切口处流出乳汁，且乳汁会在切口处凝固，从而影响对水分的吸收。因此，对于这类切花可以在采收后立即把茎端插入85~90℃的水中烫数秒，以消除这种不利影响。

二、切花分级

切花分级是指基于切花个体的差异，将其按品质进行分类。根据国际上通用的标准，主要依据花枝长短、花径、新鲜程度等对采收的花材进行归类。

(一)分级方法

在国际贸易中，切花的质量主要基于总的外观由有经验的经纪人用肉眼评估。通常将同一产地、同一批量、同一品种、相同等级的产品作为一个检验批次。检验时随机抽取样本(大样本至少抽取30枝，小样本至少抽取8枝)，然后对表5-2-2所列项目进行以目测和感官为主、设备检测为辅的检测。

表5-2-2　切花质量等级评价

项　目	标　准
切花品种	根据品种特性进行目测
整体效果	根据花、茎、叶的完整性、均衡性、新鲜度和成熟度以及色、姿、香、味等综合品质进行目测和感官评定
花形	根据种和品种的花形特征与分级标准进行评定
花色	按照色谱标准，对纯正度、是否有光泽、灯光下是否变色进行目测评定
花茎和花径	花茎长度和花径大小用直尺或卡尺测量，单位为厘米(cm)。花茎粗细均匀程度和挺直程度进行目测评定
叶	对其完整性、新鲜度、清洁度、色泽进行目测评定
病虫害	一般进行目测评定，必要时可培养检查
缺损	依据《主要花卉产品等级》(GB/T 18247.1—2000)进行目测评定

(二) 分级标准

在花卉的国际贸易中，商品花卉的标准化分级十分重要，但至今切花分级还缺乏统一的国际标准，只有欧洲经济委员会(ECE)标准(表5-2-3)和各个国家自定的标准。目前，国际上广泛使用的有欧洲经济委员会标准和美国标准(表5-2-4)。

1. 欧洲经济委员会标准

该标准控制着欧洲各国家之间及其他国家进入欧洲市场的切花商品质量，适用于目前交易的大多数重要切花。除了一些特殊种类外，ECE 的总标准适用于以花束、插花或其他装饰为目的的所有切花和切花蕾。这个总标准叙述了切花的质量、分级、大小、耐受性、外观、上市和标签。表 5-2-3、表 5-2-4 所列分别为切花花茎长度和切花一般外观的 ECE 标准。

切花划分为 3 个等级，即特级、一级和二级。特级切花必须具有该品种的所有特性，没有任何影响外观的外来物质或病虫害。只允许 3%的特级花、5%的一级花和 10%的二级花具有轻微的缺陷。在每一个等级，可以有 10%的植物材料在茎的长度上有变化，但须符合该代码的最低要求。

表 5-2-3 切花花茎长度的 ECE 标准

cm

代码	包括花头在内切花花茎长度		代码	包括花头在内切花花茎长度	
0	<5 或标记为无茎		40	40~50	+5.0
5	5~10	+2.5	50	50~60	+5.0
10	10~15	+2.5	60	60~80	+10.0
15	15~20	+2.5	80	80~100	+10.0
20	20~30	+5.0	100	100~120	+10.0
30	30~40	+5.0	120	>120	

表 5-2-4 切花一般外观的 ECE 标准

等级	切花要求
特级	具有最佳品质，无外来物质，发育适当，花茎粗壮而坚硬，具备该种或品种的所有特性，允许 3%有轻微的缺陷
一级	具有良好品质，花茎坚硬，其余要求同上，允许 5%有轻微的缺陷
二级	在特级和一级中未被接受，但满足最低质量要求，可用于装饰，允许 10%有轻微的缺陷

对于某一特定的切花种类或品种，除了上述要求外，还包括一些特殊要求。如对于香石竹，应特别注意其茎的刚性和花萼开裂问题。对一些具有裂萼特性的香石竹，应分开包装，并在标签上注明。对于月季，最低要求为切割口不要在上一个生长季茎的生长起点上。

2. 美国标准

在美国，美国花卉栽培者协会(SAF)仅对某几种切花制定出推荐性的分级标准。其分级术语不同于 ECE 标准，采用“美国蓝、红、绿、黄”称谓，大致对应 85~100 分、70~84 分、50~69 分、30~49 分 4 个级别。

美国的 Conover C. A. 于 1986 年提出了一个新的切花质量分级标准。这个标准不考虑花的大小，而完全根据质量打分，质量最高的切花可得到满分 100 分，质量差一些的切花得到的分数相应少一些。质量评分涉及 4 个方面，即切花状态、切花形状、花的色泽及茎和叶。每个方面又可细分为几个项目，每个项目具有最高分数。各方面可能得到的最高分数之和为 100 分，见表 5-2-5 所列。

表 5-2-5　Conover C. A. 提出的切花质量计分系统

项目	切花质量计分
切花状态 (最高分 25)	花朵和花茎均未受到机械损伤或病虫害的侵蚀(最高分 10)； 状态新鲜，材料质地佳，无衰老的症状(最高分 15)
切花形状 (最高分 30)	形状符合种或品种的特性(最高分 10)； 外观不太紧也不太开放(最高分 5)； 叶丛一致(最高分 5)； 花的大小和茎的长度与直径相称(最高分 10)
花的色泽 (最高分 25)	澄清，纯净(最高分 10)； 一致性，符合品种特性(最高分 5)； 未褪色(最高分 5)； 无喷洒残留物(最高分 5)
茎和叶 (最高分 20)	茎强壮、直立(最高分 10)； 叶色适宜，无失绿或坏死(最高分 5)； 无喷洒残留物(最高分 5)

美国佐治亚大学教授 Armitage A. M. 总结 ECE、SAF 和 Conover C. A. 的分级特点，于 1993 年提出了一个新的切花总分级方案(表 5-2-6)。

表 5-2-6　切花总分级方案

等级	标　准
一级	所有的花朵、茎和叶必须新鲜(在过去 12h 内采收，无任何衰老或褪色迹象)，无机械损伤及病虫危害，花茎垂直和强壮，足以承担花头重量而不弯曲，花朵、茎和叶上没有化学残留物，不表现生长失调和畸变
二级	所有的花朵、茎和叶近于新鲜(在过去 12~24h 采收，很少有衰老迹象，无褪色)，受轻微机械损伤或病虫害的花朵、茎和叶数量不超过 10%，花朵、茎和叶上基本无化学残留物，具有足够的观赏价值和采后寿命
三级	具有一定的质量，但达不到一、二级切花标准

3. 中国标准

我国国家质量技术监督局于 2000 年 11 月 16 日发布了《主要花卉产品等级》(GB/T 18247.1—2000)，对观赏植物产品中切花、盆花、种子、种苗等的质量标准进行了严格规定。其中，对月季、菊花、香石竹、唐菖蒲、非洲菊、满天星、亚洲型百合、麝香百合、马蹄莲、花烛、鹤望兰、肾蕨、银芽柳 13 种切花制定了切花质量标准。

(三)分级具体操作

首先进行挑拣，清除采收过程中的脏物和废弃物，丢弃损伤、腐烂、病虫感染和畸形的切花。根据分级标准和购买者要求，严格进行分级。一个容器内只放置同一种等级的花卉，在容器外清楚地标明种类、品种、等级、大小、重量和数量情况。

三、切花包装

切花包装的作用是保护产品免受机械损伤、水分丧失、环境条件急剧变化和其他方面的有害影响，以便在运输和上市的过程中保持产品的质量，同时还起到封闭产品和便于搬运的作用。

大部分切花包装的第一步是捆扎成束。每束捆扎的花枝数量根据种类、品种及各国的习惯等而异。我国大部分切花 20 枝一束，如香石竹、月季等。也有 10 枝一束的，如百合、石斛兰等。进口的花卉有 8 枝、12 枝、25 枝一束的，如菊花、马蹄莲等通常 12 枝一束，香石竹 25 枝一束。决定每束花枝数量的因素还有单位成本以及机械损伤敏感程度等，如火鹤、荷花等以更小的单位甚至单枝为单位，单独包装；一些珍贵的切花品种，在捆扎前甚至采收前对花冠或花序用塑料网、套或防水纸单个包裹，以防花冠散乱和可能的机械损伤。满天星、补血草等填充类花材，各有不同的捆扎单位。

切花经捆扎成束后，用报纸、耐湿纸或塑料袋包裹即可装箱。一般采用瓦楞纸箱，箱中衬以聚乙烯膜或抗湿纸以保持箱内的高湿度。月季还常用聚乙烯泡沫塑料箱包装，或置于聚苯乙烯泡沫或聚氨酯泡沫衬里的纤维板箱中，以防外界过冷或过热对切花的危害。装箱可以在预冷前或预冷后进行。如果用强风预冷，可以在预冷前装箱，否则，应将切花预冷后再装箱，而且装箱操作应在冷库或其他低温环境中进行。

装箱时，花朵应靠近两头，分层交替放置于箱内，层间放纸衬垫。每箱应装满，以免贮运过程中花枝移动产生冲击和摩擦，但装箱不可过满，否则花枝会彼此挤压。一些名贵切花，如鹤望兰、蝴蝶兰等，箱中常填充泡沫塑料碎屑或碎纸，以避免装卸过程中受到冲击；有时还需填充碎湿纸以保持箱内较高的空气湿度。

对于需要湿藏的切花如月季、非洲菊、百合等，可以在箱底固定盛有保鲜液的容器，将切花垂直插入，或直接装于塑料桶中。这种类型的包装，对于运输及装卸等操作要求更高。湿包装只限于公路或铁路运输，且包装箱外必须有保持包装箱垂直向上的标识。对于一些娇嫩的切花如石斛兰，需在花枝的基部缚以浸湿的脱脂棉，再用蜡纸或塑料薄膜包裹捆牢，或在花材茎基部套上装有保鲜液的微型塑料管，以使花材在贮运过程中免受缺水的损害。

对于乙烯敏感型切花，需在包装箱内放入含有高锰酸钾的涤气瓶或其他浸渍有高锰酸钾的材料，以吸收箱内的乙烯，但花材不可与高锰酸钾直接接触。

四、切花贮运

(一)切花贮藏技术

切花贮藏技术是指保存切花产品的过程中所采用的各种保持产品品质的技术措施。切花采收后，其自身状态和外部条件都加速了衰败的进程。为了延缓衰败，延长切花的寿命，常常可以采取冷藏、气体调节贮藏等方式进行保鲜。

1. 冷藏

使用冷库、低温冰箱贮藏。切花冷藏主要有湿藏和干藏两种方法。

(1)湿藏

切花湿藏是指贮藏过程中将花茎基部直接浸入水中，或者采取其他措施(如用湿棉球包扎花茎基切口），以保持水分不断供给切花的贮藏方法。适合1~4周的短期贮藏，一般适用于正常销售或短期贮藏的切花。具体操作是：采收后立即将切花放入盛有温水或温暖保鲜液（38~43℃）的容器中，再把容器与切花一起放在冷库中，冷库的温度多保持在3~4℃。采用这种方法，切花不需要包装，切花组织可保持高膨胀度，但占据冷库空间较大。与干藏相比，湿藏的切花组织内营养物质消耗多，花蕾发育和老化过程会快一些，因此湿藏的时间比干藏短。

湿藏时，需除去花茎下部叶片，以免泡在水中或保鲜液中腐烂。湿藏时需将花茎端水剪2~3cm，防止形成气栓，影响吸水能力。不能把水或保鲜液溅到花和叶片上，避免产生污斑和褪色斑或灰霉病的发生。容器内水或保鲜液深度不能太浅，以将花茎淹没10~15cm为宜。

（2）干藏

切花干藏是指在贮藏过程中不提供任何补水措施的贮藏方法。即把切花包装后放在箱子、纤维圆筒或聚乙烯膜袋中，以防水分丧失。几乎所有的切花种类都可采用干藏，但是天门冬、大丽花、小苍兰、非洲菊等更适合湿藏。干藏法适用于需要长时间贮藏的切花，切花质量一定要好。最好是上午采收，因为这时细胞膨压高。采后立即预冷至所要求的贮藏温度水平，并进行预处理液处理，而后擦干茎端，包装好后方可贮藏。干藏的优点是贮藏期长，节省冷库空间。缺点在于要防止水分损失。切花贮藏时不能附着水滴，菊花鲜重损失达10%就会明显地影响到外观质量。

对于重力敏感型切花，如唐菖蒲、金鱼草，应垂直贮放。如果水平放置，容易产生向地性弯曲，从而影响切花质量。

2. 气体调节贮藏

气体调节贮藏简称气调贮藏、CA贮藏，是指通过精确控制气体（主要增加二氧化碳含量，降低氧气含量），结合低温来贮藏的方法。这种方法可减弱切花的呼吸强度，从而减缓组织中营养物质的消耗，并抑制乙烯的产生，从而使切花所有代谢过程变慢，延缓衰老。

气调冷藏库是密闭的装备，有冷藏和控制气体成分的设备。控制二氧化碳浓度的装置为装有活性炭、氢氧化钠、干石灰、分子筛和水的涤气瓶。氧气浓度是通过特殊的燃烧器从空气中消耗氧气来控制。气体调节贮藏是一个比常规冷藏成本更高的方法，在使用过程中与冷藏、化学保鲜技术相结合，效果会更好。

（二）切花运输技术

根据运输距离，切花运输可以划分为远距离运输、近距离运输和就近批发出售3种类型。根据运输手段，切花运输又可以分为陆路运输、海路运输和航空运输。在运输过程中，除了切花自身所发生的生理生化反应会影响其品质外，外部环境条件如温度、湿度、微环境中的气体，以及途中受到的震动和冲击等，也是影响切花质量的因素。理想的运输模式是运输过程中能够降低切花的生理活性，减少震动和挤压，以保证切花的质量。

1. 运输前化学处理

为了防止运输过程中切花品质下降或腐烂，运输前需进行药剂处理。对于对灰霉病敏感的切花，应在采前或采后立即喷杀菌剂，以防止该病在运输过程中发生。对于采用干式包装的切花，在包装前，表面应是干的，应无虫害和螨类。如果有虫害，可用内吸式杀虫剂或杀螨剂处理。运输前，尤其是在长途横跨大陆或越洋运输前，用含有糖、杀菌剂、抗乙烯剂和生长调节剂的保鲜剂做短时脉冲处理，对保持切花品质有很大益处。

2. 运输前预冷处理

预冷是指人工快速将切花降温的过程。除了对低温敏感的热带花卉种类外，所有切花在采收后应尽快预冷。

常用切花预冷方法有：

冷库冷却 直接把切花放在冷库中，不进行包装或打开包装箱，使其温度降至所要求的温度水平。完成预冷的切花应在冷库中包装起来，以防温度回升。

包装加冰 把冰砖或冰块放在包装箱中，切花放在塑料袋中隔开。应避免冰与切花直接接触造成低温伤害。

强制通风冷却 使用接近 0℃ 的空气直接通过切花，带走田间热。这是最常用的一种预冷方法，可使切花迅速冷却，所用时间为冷库预冷的 1/10～1/4。适用于大部分切花。

小贴士

切花所需的预冷时间通常取决于切花温度与库温的差异，需冷却切花的数量、种类，冷藏设备的效率以及通过包装箱的空气流速。用于切花预冷的冷藏室应有足够的冷藏能力，冷却系统应能保持接近 0℃ 的温度。预冷之后的切花在继续处理和运输过程中仍需继续保持制冷，才能取得预冷的良好效果。

3. 运输过程中环境因子的控制

(1) 温度

运输过程中的温度是决定切花质量和寿命的关键因子。除对低温敏感的热带花卉外，所有切花在采收预冷后，都应置于最适低温下运输。原产于温带的花卉运输适温相对较低，通常在 5℃以下；原产于热带的花卉则运输适温相对较高，通常在 14℃左右；原产于亚热带的花卉其运输适温则介于二者之间。切花在低温下运输主要通过以下几个方面减缓花蕾开放和花朵的老化：防止水分丧失；减弱呼吸和减少热量释放，防止在运输过程中过热；降低对乙烯的敏感性，减少自身乙烯的产生；减缓贮藏于茎、叶和花瓣中的糖类与其他营养物质的消耗。

(2) 湿度

蒸腾是切花的一项正常生理活动，但会导致水分的丧失和鲜度的下降，引起水分胁迫。环境的相对湿度是影响切花蒸腾强弱的主要因子，因此切花对运输环境相对湿度的要求很高，通常要求相对湿度保持在 85%～90%。

(3) 光照

在长途运输中缺乏光照，尤其是高温条件下，易导致多种切花叶片黄化。

(4) 微环境其他组成

包装箱内微环境的气体组成对切花观赏寿命有很大影响。运输过程中保持较高浓度的二氧化碳和较低浓度氧气，并脱除乙烯，对于降低切花的生理代谢活性从而减少运输过程中的损耗是有利的。

五、切花保鲜

切花采后一般经历两个不同的发育阶段：第一个阶段是从蕾期到充分开放；第二个阶段是从充分开放到成熟衰老。采后处理要达到两个目的：一是促进采后花蕾的开放，使切花能充分展示其观赏特性；二是减弱代谢活动，延缓开花和衰老进程，延长切花寿命。

切花保鲜是指利用化学试剂调节切花的生理代谢，人为调节切花开花和衰老进程，从而减少流通损耗，最大限度地保持切花的品质。保鲜剂处理，可使切花的货架寿命延长2~3倍，花朵增大，保持叶片和花瓣的色泽，而且操作简便，效果明显，成本较低，因此是目前切花生产者和销售者普遍采用的切花保鲜手段。

（一）保鲜剂主要成分

切花保鲜剂一般都含有糖、杀菌剂、乙烯抑制剂、生长调节剂、水和其他物质。

1. 糖

糖是较早用于切花保鲜的物质，可以调节水分平衡，增加切花对水分的吸收。保鲜剂中所含的糖大多为蔗糖，但在一些配方中还采用了葡萄糖和果糖。不同切花种类的最适糖浓度不同，如在花蕾开放液中，切花香石竹的最适糖浓度为8%~10%；切花菊叶片对糖浓度敏感，糖浓度以1.4%~2.0%为宜。糖浓度过高容易引起叶片烧伤，因此在实践中大多数保鲜剂使用的糖浓度相对较低（小于4%），以避免对切花造成伤害。但若糖的供给不足，则不能达到延长切花瓶插寿命、提高切花品质的效果。最适糖浓度还与处理的方法和时间有关。处理的时间越长，所需糖浓度越低。如脉冲处理液的糖浓度高，催花液的糖浓度中等，瓶插液的糖浓度较低。但应注意，糖溶液容易滋生微生物，阻塞花茎吸水的通道。

2. 杀菌剂

在保鲜液中生长的微生物有细菌、真菌，这些微生物大量繁殖后会缩短切花的瓶插寿命。为抑制微生物的繁殖，可在保鲜剂中加入杀菌剂。8-羟基喹啉硫酸盐和8-羟基喹啉柠檬酸盐是最常用的杀菌剂，可杀灭各种细菌和真菌。同时，这些杀菌剂可使保鲜液酸化，有利于花茎吸水。在切花月季和切花香石竹的保鲜中，还可抑制切花组织中乙烯的释放，从而延长瓶插寿命。使用浓度范围是200~600mg/L，若使用浓度过高，会对切花造成伤害。

其他常用杀菌剂还有硝酸银、硫代硫酸银（STS）等，但这些银盐受光易发生氧化作用，或与水中的氯反应生成不溶性物质，从而失去杀菌作用。其中，硝酸银在花茎中的移动性较差。硫代硫酸银有一定杀菌作用和乙烯抑制作用，生理毒性比硝酸银小，在花茎中移动性好，可到达切花的花冠，但对非洲菊有毒性。

3. 乙烯抑制剂

乙烯对加速切花衰老过程的作用早已为大众所知，硫代硫酸银是目前使用最广泛的乙烯抑制剂，对切花内源乙烯的合成有高效抑制作用，并使切花对外源乙烯作用不敏感。硫代硫酸银用量小，保鲜效果较好，但是最好现配现用，暂时不用的应避光保存（可在20~30℃的黑暗条件下保存4d）。另外，常用的乙烯抑制剂还有氨乙基乙烯基甘氨酸、甲氧基乙烯基甘氨酸、2,5-降冰片二烯、二硝基苯酚、氨基氧化乙酸等。其中，氨基氧化乙酸价格便宜，易于获取，在商业性切花保鲜剂中经常使用。

4. 植物生长调节剂

同其他生命过程一样，切花的衰老是通过其体内的激素控制的。因此，在保鲜剂中添加一些植物生长调节剂，能延缓切花的衰老和改善品质。目前，在切花保鲜上应用较广的植物生长调节剂是细胞分裂素，如激动素（KT）、6-苄基腺嘌呤（6-BA）、异戊烯基腺苷（IPA）等。其主要作用有：降低切花对乙烯的敏感性，并抑制乙烯的产生；减缓叶绿素的分解，抑制叶片黄化；对脱落酸有颉颃作用，能延缓花瓣和叶片的脱落。使用时，需注意浓度，浓度过高会产生不良影响。

5. 水

配制切花保鲜剂的水，大多采用自来水，其水质情况会直接影响切花保鲜剂中化学成分的有效性，进而影响切花寿命。通常用软水比用硬水好，但一些切花对水中的某些离子较为敏感。如含有较多钠离子的软水对切花月季、切花香石竹的危害大于含较多钙和镁的硬水；碳酸氢钠对切花月季的危害比氯化钠大，而对切花香石竹影响不大；水中的氟离子对大部分切花都有毒害作用。

6. 其他物质

对切花保鲜有影响的还有一些盐类、有机酸、展着剂等。一些矿质盐类，如钾盐（KCl、KNO_3、K_2SO_4）、钙盐［$Ca(KNO_3)_2$、$CaCO_3$］、铵盐（NH_4NO_3）等，有类似糖的作用，可促进水分平衡，延缓衰老过程。在切花保鲜剂中常用的盐类主要有钾盐、钙盐、硼酸或硼砂、铜盐和镍盐等。它们的作用主要是：抑制保鲜液中微生物的生长和繁殖，增加切花花瓣细胞的渗透压，有利于维持水分平衡；作为乙烯生成的抑制剂或引导保鲜液中的糖进入花冠。

有机酸的作用在于降低保鲜剂的酸碱度，促进花茎吸水和抑制微生物的繁殖，减少花茎的阻塞，对切花保鲜有利。保鲜剂中最常用的有机酸是柠檬酸。另外，还有抗坏血酸、酒石酸和苯甲酸等。

有时，还常在保鲜剂中加入润湿剂，如 1mg/L 次氯酸钠、0.1%漂白剂或 0.01%～0.1%吐温-20，以促进切花吸水。

（二）保鲜剂分类及使用

根据使用时间、使用方法及使用目的，切花保鲜剂可分为预处理液、脉冲处理液、催花液和瓶插液等。

1. 预处理液

预处理液是切花采收分级之后或贮藏运输前对切花进行预处理所用的保鲜剂，是用蒸馏水加杀菌剂、有机酸（但不加糖）、适量润湿剂（如吐温-20）等配制而成，pH 为 4.5～5.0，主要作用是促进花枝吸水，提供外源营养物质，灭菌，以及降低贮藏运输过程中乙烯对切花的损害。

经研究，切花一经采收，立即用预处理液处理，保鲜效果最好。若搁置 3d 之后才进行保鲜处理，则达不到保鲜的目的。将预处理液装入塑料容器中加热至 35～40℃，再将切花茎基部斜剪后浸入预处理液中。预处理液一般深 10～15cm，浸泡切花基部数小时，再将预处理液与切花一同移至冷室过夜，失水现象即可消除。对于萎蔫较重的切花，可先将整个花枝浸没在预处理液中1h，再进行上述处理。对于具有木质花茎的切花如切花菊、切花非洲菊等，先将花茎末端置于80~90℃热水中烫数秒钟，再放入冷水中浸泡，有利于细胞膨压的恢复。

2. 脉冲处理液

脉冲处理液是切花采收后短时间内使用的高浓度保鲜剂，可补充营养、杀菌和调节切花生理状态，延长切花瓶插寿命。

①主要成分及功能　糖分(蔗糖)，既是切花的能量来源，也可保持切花细胞的膨压，浓度一般为10%~20%。杀菌剂(8-羟基喹啉柠檬酸盐)，主要抑制细菌和真菌生长繁殖，防止切花维管束堵塞，浓度为100~300mg/L。生长调节剂(细胞分裂素)，刺激细胞分裂，促进侧芽生长，保持叶片活力，调节激素平衡，延缓衰老，浓度为1~10mg/L。

不同花卉种类的脉冲处理液各成分的含量有所差异。如月季脉冲处理液蔗糖浓度15%~20%，细胞分裂素浓度5~10mg/L，用柠檬酸调pH至3.5~4.0，可延长瓶插寿命3~5d。香石竹脉冲处理液蔗糖浓度10%~12%，8-羟基喹啉柠檬酸盐浓度150~200mg/L，细胞分裂素浓度3~5mg/L，pH 4.0~4.5，延长瓶插寿命2~3d。百合脉冲处理液蔗糖浓度12%~15%，8-羟基喹啉柠檬酸盐浓度200~250mg/L，细胞分裂素浓度4~8mg/L，pH 4.5~5.0，延长瓶插寿命3~4d。

②处理方法　将花茎基部浸入脉冲处理液浸泡10~60min。

③注意事项　严格按花卉种类要求配制合适浓度，现配现用；保持环境清洁卫生，避免二次污染。

3. 催花液

催花液是指切花采收后使花卉保鲜并促使花蕾开放所使用的保鲜剂。催花液的主要成分为：1.5%~2%的蔗糖、200mg/L的杀菌剂、75~100mg/L的有机酸。由于催花所需的时间较长(一般需数天)，故糖的浓度比预处理液的低。处理时通常在室温和高湿条件下，将切花放在催花液中处理数天，当花蕾开放时再在较低温度条件下储存。需注意的是，花蕾期采收的切花，应掌握好适宜的采收时期，否则即使用再好的催花液处理，也无法使其开出高质量的花，甚至不能使其充分开放。

4. 瓶插液

瓶插液是切花在瓶插观赏期的保鲜处理液，主要成分为低浓度的糖、1~2种杀菌剂、有机酸等。瓶插液的配方成分、浓度随切花而异，种类繁多，能有效地延长切花的瓶插寿命，并提高其观赏价值，不少国家已有工厂生产成品销售。一般应用于零售花店和家庭切花的保鲜。

六、常见切花采收、贮运和保鲜案例

(一)切花百合采收、贮运和保鲜

1. 采收

当着生10个以上花蕾的植株有3个花蕾着色、着生5~10个花蕾的植株有2个花蕾着色、着生5个以下花蕾的植株有1个花蕾着色时，即可以采收。过早采收影响花色，会显得苍白难看，甚至一些花蕾不能开放。过晚采收，会给采收后的处理与包装带来困难，花瓣被花粉弄脏，且切花保鲜期大大缩短。采收时用利刀在花茎离地面15cm处切割，保留5~10片叶。

2. 分级

切花百合根据《百合切花等级》(GB/T 41203—2021)进行分级，每一级别分别放置。主要分级指标如下：

(1)亚洲型百合切花分级

一级　整体优鲜度佳，花形美、花朵饱满、花瓣齐整无损伤，色艳无异常，茎挺粗、长≥90cm、无弯颈，苞长≥10cm，叶匀绿亮洁，无病虫害害损，开花指数1~3。

二级　整体鲜度好，花形美、花朵饱满、瓣齐无损伤，色好无异常，茎挺较粗、长≥80cm、无弯颈，苞长≥8cm，叶匀绿洁，无明显病虫害害损，开花指数1~3。

三级　整体感较好鲜度佳，花形整、花朵较饱满有微损，色良无失水焦边，茎挺、长≥70cm、无弯颈，苞长≥6cm，叶较匀较洁有污点，有轻微病虫害害损，开花指数2~4。

(2)东方型百合切花分级

一级　整体优鲜度佳，花形美、花朵饱满、花瓣齐整无损伤，色艳无异常，茎挺粗、长≥85cm、无弯颈，苞长≥12cm，叶匀绿亮洁，无病虫害害损，开花指数1~3。

二级　整体鲜度好，花形美、花朵饱满、瓣齐无损伤，色好无异常，茎挺较粗、长≥75cm、无弯颈，苞长≥10cm，叶匀绿洁，无明显病虫害害损，开花指数1~3。

三级　整体感较好鲜度佳，花形整、花朵较饱满有微损，色良无失水焦边，茎挺、长≥65cm、无弯颈，苞长≥8cm，叶较匀较洁有污点，有轻微病虫害害损，开花指数2~4。

(3)麝香百合切花分级

一级　整体优鲜度佳，花形美、花朵饱满、花瓣齐整无损伤，色艳无异常，茎挺粗、长≥95cm、无弯颈，苞长≥14cm，叶匀绿亮洁，无病虫害害损，开花指数1~3。

二级　整体鲜度好，花形美、花朵饱满、瓣齐无损伤，色好无异常，茎挺较粗、长≥85cm、无弯颈，苞长≥12cm，叶匀绿洁，无明显病虫害害损，开花指数1~3。

三级　整体感较好鲜度佳，花形整、花朵较饱满有微损，色良无失水焦边，茎挺、长≥75cm、无弯颈，苞长≥10cm，叶较匀较洁有污点，有轻微病虫害害损，开花指数2~4。

3. 绑扎

分级后，把每一级别的切花整理成束(10枝一束或20枝一束)，花朵或花蕾在同一端并要求整齐。摘掉黄叶、伤叶和茎基部10cm内的叶子后绑扎。

4. 贮藏保鲜

成束绑扎后，先将切花浸入2~3℃的清水中。一般处理时间为4~8h，不能少于2h。待切花吸收充足的水分后，即可以移入2~3℃的冷藏室，并将切花花茎浸入130mg/L 8-

羟基喹啉柠檬酸盐+0.463mol/L 硫代硫酸银+1mg/L 赤霉素+3%蔗糖的保鲜液中，保鲜液深度为 10~15cm。

5. 包装运输

切花百合应包装在带孔的干燥箱子中，通常使用纸箱，长、宽、高分别为 80cm、40cm、39cm，每箱 30 束。箱内花朵反向交互排列，并捆绑固定。运输时保持 2~5℃的低温和 85%~90%的相对湿度。

（二）切花菊采收、贮运和保鲜

1. 采收

标准大花型品种花开六七成时采收；多头小花型品种当主、侧枝顶花蕾已满开，其周围有 2~3 朵半开，其余花蕾多数显色时采收。采收时，剪口离地面约 10cm，这样切花瓶插寿命较长，也利于抽生脚芽。

2. 分级

切花菊根据《菊花切花等级规格》(NY/T 323—2020) 分为 3 级，每一级别分别放置。主要分级指标如下：

一级　整体感与新鲜度极佳，花朵饱满、花形优美完整且外层花瓣齐整，最小花径一般超 14cm，花色鲜艳纯正有光泽，花枝硬挺笔直，花颈 5cm 内、花头正，长度超 85cm，叶片厚且分布匀、色鲜绿有光，无检疫病虫害、药害、冷害与机械损伤，开花指数 1~3，采后冷藏并保鲜处理，每 12 枝按品种捆扎，花茎长度相差不超过 3cm，切口上 10cm 去叶。

二级　整体感与新鲜度良好，花朵饱满、花形完整、外层花瓣整齐，最小花径约 12cm，花色鲜艳纯正，花枝硬挺笔直，花颈 6cm 内、花头正，长度超 75cm，叶片厚且分布匀、色鲜绿，无检疫病虫害，基本无药害等，开花指数 1~3，采后处理同前，花茎长度相差不超过 5cm。

三级　整体感一般，新鲜度好，花朵较饱满、花形完整，外层花瓣稍有损伤，最小花径约 10cm，花色鲜艳、略有焦边但不失水，花枝挺直，长度超 65cm，叶片厚、分布欠匀、色绿，无检疫病虫害，有轻微药害等，开花指数 2~4，采后按品种每 12 枝捆扎，花茎长度相差不超过 10cm，切口上 10cm 去叶。

3. 绑扎

分级后，去除切口以上 10cm 范围内的叶片，或按花枝长度摘除下部 1/4~1/3 的叶片。同级切花每 10 枝或 20 枝绑成一束，用塑料膜或尼龙网套包扎花头。

4. 贮藏保鲜

成束绑扎后，将切花浸入配方为 30%蔗糖+250mg/L 8-羟基喹啉柠檬酸盐+0.5mmol/L 硝酸银+2mmol/L 硫代硫酸钠的保鲜液中，即可以移入温度为 2~4℃、湿度为 90%的冷藏室中贮藏。

5. 包装运输

菊花应包装在带孔的干燥纸箱中，纸箱堆放时要注意保持间距，以保证空气流通。运输时保持 2~4℃的低温，空气相对湿度应保持在 85%~95%。

(三)切花月季采收、贮运和保鲜

1. 采收

月季切花的采收时间因品种而异，大多数红色或粉色品种应在萼片已向外反卷到水平位置、花瓣外围 1~2 瓣开始向外松展时采收；黄色品种应在花萼向外反卷时采收；白色品种可在有 2~3 枚花瓣展开后采收。以清晨采收最好，保留花枝基部 2~3 片叶，去除剪口以上 15cm 的叶片和叶刺。

2. 分级

切花月季根据《月季切花等级规格》(NY/T 321—2020)进行分级，每一级别分别放置。主要分级指标如下：

(1)单头月季切花分级

一级　整体感、新鲜程度极好，花形完整优美，花朵饱满，外层花瓣整齐、无损伤，花色鲜艳，无焦边、变色，枝条均匀、挺直，花茎长度≥65cm，无弯颈，重量≥40g，叶片大小均匀、分布均匀，叶色鲜绿有光泽，无褪绿叶片，叶面清洁、平整，无购入国家或地区检疫的病虫害，无药害、冷害、机械损伤，开花指数 1~3。

二级　花茎长度≥55cm，重量≥30g。

三级　花茎长度≥50cm，重量≥25g。

(2)多头月季切花分级

一级　整体感、新鲜程度极好，每一花枝上至少有 3 个及以上可正常开放的花蕾，花苞直径≥2cm，花色鲜艳，无褪色失水，无焦边，枝条均匀、挺直，花茎长度≥60cm，无弯颈，重量≥60g，叶片大小均匀、分布均匀，叶色鲜绿有光泽，无褪绿叶片，叶面清洁、平整，无购入国家或地区检疫的病虫害，无药害、冷害、机械损伤，开花指数 1~3。

二级　花苞直径≥1.5cm，花茎长度≥50cm，重量≥40g。

三级　花苞直径≥1cm，花茎长度≥40cm，重量≥30g。

3. 绑扎

分级后，每 10 枝或 20 枝绑扎成束，要求每束花色一致，品种一致，花茎长短、粗细一致，花朵开放程度一致。

4. 贮藏保鲜

绑扎成束后应尽快插入清水中吸水(图 5-2-1)，以防止切口干燥，然后将花束插入保鲜液中保鲜。常用的保鲜液配方为：20%蔗糖 +300mg/L 8-羟基喹啉柠檬酸盐，或 5%蔗糖+200mg/L 8-羟基喹啉硫酸盐+50mg/L 醋酸银。最后将花束存放在 0~1℃的冷藏室内。

5. 包装运输

将花束从冷藏室取出后直接装入带孔的干燥纸箱中，纸箱堆放时要注意保持间距，以保证空气流通(图 5-2-2)。运输时保持 2~4℃的低温，空气相对湿度应保持在 85%~95%。

图 5-2-1　切花月季采收后吸水处理

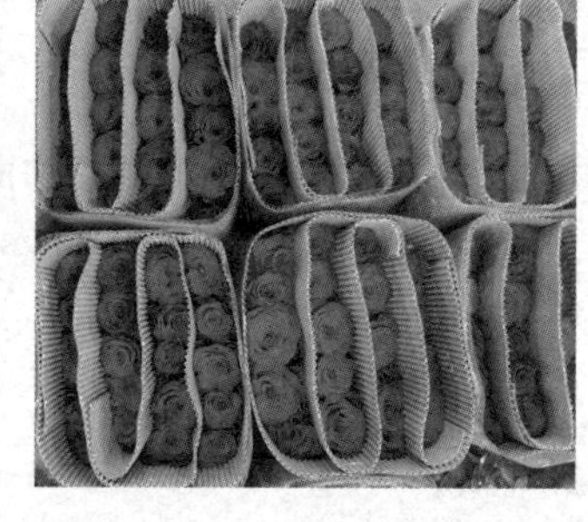

图 5-2-2　包装好的切花月季

（四）切花香石竹采收、贮运和保鲜

1. 采收

大花香石竹宜在花蕾即将绽开时采收，散枝香石竹宜在有两朵花已开放、其余花蕾透色时采收。清晨或上午采收，在茎基部之上 2~3 节处剪切。去除切口以上 10cm 的叶后置于清水中吸水 6h 左右，有利于延长保鲜期。

2. 分级

切花香石竹根据《香石竹切花等级》（GB/T 41202—2021）进行分级，每一级别分别放置。主要分级指标如下：

（1）单头香石竹切花分级

一级　在基本要求的基础上，花径一般超 14cm，无任何瑕疵，开花指数 1~3。

二级　最小花径约 12cm，允许有极轻微瑕疵，开花指数 1~3。

三级　最小花径约 10cm，有轻微瑕疵，允许有极轻度药害、冷害及机械损伤，开花指数 2~4。

（2）多头香石竹切花分级

一级　在基本要求的基础上，每茎着花 3 朵以上，花径一般超 10cm，无任何瑕疵，开花指数 1~3。

二级　每茎着花 3 朵以上，最小花径约 8cm，允许有极轻微瑕疵，开花指数 1~3。

三级　每茎着花 2 朵以上，最小花径约 6cm，有轻微瑕疵，允许有极轻度药害、冷害及机械损伤，开花指数 2~4。

3. 绑扎

分级后绑扎成束，每束 20 枝，要求花色一致，品种一致，花茎长短、粗细一致，花朵开放程度一致。

4. 贮藏保鲜

采收后的花枝在进行吸水处理的同时，可以加入硫代硫酸银进行抑制乙烯的保鲜处理。最后将花束放入保湿的包装箱内并置于 0~1℃的冷藏室内干贮。也可将花束基部浸入配方为 300mg/L 8-羟基喹啉柠檬酸盐+5~10mg/L 硝酸银+5%~7%蔗糖的保鲜液中，存放在 0~1℃的条件下以待上市。

5. 包装运输

准备运输上市的切花香石竹用带孔的纸箱包装。纸箱规格一般为高 30cm、宽 50cm、长 122cm，每箱装 800 枝。装箱前纸箱先预冷，箱内用聚乙烯垫衬。装箱时各层切花反向叠放，花头平放在纸箱两头，离箱边 5cm，箱中间用两个横楔固定花束，防止花头移动。运输温度控制在 2~4℃，空气相对湿度保持在 85%~95%。

七、其他切花采收与保鲜(表 5-2-7)

表 5-2-7　其他切花采收与保鲜

序号	花卉名称	采收要点	贮运技术	保鲜技术
1	向日葵(*Helianthus annuus*)	1. 采收标准：花苞裂口且黄色花丝伸出后即可采收。 2. 采收方法：用锋利的剪刀或刀从花茎的底部剪下，尽量保持花茎的长度和完整性。 3. 预处理：将采收的切花尽快放入清水中，以保持花朵的新鲜度。可以在水中加入适量的保鲜剂，如蔗糖、硼酸等，有助于延长瓶插寿命	1. 贮藏：将预处理后的切花放入冷藏室中，温度控制在 2～5℃，相对湿度保持在 90%，可贮藏 1 周左右。 2. 运输：在运输过程中，要注意保持花朵的湿润和通风，避免受到挤压和损伤	1. 使用清洁的花瓶或容器，最好是透明的，以便观察水位和花茎的状态。 2. 将花茎底部剪成斜口，增加吸水面积。去除下部的叶子，以避免叶子浸泡在水中导致腐烂。 3. 保持花瓶中的水位适中，一般水深为茎长的 1/3~2/3。 4. 可以在花瓶中加入适量的保鲜剂，如阿司匹林溶液，以延长花期。 5. 放置在避免阳光直射的地方，以免花朵过早凋谢。 6. 每隔 1～2d 更换一次花瓶中的水，同时清洗花瓶，以保持水质清洁。 7. 适宜的保存温度为 15～25℃，避免将其放置在过热或过冷的环境中
2	非洲菊(*Gerbera jamesonii*)	1. 采收时间：一般在上午气温较低时进行采收。 2. 采收标准：当舌状花完全展开、靠近舌状花的最外两轮管状花充分发育时即可采收。此时花朵刚开放，颜色鲜艳、质量优良，具有较长的保鲜期。 3. 采收方法：用手指捏住花茎中部，保持 30°～40°的幅度左右摇摆数次，向上拔起即可采下。也可以直接用剪刀剪下。在采摘时注意留下足够的花茎长度，以作为贮藏、运输时的支撑和维持生命力。 4. 预处理：采收后将切花暂放在无日光直射之处，尽快进行预冷处理	1. 贮藏：通常在低温高湿的环境下贮藏，温度一般控制在 2～4℃。相对湿度保持在 85%~90%。 2. 运输：运输时包装要适宜，避免挤压和损伤花朵。运输过程中也要维持低温环境，要注意通风良好，防止花朵因缺氧而受损。尽量减少运输途中的颠簸和震动，以保证切花的品质	1. 采收后将花茎基部剪去 1cm 左右，迅速插入洁净的水中，同时在水中加入 2% 的蔗糖 + 300mg/L 8-羟基喹啉柠檬酸盐溶液，或 4% 的蔗糖 + 50mg/L 8-羟基喹啉硫酸盐+100mg/L 异抗坏血酸溶液，或专用保鲜液，以延长保鲜期。 2. 用火将斜口燎一下，或者将切口浸泡在按比例配制的杀菌灵溶液里，防止切口处霉变。 3. 适当使用保鲜液，可以在花瓶内清水中放入白糖、阿司匹林、维生素 C 等。 4. 避免强光照射和高温环境，保持室内湿度适当，有空气加湿器更好。 5. 每天换水，并剪掉花茎基部切口处，防止发霉

（续）

序号	花卉名称	采收要点	贮运技术	保鲜技术
3	唐菖蒲 （*Gladiolus×gandavensis*）	1. 采收时间：一般选择在傍晚采收，此时经过一天的光合作用，切花茎中积累较多的糖类等营养物质，品质较高。 2. 采收标准：花序上1~5朵花显色时，即卷花期，为最佳采收期。 3. 采收方法：用采切工具进行采收，通常在植株上留2~3片叶。注意尽量不要伤及留下的叶片，以便为新球的生长发育提供光合作用的产物。 4. 预处理：①预冷，将切花放入冷库，用低温处理一段时间，以延长其保鲜期；②清洗，用清水冲洗切花，去除表面的污垢和杂质；③消毒，用杀菌剂或消毒剂对切花进行处理，以防止病菌感染	1. 贮藏：通常在2~4℃的低温环境下贮藏，可有效延长保鲜期；保持相对湿度在85%~95%，防止花朵失水。 2. 运输：使用合适的包装材料，如纸箱、泡沫箱等，对花枝进行妥善保护，避免挤压和损伤；运输过程中保持低温和适当湿度，注意通风良好；尽量减少运输途中的震动和颠簸，防止花朵受损	1. 常用的保鲜剂有蔗糖、8-羟基喹啉柠檬酸盐、水杨酸等。 2. 避免强光照射和高温环境，保持室内湿度适当，有空气加湿器更好。 3. 每天更换水，并剪掉花茎基部切口处，防止发霉
4	洋桔梗 （*Eustoma grandiflorum*）	1. 采收时间：一般在清晨或傍晚进行采收，避免在炎热的正午和下午采收。 2. 采收标准：当花枝上有3~4朵花开放和4~5个有效花苞时为采收适期，可根据客户要求适当调整。 3. 采收方法：使用锋利的枝剪，按花枝品质优劣分2~3次剪取。先剪优级花，再剪次级花，以减少最终分级的劳动量和花枝损伤。 4. 预处理：在采收前或包装过程中，摘除过度开放的花朵和过小不会开放的花苞，有利于提高切花品质。采收后应立即将切花插入水中，可使用保鲜液延长花期	1. 贮藏：通常在温度较低（2~4℃）、相对湿度较高（90%~95%）的环境中贮藏；可适当调整氧气和二氧化碳的浓度，有助于保持切花品质。 2. 运输：使用合适的包装材料，如纸箱、泡沫箱等，对花束进行妥善保护，避免挤压，防止损伤；运输过程中采用冷藏车或添加冰袋等，以维持低温环境；减少运输过程中的颠簸和碰撞，防止花朵受损	1. 将花枝底部斜切45°，以增加吸水面积。去除花枝下部的叶，只保留上部的几片叶，以减少水分蒸发和养分消耗。 2. 可以在水中加入适量的保鲜剂，如蔗糖、白醋、杀菌剂等，以延长花期。 3. 定期更换花瓶中的水，保持水质清洁。 4. 控制温度和湿度，适宜的生长温度为15~25℃，相对湿度为60%~80%。 5. 避免阳光直射，以免花朵褪色和枯萎。 6. 保持环境通风良好，避免花朵受到病虫的侵害

任务实施

教师根据学校所处地域气候条件和学校实训条件，选取1~2种花卉，指导各任务小组开展实训。

1. 完成切花采收与保鲜方案设计，填写表 5-2-8。

表 5-2-8 切花采收与保鲜方案

组别		成员	
花卉名称		作业时间	年 月 日至 年 月 日
作业地点			
方案概况	(目的、规模、技术等)		
材料准备			
技术路线			
关键技术			
计划进度	(可另附页)		
预期效果			
组织实施			

2. 完成切花保鲜作业，填写表 5-2-9。

表 5-2-9 切花保鲜作业记录表

组别		成员	
花卉名称		作业时间	年 月 日至 年 月 日
作业地点			
天数	时间	作业人员	作业内容(含切花保鲜情况观察)
第 1 天			
第 2 天			
第 3 天			
第 4 天			
第 5 天			
第 6 天			
第 7 天			
……			

填表说明：切花保鲜情况一般包括是否萎蔫、萎蔫程度、萎蔫占比，切口是否腐烂、腐烂程度，以及叶片是否变黄、是否脱落等。

考核评价

根据表 5-2-10 进行考核评价。

表 5-2-10 切花采收与保鲜考核评价表

成绩组成	评分项	评分标准	赋分	得分	备注
教师评分（70 分）	方案制订	能根据切花用途确定切花采收时机	5		
		切花采收与保鲜方案含技术路线、材料、进度计划、预期效果、人员安排等	15		
	过程管理	能按照制订的方案有序开展切花采收与保鲜，人员安排合理，既有分工，又有协作，定期开展学习和讨论	10		
		切花采收时机正确，技术规范；切花保鲜措施正确	10		
	成果评定	切花采收与保鲜达到预期效果	20		
	总结报告	格式规范，关键技术表达清晰，问题分析有深度和广度	10		
组长评分（20 分）	出谋划策	积极参与，查找资料，提出可行性建议	10		
	任务执行	认真完成组长安排的任务	10		
学生互评（10 分）	成果评定	切花采收与保鲜达到预期效果	5		
	总结报告	格式规范，关键技术表达清晰，问题分析有深度和广度	3		
	分享汇报	认真准备，PPT 图文并茂，表达清楚	2		
总　分			100		

巩固训练

一、名词解释

1. 切花　2. 定植密度　3. 切花保鲜　4. 采后处理

二、填空题

1. 切花栽培的方式有________、________两种。
2. 切花栽培的基质常用的消毒方法有________、________。
3. 百合属于________科百合属的________植物。
4. 百合常采用________和________的方法进行繁殖。
5. 目前最常用的切花冷藏方法有________和________两种。

三、选择题

1. 世界著名的四大切花为：切花菊、切花唐菖蒲、切花月季和(　　)。
A. 切花郁金香　B. 切花百合　C. 切花香石竹　D. 切花红掌

2. 菊花属于(　　)。

A. 宿根鲜切花　　B. 球根鲜切花　　C. 室内观叶植物　　D. 水生鲜切花

3. 月季原产于(　　)，后与欧洲蔷薇属植物杂交，陆续选育出了一些现代月季。

A. 中国　　B. 印度　　C. 马来半岛　　D. 日本

4. 生产上切花香石竹主要用组培和(　　)等方法繁殖。

A. 播种　　B. 扦插　　C. 嫁接　　D. 压条

5. 定植百合可以采用地床植和(　　)。

A. 穴盘植　　B. 保护地栽培　　C. 盆植　　D. 箱植

四、判断题

1. 菊花为长日照植物。(　　)

2. 切花非洲菊由于易“弯茎”，通常在盛花期采收。(　　)

3. 百合主要有东方百合、亚洲百合和麝香百合三大种系。(　　)

4. 月季宜在清晨采收。(　　)

5. 我国国家市场监督管理总局对切花月季、切花菊、切花香石竹、切花百合等 13 种切花制定了切花质量标准。(　　)

五、简答题

数字资源

1. 哪些切花在生长过程中需要张网？张网的目的是什么？

2. 如何通过摘心对切花香石竹进行花期控制？

3. 切花菊如何进行穴盘扦插繁殖？

项目6 专类花卉栽培与养护

项目描述

专类花卉是指在当前栽培广泛、种类繁多、研究较深入的一个科或一个属或一个种的花卉，目前主要包括蕨类植物、兰科花卉、多肉多浆植物等。专类花卉是重要的商品花卉。本项目通过理论学习和实践操作等多元化的学习方式，掌握不同专类花卉的分类、形态特征及生长习性等专业知识，以及专类花卉栽培基质准备、播种、移栽、浇水、施肥、病虫害防治等专类花卉生产相关技能。

学习目标

知识目标

1. 了解常见的蕨类植物、兰科花卉、多肉多浆植物等专类花卉的品种特点、生长习性等。

2. 掌握常见的蕨类植物、兰科花卉、多肉多浆植物等专类花卉栽培与养护方法和技术要点。

技能目标

1. 能够制订蕨类植物、兰科花卉、多肉多浆植物等专类花卉栽培与养护方案。

2. 能够全过程参与蕨类植物、兰科花卉、多肉多浆植物等专类花卉栽培与养护管理。

3. 能够对专类花卉的生长状态进行观察和评估，及时发现花卉养护管理过程中的问题，并通过查找资料、小组讨论、请教教师等找到解决问题的方法。

素质目标

1. 培养通过各种途径查找所需信息的能力。

2. 培养自主学习和分析问题、解决问题的能力。

3. 培养团结协作、吃苦耐劳、爱岗敬业、勇于创新的精神以及诚实守信的职业素养。

任务6-1 蕨类植物栽培与养护

任务目标

1. 了解常见蕨类植物，区分不同蕨类植物的形态特征。

2. 掌握蕨类植物的生长习性和对环境条件的要求。

3. 掌握常见蕨类植物的繁殖方法、栽培技术及养护管理措施。

4. 能完成蕨类植物栽培与养护方案设计并付诸实践，并能总结经验，制作PPT进行分享汇报。

任务描述

蕨类植物又称羊齿植物，与其他植物一样，有根、茎、叶，但无花、果实、种子，在自然界主要靠孢子繁衍后代。在千姿百态的观赏植物中，蕨类植物不是以妖艳的色彩取悦人类，而是以奇异别致的叶形、婀娜多姿的体态、高雅素洁的风格赢得无数花卉爱好者的喜爱。本任务首先学习肾蕨、鸟巢蕨、铁线蕨、高山羊齿等蕨类植物的形态特点和生长习性，制订1~2种蕨类植物栽培与养护方案。然后，开展蕨类植物栽培与养护实践，如准备好种苗、花盆等，挑选健壮的种苗进行栽种，定期浇水(忌积水)，适时施肥、防治病虫害，适当修剪枝叶，持续观察蕨类植物的生长情况并做好记录。最后，对整个栽培与养护过程进行总结和反思，分析成功与不足，为后续的蕨类植物栽培与养护工作积累经验。

工具材料

各种蕨类植物种苗；基质、花盆、移植铲、喷水壶；肥料、杀菌剂；直尺、铅笔、笔记本等。

知识准备

一、蕨类植物栽培与养护特点及要求

现存蕨类植物约12 000种，广泛分布在世界各地，尤其以热带、亚热带数量最为丰富。我国有61科223属约2600种，从南到北均有分布，但主要分布在华南、西南地区，仅云南省就有1000多种，因此我国素有“蕨类王国”之称。

自然界中，蕨类植物大多为土生、石生或附生，少数为湿生或水生。喜欢在半阴环境中生长，森林、草地和沼泽中都有蕨类植物生活。

蕨类植物栽培与养护中，应选择疏松、透气性好、富含腐殖质的土壤；蕨类植物喜阴湿温暖的环境，不能长时间暴露在阳光下；对湿度要求较高，需要保持适宜的湿度，每天可以根据干湿情况进行适量喷水；根部需要适量的水分，可以每隔 2~3d 浇一次水，但浇水不宜过多，以免积水烂根；需要适当的肥料，一般每个月施一次混合肥料，过量施肥会对植株造成伤害；容易受到蚜虫等害虫的侵袭，需预防并及时防治；需要定期修剪叶片和枝干，以保持植株姿态优美。

二、蕨类植物栽培与养护案例

(一)肾蕨

肾蕨(*Nephrolepis auriculata*)又名圆羊齿、蜈蚣草、篦子草、凤凰蛋、石黄皮等，为肾蕨科肾蕨属多年生草本(图 6-1-1)。根附生或地生。根状茎直立，被蓬松的淡棕色鳞片，下部有粗铁丝状的匍匐茎向四方横展；匍匐茎棕褐色，有纤细的褐棕色须根，并生有近圆形的块茎。叶簇生，略有光泽，叶片线状披针形或狭披针形；一回羽状复叶，羽片互生。孢子囊群于主脉两侧排成 1 行，生于每组侧脉的上侧小脉顶端；囊群盖肾形，褐棕色。

图 6-1-1　肾　蕨

原产于热带和亚热带地区，华南各地山地有野生。常地生或附生于溪边、林下的石缝中或树干上。

1. 种类和品种类型

长叶蜈蚣草(*N. exaltata*)　植株健壮而直立。叶长达 150cm，宽 15cm；小羽片长 8cm，全缘或具浅锯齿。

碎叶肾蕨(var. *scottii*)　叶多而短，深绿色；二回羽状复叶，羽片互生，密集，内旋或外曲；叶柄坚硬，褐色。

细叶肾蕨(var. *marshallii*)　一回羽状复叶，呈短三角形，叶细而分裂，黄绿色。

'波士顿蕨'('Bustoniensis')　叶片较大，细长，有光泽，叶色浓绿色，羽状复叶，裂片较深，叶片开展后向下弯曲。

2. 生态学特性

喜温暖湿润和半阴的环境，忌强光直射，不耐旱，不耐寒。生长适温为 16~25℃，冬季不得低于 10℃。对土壤要求不严，以疏松、肥沃、透气、富含腐殖质的中性或微酸性砂壤土生长最好。自然萌发力强。

3. 繁殖方法

可采用孢子繁殖、分株繁殖、组织培养繁殖。

(1)孢子繁殖

选择腐叶土或泥炭和砖屑配制而成的混合基质作为播种基质。剪取有成熟孢子的叶片，将孢子收集于白纸上，并用喷粉囊袋将孢子均匀喷布于浅盆中，不覆土，喷雾或盆底浸水保持土壤湿润，温度维持在20~25℃，约1个月发芽。培养2~3个月后，由原叶体长出真叶，即孢子体。

(2) 分株繁殖

分株繁殖最为常用。每年4~5月，结合换盆将根状茎纵切为数丛(2~3节为一丛)，带根、叶，分别栽植。栽后放于半阴处，并浇水保持湿润。当根状茎上萌发出新叶时，再放于遮阳网下养护。

(3) 组织培养繁殖

以孢子、匍匐茎的茎尖等为外植体进行离体培养。

4. 栽培与养护技术要点

(1) 准备工作

盆栽培养土要求疏松、肥沃、排水良好。盆土一般用腐叶土或泥炭加少量园土混合配制，也可加入细沙和蛭石以增加透水性。家庭盆栽时，为了保持土壤湿润，可向培养土中混入一些水苔、泥炭藓等。

(2) 种植技术

①栽植时间　最好在春季或秋季进行栽植。这两个季节温度较为适宜，有利于肾蕨在移栽后尽快适应新环境并生根发芽。避免在高温的夏季和寒冷的冬季进行栽植，以免影响植株的成活率。

②栽植方法　将植株从育苗容器中取出，尽量保持根系完整。如果根系过长，可以适当修剪，但不要损伤主要根系。在种植穴(盆)中放入适量的基肥(如缓释复合肥)，与土壤混合均匀。将植株放入种植穴(盆)，使根系舒展，再慢慢填入土壤，边填土边轻提植株，确保土壤填满植株根系间隙。种植深度以植株的根颈部与地面持平为宜，栽后轻轻压实土壤，并浇透水，使植株根系与土壤充分接触。盆栽时填土至距盆口2~3cm处，浇透水，放置在阴凉通风处，避免阳光直射，待其适应新环境后再移至合适的光照位置。

(3) 养护技术

①水分管理　肾蕨喜潮湿环境，要保持土壤湿润，做到小水勤浇，并经常向叶面喷水。夏季每天向叶面喷洒清水2~3次。春、秋季气温适宜，肾蕨生长较旺盛，盆中不断有幼叶萌发，此时应充分浇水，以使幼叶能正常、迅速地生长。冬季应减少浇水，并停止喷水，以保持盆土不干为宜。

②温度管理　春、秋季气温适宜，是肾蕨生长的旺盛时期。夏季气温30~35℃时仍能够正常生长。不耐严寒，冬季应保持温度5℃以上。

③光照管理　肾蕨比较耐阴，忌强光直射。夏季全天遮阴，春、秋两季可在早、晚略微照光(每天保证4h的光照)，冬季可阳光直射。

④施肥　以氮肥为主，在春、秋季生长旺盛期，每15~30d施一次稀薄饼肥水或以氮为主的有机液肥(或无机复合液肥)。肥料一定要稀，否则极易造成肥害。

⑤病虫害防治　肾蕨病虫害较少。湿热环境下易遭受蚜虫和红蜘蛛危害，可用肥皂水或40%的氧化乐果乳油1000倍液喷洒防治。在浇水过多或空气湿度过大时，易发生生理性叶枯病，注意盆土不宜太湿并用65%的代森锌可湿性粉剂600倍液喷洒防治。

（二）鸟巢蕨

鸟巢蕨(*Asplenium nidus*)又名巢蕨、山苏花、王冠蕨、鸟蕨羊齿等，为铁角蕨科巢蕨属多年生常绿草本植物(图 6-1-2)。植株高 80~100cm。根状茎短，直立，顶部密生鳞片。鳞片条形，顶部纤维状分枝并卷曲。叶辐射状环生于根状短茎周围，中空如鸟巢；叶阔披针形，长 75~98cm，全缘，革质，尖头，向基部渐狭而常下延，有软骨质的狭边，干后略反卷，叶脉两面稍隆起，侧脉分叉或单一；叶柄近圆棒形，长 2~7cm。孢子囊群线形，生于小脉的上侧。

图 6-1-2　鸟巢蕨

原产于热带、亚热带地区，分布于亚洲东南、澳大利亚、夏威夷等地。常在热带雨林附生于树干，或生于林下岩石上。

1. 种类和品种类型

'皱叶'鸟巢蕨('Crissie')　比原种略矮，整个叶片呈波状皱褶。

圆叶鸟巢蕨(*A. antiquum*)　为中型附生蕨，株形呈漏斗状或鸟巢状。根状茎短而直立，柄粗壮而密生大团海绵状须根，能吸收大量水分。叶簇生，辐射状排列于根状茎顶部，中空如巢，能收集落叶及鸟粪。

狭基鸟巢蕨(*A. antrophyoides*)　叶片狭披针形，中部以下明显变窄，顶端锐尖。

2. 生态学特性

不耐强光，只需少量的散射光就能正常生长。喜温暖湿润，不耐寒。生长适宜温度为 20~22℃，冬季温度不宜低于 5℃。

3. 繁殖方法

(1)孢子繁殖

春季将细沙和腐叶土拌匀，经高温消毒，装入播种盆内压平。将成熟的孢子均匀撒播在盆土上，然后将盆底浸入浅水中，使盆土充分湿润，上盖玻璃保湿，并将其置于阴凉处，7~10d 即可萌发。经过 1 个月左右，就会长出绿色的原叶体。3 个月后，待其长出几片真叶时，方可上盆培育。

(2)分株繁殖

4 月中下旬，选择生长健壮的植株，将其根状茎切割成若干份，或扒下旁边的小植株，剪去 1/2 叶片，分别上盆。

(3)组织培养繁殖

生产上，可利用组织培养进行大量繁殖。以顶生短茎、幼叶或孢子等作为外植体，进行组织培养快繁，可在短时间内培育出大量统一规格的商品苗。

4. 栽培与养护技术要点

(1)准备工作

培养土以腐叶土或泥炭、蛭石等为主，并掺入少量河沙和骨粉。也可用蕨根、树皮块、苔藓、碎砖块拌碎木屑、椰糠等。

(2) 种植技术

花盆宜用多孔的泥盆或塑料筐，盆底先填入1/3左右碎瓦片，上面装入培养土，再将鸟巢蕨栽植在盆中，这样长势会更加旺盛。

(3) 养护技术

①温度管理　鸟巢蕨生长适温为16~27℃，3~10月以22~27℃为宜，10月至翌年3月以16~22℃为宜。夏季当气温超过30℃时，需降温增湿。冬季保持温度15℃以上，使其能继续生长。

②光照管理　常年放在室内光线明亮处养护。如春、秋季短期放在室外大树荫下或大棚中，夏季要遮光70%以上，或放在大树下疏荫处，避免强光直射，这样有利于生长，使叶片富有光泽。在室内则要放在光线明亮的地方，不能长期处于阴暗处。

③水分管理　盆栽鸟巢蕨不仅要求盆土湿润，而且要求有较高的空气相对湿度。春季和夏季生长旺盛，需多浇水，并经常向叶面喷水，以保持叶面光洁，防止叶缘干枯卷曲，并有利于孢子萌发。一般空气湿度以保持70%~80%较适宜。浇水时要注意盆中不可积水，否则容易烂根致死。随着叶片的增大，叶片常盖满盆中培养土，浇水务必浇透，才可避免植株因缺水而造成叶片干枯卷曲。冬季室温低时，以保持盆土稍湿润为好。

④施肥　生长旺盛期，每15d浇施一次氮、磷、钾均衡的薄肥，可促使不断长出大量新叶。如果植株缺肥，叶缘会变成棕色。夏季气温高于32℃、冬季棚室温度低于15℃时，应停止施肥。

⑤病虫害防治　病虫害防治以预防为主，防治结合。主要病虫害有炭疽病、疫病、蜗牛、蛞蝓、红蜘蛛等。

炭疽病　常发生在叶尖或叶缘，初期出现圆形黑点，后逐渐扩大成圆形或近圆形病斑，边缘黑褐色，最后扩大到整片叶片，导致叶片干枯死亡。防治方法：控制栽培环境的温度和湿度，避免高温、高湿。一旦发现病株，应用50%的多菌灵粉剂1000倍液或50%的甲基硫菌灵粉剂1000倍液防治，每7d喷一次，连续用药3次。

疫病　表现为叶片从基部软化、发黑腐烂。栽培基质长期过湿、基质盐分累积、空气湿度长期过高且通风不良，是导致该病害发生的主要原因。防治方法：控制栽培环境湿度；严格进行施肥管理，避免过量施肥；及时疏盆，降低植株密度，保证通风良好。

蜗牛和蛞蝓　蜗牛和蛞蝓主要咬食植株幼嫩叶片，造成叶片损伤，影响观赏性状。防治方法：使用有效成分为四聚乙醛的诱杀剂，均匀撒施于栽培场地。

红蜘蛛　主要着生于叶背，用刺吸式口器吮吸叶片汁液，导致植株生长停滞，叶片发黄，严重时叶片枯萎，植株死亡。防治方法：避免环境高温干燥，适当增加环境湿度。发现虫体后应及时选用7%的阿维螺螨酯乳油3000倍液或20%的三氯杀螨醇1000倍液喷雾防治。用药间隔期为7d，连续施用3次，两种药交替使用为佳。

鸟巢蕨对药剂较为敏感，在用药剂进行病虫害防治时，要提前进行试验，确定用药浓度，避免造成不可挽回的损失。

（三）铁线蕨

铁线蕨（*Adiantum capillus-veneris*）又名铁丝草、铁线草、少女的发丝等，为铁线蕨科铁线蕨属地生蕨类（图 6-1-3）。株高 15～40cm。根状茎细长横走，密被棕色披针形鳞片。叶中部以下多为二回羽状，中部以上为一回奇数羽状；羽片 3～5 对，互生，斜向上，卵状三角形，尖头，基部楔形；叶柄长 5～20cm，粗约 1mm，基部被鳞片，纤细，栗黑色，有光泽，形同铁线，由此得名。孢子囊群每羽片 3～10 枚，横生于能育的末回小羽片上缘。

图 6-1-3　铁线蕨

分布于非洲、美洲、欧洲、大洋洲及亚洲温暖地区。

1. 种类

扇叶铁线蕨（*A. flabellulatum*）　叶片扇形至不整齐的阔卵形，二至三回掌状分枝至鸟足状二叉分枝；中央羽片最大，小羽片有短柄。

鞭叶铁线蕨（*A. caudatum*）　又名刚毛铁线蕨。叶线状披针形，长 10～25cm，一回羽状，上缘和外缘常深裂成窄的裂片，下缘直而全缘，顶端常延长成鞭状，着地生根。

楔叶铁线蕨（*A. raddianum*）　叶宽三角形，二至四回羽状分裂，裂片菱形或长圆形。

荷叶铁线蕨（*A. reniforme* var. *sinense*）　叶椭圆肾形，上面深绿色，下面疏被棕色的长柔毛，叶缘具圆锯齿，长孢子叶的叶片边缘反卷成假囊群盖。中国特有变种，国家二级保护濒危种。

2. 生态学特性

喜明亮的散射光，怕太阳直射。生长适宜温度为白天 21～25℃，夜间 12～15℃。温度在 10℃以上时叶片仍能保持鲜绿，低于 5℃时叶片则会出现冻害。喜疏松、透水、肥沃的石灰质砂壤土，常生于溪旁石灰岩上、石灰岩洞底、滴水岩壁上，为钙质土的指示植物。

3. 繁殖方法

（1）分株繁殖

铁线蕨通常以分株繁殖为主。4 月结合换盆进行分株。视母株大小，可将植株基部一分为二或一分为三进行培育。结合换盆，将母株从盆中取出，分割其根状茎，使每份均带部分叶片，然后分别种于小盆中。

（2）孢子繁殖

剪取有成熟孢子的叶片，收集孢子，均匀地撒播于浅盆，无须覆土，上面盖以玻璃片，从盆底浸水，保持盆土湿润，并置于 20～25℃的半阴环境下。约 1 个月，孢子可萌发为原叶体，待长满盆后便可分别栽植。

（3）组织培养繁殖

可以孢子为外植体进行组织培养快速繁殖。

4. 栽培与养护技术要点

(1)准备工作

栽培土用泥炭和园土混合配制，施入少量过磷酸钙和碎蛋壳，并拌入广谱性杀菌剂，含水量以用手捏不流水为宜。

(2)种植技术

选择阴湿环境，按 30cm×30cm 的株行距定植。苗期叶面喷水保湿，防直射光。

(3)养护技术

①温度管理　铁线蕨喜温暖湿润的环境，白天适宜温度为 21~25℃，夜间适宜温度为 12~15℃。冬季室温在 10℃以上，即可保持叶片翠绿。为了使铁线蕨能够安全越冬，冬季应将其放置于温暖的地方，以避免遭受冻害。夏季炎热地区，要通过通风、往周围地面洒水的方式来降温，以保持适宜的温度和湿度。

②光照管理　铁线蕨忌直射光，喜散射光。因此，在对铁线蕨进行养护时要将其摆放在没有直射光的地方，否则叶片很容易因失水而焦枯。但也不能完全庇荫，长期过于阴暗会导致植株逐渐徒长并衰弱，叶片容易变黄。

③湿度管理　在养护铁线蕨时，要注重空气湿度的调节。铁线蕨在生长过程中对空气湿度要求较高，供水不足或空气干燥时会出现叶片变黄或卷边焦枯的现象。尤其是在幼苗期，要求空气相对湿度在 70%~80%。可在盆底垫一个浅水盆，以利于其生长。铁线蕨忌闷热，夏季天气炎热地区，可在地面洒水以降温保湿，但要注意通风。幼苗期忌风吹。为了避免植株干枯，不要将其放在窗口。

④施肥　每月施 2~3 次稀薄液肥。施肥时不要沾污叶面，以免引起烂叶。铁线蕨有喜钙习性，盆土宜加适量石灰和碎蛋壳。冬季要减少浇水，停止施肥。

⑤换盆与修剪　1~2 年换盆一次。上盆时，先铺一层木炭或沙粒，然后铺一层骨粉作基肥，再向盆中加入少量的石灰，最后填入配制好的营养土并压实。浇水后放于阴凉处，待长出新叶后再逐渐增加光照。铁线蕨的叶丛过密时，不仅会导致生长衰弱，叶片发黄，还不利于新叶萌发。为了保持植株美观，可在秋、冬季适当修剪，去掉老叶和黄叶。

⑥病虫害防治

叶枯病　盆栽铁线蕨常有叶枯病发生，初期可用波尔多液或多菌灵可湿性粉剂 500 倍液防治，严重时可用 70%的甲基硫菌灵 1000~1500 倍液防治。

介壳虫　若有介壳虫危害植株，可用 40%的氧化乐果 1000 倍液进行防治。

(四)高山羊齿

高山羊齿(*Davallia mariesii*)又名丽莎蕨、草叶蕨、芒叶，为骨碎补科骨碎补属蕨类植物(图 6-1-4)。植株高 40~50cm。根状茎长而横走，粗壮，木质，全部密被鳞片。叶远生，叶柄禾秆色或带棕色，上面有浅沟，基部密被鳞片，向上光滑；叶片五角形，三回羽裂；羽片对生或近对生，有短柄。孢子囊群

图 6-1-4　高山羊齿

整齐着生于小羽片背部中脉两侧，每裂片或钝齿上通常有 1 枚；囊群盖管状，红棕色，膜质。

原产于危地马拉。中国的海南、台湾、云南、福建等地有种植。

1. 种类

主要有高山羊齿原种及其变种圆叶高山羊齿。

2. 生态学特性

喜温暖、湿润、耐阴的环境，整个生长期需要较高的空气湿度和土壤湿度。生长适温为 18~25℃，当气温低于 5℃时休眠，能短时间忍受 4~6℃的低温，0℃时发生冻害。温度在 30℃以上时生长停滞，也出现休眠。夏季受高温影响，生长缓慢，大部分叶子未生长到一定的长度就老化，坚硬甚至干枯。喜疏松、肥沃、微酸性的壤土。

3. 繁殖方法

主要采用分株和组织培养等方法繁殖。当气温达到 15℃左右时就可以进行分株，温度高于 28℃时分株要进行遮阴和喷雾降温。分株时，每盆栽植含 5 个单芽的茎段，成活率高，生长速度快。

4. 栽培与养护技术要点

(1)准备工作

选择直径为 25cm、高度为 20cm 的花盆。盆栽基质主要由园土和猪粪土按 1∶1 的比例混合而成，肥力中等，pH 5.0~5.5。也可用泥炭、腐叶土、珍珠岩和蛭石按比例配制。

(2)种植技术

待分株繁殖成活后，选择地径、苗高、长势较一致的植株移植到花盆内。

(3)养护技术

①光照管理　高山羊齿不同生长期对光线的要求不同。生长初期(即抽芽期)光照强度由 12 000lx 逐步增加到 20 000lx，要防止光照过强，多遮阴。当生长到 4 片叶左右时，光照强度 20 000~30 000lx，最大光照强度不要超过 35 000lx。光照太强，会灼伤叶片，使叶色不正常。可采用遮阳网进行遮阴、降温。在休眠期要保证一定的光照时数，以增强植株的抗逆性。若生长期间光线不足，则植株生长速度减缓，叶片瘦弱，叶柄细长，植株显得萎蔫。

②温度管理　温度过高时，一般可用遮阳网(遮光率 50%~70%)遮阴，可降温 3~5℃；加强通风，能降温 2~3℃；用喷雾装置喷水，1~2h 喷一次，可降温 3~4℃。温度过低时，应检查温室的密封性，采用保温膜双层覆盖，可提温 3~5℃；用暖风机、加热管等(注意温度均匀)，能提温 5~10℃；用干草、棉被等覆盖，可提温 2~4℃。

③水分管理　高山羊齿忌闷热干燥，在夏季需多通风、遮阴、增加空气湿度，通风时要注意水分供给。整个生长期需要较高的空气湿度和土壤湿度。抽芽期要求空气相对湿度为 70%~80%，此时的温度应控制在 18~20℃，保持盆土湿润但不能积水(不能让基质干透，否则会影响芽的生长速度，造成抽芽不整齐)。随着叶片的生长，温度升高，喷雾量增加，浇水量也增加。气温在 21~25℃时，高山羊齿进入生长旺盛期，湿度控制在 65%~70%，基质要保持充足的水分。当气温在 10~12℃时，湿度控制在 45%~50%，基质要见

干见湿，逐步减少浇水。当气温低于8℃时，要注意控水，降低空气湿度和基质湿度。一般中午前后浇水。

④施肥　高山羊齿喜肥，但根系细弱，不宜施重肥，要薄肥勤施。氮肥充足会使植株生长旺盛，不足会使老叶呈灰绿色并逐渐变黄，叶片细小。

⑤病虫害防治

棉蚧　在通风不良或盆栽密度过高时，易发生棉蚧，但用药一定要小心。高山羊齿对农药敏感，一些高浓度的农药会引发药害，因此需要喷药时应提前进行测试。高山羊齿的叶片是插花的配叶，在叶片高产量阶段，可采用修剪的方式进行预防，避免植株的密度过大而产生病虫害。

灰霉病　在管理不善时易发生灰霉病，主要危害植株的茎和叶。发病时茎叶呈水浸状腐烂，严重时整株枯死。防治方法：以预防为主，注意通风透光，降低夜间和早晨的湿度，避免早晨的露水滴落在植株上；定期喷药，一旦发现病害，应立即用50%的多菌灵800倍液或70%的代森锰锌1000倍液喷雾，7~10d喷一次，连喷3次。

立枯病　发病时叶柄基部出现红褐斑，叶片下垂，最后枯死，病株根颈处变细，出现褐色、水浸状腐烂，呈立枯状。潮湿时，病斑处会产生蛛丝状褐色丝体。防治方法：清除死亡植株和盆土，降低湿度，避免高温高湿，对其他没有发生病害的植株要采用50%的克菌丹+50%的多菌灵可湿性粉(或50%的福美双+50%的多菌灵可湿性粉剂)500倍液灌根。

三、其他蕨类植物栽培与养护(表6-1-1)

表6-1-1　其他蕨类植物栽培与养护

序号	花卉名称	生态学特性	栽培与养护技术要点	注意事项	应用特点
1	鹿角蕨(*Platycerium wallichii*)	喜温暖、阴湿环境，怕强光直射，以散射光为好。生长的最适温度是18~30℃。不耐高温，也不耐严寒，冬季温度应不低于5℃。土壤以疏松的腐叶土为宜。具世代交替现象，孢子体和配子体均独立生活	常用分株繁殖。以6~7月分株最适宜。从母株上选择健壮的子株，用利刀沿盾状叶底部轻轻切开，带上吸根栽进盆中，盖上苔藓，喷水保湿，然后放置在阴凉湿润的环境中养护，正常的情况下3~4周便可以生根。生长期要经常浇水，尤其是生长旺盛的春季和天气较为干旱的夏季。夏季每天浇2~3次水，冬季可以适量减少浇水。一般每15d施一次肥。适当给予光照，可以使其更加旺盛地生长，但是如果长时间暴露在强光下，则有可能枯死。因此，夏季应适当进行遮阴，冬季晴朗的时候要适当晒太阳。冬季要放在温暖的地方，最好采取一些保护措施，如进行保温处理	夏季应尽量避免中午浇水，因为中午天气较热，植株会打开气孔透气，此时浇水，会损伤气孔，不利于植株的生长	可以制作成吊盆，装饰卧室、客厅、餐厅，在净化空气的同时使人心情愉悦、舒畅；种植在花园中，可以丰富花园元素

（续）

序号	花卉名称	生态学特性	栽培与养护技术要点	注意事项	应用特点
2	圆叶旱蕨（*Pellaea rotundifolia*）	和大多数蕨类植物一样，需要潮湿的环境。不耐高温，也不耐寒冷，适宜的温度为 20～28℃。需要排水良好的酸性土壤	常用分株繁殖。培养土一般用泥炭、腐叶土、珍珠岩（或粗沙）按 2∶1∶1 的比例配制，或用腐熟的堆肥、粗沙（或珍珠岩）按 1∶1∶1 的比例配制。养护期间应勤向植株及生长环境喷水增湿。适宜的空气湿度为 75%～80%，过于干燥会造成叶片边缘枯黄甚至全叶枯黄。高于 30℃ 或低于 15℃ 皆生长不良。夏季养护需要有降温设备（抽风机和水帘）。越冬时不能低于 5℃，冬季养护需要加温设备。如果没有加温设施，可采用双层保温设施，冬季下午在温度下降时要及时封棚。喜温暖、半阴环境，适合散射光照，不能让阳光直射。光线过强，会导致植株叶缘发焦、叶片卷缩甚至脱落，生长受阻。春、夏生长旺盛期，建议每个月施一次稀薄液肥	根系较脆弱，肥液太浓会伤根。若盆壁有灰白粉质残留，表示盐分及肥料过多，此时需用大量清水淋洗	植株短小而耐干旱，观赏价值高，在蕨类中是比较强健的一种。适宜北方家庭盆栽装饰，也可供冬暖地区岩石园点缀
3	凤尾蕨（*Pteris cretica* var. *nervosa*）	喜温暖、湿润、半阴的环境。要求空气湿润，不耐干燥。较耐寒，生长适温为 10～26℃，越冬温度可低至 0～5℃。要求腐殖质含量丰富、排水良好的壤土。忌涝	可用分株繁殖或孢子繁殖。生长季节应保证水分供应充足，一般每 2～3d 浇水一次。养护期间应勤向植株及生长环境喷水增湿。适宜的空气湿度为 75%～80%，过于干燥会造成叶片边缘枯黄，甚至全叶枯黄。适合散射光，不能让阳光直射。光线过强，会导致植株叶缘发焦，叶片卷缩甚至脱落，生长受阻。快速生长期，应及时修剪换盆。最好在秋季修剪，去除死叶、黄叶，既能促进植株间通风透气，又能保持植株整体美观	生长期不易受病虫害影响，但是如果生长环境温度太低，通风、通光性差，空气湿度太高，极易感染灰霉病、立枯病，并伴有红蜘蛛、介壳虫、蛞蝓等害虫出没，导致植株叶片萎蔫、下垂，甚至枯死	株形优美，格调清新，极富观赏性，是线条美的典范。适合园林栽培，更适宜盆栽用于美化居室，还是插花不可缺少的衬叶

任务实施

教师根据学校所处地域气候条件和学校实训条件，选取 1～2 种蕨类植物，指导各任务小组开展实训。

1. 完成蕨类植物栽培养与护方案设计，填写表 6-1-2。

表 6-1-2 蕨类植物栽培与养护方案

组别		成员	
花卉名称		作业时间	年 月 日至 年 月 日
作业地点			
方案概况	(目的、规模、技术等)		
材料准备			
技术路线			
关键技术			
计划进度	(可另附页)		
预期效果			
组织实施			

2. 完成蕨类植物栽培与养护作业，填写表 6-1-3。

表 6-1-3 蕨类植物栽培与养护作业记录表

组别		成员	
花卉名称		作业时间	年 月 日至 年 月 日
作业地点			
周数	时间	作业人员	作业内容(含蕨类植物生长情况观察)
第 1 周			
第 2 周			
第 3 周			
第 4 周			
第 5 周			
第 6 周			
第 7 周			
第 8 周			
第 9 周			
第 10 周			
……			

填表说明：

1. 生长情况一般包括：蕨类植物的总体长势情况，如高度、冠幅、病虫害等；各种物候(发芽、展叶、孢子形成等)发生情况。

2. 作业内容主要是指所采取的技术措施，包括但不限于松土、除草、浇水、施肥、打药等，应记录详细。

考核评价

根据表 6-1-4 进行考核评价。

表 6-1-4 蕨类植物栽培与养护考核评价表

成绩组成	评分项	评分标准	赋分	得分	备注
教师评分（70 分）	方案制订	蕨类植物栽培与养护方案含蕨类植物生长习性和对环境条件的要求介绍(2 分)、技术路线(3 分)、进度计划(5 分)、种植养护措施(5 分)、预期效果(2 分)、人员安排(3 分)等	20		
	过程管理	能按照制订的方案有序开展蕨类植物栽培与养护，人员安排合理，既有分工，又有协作，定期开展学习和讨论	10		
		管理措施正确，蕨类植物生长正常	10		
	成果评定	蕨类植物栽培与养护达到预期效果，成为商品花	20		
	总结报告	格式规范，关键技术表达清晰，问题分析有深度和广度	10		
组长评分（20 分）	出谋划策	积极参与，查找资料，提出可行性建议	10		
	任务执行	认真完成组长安排的任务	10		
学生互评（10 分）	成果评定	蕨类植物栽培与养护达到预期效果，成为商品花	5		
	总结报告	格式规范，关键技术表达清晰，问题分析有深度和广度	3		
	分享汇报	认真准备，PPT 图文并茂，表达清楚	2		
总分			100		

任务 6-2 兰科花卉栽培与养护

任务目标

1. 了解兰科花卉的生物学特性、分类体系以及不同品种的特点。
2. 熟悉兰科花卉生长的环境要求(包括温度、光照、湿度、土壤等方面的具体要求)。
3. 掌握兰科花卉栽培技术。
4. 能够通过遮阴、加温、保湿等措施为兰科花卉创造适宜的生长环境。
5. 能够根据不同生长阶段对兰科花卉进行科学的浇水、施肥、修剪等日常养护操作。
6. 能完成兰科花卉栽培与养护方案设计并付诸实践，并能总结经验，实现知识和技能的迁移。

任务描述

本任务首先学习兰科花卉的形态特点和生长习性，掌握兰科花卉栽培与养护方法和技术要点，制订1~2种兰科花卉栽培与养护方案。然后，开展兰科花卉栽培与养护实践，如准备好种苗、种植土、花盆等，挑选健壮的种苗进行栽种，定期浇水(忌积水)，适时施肥、防治病虫害，适当修剪枝叶，持续观察兰科花卉的生长情况并做好记录。最后，对整个栽培与养护过程进行总结和反思，分析成功与不足，为后续的兰科花卉栽培与养护工作积累经验。

工具材料

春兰、建兰、寒兰、墨兰、蝴蝶兰等各级种苗；镐、兰花盆、基质；农药、肥料；直尺、铅笔、笔记本等。

知识准备

兰花一般是指具有观赏价值的兰科植物的总称。兰科是种子植物中的大科，种及天然杂交种有1000~35 000种，人工杂交种超过40 000种。兰科植物广布于世界各地，主产于热带，约占总数的90%。中国是兰科植物资源分布中心之一，原产1000种以上，并引种了不少属、种。中国野生兰花资源和栽培兰花资源极为丰富，几乎遍及全国各地，共有173属1200余种，占兰科植物总数的1/6，而以云南、台湾和海南为最多。兰科植物按生态习性可大体分为地生兰、附生兰，还有少数腐生兰。中国兰多属地生兰，而洋兰多属附生兰。

一、兰科花卉的特点及栽培与养护要点

(一)兰科花卉的特点

(1)形态特征

①根　属于须根系，肉质、肥大，无根毛，有共生菌。气生根粗短，白色或绿色，具有从空气中吸收水分及固着的功能。

②茎　直立，少数攀缘。地生兰常具根茎或块茎，附生兰常有假鳞茎及气生根。假鳞茎俗称芦头，其形状因种类而异，有圆形、卵圆形、扁球形、柱形等，外包有叶鞘。常多个假鳞茎连在一起，成排同时存在。

③叶　多为单叶，通常互生，排成两列，直立或下垂，厚而革质或薄而柔软。叶形大致可分为两大类：一类呈带状长条形，如春兰、墨兰、蕙兰等；另一类呈狭椭圆形或阔披针形，叶面较短而宽，有长柄，如兔耳兰。附生兰的叶片近基部常有关节，叶枯后自此处断落；腐生兰的叶片退化为鳞片状，多数无叶柄。

④花　常单生或呈穗状、总状、伞形、圆锥形花序。花两性，绝大多数左右对称，具芳香气味。组成基本一致，即花被片6枚、2轮，整个花冠由3枚萼片与3枚花瓣及蕊柱(雌蕊与花柱、柱头结合为一体，称蕊柱或合蕊柱，栽培上称“鼻”)组成。中央1枚花瓣常大而显著，有各种形态及鲜明的色彩，称为唇瓣。花开放后，唇瓣总是位于下方，有利于昆虫“着陆”进行传粉。雄蕊1枚，少数2~3枚，花粉粒多集合成花粉块。左右对称，

具唇瓣、花粉块和蕊柱是兰科植物花的基本特征。

⑤果实　在花卉栽培中称为兰荪，属于开裂的蒴果，呈长卵圆形，具3棱或6棱，但有的棱不明显。果熟后自脊部纵向裂开而将种子散出。

⑥种子　极其微小。每个蒴果内的种子数量少则几万粒，多则几十万以至数百万粒。在人工栽培条件下的兰花种子多不能成熟或发育不全，因此发芽率很低。

(2)生态习性

①温度　不同属、种、品种的兰花对温度有不同的要求。通常根据生长所需的最低温度，将兰花分为喜凉兰类、喜温兰类及喜热兰类。其中，喜凉兰类不耐热，需要适宜的低温条件，即冬季4.5~10℃、夏季14~18℃。多数栽培的兰花都属于喜温兰类，冬季10~13℃、夏季16~22℃即可满足生长需求。目前栽培较为广泛且开花美丽的杂交种多属喜热兰类，它们不耐低温，需要冬季14~18℃、夏季22~27℃的温度条件。

②光照　兰花在温暖湿润、朝南的半阴处生长特别旺盛。若光照过强，会使叶色变淡，继而变黄枯死；光照过弱，则会促进叶芽萌发，抑制花芽形成。通常可用60%~70%的遮阳网调节光照强度。

③土壤　兰花适宜在含有大量腐殖质、疏松透气、排水良好、肥分适宜的土壤中生长，以pH为5.5~6.5的中性偏酸土壤为好。

④水分　民间有“干兰湿菊”的说法，即以表土已干、下面土微潮为宜。因此，土壤要经常保持湿润，但切忌含水量过高。浇水以水质清洁、无污染的微酸性水为宜，雨水和雪水最佳，不含盐碱的河水、井水、自来水也可。

(二)主要种类及其栽培与养护特点

地生兰大部分原产于中国，因此又称中国兰，并被列为中国十大名花之一。主要种类有春兰、蕙兰、建兰、墨兰、寒兰、台兰和兔耳兰等。

附生兰也称热带兰，习称洋兰。大部分附生兰的根群是气生根，往往依附于岩石、树干之上，裸露而生，仅少数有苔藓植物依附，或个别长根可扎到泥土或苔藓之中。它们通常仅靠空气中的水汽和雾露、雨水供应水分，因此大部分附生兰只适宜无土栽培(也可在无土栽培基质中拌入近半量的颗粒土)。无论是附生性、半附生性的附生兰还是可地生性的附生兰，都比地生兰要求更为疏松、疏水、透气的栽培基质，否则难以养好。

二、兰科花卉栽培与养护案例

(一)春兰

春兰(*Cymbidium goeringii*)别名草兰或山兰，为兰科兰属多年生草本植物(图6-2-1)。根肉质，具球状拟球茎。叶丛生而刚韧，长20~25cm，狭长而尖，边缘粗糙。在春分前后，根际抽生花茎，在花茎上有白色的膜质苞叶，顶端着生一花，香味浓郁纯正。花期为2~3月，开花可持续1个月左右。

原产于我国，主要分布于浙江、安徽、河南、甘肃、四川、云南等地。

图 6-2-1 春 兰

1. 品种类型

春兰按花被片的形态可分为梅瓣型、水仙瓣型、荷瓣型、蝴蝶瓣型。梅瓣型有 100 多个品种，如‘宋梅’、‘西神梅’等。水仙瓣型有 20~30 个品种，如‘龙字’、‘汪字’等。荷瓣型有 10~20 个品种，如‘郑同荷’、‘绿云’、‘张荷素’等。蝴蝶瓣型如‘冠蝶’、‘素蝶’、‘迎春蝶’等。

2. 生态学特性

喜温暖湿润和半阴环境，冬季要求充足的阳光，夏季则需要适当遮阴。生长适温为 16~24℃，在冬季短时间的 0℃ 条件下也可正常开花，能耐 -8~-5℃ 的低温。空气湿度要求在 70% 左右。土壤以富含腐殖质、疏松透气、排水性良好的微酸性土为佳。

3. 繁殖方法

以分株繁殖为主，在春、秋季进行。

春季，在植株休眠期至新芽出土前去除盆内宿土，用清水将肉质根洗净，晾干，剪去断根、枯叶，注意不要损伤嫩芽和折断叶片。

4. 栽培与养护技术要点

(1) 准备工作

宜在秋末进行栽植。选用清水浸洗数小时的新瓦盆(如用紫砂盆或塑料盆，需注意排水)，盆的大小以植株根系能在盆内舒展为宜。培养土以兰花泥最为理想，或用腐叶土(针叶土是最为理想的腐叶土)和砂壤土混合配制，切忌用碱性土。

(2) 上盆

先在盆底排水孔上垫好瓦片，然后垫碎石子、碎木块等(约占盆容量的 1/5)，其上铺一层粗沙，再放入培养土，将兰苗放入盆中，把根理直，让其自然舒展。填土至一半时，轻提兰苗，同时摇动花盆，使根与盆土紧密结合，最后继续填土至盆面，压实，使土面距离沿口约 3cm。上盆后浇透水，放于荫蔽处。

(3) 养护技术

①光照管理　早春与冬季放于室内养护，其余时间放于室外荫棚下(最好放在树下)。夏天 8:00~18:00 遮光，遮光率宜在 90% 左右，春、秋季遮光率为 70%~80%。

②水分管理　春兰叶片有较厚的角质层和下陷的气孔，比较耐旱，因此需水不多，以经常保持土壤“七分干、三分湿”为好。春季 2~3d 浇水一次，花后宜保持盆土稍干一些；

夏季气温高，可每天浇水一次；秋季则见干见湿；冬季少浇水。干旱和炎热季节，傍晚应向花盆周围地面喷雾，以增加空气湿度。

③施肥　一般从4月至立秋，每隔15~20d施一次充分腐熟的稀薄饼肥水。当叶子上有黑斑时，可以用稀薄食用醋液喷雾。

④病虫害防治　常见病虫害有软腐病、炭疽病、白绢病、介壳虫等。

软腐病　春、夏季高温多湿，通风不良，过量施用氮肥，较易发生软腐病。发病初期由细菌侵入叶片或心叶产生水渍状病斑，随后病斑迅速扩大，含水多，后期发生恶臭，病叶变黄脱落，全株软腐而死。防治方法：改善生长条件，如增加通风，以降低温度和湿度；采用链霉素1000倍液，或石硫合剂(或波尔多液)500倍液，每周喷洒一次。

炭疽病　在种植太密、通风不良、水分失调或受伤等情况下，易感染炭疽病。患病初期叶片产生褐色凹陷小点，以后扩大成圆形或不规则病斑，严重时病斑中央有坏疽现象。防治方法：种植时勿太密；除去患病叶片，并用大生-45 500倍液或百菌清800倍液涂抹伤口；每周喷施一次甲基硫菌灵或多菌灵1000倍液。

白绢病　发病时茎基部变黑腐烂，逐渐在病斑上产生白色菌丝，病株逐渐枯衰而死。防治方法：切除带病斑的假球茎，连同栽植的盆器、基质用火烧；每周喷施一次大生-45 500倍液或多菌灵1000倍液。

介壳虫　一般在6~9月危害最盛，常集中在叶的基鞘和筋脉处吸取营养，其分泌物滋生大量的病菌。茎叶变成霉褐色，光合作用受阻，使植株长势减弱。严重时，叶片出现淡黄小斑及黄斑，后逐渐扩大，以致整片叶枯黄脱落，甚至全株死亡。可用酌量50%的氧化乐果乳液(或80%的敌敌畏乳油)加新高脂膜，喷在叶的正、背面，每隔5~7d喷一次，连续喷3次以上。

(4)花期调控技术

春兰的花期在2~3月，经低温春化的春兰，主要通过调节光照、温度和空气湿度来实现花期调控。

①温度控制　春化后的春兰，经过10~15℃的过渡养护，放置到夜晚18℃、白天25℃的环境，20~30d就可以开花(如果春化时花芽较小，可能要25~30d开花。如果春化时花芽较大，可能20~25d即可开花)。期间需要注意观察花苞的变化。花苞提前变大时，若想延迟花期，可以适当降低一点环境温度。花苞生长缓慢时，若想提前花期，可以适当升高一点环境温度。不管怎样处理，温度变化都要循序渐进，不能忽然从低温变为高温，也不能忽然从高温变为低温。温差变化不能大于15℃，最好控制在10℃以内，否则特别容易引起消苞。

②光照控制　除了温度外，想要控制好春兰的花期，一定要注意光照。如果想提早开花，每天要有充足的光照，光照时间应不少于6h，尤其要多晒上午的太阳。如果想延迟开花，每天保证4h左右的光照即可(避开中午的强光，上午或者下午晒太阳，有遮光设备更好)，或每天遮光40%~50%；想让春兰提早开花，每天遮光10%~20%。除了白天的光照以外，夜晚的环境亮度对春兰的开花也有影响。想让春兰提早开花，晚上就要保证绝对的黑暗；想让春兰延迟开花，晚上可以开小夜灯。另外，控制晚上环境的亮度，对花莛的高低也有影响。想让花莛高一点，则晚上完全黑暗养护；想让花莛矮一点，晚上可以弱光下

养护。

③空气湿度控制　空气湿度过低不但会影响春兰开花的质量，严重的还可能会造成消苞。在春兰花苞生长期，空气湿度应不低于60%。另外，要防止高温、高湿引起花苞腐烂或者病害发生。

（二）大花蕙兰

大花蕙兰（*Cymbidium faberi*）别名虎头兰、黄蝉兰，为兰科蕙兰属花卉（图6-2-2）。假鳞茎不明显，根粗而长。叶5～9片，长20～120cm，宽0.6～1.4cm，直立性强，基部常对折，横切面呈“V”形，边缘有较粗的锯齿。花茎直立，高30～80cm，有花6～12朵；花浅黄绿色，直径5～6cm，有香味，稍逊于春兰；花瓣稍小于萼片，唇瓣不明显，白色，有紫红色斑点，3裂，中裂片长椭圆形，上面有许多晶莹明亮的小乳突状毛，顶端反卷，边缘有短茸毛。花期为3～5月。

图6-2-2　大花蕙兰

1. 品种类型

大花蕙兰品种繁多，区分的标准也较多，可根据花朵颜色、花朵大小、花期早晚区分。根据花朵颜色，可分为粉色类、绿色类、白色类和黄色类。目前，市场上栽培的主要品种有‘西藏虎头兰’、‘碧玉兰’、‘黄蝉兰’、‘独占’等，还有它们的杂交品种。

2. 生态学特性

大花蕙兰原产于亚洲热带和亚热带高原，喜凉爽高湿的环境。生长适温为10～25℃，冬季应放在低温温室内。当夜间温度在10℃左右时长势良好，花茎正常伸长，多在2～3月开花。冬季温度低于5℃时，叶片略呈黄色且花期推迟，花茎短。越冬温度在15℃左右时，则植株虽叶片绿且有光泽，但花茎会突然伸长，提前到1～2月开花。

3. 繁殖方法

（1）分株繁殖

在开花后，新芽长大之前，植株处于短暂的休眠期。使基质适当干燥，让根部略发白、略柔软，这样分株时不易折断根部。将母株分割成2～3株/丛盆栽，操作时抓住假鳞茎，注意不要碰伤新芽，剪除黄叶和腐烂老根。

（2）播种繁殖

播种繁殖主要用于原生种大量繁殖和杂交育种。大花蕙兰种子细小，在无菌条件下极易发芽，发芽率在90%以上。

（3）组培繁殖

选取健壮母株基部发出的嫩芽为外植体。将芽切成长约0.5mm的茎尖，接种在添加0.5mg/L 6-BA的MS培养基中，52d形成原球茎。将原球茎从培养基中取出，切割成小块，接种在添加2mg/L 6-BA和0.2mg/L萘乙酸的MS培养基中，使原球茎增殖，20d左右在原球茎顶端形成芽，在芽基部分化根。90d左右，长成具3～4片叶的完整小苗。

4. 栽培与养护技术要点

(1)准备工作

大花蕙兰植株生长旺盛，根粗而多，如果假鳞茎已长满整个盆面，就要换盆，以免根部纠缠。大花蕙兰属于地生兰，喜欢富含有机质的培养土，通常采用树皮、细木屑、木炭、水苔、椰糠、陶粒、火山石等材料中的一种或多种混合配制培养土。生产实践中，一般将松树皮粉碎至1cm大小，浸透水，高温杀菌以后使用。采用塑料盆，盆底要多孔，透气性好。一般一年内小苗采用8cm×8cm盆，第二年的中苗可用12cm×12cm中盆，第三年至开花期可用18cm×19cm盆。

(2)种植技术

一般在3~5月或9~11月上盆。在上盆前，要剪掉腐烂、干枯或过长的根系，保留健康的根系。修剪后的根系要用多菌灵等杀菌剂溶液浸泡消毒(一般浸泡15~20min)，以防止病菌感染。去除植株上的黄叶、枯叶和残花，让植株以健康整洁的状态上盆。这不仅能减少病虫害的传播，还能使植株集中养分用于新根和新叶的生长。

将配制好的基质(如树皮、水苔、椰糠等混合基质)放入花盆底部至花盆高度的1/4~1/3。轻轻摇晃花盆，使基质分布均匀。将处理好的植株放入花盆中央，使根系自然舒展，然后慢慢填入基质，边填边轻提植株，确保基质填满根系间隙。基质填充至距盆口2~3cm处即可，不要过满，以便浇水。上盆后要浇定根水(用细喷头喷水或浸盆)，让水渗透基质，使根系与基质紧密结合。保持较高空气湿度，可用塑料袋罩住植株(扎孔通风)或放于湿度高的地方。先放于散射光处，适应后再增加光照。

(3)养护技术

①水分管理　大花蕙兰需较高空气湿度和充足水分，宜用微酸性水浇灌，可将自来水存放几天后使用。浇水频率为春、秋季每2d一次，冬季每15d一次，夏季浇水量要足。春、夏、秋三季在保证根部水分的同时，要常向叶片周围喷水，但早春开花后(休眠期)少浇，待新芽长出较大新根时再增加浇水量。

②施肥　大花蕙兰需肥多，春、夏季每5~7d施肥一次(开花前施足肥，开花期和盛夏不施肥)，秋季每10~15d施肥一次，冬季停止施肥。春、夏季生长期勤施薄肥，可施复合肥或骨粉、腐熟豆饼肥，液肥按1000倍稀释，如用氮、磷、钾等量的标准肥料1000倍液追施。秋季多用钾肥，可用磷酸二氢钾800~1000倍液喷施叶面。

③温度管理　开花期温度维持在5℃以上、15℃以下，可延长花期3个月以上。花芽分化期在8~9月，需有明显温差，白天25℃左右，夜间12~15℃，若夜间温度超15℃，花芽会凋萎。

④光照管理　大花蕙兰需足够散射光，夏、秋晴天用遮阳网遮光50%左右，夏、秋阴天和冬、春阳光柔和时打开遮阳网接受直射光。开花期将植株放于光线较弱处，可使花开得更漂亮。

⑤通风　保持通风良好。通风不良时(尤其夏季)会影响花芽分化，导致只长叶不开花。

⑥修剪　每月抹芽一次，除去多余新芽和短枝，避免养分分散。

⑦病虫害防治　主要害虫有蛞蝓和叶螨，危害严重时植株叶片变黄、腐蚀。可从叶片背面喷药防治。此外，注意保持良好的栽培环境。

(4) 花期调控技术

大花蕙兰的自然花期可从每年的10月延续到翌年4月。大花蕙兰为年宵花的主要种类之一，通常需要对其进行花期调控。当植株生长到第三年时，6~10月进行花期调控。主要措施是人为控制温度、光照和水分。

①温度　6~10月，保持白天20~25℃，夜间15~20℃，温度高于30℃不利于花芽分化和发育。开花期养分不足、高温或温差大于10℃易造成落花落蕾。低温可使得花色变黑或变褐。

②光照　深色花喜较强光照，提供较强光照可提高开花率，但光照过强会导致幼嫩花芽枯死，一般控制在60 000lx以下。光照控制主要通过覆盖遮阳网来实现。白天遮阴还可以在一定程度上降低温度，并在控制花期的同时一定程度上影响花色。如果紫外线强，一般选择覆盖遮阴率50%的遮阳网。对于一些黄色系和绿色系的品种，建议再加盖一层遮阴率30%的遮阳网，这样花色会更纯正。

③水分　花芽发育期间适当控水能促进花芽分化和花序的形成。

(三) 亨利兜兰

亨利兜兰(*Paphiopedilum henryanum*)为兰科兜兰属地生或半附生花卉(图6-2-3)。叶基生，叶片带形、革质。花莛从叶丛中长出，花大而艳丽，有种种色泽；中萼直立，花粉粉质或带黏性，退化雄蕊扁平；子房顶端常收狭成喙状；柱头肥厚，下弯，有乳突。果实为蒴果。7~8月开花。

图6-2-3　亨利兜兰

原产于中国云南东南部，越南也有分布。

1. 品种类型

目前尚未明确划分出不同的品种类型。

2. 生态学特性

适宜生长温度15~25℃，低于5℃易受冻害，高于30℃生长受抑制。喜湿润环境，适宜空气湿度为60%~80%，避免积水。适合排水良好、透气性强、pH 5.5~6.5的微酸性土壤。

3. 繁殖方法

主要采用分株繁殖和播种繁殖。

(1) 分株繁殖

春季或秋季进行分株。将母株从盆中取出，抖落旧土，观察假鳞茎和根系分布，用消毒刀具分成含2~3个假鳞茎和适量健康根系的小丛。在新盆底部放入排水材料，然后填入部分基质。将小丛放于盆中央，扶正后边填基质边轻提植株。填基质至距盆口2~3cm，浇透水，放于阴凉通风处养护。

(2) 播种繁殖

果实成熟(由绿变褐)后采集种子，用10%次氯酸钠溶液浸泡10~15min后，用无菌水冲洗。制备含多种成分、pH 5.5~6.0的培养基，超净工作台用紫外线消毒，对接种工具高温灭菌。在超净工作台内借助无菌工具将种子均匀播于培养基表面。播种后将培养基放于20~25℃、高湿度、有散射光的环境，定期观察，防止污染。幼苗长大后，降低湿度，增加光照，待植株健壮后移栽养护。

需注意的是，亨利兜兰为国家一级保护野生植物，繁殖材料要确保来源合法。

4. 栽培与养护技术要点

(1)准备工作

依据植株和根系大小选择花盆，单株、小株用口径10~15cm盆，多株或大株用口径15~20cm盆，陶瓷或塑料材质，底部有排水孔，孔上可放碎瓦片或陶粒。

基质用腐叶土、泥炭土、珍珠岩、蛭石、树皮按3：3：1：1：2混合配制。使用前通过暴晒2~3d、高温熏蒸(100~120℃，15~20min)或0.1%~0.2%多菌灵溶液浸泡后用清水冲洗等方式消毒。

检查植株健康状况，处理病虫害、受损或腐烂部分。新引种或运输后的植株先放于阴凉通风处1~2d，适当喷水。栽植前植株根系可在0.01%~0.02%生根剂溶液中浸泡15~20min。

(2)种植技术

同分株繁殖中的小丛种植技术。

(3)养护技术

①光照管理　亨利兜兰喜半阴，春、秋季放于有明亮散射光处(遮阴50%~60%)，每天2~4h间接光照；夏季加强遮阴(遮阴70%~80%)；冬季减少遮阴(遮阴30%~40%)，保证每天8~10h光照。

②温度管理　日常放于温度恒定处。冬季温度低于10℃时生长减慢，低于5℃易受冻害，要进行保暖；夏季温度高于30℃时生长受抑制，需喷水、通风或用空调降温。

③水分管理　生长季(春、秋季)每周浇水2~3次，夏季早、晚各浇水一次且喷水增湿，冬季每1~2周浇水一次。用细嘴喷壶沿盆边缘浇水，或浸盆10~15min。空气湿度保持在60%~80%，干燥时用加湿器等增湿并通风。

④施肥　生长季每月施1~2次0.1%~0.2%的稀薄液肥(兰花专用肥或腐熟饼肥水)。选晴天早晨或傍晚施肥，沿盆边缘倒液肥，施后用清水冲洗叶片和花朵。夏季高温、冬季低温时停止施肥。

⑤修剪整形　定期剪掉枯黄叶、病叶、受损叶，疏剪过密茎叶。花谢后剪去残花和花莛，适当修剪根系。

⑥换盆　每2~3年换盆一次，春、秋季进行。取出植株，抖落旧土，剪去老化、腐烂的根系，放入新盆，填入新基质，浇透水后放于阴凉通风处1~2周。

⑦病虫害防治

炭疽病　保持植株生长环境通风良好。一旦发现病叶，立即摘除并烧毁。可以使用炭疽福美、甲基硫菌灵等杀菌剂进行喷雾防治，通常每隔7~10d喷一次，连续喷3~4次。

软腐病　控制浇水量，避免基质积水。发现病株后，要立即隔离，防止病害传播。用农用链霉素、多菌灵等药剂进行喷雾和灌根处理。喷雾时要注意将药剂均匀地喷洒在植株的各个部位，灌根则是将药剂稀释后浇灌在基质中。每隔5~7d处理一次，持续3~5次。

叶斑病　加强养护管理，保证植株有良好的光照、温度和湿度条件。发病时，可选用百菌清、代森锰锌等杀菌剂进行喷雾防治，一般每隔10~14d喷一次，连续喷2~3次。

介壳虫　少量发生时，可以用软毛刷蘸取乙醇轻轻擦拭，将其除去。如果虫量较多，可以使用吡虫·噻嗪酮等药剂进行喷雾防治。注意喷雾要均匀，特别是叶片的背面和植株的基部等容易隐藏害虫的部位。一般每隔 7~10d 喷一次，连续喷 2~3 次。

蚜虫　利用蚜虫的趋黄性，在植株附近悬挂黄色粘虫板，诱捕蚜虫。同时，使用吡虫啉、啶虫脒等杀虫剂进行喷雾防治，每隔 5~7d 喷一次，连续喷 2~3 次。

蓟马　用蓝色粘虫板诱捕蓟马。药剂防治可选用乙基多杀菌素、溴虫氟苯双酰胺等，每隔 7~10d 喷一次，连续喷 2~3 次。喷雾时最好在傍晚进行，因为蓟马在夜间活动较为活跃，此时防治效果更好。

(4) 花期调控技术

①温度调控　在花芽分化前，将夜间温度控制在 15~18℃，白天温度控制在 22~25℃，持续 1~2 个月，能有效刺激花芽的形成。但要注意温度变化不能过于剧烈，以免对植株造成伤害。

在花芽刚刚出现时，将植株放置在温度较低的环境中，如 10~12℃的冷藏室或者温度较低的室内角落，保证环境的湿度和光照条件适宜，可以减缓花芽的生长速度，从而推迟花期。

②光照调节　在花芽分化前期，将每天的光照时间延长至 10~12h，同时适当增加光照强度，将遮光率降低至 40%~50%，让植株接受更多的散射光(但要避免强光直射)，有助于花芽的形成，促进开花。

在花芽形成后，将每天的光照时间缩短至 6~8h，同时增加遮阴率，使植株处于较暗的环境中，会使花芽的生长受到抑制，从而达到延迟开花的目的。

③水分控制　在花芽分化阶段，适当控制水分供应，使基质保持在稍微干燥的状态，等到基质表面干燥 2~3cm 后再进行浇水，可以刺激植株从营养生长向生殖生长转变，促进花芽的形成和开花。

在花芽出现后，保持基质和空气湿度的相对稳定，避免基质过于干燥或过湿，同时增加空气湿度，使植株处于较为舒适的生长环境，可以延缓花芽的生长和开花。

三、其他兰科花卉养护与养护(表 6-2-1)

表 6-2-1　其他兰科花卉栽培与养护

序号	花卉名称	生态学特性	栽培与养护技术要点	注意事项	应用特点
1	墨兰(*Cymbidium sinense*)	喜半阴环境，忌强光。生长适温为 25~28℃，不耐低温，2℃以下的低温会产生冻害。喜湿而忌燥	栽培地点应通风良好且具遮阴设备。需要提供适宜的散射光，促使植株充分进行光合作用。严格控制浇水，平时尽量做到盆土潮润而不湿，微干而不燥。浇水最佳时间为：冬、春两季在日出前后浇水，夏、秋两季在日落前后浇水。生长季节每周施肥一次，秋、冬季应少施肥，每 20d 施一次。施肥需在晴天傍晚进行，阴天施肥有烂根的危险。施肥后喷少量清水	夏季光照强，需要做好遮阴处理。冬季做好保暖措施	墨兰(图 6-2-4)在我国有悠久的栽培历史，品种比较丰富，已成为广受欢迎的国兰之一。花色艳丽耀目，风韵高雅，香浓味纯，可以用于装点室内环境

（续）

序号	花卉名称	生态学特性	栽培与养护技术要点	注意事项	应用特点
2	寒兰（*Cymbidium kanran*）	喜半阴环境，不耐晒。对温暖很敏感，既不耐高温，也不耐寒，生长适温为18~28℃	平时放在微光处，就可满足对光的需求。严格控制浇水，平时尽量做到盆土潮润而不湿，微干而不燥。叶片长薄，气孔多，与空气接触面积大，因此需要清新的空气，严防污染	夏季强光的时候一定要遮阴。夏、冬季要控温。喜湿度高的环境，气候干燥时勤喷水，土壤不可积水。不可施加浓肥、生肥，平时多通风	寒兰（图6-2-5）株形修长、形态幽雅，叶姿潇洒、碧绿清秀，花朵秀逸、花香浓郁，广受欢迎
3	建兰（*Cymbidium ensifolium*）	喜温暖湿润和半阴环境，怕强光直射。适宜生长温度为15~23℃。耐寒性差，越冬温度不低于3℃。不耐水涝和干旱。宜疏松、肥沃和排水良好的腐叶土	宜在春季栽种，也可在秋季进行翻盆。盆器以质地粗糙、无上釉、边底多孔、有盆脚的兰盆为好。栽培基质应质地疏松，团粒结构好，有机质含量丰富，透气性好，排水性能强，有利于好氧微生物活动。夏季干燥，可以往植株四周喷水，以增加湿度。花后及时追肥	夏季温度较高时要及时降温和通风。根据实际情况增加或减少浇水的次数。注意不可施生肥，肥料的浓度不可太高	建兰（图6-2-6）叶片宽厚，直立如剑，花莛长而挺拔，花多而芳香，多盆栽供室内陈设。耐寒性较春兰要差，在多雨的南方也可布置于湿润疏朗的小庭院内
4	文心兰（*Oncidium hybridum*）	喜湿润和半阴环境。生长适宜温度为18~25℃，冬季温度不能低于12℃。薄叶型的生长温度为10~22℃，冬季温度不能低于8℃	对环境的要求一般不太严格。每年需进行换盆，更换新的培养土。土壤应排水、透气性较好。浇水以间干间湿为原则。春、秋季每2~3d浇一次水。盛夏季节应每天浇水，还要经常向叶面喷水和花盆周围地面洒水，以降温增湿。冬季减少浇水。生长期每月施2~3次稀薄有机肥或0.1%的复合肥，冬季停止施肥。春、秋季遮光30%。夏季遮光50%~70%，但不能放在太阴暗处养护，以免枝叶徒长，影响花芽分化。冬季可在全日照下养护	春、夏、秋季要做好遮阴处理。生长季节可以适当增加浇水量，早、晚各浇一次	目前，文心兰（图6-2-7）产销以切花、盆花、庭园栽培为主
5	卡特兰类（*Cattleya* spp.）	为中温性兰类，喜温暖、潮湿和充足光照。在疏松透气的土壤中生长良好	在温室内栽培。1~2年换盆一次，最好在春季换盆。可用树皮、碎砖、泥灰、蕨根等作为基质。春、夏、秋三季是生长期，要求有充足的水分和较高的空气湿度。尤其在夏季，更应保持湿润，需经常向叶面及气生根上喷少量水，并注意遮阴。冬季处于休眠期，温度以不低于14℃为宜，此时要控制浇水（每10d左右浇水一次），保持假鳞茎不干缩即可，并给予充足的光照。施肥以稀薄的液肥为好，生长季节每1~2周施一次腐熟的饼肥水，冬季应停止施肥	保证充足阳光才能健壮生长，但正午要避开强光。在温暖环境中生长较好，冬季要及时移到室内保暖。注意病虫害的防治	卡特兰（图6-2-8）花朵硕大，花形千姿百态，花色丰富鲜艳，色泽艳丽，花期长，有特殊的芳香，被誉为“洋兰之王”，是高档观赏花卉，也是切花的高级材料

（续）

序号	花卉名称	生态学特性	栽培与养护技术要点	注意事项	应用特点
6	石斛（*Dendrobium nobile*）	附生兰，长期的自然环境形成了喜温暖、湿润，忌积水的生长特性。最佳生长温度是白天 20~25℃，夜间 15℃。生长、开花期应保持温度为 18~30℃，冬季需保持在 15℃以上	盆栽需用苔藓、椰糠、蕨根、树皮等排水性、透气性良好的基质。在高湿、通风良好的环境下生长良好。光照充足有利于植株生长，但夏季高温期需遮光 50%，冬、春季开花期保持弱光照有利于开花。施肥掌握"薄肥少量多次"的原则。在生长期每月施肥 3 次，秋季减少施肥，冬季休眠期停止施肥	空气湿度要大，最好控制在 80% 以上，而且要求通风良好。种植场所必须光照充足	石斛（图 6-2-9）花形优美，花色艳丽多彩，花期长，常盆栽摆放于阳台、窗台、客厅、书房。欧美常用石斛制作胸花，配上丝石竹和天门冬，在盛大宴会上馈赠宾客，有"欢迎光临"之意

图 6-2-4　墨　兰

图 6-2-5　寒　兰

图 6-2-6　建　兰

图 6-2-7　文心兰

图 6-2-8　卡特兰

图 6-2-9　石　斛

任务实施

教师根据学校所处地域气候条件和学校实训条件，选取 1~2 种兰科花卉，指导各任务小组开展实训。

1. 完成兰科花卉栽培与养护方案设计，填写表 6-2-2。

表 6-2-2　兰科花卉栽培与养护方案

组别		成员	
花卉名称		作业时间	年　月　日至　年　月　日
作业地点			
方案概况	（目的、规模、技术等）		
材料准备			
技术路线			
关键技术			
计划进度	（可另附页）		
预期效果			
组织实施			

2. 完成兰科花卉栽培与养护作业，填写表 6-2-3。

表 6-2-3　兰科花卉栽培与养护作业记录表

组别		成员	
花卉名称		作业时间	年　月　日至　年　月　日
作业地点			
周数	时间	作业人员	作业内容(含兰科花卉生长情况观察)
第 1 周			
第 2 周			
第 3 周			
第 4 周			

（续）

周数	时间	作业人员	作业内容（含兰科花卉生长情况观察）
第 5 周			
第 6 周			
第 7 周			
第 8 周			
第 9 周			
第 10 周			
……			

填表说明：

1. 生长情况一般包括：花卉的总体长势情况，如高度、冠幅、病虫害等；各种物候（发芽、展叶、现蕾、开花、结果、果实成熟等）发生情况。

2. 作业内容主要是指采取的技术措施，包括但不限于松土、除草、浇水、施肥、打药、绑扎、摘心、抹芽、去蕾等，应记录详细。

考核评价

根据表 6-2-4 进行考核评价。

表 6-2-4　兰科花卉无土栽培与养护考核评价表

成绩组成	评分项	评分标准	赋分	得分	备注
教师评分（70 分）	方案制订	兰科花卉栽培与养护方案含花卉生长习性和对环境条件的要求介绍（2 分）、技术路线（3 分）、进度计划（5 分）、种植养护措施（5 分）、预期效果（2 分）、人员安排（3 分）等	20		
	过程管理	能按照制订的方案有序开展兰科花卉栽培与养护，人员安排合理，既有分工，又有协作，定期开展学习和讨论	10		
		管理措施正确，花卉生长正常	10		
	成果评定	兰科花卉栽培与养护达到预期效果，成为商品花	20		
	总结报告	格式规范，关键技术表达清晰，问题分析有深度和广度	10		
组长评分（20 分）	出谋划策	积极参与，查找资料，提出可行性建议	10		
	任务执行	认真完成组长安排的任务	10		
学生互评（10 分）	成果评定	兰科花卉栽培与养护达到预期效果，成为商品花	5		
	总结报告	格式规范，关键技术表达清晰，问题分析有深度和广度	3		
	分享汇报	认真准备，PPT 图文并茂，表达清楚	2		
总　分			100		

任务6-3 多肉多浆植物栽培与养护

任务目标

1. 了解常见多肉多浆植物的种类。
2. 能够区分不同多肉多浆植物的形态特征。
3. 掌握多肉多浆植物的生长习性和对环境条件的要求。
4. 掌握常见多肉多浆植物的繁殖方法、栽培技术及养护管理措施。
5. 能完成多肉多浆植物栽培与养护方案设计并付诸实践，并能总结经验，实现知识和技能的迁移。

任务描述

本任务首先学习蟹爪兰、仙人掌、芦荟、昙花、虎刺梅等多肉多浆植物的形态特点和生长习性，制订1~2种多肉多浆植物栽培与养护方案。然后，开展多肉多浆植物栽培与养护实践，如准备好种苗、花盆和栽培基质，将多肉多浆植物栽种好，放置在光照充足但避免强光直射的位置，适时浇水、施肥、防治病虫害，适当修剪枝叶，持续观察多肉多浆植物的生长情况并做好记录。最后，对整个栽培与养护过程进行总结和反思，分析成功与不足，为后续的多肉多浆植物栽培与养护工作积累经验。

工具材料

各种多肉多浆植物；基质、花盆、移植铲、喷水壶；肥料、杀菌剂；直尺、铅笔、笔记本等。

知识准备

一、多肉多浆植物分类及栽培与养护特点

在植物学上，多肉植物也称肉质植物或多浆植物，这个名词是瑞士植物学家琼·鲍汉(Jean Bauhin)在1619年首先提出的。这类植物大多原产于热带半荒漠地区，营养器官的某一部分(如茎、叶或根)具有发达的薄壁组织用以贮藏水分，成为耐旱型的变态器官(在外形上呈肥厚多汁变态状的肉质茎、肉质叶或肉质根)。它们的生长地大多为干旱地区或一年中有干旱季节的地区，每年有很长的时间吸收不到水分，仅靠体内贮藏的水分维持生命。有时候，人们喜欢把这类植物称为沙漠植物(有一部分并不是生活在沙漠地区)。

在植物学分类上，仙人掌科植物也属于多肉植物。仙人掌科植物不但种类多，而且具

有其他多肉植物所没有的器官——刺座。同时，仙人掌科植物形态多样、花朵美丽，是其他多肉植物难以企及的。因而，园艺学上常常将仙人掌科植物单列出来，称为仙人掌类植物。由此，多肉植物有广义和狭义之分，广义的多肉植物包括仙人掌类植物，狭义的多肉植物不包括仙人掌类植物。

(一)多肉多浆植物的分类

1. 仙人掌类植物

仙人掌类植物在园艺学上单指仙人掌科植物。仙人掌类植物是一个非常庞大而且多变的家族，近100个属2000种以上。以墨西哥及南美荒漠地区分布最多，只有少数附生在热带雨林、湿地树木或岩石上。茎部呈变态肉质茎，有的平展形如掌扇，有的丰圆成球，有的耸立如柱，还有的“层峦叠嶂”形如苍翠的青山。叶片进化成锥刺、扁钩刺、毛座或针丛。花形多样，有喇叭形、漏斗形、莲座形、钟形、筒形，大如王莲，小似珠兰。花色丰富多彩，有白、黄、橙、鹅黄、朱红、粉红、洋红、淡紫等颜色。花期一般4~11月，也有的在冬季或早春开花，少则开1~3d，多则开7~10d。

仙人掌类植物喜光，耐旱，不耐水湿。大型品种体魄雄壮、体态多姿，可在室内盆栽或室外地栽(华南地区)；小型品种可作小盆栽或组合盆栽，小巧玲珑，妙趣横生。

(1)根据形态分类

①仙人掌　又称霸王树。老茎下部稍木质化，近圆柱形，其余部分均呈掌状。因毛刺颜色不同，又分为白毛掌、黄毛掌、红毛掌等。

②仙人球　茎球形或椭圆形，种类繁多。据其外观，可分为绒类、疣类、宝类、毛柱类、强刺类、海胆类、顶花类等。刺毛有长、短、稀、密之分，刺毛颜色有红色、黄色、金黄色等。可以嫁接的仙人球品种有‘绯牡丹’、‘翠牡丹’、‘山吹’、‘红太阳’、‘金晃’、‘金纽’、‘白玉翁’等。

③仙人柱　又称量天尺。茎丛生，深绿色，粗壮直立，3棱或4棱，棱边缘有刺座。野生状态高可逾20m。

④仙人鞭　又名鼠尾掌。茎圆柱形，表面有许多纵向的棱条。花大，花期5~6月。喜温暖，水肥不宜过多。

⑤仙人山　又名山影拳、山影，因外形峥嵘突兀，形似山峦而得名。因品种不同，其“山峰”的形状、数量和颜色各不相同。按照植株的大小以及茎棱的重叠密度可分为粗码、细码和密码三大类。粗码品种称为‘岩石山影’，植株高大；细码品种称为‘狮子头’，植株不高，分枝多，毛刺也多，是中型品种；密码品种的分枝和茎棱密且细小，全身布满毛状短刺，称为‘小狮子’，是微型品种。

(2)根据生态型分类

①地生种　又称沙漠型仙人掌。原产于美洲热带和亚热带干旱沙漠或半沙漠地域。株体肥硕，表皮角质层厚，多棱、多刺。喜阳光及干燥环境。种类繁多，仅仙人球属就有400多个种或品种，如金琥、‘新天地’、‘地图球’、‘华盛球’、‘长盛球’，以及因形命名的仙人山(山影拳)、‘僧王冠’、仙人鞭等。

②附生种　原产于热带林地。茎变态为扁平的叶状，表皮角质层较薄，近无棱、无刺，根系一般不直接入土，扎在枯朽树洞或树木近旁堆积的腐殖质中。喜温暖湿润和半阴

的环境，忌积水。常生出气生根，攀缘并吸收养分和水分，如令箭荷花、三棱箭、昙花、蟹爪兰、仙人指等。

2. 多肉植物

多肉植物分布较广，以非洲特别是南非最多。大部分喜温暖、阳光充足的环境，耐旱性和耐热性不如仙人掌类植物。在生长旺盛的季节，要进行间干间湿的水分管理。高温季节生长缓慢，须适当遮阴，减少水分供应。全世界多肉植物有 10 000 余种，在植物学分类上隶属几十科。常见栽培的有番杏科、大戟科、景天科、阿福花科、萝藦科、龙舌兰科和菊科的多肉植物，而凤梨科、鸭跖草科、夹竹桃科、马齿苋科、葡萄科也有一些种类常见栽培。

多肉植物由于其特殊的生理生化特性，容易发生锦化(又称锦斑变异，是指茎、叶、子房等部位的颜色发生改变，如变成白、红、黄等颜色)、缀化(是指植株顶端生长点异常分生、加倍，而形成很多小的生长点，这些生长点横向发展，最终形成扁平的扇形或鸡冠形带状体)、群生(由植株主体多个生长点生长出新的分枝或侧枝，共同生长在一起的状态)等变异，形成繁多的园艺变种，形态奇特，颜色多样，观赏价值高。加之大多数种类体型较小、肥厚可爱，可摆放在办公桌、书桌等处，深受消费者欢迎。

多肉植物按照肉质器官的类型，分为 3 类。

①叶多肉植物　叶高度肉质化，而茎的肉质化程度较低，部分种类的茎一定程度木质化。大多数的多肉植物都属于这一类。常见的有以下几个科：

景天科　如玉树、青锁龙、虹之玉、熊童子、观音莲、石莲等。

阿福花科　如条纹十二卷、玉扇、帝玉露、姬玉露、芦荟、水晶掌等。

番杏科　如生石花、肉锥、鹿角海棠等。

菊科　如翡翠珠、蓝松、剑叶菊等。

龙舌兰科　如龙舌兰、虎尾兰、丝兰等。

②茎多肉植物　贮水组织主要分布在茎部。一般具直立的柱状茎，也有一些种类具球状、长球状或细长下垂的茎。柱状茎的横截面通常圆形，也有三角形或近方形的。部分种类茎分节。大戟科和部分萝藦科的种类茎有明显的棱，棱数 3~20 个不等。少数种类还具疣突，如萝藦科苦瓜掌的疣突为长圆形，而大戟科大戟阁的疣突为非常整齐的菱形。少数种类具稍带肉质的叶，但一般早落。茎多肉植物以大戟科、夹竹桃科和萝藦科的多肉植物为代表。

大戟科　如虎刺梅、麒麟掌、红龙骨等。

夹竹桃科　如非洲霸王树、沙漠玫瑰等。

萝藦科　如爱之蔓、犀角、巨龙角等。

③茎干基部多肉植物　肉质部分集中在茎干基部，而且这一部位特别膨大。种类不同，膨大的茎基形状不一，如球状(苍角殿)、长颈酒瓶状(酒瓶兰)、陀螺状(孔雀球)、扁球状(睡布袋)、纺锤状(佛肚树)等，但以球状或近似球状为主，有时半埋入地下。而马齿苋科的长寿城属的一些种类，茎干犹如苍老的树桩，姿态非常古朴典雅。无节、无棱、无疣突。有叶或叶早落，叶直接从膨大茎基顶端或从突然变细、几乎不带肉质的细长枝条上长出，有时这种细长枝早落。很多种类在膨大的茎干顶端再抽出较细的枝条，形状

通常为圆柱形，但也有扁平的，如大戟科的飞龙。茎干基部多肉植物以假叶树科、薯蓣科、葫芦科、天门冬科的多肉植物为代表。

假叶树科　如酒瓶兰等。

薯蓣科　如南非龟甲龙等。

葫芦科　如睡布袋、沙葫芦、嘴状苦瓜等。

天门冬科　如苍角殿等。

（二）繁殖方法

多肉多浆植物可采用播种、扦插、分生、嫁接等方法繁殖，其中嫁接繁殖在仙人掌科植物中较多应用。

1. 播种繁殖

播种繁殖多用于种子易获取或茎干膨大的种类。通过播种繁殖可获得大量种苗，且易于获得变异品种和杂交品种。景天科、仙人掌科、番杏科多肉多浆植物的种子细小，播种繁殖需精细管理。

(1)播种时间

多肉多浆植物大部分种子可随采随播，或放置于干燥阴凉处保存至翌年春天播种。种子发芽适宜温度为白天25~30℃、夜间15~20℃，昼夜温差大有利于种子萌发。

(2)播种管理

播种前种子和基质都要消毒，播种基质要求肥力低、透气佳。可用泥炭、细沙、蛭石加适当石灰、钙镁磷肥混合配制。播种后覆盖薄膜以保温、保湿(仙人掌科、景天科、番杏科多肉多浆植物的种子不用覆盖，撒播到基质表面即可，也可掺适量细沙后撒播)，定期浸盆。齐苗后揭去薄膜，40~50d后可施稀薄液肥。

(3)分苗移栽

播种出苗后150~180d进行分苗移栽(对于生长较快的种类，出苗几周后就可移栽)。移栽前10d停止浇水。移栽时适量修剪根系，然后将小苗根系植入约1cm深，压实土壤。

2. 扦插繁殖

扦插繁殖是多肉多浆植物繁殖的一种主要方法。多肉多浆植物可用于扦插繁殖的营养器官较多，如叶、茎、根。

(1)叶插

景天科植物最常用叶插。阿福花科十二卷属、龙舌兰科虎尾兰属的植物也可叶插。春、秋、冬季均可进行。掰取叶片时要完整。

(2)茎插

仙人掌科植物最常用茎插。景天科、西番莲科、大戟科、阿福花科等大部分科属也可用茎插。晚春至仲秋均可扦插。剪取插条后要做好伤口处理，如涂硫黄粉并晾干插条。

(3)根插

十二卷属的玉扇根系粗壮、发达，可用于根插。插条用成熟的肉质根。具有块根的大戟科、葫芦科多肉植物也可用根插。

3. 分生繁殖

分生繁殖是最简便、成活率最高的一种多肉多浆植物繁殖方式，常用于阿福花科、龙舌兰科、凤梨科、大戟科、萝藦科等多肉多浆植物。常用的分生繁殖方法有分小植株，分吸芽、珠芽，以及分走茎、鳞茎、块茎。

4. 嫁接繁殖

嫁接繁殖在仙人掌科、大戟科、萝摩科、夹竹桃科多肉多浆植物常用。如仙人掌科‘绯牡丹’嫁接到量天尺上，大戟科‘春峰锦’、‘玉麒麟’嫁接到霸王鞭上，萝藦科‘紫龙角’嫁接到大花犀角上。

(1)砧木选择

砧木应与接穗亲和力好，最好选择繁殖迅速、植株健壮、抗性强的种类。量天尺作砧木亲和力好，但耐寒力差，适用于我国南方地区。北方常用短毛球作砧木。此外，天轮柱属的秘鲁天轮柱、卧龙柱、阿根廷毛花柱、龙神柱、仙人掌、仙人球等也是很好的砧木。阿根廷毛花柱耐寒，繁殖力强，在欧洲被称为“万能砧木”。

不能选择木质化的部位，最好选择生长发育充实且幼嫩的部位。

(2)嫁接时间

嫁接的适宜时间是3月中旬到10月中旬，气温20~30℃。

(3)嫁接方法

①平接　最常用的嫁接方法。选择适当的砧木和接穗，用利刀将砧木顶端和接穗基部削平，对准二者髓心，绑扎或加压固定。

②劈接　蟹爪兰、假昙花等茎节扁平的种或品种适用此法。先将盆栽砧木顶部削平，然后从正中部劈开深度1~1.5cm的缝，再将接穗基部削成楔形后插入砧木劈口，最后用刺或针状物固定，并用尼龙绳绑扎固定。

③斜接　适用于‘山吹’等茎细长的种或品种。将砧木顶端和接穗基部削成30°~45°斜面，使二者髓心对齐后固定。

(4)嫁接苗管理

嫁接后置于阴凉处养护1个月，盆土干后可浇一次水，不能追施任何肥料。1个月后若接穗长势很好，即可解绑，然后转入常规管理。

(三)栽培养护特点

原产于沙漠、半沙漠、草原等干热地区的多肉多浆植物，对光照和温度要求较高，喜强光照射。不耐寒，生长温度不能低于18℃，在25~35℃条件下生长较好，低温时休眠，冬季温度不能低于5℃。耐旱，喜透气、排水良好的土壤，对肥力要求不高，耐瘠薄。生长季需充足浇水但不能积水，定期追施稀薄液肥，休眠期控制浇水。栽培中保持空气流通。

原产于热带雨林的附生多肉多浆植物，无须强光照射，不耐寒，冬季无休眠期。喜湿润环境但不耐水淹。春、夏、秋季充分浇水，保持盆土湿润不积水。冬季需保持室内温度不低于12℃，适当减少浇水，并给予充足光照。

原产于美洲和亚洲温带或高海拔地区的多肉多浆植物，喜光，不耐高温，稍耐寒；春、秋季生长，夏季休眠。生长期充分浇水，定期追施稀薄液肥。夏季避免强光照射，遮阴、控水。冬季原产于北美高海拔地区的仙人掌保持土壤干燥，可耐轻微霜冻。原产于亚洲山地的景天科多肉多浆植物耐冻能力较强。

二、多肉多浆植物栽培与养护案例

(一)蟹爪兰

蟹爪兰(*Zygocactus truncactus*)又名螃蟹兰、蟹爪、圣诞仙人花，为仙人掌科蟹爪兰属多年生常绿草本花卉(图 6-3-1)。茎多分枝，常成簇而悬垂；茎节扁平，幼时紫红色，以后逐渐转为绿色或带紫晕；边缘有 2~4 个凸起的齿，无刺，老时变粗为木质。花着生于茎节先端，略两侧对称，花瓣张开翻卷，多淡紫色，有的品种为粉红、深红、黄、白等色。花期通常 12 月至翌年 3 月。

图 6-3-1 蟹爪兰

原产于巴西热带雨林中，为附生种。

1. 种类

圆齿蟹爪兰(*S.* × *buckleyi*) 花红色，茎淡紫色。

美丽蟹爪兰(*S. delicatus*) 花芽白色，开放时粉红色。

红花蟹爪兰(*S. altesteinii*) 花洋红色，生长势旺。

2. 生态学特性

喜温暖、湿润及半阴的环境。不耐寒，越冬温度不低于 10℃。喜排水、透气良好、富含腐殖质的微酸性砂质壤土。

3. 繁殖方法

常用扦插繁殖和嫁接繁殖。

扦插繁殖在温室一年四季都可进行，但以春、秋两季为最好。剪取成熟的茎节 2~3 节，阴干 1~2d，待切口稍干后插于沙床，保持环境湿润即可。

嫁接在春、秋两季的晴天进行。常用量天尺、仙人掌作砧木，先在砧木上端适当高度处平切(也可在砧木侧面横切)，露出髓心。取生长充实的蟹爪兰茎节 2~3 节作接穗，将茎基部削平并在两侧分别削去一层薄的皮层，然后将接穗和砧木的髓心对准，进行髓心嫁接。每个砧木可接多个接穗。

4. 栽培与养护技术要点

(1)准备工作

盆栽需用腐叶土、泥炭、粗沙等疏松、肥沃的基质。也可用泥炭、珍珠岩、陶粒按 2∶2∶1 的比例混合配制，pH 5.5~6.5。

(2)种植技术

最适宜的栽植时间是春季或秋季，这两个季节温度适中，蟹爪兰处于生长旺盛期，栽植后植株能够更快地适应新环境。

将蟹爪兰植株从原花盆中小心取出，尽量保持根系完整。如果根系有损伤，需要剪掉受损部分。在新花盆底部铺上一层排水层，如陶粒或碎瓦片，厚度约为花盆高度的 1/5，有助于防止积水。将植株放入花盆中央，扶正后慢慢填入配制好的培养土，边填土边轻提植株，使培养土填满植株根系间隙。填土至距离盆口 2~3cm 处即可，浇透水，使培养土与植株根系充分接触。

(3)养护技术

①温度管理　最适生长温度为 15~32℃。怕高温闷热，夏季气温 33℃以上时进入休眠状态。忌寒冷霜冻，越冬温度需要保持在 10℃以上，气温降到 7℃以下时进入休眠状态。如果环境温度接近 4℃，则会因冻伤而死亡。

②光照管理　夏季放在半阴处养护或者遮阴 50%，叶色会更加漂亮。春、秋两季，由于温度不是很高，要给予直射阳光。

③肥水管理　耐旱力很强，根系怕水渍，如果花盆内积水或者浇水过于频繁，容易引起烂根。浇水的原则是干透浇透。浇水时要避免将植株弄湿。蟹爪兰一年有两个短暂的休眠期(一个在夏季最炎热时，另一个在早春开花后)，也有两个生长旺盛期(一个在 5 月中下旬，另一个在 10 月上中旬)。进入休眠状态后，要控肥控水。冬季室内温度低时也要控制浇水。蟹爪兰喜欢较干燥的空气环境，若阴雨天持续的时间过长，易受病菌侵染。怕雨淋，晚上保持叶片干燥，最适空气相对湿度为 40%~60%。从春季到入夏，可每 10~14d 施一次稀薄叶肥，夏季高温期停止施肥；从立秋到开花，肥水应不断，一般每周施一次液肥或复合化肥，开花前增施 1~2 次速效性磷肥。为了保持盆土排水良好，每年可在花后进行翻盆。翻盆时施足基肥。

④造型　蟹爪兰茎节柔软下垂，盆栽时可设立支架并造型，使茎节分布均匀，提高观赏价值。

⑤病虫害防治　蟹爪兰常发生的病害是炭疽病、腐烂病和叶枯病，危害叶状茎，特别在高温、高湿情况下，发病严重。日常要加强通风，不能使植株长期处于闷热的环境中。病害发生初期，用 50%的多菌灵可湿性粉剂 500 倍液喷洒，每 10~15d 喷一次，共喷 3 次。对于发病严重的植株，应拔除并集中烧毁。红蜘蛛危害严重时，可导致植株死亡。经常开窗通风，喷水增加空气湿度，可预防红蜘蛛的发生。危害严重时，喷 50%的杀螟松乳油 1500 倍液进行防治。介壳虫危害严重时，可造成枝条凋零或者植株死亡。另外，介壳虫的分泌物能诱发煤污病，危害性很大。将棉球放入食醋中浸湿后，在受害处轻轻擦拭，即可把介壳虫杀灭。危害严重时，可用 50%的杀螟松乳油 1000 倍液喷杀。

(4)花期调控技术

蟹爪兰是短日照花卉，光照少于 10h 才能现蕾。要使其提前开花，可采用短日照处理。自 7 月底至 8 月初，每天 16:00 到次日 8:00，用黑色塑料薄膜罩住，国庆节前后花蕾就可逐渐开放。为了促进花芽的形成，处理期间逐渐减少浇水，停止施肥。

(二)仙人掌

仙人掌(*Opuntia dillenii*)又名仙巴掌、神仙掌，为仙人掌科仙人掌属多年生常绿植物(图 6-3-2)。茎直立，扁平，多分枝，密生刺窝，刺的颜色、长短、形状、数量、排列方式因种

图 6-3-2　仙人掌

而异。肉质浆果，成熟时暗红色。花期4~6月。

仙人掌姿态独特，花色鲜艳，常盆栽观赏。在南方，常用多肉多浆花卉建成专类观赏区，北方的一些观赏温室里也设有专类观赏区，其中各类仙人掌是重要的组成部分。多刺的仙人掌在南方常用作樊篱。

大多原产于美洲，少数产于亚洲，世界各地广为栽培。

1. 种类

仙人掌属种类较多，约有200种。常见的栽培种有：

黄毛掌(*O. microdasys*)　刺座白色，着生细小黄色钩毛，通常无刺。

白毛掌(*O. microdasys* var. *albispina*)　刺座白色，钩毛白色。

2. 生态学特性

喜温暖和阳光充足的环境，不耐寒。冬季需保持干燥，忌水涝。要求排水良好的砂质土壤。

3. 繁殖方法

主要采用扦插繁殖，也可用嫁接繁殖、播种繁殖。一年四季均可进行扦插，以春、夏季最好。选取母株上成熟的茎节作插穗，用利刀从茎基部割下，晾1~2d，伤口稍干后插入湿润的沙中即可。

4. 栽培与养护技术要点

(1)准备工作

选择地势高燥、排水良好的地块，土质以砂壤土为佳。盆栽可用园土、腐叶土、粗沙等，也可用腐叶土和粗沙按1∶1的比例混合作培养土。

(2)种植技术

春季和秋季是最适宜栽植仙人掌的时间，这两个季节温度适中，仙人掌处于生长旺盛期，栽植后更容易适应新环境。

小心地将仙人掌植株从原花盆中取出，尽量保持根系完整。如果根系过长或有损伤，可以适当修剪。在新花盆底部铺上一层排水层，如陶粒、碎瓦片等，厚度约为花盆高度的1/4~1/3。将植株放入花盆中央，慢慢填入配制好的培养土，边填土边轻提植株，使培养土填满植株根系间隙。填土至距离盆口1~2cm处，然后浇少量定根水，使培养土与植株根系充分接触。

(3)养护技术

①光照管理　植株上盆后置于阳光充足处，尤其是冬季需充足光照。

②肥水管理　仙人掌较耐干旱，但不能忽视必要的浇水，尤其在生长期要保证水分供给，并掌握"一次浇透，干透再浇"的原则。生长季适当施肥可加速生长。11月至翌年3月，植株处于半休眠状态，应控制浇水、施肥，保持土壤适当干燥。

③病虫害防治　仙人掌的病虫害相对较少，但仍需注意防治。

红蜘蛛　会使仙人掌表面出现红色斑点。可以使用50%的敌敌畏800~1000倍液喷杀，每周一次，共喷2~3次。

介壳虫　成虫有蜡质鳞片，防治较难，以预防为主。应保持场所清洁，及时刮掉或剪除有虫的部分并烧毁。在卵孵化后不久，虫体尚未长出蜡壳时进行捕捉，并反复喷洒药剂。通常将50%的马拉硫磷1000倍液、25%的亚胺硫磷乳油800倍液、40%的氧化乐果乳油和80%的敌敌畏乳油混合加水稀释1000倍进行喷杀。

蛴螬、金针虫、地老虎　可用50%的辛硫磷800~1000倍液浇灌。

腐烂病　改善种植环境，加强栽培管理，剪除烂根后晾干再种植。定期喷洒代森锌、多菌灵和硫菌灵等药剂预防。

金斑、凹斑、疮痂病　可用75%的百菌清800倍液、50%的多菌灵或70%的甲基硫菌灵600~800倍液喷洒防治。

(4)花期调控技术

①调节光照时长　在需要催花时，可以在秋季开始逐渐缩短光照时间。一般每天给予8~10h的光照，其余时间进行遮光处理。例如，使用黑色遮光布或黑色塑料罩，从17:00左右开始遮光，到第二天早上7:00左右揭开，持续处理4~6周，能有效促进花芽分化。在花芽形成后，延长光照时间至12~14h，有助于花朵更好地发育和开放，同时能使花色更加鲜艳。

②控水　在花芽分化阶段适当控制水分供应，可以刺激仙人掌形成花芽。一般在预计花芽分化前2~3周开始减少浇水频率(如由每周浇水一次延长至每10~12d浇水一次)，使土壤保持微微干燥的状态，但要注意避免土壤完全干裂，导致植株缺水受损。当观察到花芽出现后，逐渐恢复正常浇水。

③应用植物生长调节剂　例如，使用赤霉素可以打破仙人掌的休眠状态，促进花芽分化。将赤霉素按照说明书的要求稀释后，在花芽分化期进行叶面喷施或灌根，能有效提前花期。

(三)芦荟

芦荟(*Aloe vera*)又名草芦荟、油葱、龙角、狼牙掌，为阿福花科芦荟属常绿多年生草本(图6-3-3)。茎较短，直立。基叶簇生，呈莲座状、螺旋状散开式排列；叶披针形，长15~30cm，宽3~5cm，叶端渐尖，叶缘疏生软刺，蓝绿色，被白粉，叶肉多汁。总状花序，花葶自叶丛中抽生，小花密集；花冠筒状，橙黄色，带有红色斑点；花瓣6枚，雌蕊6枚，花被基部多连合成筒状。蒴果三角形，种子多数。花期7~8月。

图6-3-3　芦　荟

原产于南非、阿拉伯半岛、马达加斯加。

1. 种类

棒花芦荟(*A. claviflora*)　原产于南非。叶线状披针形，正面蓝色，背面圆凸，叶缘有短刺。

好望角芦荟(*A. ferox*)　原产于南非。叶披针形，正面较光滑，背面具刺，叶缘具红色粗刺。

大芦荟(*A. arborescens*)　高可达2m，叶白色，花红色。

花叶芦荟(*A. saponariza*)　叶较宽，具白色斑点，边缘有细刺。

2. 生态学特性

喜温暖、干燥、阳光充足的环境，耐半阴，但在荫蔽环境下多不开花。不耐寒，生长适宜温度为20~30℃，越冬温度不低于3℃。喜排水良好、肥沃、疏松的砂壤土。对土壤酸碱度要求不严，耐干旱和盐碱。忌潮湿积水。

3. 繁殖方法

主要采用分生繁殖，也可采用扦插繁殖和种子繁殖。分生繁殖宜春、秋季进行，可分吸芽和小植株，分下的植株应带数条新根。扦插繁殖采用不带根的主茎和侧枝作插穗，扦插温度21~25℃，扦插后20~25d可生根。种子繁殖要随采随播，发芽温度21℃。

4. 栽培与养护技术要点

(1)准备工作

可采用温室繁殖池、塑料大棚平畦、露地平畦、阳畦或花盆栽植。土壤以肥沃、疏松、排水及通气良好的砂质壤土最为理想，整地时适当施以有机肥作基肥(一般每公顷施腐熟有机肥1500~2000kg)。将土壤耕细耙平，然后整理成为宽0.8~1m、长视地形而定的畦作为种植床。注意土壤不能过湿、过黏。盆栽培养土的常见配方有：园土、腐殖土、河沙的比例为2∶2∶1，或山泥、腐叶土、木屑的比例为2∶2∶1。

(2)种植技术

四季均可定植，以春、秋季为宜(3~4月或9~11月)，一般在春分至清明期间移栽最佳。将准备好的分株苗、芽插苗或种子繁殖苗置于穴中，填土后把苗轻提一下以使根系舒展，再把土填满压实。行株距(50~60)cm×(30~40)cm，一般每畦2行，每穴栽1株。如土壤较干，栽后需浇足水，并用小树枝或稻草临时遮阴。在寒冷地区可在设施内栽培。

(3)养护技术

①肥水管理　为了促进植株的生长，要及时施追肥。追肥常腐熟有机肥和化肥相结合，并以腐熟有机肥为主。每次每亩施腐熟有机肥4000~5000kg、尿素6kg、过磷酸钙50kg及其他微量元素。夏季要保持土壤湿润，但不宜过于潮湿，注意排除积水，以免烂根。冬天要做好保温措施，低温时要少浇水或不浇水。

②光照管理　芦荟需足够的阳光才能快速生长，但要避免阳光直射，尤其是初植不宜晒太阳，以免晒伤。

③中耕除草　应根据草情适时安排，小苗生长前期以拔草为主，以免伤须根。根据土壤的硬度进行适当的浅耕和中耕，以满足根系对氧气的需求，同时配合松土进行除草。每年一般进行2~3次中耕除草，中耕深度应随植株长大而逐渐加深。为了省工、省时，可结合追肥进行中耕除草。

④病虫害防治　常见病害主要有炭疽病、褐斑病、叶枯病等。在发病前用波尔多液喷于叶面，可有效抑制病菌入侵和蔓延；发病时，可用硫菌灵、抗生素等药剂喷施。芦荟在下雨天气容易发生锈病，可将百菌清500倍液喷于土壤中，有利于防止扩散。高温高湿时易发生黑斑病，一般用代森锌600倍液进行防治。

虫害出现并不多，主要是介壳虫和粉虱，可以采用40%的氧化乐果乳油喷杀。

(四)昙花

昙花(*Epiphyllum oxypetalum*)又名月下美人，为仙人掌科昙花属多年生灌木(图6-3-4)。主茎圆柱形，木质；分枝扁平，呈叶状，肉质，长阔椭圆形，边缘具波状圆齿；刺座生于圆齿缺刻处，无刺。花着生于叶状枝的边缘，花大，重瓣，近白色。花期7~8

月，一般于 21:00 左右开放，每朵花仅开放几小时。

原产于墨西哥及中、南美洲的热带森林中，为附生种。

1. 种类

孔雀昙花(*E. ackermannii*) 嫩茎上有细刺，老茎刺脱落。叶退化为扁平肥厚的二棱形，边缘着生粗锯齿状刺。

红昙花(*E. coccineum*) 花鲜红色。

紫昙花(*E. violaceum*) 花白色和紫色。

角叶昙花(*E. anguliger*) 花白色。

2. 生态学特性

喜温暖、湿润及半阴的环境，不耐暴晒。不耐霜冻，冬季能耐 5℃ 以上的低温。要求排水、透气良好、富含腐殖质的砂质壤土。

图 6-3-4 昙 花

3. 繁殖方法

以扦插繁殖为主，在温室内一年四季都可进行，但以 4～9 月为最好。选用长 20～30cm、健壮、肥厚的叶状枝，插入沙床。在 18～24℃ 条件下，3 周后生根。播种繁殖常用于杂交育种。

4. 栽培与养护技术要点

(1) 准备工作

昙花对土壤要求不太高，盆栽土可用泥炭、粗沙和炉渣按 2∶1∶1 混合配制，盆土不宜太湿。

(2) 种植技术

轻拍花盆四周，使盆土与盆壁分离，然后慢慢倒出昙花植株。检查根系，剪掉老化、腐烂和过长的根，保留健康根。用 0.1% 多菌灵溶液浸泡修剪后的根系 10～15min，取出放在阴凉通风处晾干。

在花盆底部铺陶粒、碎瓦片或粗砾石，厚度为花盆高度的 1/4～1/3。将昙花植株放于花盆中央，扶正后填入培养土。填土时轻提植株，使培养土填满植株根系间隙。填土至距盆口 2～3cm，浇透水，放于阴凉通风处缓苗 1～2 周，期间保持土壤湿润，避免阳光直射和强风，之后移至正常光照环境下养护。

(3) 养护技术

①肥水管理　上盆栽植时应施足基肥。在生长期每 15d 施一次腐熟的饼肥水。现蕾期增施一次磷、钾肥。肥水过量，尤其是氮肥过量，往往会造成植株徒长，不开花或开花很少。春、秋季为昙花的生长旺季，要充分供水，但注意防积水。夏季适当控制浇水。

②光温管理　放置在半阴环境。夏季要遮阴，阳光过强会使叶状枝萎缩、发黄。温度保持在 10～13℃ 为宜，冬季需放到室内养护。

③整形修剪　昙花叶状枝柔软，盆栽时应立支架，并注意造型，以提高观赏价值。

④病虫害防治

病害　主要是叶枯病。防治方法：可用 50% 的硫菌灵可湿性粉剂 1000 倍液进行防治。

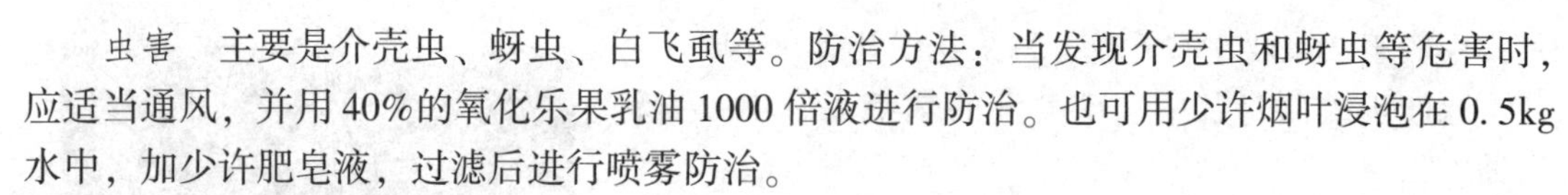

虫害　主要是介壳虫、蚜虫、白飞虱等。防治方法：当发现介壳虫和蚜虫等危害时，应适当通风，并用40%的氧化乐果乳油1000倍液进行防治。也可用少许烟叶浸泡在0.5kg水中，加少许肥皂液，过滤后进行喷雾防治。

(4)花期调控技术

昙花夜间开放，不便于观赏。欲使其白天开放，可用颠倒昼夜法。将花蕾长约5cm的植株，白天置于完全黑暗的环境中，19:00至次日6:00，用100W电灯进行人工光照，如此将昼夜颠倒1周左右，昙花便会在白天开放。

课程思政

昙花的花期极短，通常只有几个小时，在开放的瞬间绽放极其绚烂的花朵。昙花倾尽全力在短暂的时间内展现出最美的姿态，如同那些在有限生命里发光发热的人。同学们应该珍惜时光，在有限的生命里努力实现自己的价值。

(五)虎刺梅

虎刺梅(*Euphorbia milii* var. *splendens*)又名铁海棠、麒麟刺、龙骨花、虎刺，为大戟科大戟属常绿亚灌木(图6-3-5)。茎粗厚，肉质，有纵棱，具硬而锥尖的刺。叶通常生于嫩枝上，无柄，倒卵形，全缘。花小，2~4朵生于顶枝，苞片鲜红色或橘红色，十分美丽。花期全年，但冬、春开花较多。

图6-3-5　虎刺梅

原产于非洲热带地区。

1. 品种类型

虎刺梅具有诸多园艺栽培品种，常栽培的有'红花'虎刺梅(*E. milii* 'Splendens')和'大花'虎刺梅(*E. milii* 'Grain Christ Thorn')。'浅黄'虎刺梅(*E. milii* 'Tananarivae')苞片黄白色，较为少见。

2. 生态学特性

喜阳光充足，在花期更是如此。不耐寒，在16~28℃生长良好，越冬温度不低于10℃。光照充足、温度适宜时，能全年开花。温度太低时，叶脱落，进入休眠。要求通风良好的环境和疏松的土壤。耐旱，不耐积水。

3. 繁殖方法

采用扦插繁殖。6~8月，从老枝顶端剪取长8~10cm的枝作插穗。插穗伤口有乳汁，可在伤口涂抹炉灰并放置1~2d后，插于湿润素沙中。插后2个月生根，翌年春季分栽。

4. 栽培与养护技术要点

(1)准备工作

选择阳光充足的环境，以及肥沃、湿润的砂壤土，以满足生长发育过程中对环境条件的要求。盆栽可用泥炭、粗沙、炉渣等基质。

(2)种植技术

当小苗根系长到高 2~3cm 时可移栽上盆。如果上盆太晚，幼苗长势衰弱，会影响以后的生长发育。移栽时植株应带土坨。生长季节也可移栽，但在移栽前应进行修剪，只留高 2~4cm。栽后保持土壤湿润，成活率会更高。

(3)养护技术

①光照和温度管理　栽培环境要求光照充足，夏季高温时应适当遮阴，冬季放置在温室或室内向阳处养护。

②肥水管理　生长季浇水遵循见干见湿的原则。定植时施适量基肥，以后每个月追施 2 次含磷、钾的稀薄液肥。休眠期减少浇水次数，停止施肥。

③整形修剪　为形成优美的株形，可在植株长到高 10cm 左右时摘心，然后按需要搭支架，将侧枝固定到支架上。

④病虫害防治　虎刺梅在栽培中易受茎腐病、白粉虱、介壳虫等侵袭，要注意防治。

三、其他多肉多浆植物栽培与养护(表 6-3-1)

表 6-3-1　其他多肉多浆植物栽培与养护

序号	花卉名称	生态学特性	栽培与养护技术要点	注意事项	应用特点
1	金琥(*Echinocactus grusonii*)	喜温暖、干燥、阳光充足的环境及含石灰质的砂砾土	多采用种子繁殖或嫁接繁殖。每天需阳光照射 6h 以上，但夏季需适当遮阴。越冬温度不低于 10℃并保持盆土干燥。生长期每 1~2 周浇一次水，每个月施一次肥。盆栽需每年换土，换土时适当修根	夏季置于半阴处养护	盆栽供观赏
2	莲花掌(*Aeonium arboreum*)	喜温暖、干燥、阳光充足的环境，忌烈日，不耐寒，怕积水	常用扦插繁殖。盆土宜用疏松、肥沃、透气良好的砂质土。一般每 1~2 年在春季或秋季翻盆一次。生长季每月施一次腐熟稀薄有机液肥或低氮高磷钾的三元复合肥。一旦发生锈病、叶斑病，可用 75%的百菌清可湿性粉剂 500~800 倍液喷洒防治	施肥时注意不要将肥水溅到叶片上	盆栽供观赏
3	玉树(*Crassula arborescens*)	喜温暖、干燥、阳光充足的环境	以扦插繁殖为主。盆栽宜选用排水性、透气性良好的紫砂盆。每年初春换盆一次，加入肥土，以提高土壤肥力及透气性。防治腐烂病、叶斑病、炭疽病及蚜虫、介壳虫	少浇水	盆栽供观赏
4	龙舌兰(*Agave americana*)	喜阳光。喜温暖，不耐寒。越冬温度不低于 5℃。耐干旱	分株繁殖。夏季定植或上盆。春、夏、秋季为旺盛生长期，保持盆土湿润；冬季减少浇水，保持盆土干燥。春、夏每 2~3 周追肥一次，入秋停止施肥	保证充足的光照，以获得最佳观赏效果	盆栽于室内供观赏

（续）

序号	花卉名称	生态学特性	栽培与养护技术要点	注意事项	应用特点
5	长寿花（*Kalanchoe blossfeldiana*）	喜温暖、干燥、阳光充足的环境	以扦插繁殖为主。对光照要求不严。春、秋浇水不宜过多，生长季和花后每月施1~2次富含磷的稀薄液肥	夏季炎热时注意通风、遮阴，冬季放入温室或室内向阳处	主要用于室内盆栽观赏，也可布置露地花坛
6	马齿苋树（*Portulacaria afra*）	喜温暖、阳光充足的环境	以扦插繁殖为主。每1~2年换盆一次，栽植或换盆前剪去枯根、烂根、过密根，晾干伤口。上盆或换盆后浇水，放置于阴处2~3d，1周后放于阳光充足的环境。生长期每月施2~3次稀薄液肥	盆土不能积水，夏季温度过高和冬季温度过低时都要控制浇水	用于室内盆栽或制作树桩盆景
7	露草（*Mesembryanthemum cordifolium*）	喜温暖、阳光充足的环境	多用茎插繁殖。定植1~2d后浇水，再遮阴1~2d可接受正常日光照射。春、秋需充足水分，冬季保持土壤干燥。生长期每个月追施2次富含磷、钾的液肥。每年春季翻盆	环境荫蔽时植株易徒长，开花少	盆栽吊挂于室内，在南方可作园林地被植物，还可用于垂直绿化
8	生石花类（*Lithops* spp.）	喜温暖、干燥、阳光充足的环境	主要采用播种繁殖。基质要求疏松透气、排水良好、颗粒较粗。秋季换盆时剪除干枯的老根和腐烂的根系，尽量不伤及毛细根。冬季控制浇水，温度低于5℃时停止浇水	春季是“蜕皮”期，要停止施肥，控制浇水	盆栽供室内观赏

任务实施

教师根据学校所处地域气候条件和学校实训条件，选取1~2种多肉多浆植物，指导各任务小组开展实训。

1. 完成多肉多浆植物栽培与养护方案设计，填写表6-3-2。

表6-3-2　多肉多浆植物栽培与养护方案

组别		成员	
花卉名称		作业时间	年　月　日至　年　月　日
作业地点			
方案概况	（目的、规模、技术等）		
材料准备			

（续）

技术路线	
关键技术	
计划进度	（可另附页）
预期效果	
组织实施	

2. 完成多肉多浆植物栽培与养护作业，填写表 6-3-3。

表 6-3-3　多肉多浆植物栽培与养护作业记录表

组别		成员	
花卉名称		作业时间	年　月　日至　年　月　日
作业地点			
周数	时间	作业人员	作业内容（含多肉多浆植物生长情况观察）
第 1 周			
第 2 周			
第 3 周			
第 4 周			
第 5 周			
第 6 周			
第 7 周			
第 8 周			
第 9 周			
第 10 周			
……			

填表说明：

1. 生长情况一般包括：花卉的总体长势情况，如高度、冠幅、病虫害等；各种物候（发芽、展叶、现蕾、开花、结果、果实成熟等）发生情况。

2. 作业内容主要是指采取的技术措施，包括但不限于松土、除草、浇水、施肥、打药、绑扎、摘心、抹芽、去蕾等，应记录详细。

考核评价

根据表 6-3-4 进行考核评价。

表 6-3-4　多肉多浆植物栽培与养护考核评价表

成绩组成	评分项	评分标准	赋分	得分	备注
教师评分 （70 分）	方案制订	多肉多浆植物栽培与养护方案含花卉生长习性和对环境条件的要求介绍（2 分）、技术路线（3 分）、进度计划（5 分）、种植养护措施（5 分）、预期效果（2 分）、人员安排（3 分）等	20		
	过程管理	能按照制订的方案有序开展多肉多浆植物栽培与养护，人员安排合理，既有分工，又有协作，定期开展学习和讨论	10		
		管理措施正确，花卉生长正常	10		
	成果评定	多肉多浆植物栽培与养护达到预期效果，成为商品花	20		
	总结报告	格式规范，关键技术表达清晰，问题分析有深度和广度	10		
组长评分 （20 分）	出谋划策	积极参与，查找资料，提出可行性建议	10		
	任务执行	认真完成组长安排的任务	10		
学生互评 （10 分）	成果评定	多肉多浆植物栽培与养护达到预期效果，成为商品花	5		
	总结报告	格式规范，关键技术表达清晰，问题分析有深度和广度	3		
	分享汇报	认真准备，PPT 图文并茂，表达清楚	2		
总　分			100		

巩固训练

一、名词解释

1. 专类花卉　2. 兰科花卉　3. 多肉多浆植物　4. 蕨类植物

二、填空题

1. 虎刺梅属于________科，蟹爪兰属于________科，芦荟属于________科。
2. 铁线蕨属于________科，鸟巢蕨属于________科，肾蕨属于________科。

三、选择题

1. 仙人掌类植物通常采用(　　)的方法进行繁殖。
A. 髓心接　B. 播种　C. 分株　D. 压条
2. 昙花开放的时间是(　　)。
A. 下午　B. 早上　C. 中午　D. 晚间
3. 芦荟属于(　　)。
A. 阿福花科　B. 禾本科　C. 景天科　D. 龙舌兰科
4. 被称为“月下美人”的是(　　)。
A. 蟹爪兰　B. 茉莉花　C. 生石花　D. 昙花
5. 仙人掌的主要观赏部位是(　　)。

A. 观花　　B. 观叶　　C. 观茎　　D. 观果

四、判断题

1. 肾蕨以扦插繁殖为主。(　　)
2. 蕨类植物只能依靠孢子进行繁殖。(　　)
3. 铁线蕨喜温暖、湿润、阳光充足的环境。(　　)
4. 仙人掌浇水要掌握宁湿勿干的原则。(　　)
5. 昙花为仙人掌科昙花属多年生常绿多浆花卉。(　　)
6. 蟹爪兰为短日照花卉。(　　)
7. 芦荟喜光，也耐阴，耐寒。(　　)
8. 中国兰花的主要繁殖方法是分株，分株的时间依种类而定。(　　)
9. 我国花农有“干兰湿菊”之说，因此栽培兰花应保持环境干燥。(　　)
10. 蝴蝶兰采用黑色不透光的塑料盆栽培。(　　)
11. 大花蕙兰可以采用组织培养和分根繁殖。(　　)
12. 大花蕙兰是附生兰。(　　)
13. 蝴蝶兰是典型的附生兰，为热带兰花。(　　)

五、简答题

1. 简述蟹爪兰嫁接繁殖的技术要点。
2. 如何使昙花在白天开花？
3. 简述肾蕨养护管理的技术要点。
4. 如何使蟹爪兰提早开花？
5. 简述兰科花卉栽培与养护特点及要求。
6. 兰科花卉的分类方法有哪些？
7. 简述兰科花卉的形态特征。
8. 兰科花卉的繁殖方法主要有哪些？

数字资源

项目7 花卉无土栽培与养护

项目描述

无土栽培是近年来新兴的花卉栽培先进技术，可以实现在较小的面积内集约生产大量鲜切花，缩短生产周期，大大提高花卉产品的质量。花卉无土栽培不需要调配培养土，省去了松土、除草和翻盆换土的麻烦，也不会因给盆土施肥而散发臭味，还可以杜绝地下病虫害发生，因此特别适合窗台、阳台、客厅、书房等处采用。无土栽培技术正日益受到重视和青睐。目前，无土栽培技术主要用于生产高档鲜切花、盆花和苗木，在室内、屋顶、阳台和城市绿地也有应用。本项目通过理论学习和实践操作等多元化的学习方式，掌握不同花卉对无土栽培基质的要求、营养液配制和管理等专业知识，以及基质准备、定植、根据花卉生长状况调整营养液等花卉无土栽培与养护相关技能。

学习目标

知识目标

1. 了解无土栽培的原理和各种基质的特性。
2. 掌握不同花卉无土栽培对基质的要求。
3. 掌握常见花卉无土栽培的关键技术。

技能目标

1. 能配制花卉无土栽培营养液。
2. 能合理选择无土栽培基质并正确进行消毒。
3. 能熟练操作无土栽培种苗培育与移栽。
4. 能够精确调控温度、湿度、光照等环境因素，为花卉无土栽培提供适宜的生长环境。
5. 能够定期监测无土栽培花卉的营养状况，及时调整营养液配方或补充养分。
6. 能够识别和防治无土栽培花卉的病虫害。

7. 能够熟练操作花卉无土栽培所需的各种设施设备，如栽培槽、滴灌系统等，并做好日常维护工作。

8. 能够通过环境调控和其他管理手段来调控花卉的花期，满足市场需求。

9. 能够准确评估无土栽培花卉的生长质量和观赏价值，并采取相应措施提升花卉品质。

10. 能够持续探索和尝试新的无土栽培技术和方法，不断提高花卉栽培的效率和效果。

素质目标

1. 通过深入了解无土栽培的原理和技术，激发对科学探究的兴趣和严谨态度。
2. 通过在无土栽培实践中探索新方法、新技术，培养创新思维和能力。
3. 增强实践操作能力。
4. 通过在花卉无土栽培过程中持续关注和精心照料植株，培养耐心和专注力。
5. 通过与他人合作进行花卉无土栽培，提升沟通、协调和团队合作能力。
6. 通过对花卉的养护工作负责，培养高度的责任感。

任务 7-1 花卉固体基质栽培与养护

任务目标

1. 了解花卉无土栽培常见固体基质的类型、特性和适用花卉种类。
2. 掌握花卉在固体基质栽培中不同生长阶段对营养元素的需求，熟悉营养液配方。
3. 能根据花卉种类配制无土栽培基质并进行消毒。
4. 能制订花卉固体基质栽培与养护方案并付诸实践。
5. 能观察和分析花卉在固体基质栽培条件下的生长状态，及时发现并处理问题。
6. 能有效进行花卉固体基质栽培的日常养护工作，并准确记录花卉固体基质栽培过程中的各项数据，如花卉生长情况、环境参数等。
7. 能总结任务实施成效，撰写总结报告，制作 PPT 开展分享汇报。

任务描述

花卉固体基质栽培是一种无土栽培方式，是指利用固体基质来固定花卉的根系，并通过定期浇灌营养液或施用固体肥料等方式，为花卉提供生长所需的养分、水分和氧气，从而使花卉能够在脱离自然土壤的条件下正常生长和发育的栽培技术。本任务首先掌握花卉固体基质栽培的基本原理和主要方法，制订花卉固体基质栽培与养护方案。然后，进行花卉固体基质栽培与养护实践操作，如根据花卉的生态学特性选择合适的固体基质栽培方式，准备花盆、铲子、健康种苗、各种固体基质和营养液等，小心定植种苗，持续进行浇水、施肥、整形修剪、病虫害防治等养护管理，并记录养护措施和花卉生长情况。最后，对花卉固体基质栽培与养护效果进行评估和经验总结，制作PPT进行分享汇报。

工具材料

花卉种苗；花盆(塑料、陶土、陶瓷等材质)、种植槽(塑料材质、木质)、铲子、耙子、镊子、定植器、喷壶、滴灌设备、灌溉喷头、量杯和量筒、施肥枪、剪刀、修枝剪、喷雾器、防虫网；无机基质(蛭石、珍珠岩、岩棉、陶粒)、有机基质(泥炭、椰糠、树皮)、复合基质；对应花卉的营养液或通用型营养液、复合肥等。

知识准备

一、花卉固体基质栽培类型及特点

1. 花卉固体基质栽培类型

(1)无机基质栽培

①岩棉栽培　岩棉是由辉绿岩、石灰岩等矿物质在高温下熔化后喷成纤维并压制而成的。其具有很强的保水性和透气性，无菌、无毒、无味，不会腐烂，能为花卉根系提供良好的生长环境，且可以根据花卉栽培的需要制成各种形状和规格的岩棉块或岩棉板，方便使用。

②蛭石栽培　蛭石是一种天然、无毒的矿物质，在高温下会膨胀，形成具有细小孔隙的片状结构。其透气性和保水性良好，能为花卉根系提供湿润且空气流通的环境，还能提供一定的钾元素和少量的钙、镁等矿质营养，有利于花卉的生长发育。

③珍珠岩栽培　珍珠岩是由火山喷发的酸性熔岩经急剧冷却而成的玻璃质岩石。其质地轻，排水性和透气性极佳，但保肥能力较差，通常与其他基质混合使用，以改善基质的物理性状，为花卉根系创造良好的透气条件，防止花卉根部积水。

④陶粒栽培　陶粒是用黏土或页岩等经高温烧制而成的多孔颗粒状物质。其具有良好的透水性和透气性，能吸附水中的有害气体，为花卉根系提供充足的氧气。同时，其化学性质稳定，不易分解，可长期使用，但本身养分含量较低，需要配合营养液或其他肥料使用。

(2)有机基质栽培

①泥炭栽培　泥炭是植物残体在沼泽环境中经过长期的堆积和分解形成的一种天然有机物质。其富含养分，保水性强，能够为花卉提供持久的水分供应，并且质地疏松，有利于花卉根系的伸展和生长，但透气性相对较差，有时需要与其他透气性好的基质混合使用。

②椰糠栽培　椰糠是椰子外壳纤维加工过程中脱落的一种有机物质。其具有良好的保

水性和透气性，能够为花卉提供部分养分，且经过处理不含病菌和杂草种子，是一种环保型的栽培基质，在花卉栽培中得到了广泛的应用，尤其适合一些对透气性要求较高的花卉。

③树皮栽培　树皮经过粉碎、发酵等处理可作为花卉栽培基质。其具有较好的透气性和保水性，能够为花卉根系提供良好的生长环境。同时，树皮的分解过程还能为花卉提供一定的养分，但在使用前需要确保树皮已经充分发酵腐熟，否则可能会在栽培过程中产生热量，对花卉根系造成伤害。

(3)复合基质栽培

复合基质是由两种或两种以上不同性质的基质按照一定比例混合而成，如将蛭石、珍珠岩与泥炭混合，或岩棉与椰糠混合等。这样可以综合各种基质的优点，弥补单一基质的不足，既具有良好的透气性、保水性，又能提供丰富的养分，从而更好地满足花卉生长对基质物理性状和养分供应的要求。

2. 花卉固体基质栽培特点

(1)优点

①能有效避免土壤病虫害　花卉固体基质栽培不使用自然土壤，因此能够大大减少由土壤传播的病菌、害虫和杂草等带来的危害，降低花卉病虫害的发生概率，从而减少农药的使用量，生产出更加绿色环保的花卉产品。

②能精确控制养分供应　花卉固体基质栽培过程中，可以根据不同的花卉种类、生长阶段和生长需求，精确配制和供应营养液或选择合适的固体肥料，确保花卉获得充足且均衡的养分，从而促进花卉的生长和发育，提高花卉的品质和产量。

③透气性和保水性良好　大多数固体基质都具有良好的物理性质，如良好的透气性、保水性和透水性等，能够为花卉根系提供适宜的生长环境，从而增强花卉的抗逆性和生长活力。

④方便管理和操作　花卉固体基质栽培采用的基质重量相对较轻，便于搬运、装填和更换。同时，栽培过程中浇水、施肥等管理操作相对简单，易于掌握。

⑤可重复利用　一些固体基质如岩棉、陶粒等性质稳定，不易分解，可以经过消毒等处理重复使用，降低了生产成本，提高了资源的利用率。

(2)缺点

①成本较高　与传统的土壤栽培相比，固体基质栽培初期购买固体基质、营养液以及相关的栽培容器和设备等都需要一定的费用，投资成本相对较高。特别是一些优质的基质和专业的无土栽培设备，价格昂贵，对于一些小规模花卉生产者而言可能会带来一定的经济压力。

②技术要求较高　进行花卉固体基质栽培，需要掌握一定的无土栽培技术，如营养液的配制、浓度控制、酸碱度调节，以及基质的选择、处理和更换等。如果操作不当，容易导致花卉生长不良甚至死亡。

③存在局限性　不同类型的固体基质都有各自的优点，也存在一定的局限性。例如，无机基质保肥能力较差，需要频繁施肥；有机基质虽然养分丰富，但在使用一段时间后可能会分解，需要定期更换等。

二、花卉固体基质栽培与养护案例

(一)蝴蝶兰固体基质栽培与养护

蝴蝶兰(*Phalaenopsis amabilis*)又名蝶兰，为兰科蝴蝶兰属多年生常绿草本花卉(图7-1-1)。单茎性附生兰，茎短，叶大。花茎一至数个，花大，因花形似蝶而得名。其花姿优美，花色有红色、白色、紫色、黄色等，色彩华丽，花期持久，为热带兰中的珍品，有“兰花皇后”之美誉，是观赏价值和经济价值很高的盆栽花卉，越来越受到广大人民的青睐。

图 7-1-1　蝴蝶兰固体基质栽培

原产于热带和亚热带，是世界上栽培最广泛的洋兰。在中国、泰国、菲律宾、马来西亚、印度尼西亚等都有分布。

1. 品种类型

蝴蝶兰品种繁多，色彩丰富，可大致分为红花系、白花系和带条纹的杂色系。如花瓣呈粉红色的‘粉色的曙光’(‘Pink Twilight’)，花瓣淡红色、具彩色条纹的‘米瓦·查梅’(‘Miva Charme’)，花瓣黄色、具深色小斑点的‘奇塔’(‘Cheetah’)，花白色、唇瓣深红色的‘快乐的少女’(‘Happy Girl’)等，令人赏心悦目。

2. 生态学特性

蝴蝶兰喜温暖气候，不耐寒。最适生长温度为15~20℃，冬季低于10℃时生长便会停止，低于5℃会导致死亡。

3. 繁殖方法

蝴蝶兰很少发生侧枝，分株繁殖系数极低，并且其种子没有胚乳，自然条件下很难萌发，因此通过自身营养繁殖和种子繁殖的方法均不能满足工厂化育苗要求。

蝴蝶兰有性繁殖过程一般是：授粉→果荚发育成熟→播种于特定培养基→生产瓶苗。无性繁殖又分为无性细胞组织培养和植株自身产生不定芽两种方式。

目前，工厂化育苗多采用播种于特定培养基的有性繁殖和无性细胞组织培养的无性繁殖两种方法。前者生产成本低，但后代性状不稳定；后者生产技术要求高，但后代性状相对稳定。

4. 无土栽培与养护技术要点

(1)基质准备

蝴蝶兰为附生兰类，依靠粗壮的气生根吸收水分和养分。基质类型是影响蝴蝶兰开花数量与质量的主要因子之一。要求基质既有良好保水性，又有较高透气性，以利于根系的生长，也可有效地防止根腐病的发生。可选用水苔、水草、苔藓、树皮、蕨根、粗泥炭、木炭、椰糠、珍珠岩、蛭石、陶粒等。水苔的优点是有很强的保水及透气性，容易采集，商品生产一般采用水苔。水苔的不足之处是容易腐烂，一般每年要更换一次，否则腐烂时渗出的酸水会导致烂根。规模化生产宜采用苔藓、椰糠+泥炭+珍珠岩、水草、树皮。基质在使用之前必须用水浸泡12h以上，吸足水分。基质的pH以5.5为宜。

(2)种植技术

①小苗出瓶及种植　拔去瓶塞，用手拍瓶身，使培养基与苗根分离，然后用手指或镊子将苗取出(先边后中，先易后难，逐苗取出)。用清水轻轻洗去黏附在苗根上的培养基。正常苗用5cm盆种植。将弱苗挑出，另外用70孔的穴盘种植。

兰苗出瓶种植后，即喷90%的四环素3000倍液。当天出瓶未种完的苗应摊开喷药，一周后再喷一次。以后每2~4周喷一次80%的锌锰乃浦500倍液、66%的霜霉威盐酸盐1000倍液或50%的咪鲜胺锰盐6000倍液。

小苗喷药后3d内不浇水，近中午湿度低于65%时可向地面喷水。或用喷药机向叶面喷雾，以叶面不滴水为宜。只要花盆手感不太轻，花盆内壁有水珠凝结，就可以不浇水，但第二次喷药应在浇过一次水后再进行。一般种植后6~7d浇第一次水，且要反复浇洒，注意使叶片上的水分在天黑前干燥。浇水后第二天应巡查，对部分漏浇的兰苗补水。前两周湿度应尽量保持在80%~90%，以后逐渐降到65%~85%。

新种小苗1个月内不要施肥。1个月后，第一次施肥用氮、磷、钾比例为1∶3∶2或者3∶15∶5的液肥(5000倍液)喷施叶面，以促使新根长出。以后每7~14d交替使用氮、磷、钾比例为3∶1∶1和1∶1∶1的液肥(4000倍液)喷施叶面。

种植后两周内光照强度不要超过7000lx，两周后控制在10 000lx左右。

将夜间温度控制在22~23℃，极端低温不要低于18℃，浇水当晚温度不要低于22℃。将白天温度保持在25~30℃。遇到北风时，侧窗不要打开。

②中苗栽种　当小苗生长4~6个月，双叶幅为10~12cm时，可换入8cm盆。盆底先垫碎泡沫块。换盆前基质不要太干，以防止兰根紧贴盆壁难以脱出。换盆后，弱小苗应单独摆放，以方便管理。

种植后应立即喷药，一般可用90%的四环素3000倍液，7~10d后再喷一次。以后每2~4周喷一次杀菌剂，用药同小苗。药液不要在基质干透时喷施，因为喷药后一般3d内不可浇水。

换盆初期应控水促根，直到花盆手感明显变轻，基质已较干时才可浇水。盆边未见新根伸展时，应保持基质偏干。夏季高温，且新根、新叶生长迅速，基质要偏湿。每次浇水后第二天应巡查补水，防止漏浇的兰苗失水萎缩。阴雨天湿度大，即使基质偏干，也可不浇水。湿度以65%~85%为宜。

中苗一般于换盆10d后开始施叶面肥，所用肥料同小苗。浓度掌握在1500~2000倍液，每10~15d一次。待新叶、新根生长迅速时，肥液方可施入基质。两次施肥中间应浇一次透水。

光照强度可控制在15 000lx左右。温度最好为25~30℃。

③大苗栽种　中苗生长4~6个月，双叶幅为20cm左右，根系健壮(这是换盆必须具备的条件)时，可以换12cm盆。无根或盆边可见少量根系的中苗，不能换3.5寸盆。换盆时，如上部的水草等基质发黑板结，可轻轻去除，底部泡沫则不必去除。

种后立即喷药，所用药剂种类及浓度同中苗。

喷药后3d内不浇水。换盆初期仍采用控水促根的方法。以后水分管理同中苗，保持见干见湿。湿度以65%~85%为宜。

初期施肥，氮、磷、钾比例以3∶1∶1为主，后逐渐以1∶1∶1为主，浓度可提高到1000~1500倍液。每7~14d施一次。新根未出现在盆边时不要将肥液施入基质中。新叶快速生长时，可7~10d施肥一次。注意连续阴雨天时不可施肥，以防徒长。

夏季和秋季光照强度可控制在15 000~20 000lx，冬季可控制在20 000~30 000lx。

最佳温度为23~30℃。

(3)养护技术

①水肥管理　蝴蝶兰在不同生长时期和不同季节需水量不同。一般春、秋季每3d浇水一次，夏季每2d浇水一次，冬季每7d浇水一次。浇水一般选择在上午进行，以有少量水从盆底流出为宜，若浇水过多，易引起烂根和病害发生。

蝴蝶兰在适宜环境条件下生长迅速，需肥量较多。通常施肥和浇水同时进行，每7~8d施肥一次。蝴蝶兰在不同的生长时期对氮、磷、钾的需求量不同，幼苗期和生长盛期应施用含氮量较高的肥料，而在花芽分化期至开花期应施用含磷、钾量较高的肥料。施肥要严格按照施肥标准进行，若施肥过多，会带来不利的影响。例如，施氮过多，叶片细长，甚至引起倒伏；施钾过多，会使茎叶过于坚硬；施磷过多，会促进提早进入生殖生长阶段。

②光照管理　虽然蝴蝶兰较喜阴，但在正常生长的过程中，仍然需要大量散射光，并且在不同生长时期，所需光照强度不同。温度对光照的调控有影响，一般低温条件下蝴蝶兰可忍受较强的光照，而高温条件下则必须提供低强度的光照。

③温度管理　白天温度不能高于32℃，夜间温度不能低于13℃，温度过高或过低都会迫使植株进入半休眠状态。开花时夜间的温度最好控制在13~18℃，但不能低于13℃。适当降低温度可延长观赏时间。

④病虫害防治

叶斑病　主要发生在叶片，发病初期叶片上出现小斑点，以后发展成近圆形的病斑，病斑边缘有水渍状黄色圈，界限明显。防治方法：加强通风，降低空气湿度；发病时剪除病叶，并用75%的百菌清可湿性粉剂800倍液喷雾，每10d喷一次，连喷3次。

灰霉病　发生在春季低温高湿时。症状为花梗和叶背有透明黏液，一般在花瓣上出现褐色的小斑点，严重时发生软腐现象。防治方法：加强通风，降低湿度；立即剪除发病花朵；发病初期，用75%的甲基硫菌灵可湿性粉剂1000倍液喷洒，每10d喷一次，连喷2次。

褐斑病　发生在夏、秋高温多湿天气，主要危害叶片。发病初期叶片出现圆形小斑点，以后逐渐扩大成大斑，病斑黑褐色，严重时叶片变黑枯萎。防治方法：注意通风、透光；发病初期，每15d用10%的多抗霉素80倍液喷洒一次。

软腐病　症状为叶基部和球茎腐烂，有异味。防治方法：在发病初期，喷洒农用链霉素4000~5000倍液，每7d喷一次，连喷2~3次。

红蜘蛛　高温、干旱、不通风时易流行。危害症状为叶面斑状失绿。防治方法：用三氯杀螨醇800倍液喷雾，每5d喷一次，连喷2~3次。

介壳虫　是蝴蝶兰最常见的害虫，多在秋、冬季室内通风不畅、干燥时发生。防治方法：注意通风；发现少量介壳虫时，可用软布擦洗，反复几次可根除虫害。

（二）卡特兰固体基质栽培与养护

卡特兰（*Cattleya* spp.）为兰科卡特兰属植物（图7-1-2）。假鳞茎呈棍棒状或圆柱状，直立，高约25cm，被白粉。叶1~3片，生于假鳞茎顶端，卵形或椭圆形，全缘，先端尖，叶面深绿色，叶背淡绿色，斜伸或直立，厚革质，有储水功能。花莛从叶丛中抽出，直立，高于叶面；总状花序，有花1~3朵；花朵硕大，萼片与花瓣相似，披针形；花瓣3裂，唇瓣大，卵圆形，边沿波状；花色丰富，有红、粉、黄、橙、绿、紫、白等色，还有混合色。蒴果椭圆形或卵形。花期3~5月或10~12月，受粉后6~9个月果实成熟。

图7-1-2　卡特兰

1. 种类

（1）按叶的数量划分

①单叶种　每一假球茎上只有一片大而阔的叶，假球茎倒卵状，下部与匍匐走茎相连。花朵较大，通常一个花莛开1~3朵花。如大花卡特兰（*Cattleya maxima*）。

②双叶种　每一假球茎上有2片或2片以上的叶，假球茎多为长筒形。叶片较短小。大多开群花，花径相对较小。如蕾丽卡特兰（*Cattleya leopoldii*）。

（2）按花朵颜色划分

①单色花　如绿花卡特兰（*Cattleya labiata*），花朵颜色主要为绿色，是单色花卡特兰的典型代表，花朵形态优美，具有独特的观赏价值。

②复色花　如黄卡特兰（*Cattleya dowiana*），花朵颜色为复色，通常呈现出黄色与褐色相间的斑纹，色彩鲜艳且富有层次感。

（3）按花型大小划分

①大花型　如大花卡特兰（*Cattleya maxima*），花径较大，一般20cm左右，花朵外形华丽，花瓣厚实，具有较高的观赏价值，是大花型卡特兰的代表种之一。

②中花型　如中型卡特兰（*Cattleya intermedia*），花径10~15cm，花朵大小适中，形态较为规整，花色丰富多样，花型在卡特兰中比较常见。

③小花型　如多花卡特兰（*Cattleya pumila*），花径通常5~10cm，花朵小巧玲珑，花量较多，常常多朵花同时开放，形成密集的花束，观赏效果极佳。

④微型花　如迷你卡特兰（*Cattleya walkeriana* var. *coerulea minima*），花径一般在5cm以下，植株相对矮小，花朵精致可爱，花色鲜艳，适合作小型盆栽或在微型景观中种植，别具一番情趣。

2. 生态学特性

卡特兰喜散射光充足的环境，忌阳光直射。适宜生长温度为20~30℃，冬季温度最好保持在15~20℃，低于5℃叶片易冻伤。耐干旱，不耐积水，要求空气湿度高。适宜在富含腐殖质的酸性基质中生长。

3. 繁殖方法

（1）分株繁殖

春季气温回升后进行分株。将母株挖出，把假鳞茎分成2株或多株，每株需带有1株新苗或芽，然后分别进行栽植。若在最老的假鳞茎基部有活的芽眼，也可单独将芽眼切下，放在苔藓组成的湿润基质中，用塑料布包好，放在温暖、遮阴处，待新芽长出后移入盆内。

（2）播种繁殖

在无菌条件下，将卡特兰的种子播种在适宜的培养基中进行培养，使其发芽、生长成幼苗。通过这种方法可大量繁殖，但技术要求较高，需要专业的设备和环境。

（3）组织培养

选取卡特兰的茎尖、叶片等组织，在无菌条件下进行培养，诱导其产生愈伤组织，再分化形成幼苗。

4. 栽培与养护技术

（1）花盆和基质准备

可选用透气性好的陶瓷盆、泥瓦盆或底部透气性好的塑料盆。常用的基质有树皮、蕨根、苔藓、珍珠岩、蛭石等，可以将多种基质混合使用，如将树皮和珍珠岩按3∶1的比例混合。基质使用前需用多菌灵等杀菌剂溶液进行浸泡消毒，然后捞出晾干备用。

（2）上盆

取出植株后，轻轻抖掉根部的旧基质，用剪刀剪去病根、烂根和过长根，保持根系健康整齐。将根系浸泡在0.1%高锰酸钾或多菌灵溶液中15~20min，取出后放于阴凉通风处晾干。在花盆底部铺碎瓦片、陶粒等排水材料，厚度为花盆高度的1/4，接着往盆里填入混合基质至花盆高度的1/3。将晾干的植株放于花盆中央，使根系均匀分布。继续填入基质，边填基质边轻提植株。基质填至距盆口2~3cm，填好后轻轻压实，浇透水，保证基质湿润且与植株根系贴合。

（3）养护技术

①光照管理　卡特兰喜欢充足的散射光，忌阳光直射。在春、秋、冬三季，可将其放置在室内光线明亮处或室外有遮阳网的地方，接受50%~70%的光照。夏季阳光强烈，需遮阴70%~80%，以防止叶片被灼伤。每天保证4~6h的散射光照，有利于植株进行光合作用，促进花芽分化和开花。

②温度管理　冬季气温较低时，需将卡特兰移至室内温暖处，保持温度在10℃以上，防止植株受冻害。夏季气温过高时，要采取降温措施，如加强通风、向植株周围喷水等，将温度控制在30℃以下，避免植株因高温而生长不良。

③水分管理　在生长季节，保持基质湿润，一般每周浇水2~3次。具体浇水频率要根据季节、天气和基质的干湿情况来调整。夏季高温干燥时，可每天早、晚各浇一次水；冬季植株生长缓慢，要减少浇水，以每7~10d浇一次水为宜。可采用

浸盆法或用细嘴喷壶沿盆边缓慢浇水，避免水直接浇到叶片和花朵上，以免引起腐烂。

卡特兰对空气湿度要求较高，在干燥的季节，如春季和秋季，要注意增加空气湿度。可通过向植株周围喷水、使用加湿器等方法来提高空气湿度。同时，要注意加强通风，防止湿度过高导致病虫害滋生。

④施肥管理　施肥遵循“薄肥勤施”的原则。液肥稀释倍数一般为1000~2000倍。在生长季节，可每月施一次稀薄的液肥，如腐熟的饼肥水、复合肥溶液等。花芽分化期，增施磷、钾肥，如磷酸二氢钾溶液，可促进花芽分化，增加花量和花色。将肥液均匀地浇在基质表面，避免接触到叶片和花朵。施肥后要及时浇水，使肥液充分渗透到基质中，便于植株吸收。

⑤基质更换　一般每隔1~2年需更换一次基质，以保证基质的透气性和养分供应。更换基质时，要将植株从原盆中取出，轻轻抖落根部的旧基质，修剪病根、烂根后，再重新上盆。

⑥修剪　花谢后，要及时剪掉残花和花茎，避免养分消耗，有利于植株恢复生长和再次开花。定期检查植株的叶片，如发现有黄叶、病叶或枯叶，要及时剪掉，以保持植株的整洁和美观，同时有利于通风透光，减少病虫害的发生。

⑦病虫害防治

病害防治　常见的病害有炭疽病、叶斑病、软腐病等。在养护过程中，要注意保持环境清洁，加强通风透光，降低空气湿度，预防病害的发生。一旦发生病害，要及时将病叶剪掉，并喷洒相应的杀菌剂，如发生炭疽病可喷洒多菌灵、百菌清等药剂，发生叶斑病可喷洒甲基硫菌灵、代森锰锌等药剂，发生软腐病可选用72%农用链霉素可溶性粉剂3000~4000倍液、新植霉素4000~5000倍液或47%加瑞农可湿性粉剂800~1000倍液等。每隔7~10d喷一次，连续喷2~3次。注意药剂要交替使用，避免病菌产生抗药性。

虫害防治　常见的虫害有介壳虫、蚜虫、红蜘蛛等。定期检查植株，一旦发现虫害，要及时采取措施。发现介壳虫，可使用乙醇擦拭或喷洒吡虫·噻嗪酮等药剂；发现蚜虫，可喷洒吡虫啉、啶虫脒等药剂；发现红蜘蛛，可喷洒哒螨灵、阿维菌素等药剂。

5. 花期调控技术

(1) 光照调节

适当增加光照时间和光照强度，可促进花芽分化和开花。但在花芽形成后，需避免强光直射，以免影响花朵的品质。

(2) 温度调节

在冬季提高温度，可使花期提前；在夏季降低温度，可延长花期。一般来说，昼夜温差在5~10℃时有利于花芽分化和开花。

(3) 水分管控

在花芽形成期，适当控制水分，保持基质稍干燥，可促进花芽分化。但在花期，需保持基质湿润，以延长花期。

三、花卉固体基质栽培与养护列表（表 7-1-1）

表 7-1-1　花卉固体基质栽培与养护列表

序号	花卉种类	生态学特性	栽培与养护技术要点	注意事项	应用特点
1	莺歌凤梨（*Vriesea carinata*）	半阴性，喜充足散射光，每天光照4~6h为宜，忌强光直射，否则叶片灼伤。适宜生长温度18~25℃，越冬温度10℃以上，低于5℃可能受冻害。夏季超过30℃生长减缓，超过35℃可能休眠，需降温。基质需湿润但忌积水。附生，根系浅，喜透气性好、排水良好的基质	可采用播种繁殖、分株繁殖和扦插繁殖。选疏松、透气、排水良好且呈酸性的基质，如用泥炭与珍珠岩按3：1混合，或泥炭、珍珠岩、蛭石按2：1：1混合，或椰糠与珍珠岩按2：1混合。用福尔马林熏蒸或暴晒2~3d。依据植株大小选择花盆，保证根系有合适空间。取出植株，抖落旧基质，修剪根系后用高锰酸钾或多菌灵溶液消毒15~20min，晾干。花盆底部铺排水材料，厚度为花盆高度的1/4，接着往盆里填入基质至花盆高度的1/3，放入植株，继续填基质至距盆口2~3cm，轻轻压实基质。春、秋、冬季放于明亮处或遮阴处，接受50%~70%光照，夏季遮阴70%~80%，保证每天4~6h散射光。冬季10℃以下、夏季30℃以上时，采取保温或降温措施。生长季每周浇水2~3次，夏季早、晚浇水，冬季每7~10d浇水一次。可用浸盆法或细嘴喷壶沿盆边浇，避免浇到叶片和花朵。干燥季节喷水或用加湿器增湿，同时注意通风。施肥以薄肥勤施为原则。生长季每月施一次稀薄液肥，花芽分化期增施磷、钾肥。肥液浇在基质表面，不能接触叶片和花朵。施肥后浇水。花后剪去残花和花茎，及时剪掉黄叶、病叶、枯叶。每1~2年换盆一次。病害可据症状选多菌灵、百菌清、甲基硫菌灵等杀菌剂防治；虫害可用人工捕捉、湿布擦拭或生物防治（放天敌）、化学防治（选合适的杀虫剂喷雾，注意浓度和安全间隔期）等方法	保持环境清洁，定期检查并清除落叶、病叶和杂草，加强通风透光，合理控制温度和湿度，减少病虫害滋生	花形奇特，具有较高的观赏价值，可作为室内盆栽植物，摆放在客厅、书房、卧室等，为家居环境增添一份自然的生机
2	虎尾兰（*Sansevieria trifasciata*）	喜欢光照充足、温暖湿润的地方，适宜生长温度18~27℃。耐干旱，适应性强，对土壤要求不严	一般采用分株、扦插及组织培养等方法繁殖。通常采用基质培或水培。基质培可用蛭石、珍珠岩等混合配制基质。先在花盆底部铺一层陶粒、碎瓦片等排水材料，以增加排水性。然后将配制好的基质填入花盆中，填至花盆高度的1/3~1/2。将植株放入花盆中央，使根系自然舒展，继续向花盆中填入基质，直至将根系完全覆盖，并轻轻压实基质，使植株稳固。上盆后浇透水，使基质充分吸收水分，并使根系与基质紧密结合。给予明亮散射光，避免阳光暴晒。要保持基质湿润但不过湿。水培时，将虎尾兰根部洗净放入透明容器中，加适量水，注意不要让叶片沾水。要定期换水，适时添加营养液	及时修剪老化、受损的叶片。保证环境通风良好	叶片坚挺直立，叶面有灰白和深绿相间的虎尾状横带斑纹，为常见的家庭盆栽观叶植物。适合用于装饰书房、客厅、办公场所，可供较长时间观赏

任务实施

教师根据学校所处地域气候条件和学校实训条件，选取 1 种花卉，指导各任务小组开展实训。

1. 完成花卉固体基质栽培与养护方案设计，填写表 7-1-2。

表 7-1-2 花卉固体基质栽培与养护方案

组别		成员	
花卉名称		作业时间	年 月 日至 年 月 日
作业地点			
方案概况	（目的、规模、技术等）		
材料准备			
技术路线			
关键技术			
计划进度	（可另附页）		
预期效果			
组织实施			

2. 完成花卉固体基质栽培与养护作业，填写表 7-1-3。

表 7-1-3 花卉固体基质栽培与养护作业记录表

组别		成员	
花卉名称		作业时间	年 月 日至 年 月 日
作业地点			
周数	时间	作业人员	作业内容（含花卉生长情况观察）
第 1 周			
第 2 周			
第 3 周			
第 4 周			
第 5 周			
第 6 周			
第 7 周			
第 8 周			

（续）

周数	时间	作业人员	作业内容(含花卉生长情况观察)
第 9 周			
第 10 周			
……			

填表说明：

1. 生长情况一般包括：花卉的总体长势情况；高度；冠幅；病虫害；各种物候(发芽、展叶、现蕾、开花、结果、果实成熟等)发生情况。

2. 作业内容主要是指采取的技术措施，包括但不限于松土、除草、浇水、施肥、打药等，应记录详细。

考核评价

根据表 7-1-4 进行考核评价。

表 7-1-4　花卉固体基质栽培与养护考核评价表

成绩组成	评分项	评分标准	赋分	得分	备注
教师评分(70 分)	方案制订	花卉固体基质栽培与养护方案含花卉生长习性和对环境条件的要求介绍(2 分)、技术路线(3 分)、进度计划(5 分)、种植养护措施(5 分)、预期效果(2 分)、人员安排(3 分)等	20		
	过程管理	能按照制订的方案有序开展花卉固体基质栽培与养护，人员安排合理，既有分工，又有协作，定期开展学习和讨论	10		
		管理措施正确，花卉生长正常	10		
	成果评定	花卉固体基质栽培与养护达到预期效果，成为商品花	20		
	总结报告	格式规范，对关键技术表达清晰，问题分析有深度和广度	10		
组长评分(20 分)	出谋划策	积极参与，查找资料，提出可行性建议	10		
	任务执行	认真完成组长安排的任务	10		
学生互评(10 分)	成果评定	花卉固体基质栽培与养护达到预期效果，成为商品花	5		
	总结报告	格式规范，关键技术表达清晰，问题分析有深度和广度	3		
	分享汇报	认真准备，PPT 图文并茂，表达清楚	2		
总　分			100		

任务 7-2　花卉非固体基质栽培与养护

任务目标

1. 了解花卉非固体基质栽培的固定方式及养护方法。

2. 熟悉花卉非固体基质栽培过程中所需的各种营养元素及其作用，掌握营养液的配方和配制方法。

3. 掌握花卉非固体基质栽培的基本操作流程。

4. 掌握花卉非固体基质栽培过程中光照、温度、水分等环境条件的调控方法，以及病虫害防治、修剪整形等养护技术。

5. 能制订花卉非固体基质栽培与养护方案并付诸实践。

6. 能观察和分析花卉在非固体基质栽培条件下的生长状态，及时发现并处理问题。

7. 能有效进行花卉非固体基质栽培的日常养护工作，并准确记录花卉非固体基质栽培过程中的各项数据，如花卉生长情况、环境参数等。

8. 能总结任务实施成效，撰写总结报告，制作 PPT 开展分享汇报。

任务描述

花卉非固体基质栽培是在一定的容器中，不用天然土壤和其他固体基质，而借助特殊材料(如泡沫板、卵石、玻璃珠等)或容器本身来固定花卉植株，并通过营养液提供花卉生长所需养分和水分的栽培方式。本任务首先掌握花卉非固体基质栽培的基本原理和主要方法，制订花卉非固体基质栽培与养护方案。然后，进行花卉非固体基质栽培与养护实践操作，如根据花卉的生态学特性选择合适的非固体基质栽培方式，准备固定材料、健康种苗、营养液等，将种苗小心定植在固定材料中，及时添加或更换营养液，进行整形修剪、防治病虫害，并记录养护措施和花卉生长情况。最后，对花卉非固体基质栽培与养护效果进行评估和经验总结，制作 PPT 进行分享汇报。

工具材料

花卉种苗；各种容器(盆、碗、缸)、种植槽(塑料材质、木质)、镊子、喷壶、灌溉喷头、量杯和量筒、施肥枪、剪刀、修枝剪、喷雾器、防虫网；卵石或玻璃珠、各种泡沫板、海绵块；对应花卉的营养液或通用型营养液、农药等。

知识准备

一、花卉非固体基质栽培的类型及特点

1. 花卉非固体基质栽培主要类型

(1) 水培

①深液流栽培　花卉根系浸泡在较深的营养液层中，通过营养液的循环流动来为根系提供充足的氧气和养分。优点是营养液缓冲能力强，能为花卉提供稳定的生长环境，适合栽培各种花卉，尤其是根系较发达的花卉，如君子兰等。缺点是需要较大的种植槽和较多的营养液，投资成本相对较高。

②营养液膜栽培　营养液在栽培槽底部形成一层很薄的液膜，花卉根系一部分浸在营

养液中，一部分暴露在空气中，既能保证根系对养分的吸收，又能充分供应氧气。优点是设施简单，投资成本较低，便于实现自动化管理，适合种植各种小型花卉，如矮牵牛等。缺点是营养液量较少，缓冲能力弱，对管理技术要求较高。

③浮板毛管水培　在营养液槽中设置一块浮板，浮板上铺设毛管，将花卉种植在毛管上，根系一部分伸入毛管吸收营养液，另一部分伸入营养液中。这种方式结合了深液流栽培和营养液膜栽培的优点，既解决了根系的供氧问题，又保证了营养液的稳定供应，适用于多种花卉的栽培，尤其对根系需氧量较大的花卉效果更好，如蝴蝶兰等。

(2)雾培

①喷雾栽培　将花卉植株悬挂在栽培容器中，通过喷雾装置将营养液雾化后喷洒到花卉根系表面，为根系提供水分和养分(图7-2-1)。这种方式能使花卉根系充分吸收氧气，有利于花卉的生长和发育，适合种植各种花卉，特别是对氧气需求高、根系较细的花卉，如石斛兰等。但喷雾栽培对设备要求较高，需要精确控制喷雾的时间和频率，以防止根系过度干燥或积水。

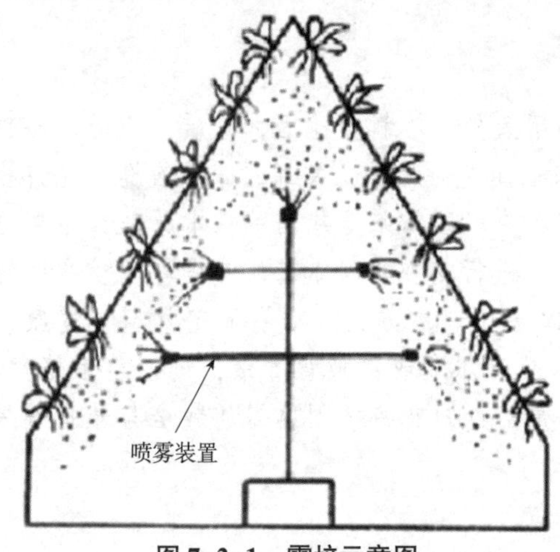

图7-2-1　雾培示意图

②超声雾化栽培　利用超声波的高频振动将营养液雾化成极小的颗粒，使花卉根系更易于吸收养分和水分。超声雾化栽培具有更好的雾化效果，能为花卉根系提供更均匀的营养供应，进一步提高花卉的生长质量和观赏价值。但超声雾化栽培的设备成本较高，目前应用相对较少。

2. 花卉非固体基质栽培的特点

(1)水培的特点

①花卉根系生长环境方面　花卉根系直接浸泡在营养液中，能够充分吸收养分和水分，有利于花卉的快速生长和发育。不足之处是花卉根系长期浸泡于营养液中，若营养液循环不畅或溶氧度不够，容易导致根系缺氧，进而影响花卉的正常生长，甚至引发烂根现象。

②设施设备要求方面　水培系统一般由种植槽、营养液池、循环泵、管道等组成，一旦建成，可以实现营养液的自动化循环和供应，便于精准控制花卉生长所需的养分、水分和酸碱度等条件，减少了人工操作的工作量，提高了生产效率。但其结构较为复杂，需要一定的成本来建设和维护。

③适用花卉种类方面　水培适合多种花卉，尤其是根系较发达、耐水性较强的花卉，如君子兰、吊兰等。这些花卉在水培环境下，根系能够较好地适应营养液的浸泡，生长状况良好。但也有一些花卉不适合水培，如多肉植物等，其根系长期浸泡于营养液中容易腐烂。

④观赏价值方面　水培花卉的根系清晰可见，与清澈的营养液相互映衬，形成独特的观赏效果，增加了花卉的观赏价值和趣味性。

(2) 雾培的特点

①花卉根系生长环境方面　雾培通过将营养液雾化后喷洒到花卉根系表面，使花卉根系能够充分吸收氧气，解决了水培中根系缺氧的问题，可促进花卉形成更加发达的根系。但是，花卉根系周围的湿度相对较低，如果喷雾的频率和时间控制不当，容易导致根系缺水，影响花卉的正常生长。

②设施设备和技术要求方面　雾培需要配备专业的喷雾设备，如超声波雾化器、喷头等，以保证营养液能够均匀地雾化并喷洒到花卉根系上。这些设备的精度要求较高，因此投资成本相对较高。同时，雾培对花卉根系生长环境控制的要求更为严格，需要精确控制喷雾的时间、频率和营养液的浓度等参数，技术难度较大，对操作人员技术水平的要求较高。

③适用花卉种类方面　雾培特别适合对氧气需求较高、根系较细且不耐水湿的花卉，如石斛兰、蝴蝶兰等。这些花卉在雾培环境下，根系能够更好地呼吸和吸收养分，生长更为旺盛。而对于一些根系较粗、适应水湿环境的花卉，雾培可能并不是最适合的栽培方式。

④空间利用率方面　雾培可以采用立体式栽培，将花卉植株悬挂在栽培架上，充分利用空间，提高单位面积的种植数量和产量，适合在空间有限的场所进行大规模花卉生产。

(3) 水培和雾培优缺点对比(表 7-2-1)

表 7-2-1　水培和雾培优缺点对比

项　目	水　培	雾　培
花卉根系氧气供应	氧气供应相对不足，依赖营养液循环和溶氧	氧气供应充足，营养液雾化后花卉根系充分接触空气
设施成本	成本中等，需种植槽、营养液池等设备	成本较高，需专业喷雾设备
技术难度	技术较易掌握，营养液管理是关键	技术要求较高，喷雾参数控制要求精确
适用花卉	根系发达、耐水性强的花卉	对氧气需求高、根系细且不耐水湿的花卉
观赏价值	根系可见，具独特观赏价值	观赏价值主要体现在花卉植株本身
空间利用率	平面种植，空间利用率较低	立体种植，空间利用率较高

二、花卉非固体基质栽培与养护案例

(一)红掌泡沫板深液流栽培与养护

红掌(*Anthurium andraeanum*)又名安祖花、火鹤花、花烛、灯台花、红鹤芋，为天南星科花烛属多年生常绿草本花卉。根为半肉质气生根，非常发达，有白色、红色之分，具有吸收功能。茎为气生短根茎，随着植株的生长，茎向上伸长，并长出短缩气生根。品种类型不同，茎的长短及生长量也不同。切花茎较长，长势快；盆花茎较短，长势慢。叶、花着生于茎顶端叶鞘内。正常条件下，新叶比原叶大。实生苗需 4 年以上才能开花，分株繁殖苗或组织培养苗 2~3 年开花。花抽生于叶腋间，并与叶片交替生长，即一片叶一枝花。花为佛焰苞，有红、粉、白绿、咖啡、复色等颜色，属高档切花。成花周期 1.5~2.5 个月，每年每株长 3~4 片新叶，开约 4 枝花。

红掌因佛焰苞明艳华丽，色彩丰富，极富变化，观赏价值高；又因花期长，四季开花不断，切花瓶插寿命长达1个月，盆栽单花期达4~6个月，栽培价值高。目前，我国红掌切花的生产多集中在现代化程度较高的智能化自控温室中，生产成本较高，经济效益相对较低。只要能够把握红掌生长发育适宜的气候条件及生长发育规律，做好日光温室内的环境控制，在日光温室中也能进行切花红掌的生产栽培，可大大提高切花红掌的经济效益，具有广阔的发展前景。目前，全世界红掌栽培以荷兰、美国为中心，并且已全部采用无土栽培技术。

1. 品种类型

按生产用途，可分为盆花品种和切花品种。

国内红掌盆花品种主要有：皇后系列的'红皇后'、'北京成功'、'美丽皇后'等；莱妮系列的'莱妮'、'幸运莱妮'、'丽拉莱妮'等；特别系列的'红天使'、'萨莎'、'红国王'等；爱系列的'粉色的爱'、'神奇的爱'、'开心的爱'、'亚利桑拉'、'阿拉巴马'、'粉冠军'等。

主要切花品种有'佳人'、'绿光'、'皇后'、'魅力'、'午夜激情'等。最新品种有'阿提斯'('红极品')、'爱的清泉'、'宝贝糖'、'非洲国王'等。

2. 生态学特性

喜散射光，光照强度以7500~25 000lx为宜，低于5000lx花品质与产量下降，超过20 000lx则可能灼伤叶面。喜高温多湿，生长温度为18~28℃，以19~22℃最为合适。高于35℃植株便受害，低于15℃生长迟缓，低于12.8℃出现寒害，叶片坏死。根际温度以15~20℃为宜，低于13℃易发生生理病害。空气湿度为70%~80%，湿度过低易产生叶畸形、佛焰苞不平整等问题。基质应透气、保水，含水量保持50%~75%，pH 5.5~6.5，EC值0.5~1.5mS/cm。

3. 繁殖方法

生产上以组培育苗为主。多以幼叶叶柄为外植体，经愈伤组织诱导分化丛生芽，然后诱导生根成苗。不定芽诱导培养基可用1/2MS+1.5mg/L 6-BA+1mg/L KT+0.2mg/L NAA；继代培养基可用MS+25mg/L 6-BA+0.2mg/L NAA；生根培养基可用1/2MS+0.2mg/L NAA+2mg/L IBA+0.2%活性炭。

4. 无土栽培与养护技术要点

(1)准备工作

①营养液配制与管理　红掌营养液配方见表7-2-2所列。基质要求排水、透气良好，保水、保肥能力强，不易分解且不含有害物质等。

表7-2-2　红掌无土栽培营养液配方　mg/L

化合物名称	用量	化合物名称	用量
硝酸钙[$Ca(NO_3)_2 \cdot 4H_2O$]	354	螯合铁(Na_2Fe-EDTA)	6
硝酸钾(KNO_3)	253	硫酸锰($MnSO_4 \cdot 4H_2O$)	0.6
磷酸二氢钾(KH_2PO_4)	136	硫酸铜($CuSO_4 \cdot 5H_2O$)	0.12
硝酸铵(NH_4NO_3)	80	硫酸锌($ZnSO_4 \cdot 7H_2O$)	0.86
硫酸镁($MgSO_4 \cdot 7H_2O$)	246	硼酸(H_3BO_3)	1.2
硫酸钾(K_2SO_4)	87	钼酸铵[$(NH_4)_2MoO_4 \cdot 4H_2O$]	0.6

红掌对水质要求较高，氯离子含量应小于3mmol/L。若使用井水或地表水，要进行盐分处理。营养液配方要根据品种、苗期、季节做相应调整。苗期适当增加氮素，以促进营养生长；花期增加钾素用量，以提高花卉品质。冬季可相应增加微量元素如硼等的用量。EC值一般控制在0.5~1.5mS/cm，具体因苗龄、品种而异。小苗EC值0.5~0.75mS/cm，中苗EC值0.8~1.0mS/cm，成品苗EC值0.9~1.2mS/cm。EC值最高不可超过1.5mS/cm，否则会导致苞片变小，花茎变短，从而降低观赏价值。pH控制在5.5~6.5。营养液供液量因植株大小、生长势、EC值大小做相应调整，一般小苗每盆200mL，中苗、成品苗每盆300mL。

②泡沫板选择与处理　选择质地均匀、密度合适且无异味的泡沫板。密度过大可能导致浮力不足，密度过小则容易破损。一般白色、较硬挺的泡沫板较为适宜。根据栽培容器的尺寸，将泡沫板裁剪成合适大小，然后在泡沫板上打孔。孔的直径要略大于红掌种苗的茎基部，孔间保持一定距离，以保证每株红掌有足够的生长空间，同时有利于通风和透光。

③栽培容器准备　可选用塑料或玻璃材质的水槽等，要求有一定的深度和强度，能够容纳足够的营养液且经久耐用。容器的大小根据红掌的栽培数量来确定，一般每株红掌需要有一定的营养液体积来保证其生长。在容器底部安装营养液循环系统，包括水泵、管道等。水泵的功率要适中，以保证营养液能够在容器内形成缓慢而稳定的循环，使营养液的成分和温度均匀，同时增加营养液中的溶氧量。

(2)种植技术

①种苗选择　选择根系发达、无病虫害、叶片完整且色泽鲜艳的红掌种苗。根系应呈白色或浅黄色，没有褐色斑点或腐烂迹象。这样的种苗在定植后成活率高，生长状况良好。

②定植　将红掌种苗从原包装或育苗基质中小心取出，用清水轻轻冲洗根系，去除附着的泥土或基质。将种苗的茎基部放入泡沫板的孔中，使根系自然下垂浸泡于营养液中。可以在种苗茎基部周围用少量海绵或软质材料稍加固定，确保种苗在泡沫板上不会轻易晃动或倒伏。

(3)养护技术

①光照管理　将栽培容器放置在有散射光的环境中，避免阳光直射。在室内可选择靠近窗户但有遮阳设施的地方，如使用窗帘或遮阳网，使光照强度保持在10 000~20 000lx。每天光照时间保持在12~14h，过长时间或过强的光照可能导致叶片灼伤、花朵褪色，而过短时间或过弱的光照则会影响光合作用，使植株生长缓慢、叶片发黄。

②温度管理　在夏季，当温度超过28℃时，要采取降温措施，如在容器周围喷水或使用空调、风扇等设备降低环境温度。在冬季，当温度低于15℃时，要注意保暖，可将栽培容器移至室内温暖处，或使用加热设备，如加热垫等，避免植株受冻。

③营养液管理　一般每周检查一次营养液的液位，当液位下降明显时，添加蒸馏水或去离子水至合适的高度。随着红掌的生长，营养液中的养分逐渐被消耗，浓度会降低，pH也可能发生变化。因此，应每2~3周检测一次营养液的浓度和pH，并根据检测结果适时补充营养元素或调整pH，保证营养液的成分稳定。每隔1~2个月更换一次营养液，以

防止营养液中积累过多的有害物质，同时保证红掌有充足的新鲜养分供应。

④湿度管理　红掌喜欢高湿度环境，在干燥的季节或室内环境干燥的情况下，可以通过向周围空气喷水、使用加湿器等方法来增加空气湿度。但要注意避免叶片长时间积水，以免引发病害。可在喷水后适当通风，加快水分蒸发。

⑤病虫害防治　定期检查叶片、花朵和根系是否有病虫害迹象。常见的病害有炭疽病、细菌性叶斑病等，可定期喷洒百菌清、多菌灵等杀菌剂进行预防，发病初期要及时加大药剂浓度进行治疗。虫害主要有红蜘蛛、蚜虫等。对于红蜘蛛，可使用阿维菌素等杀螨剂进行防治；对于蚜虫，可使用吡虫啉等杀虫剂进行防治。同时，要注意保持栽培环境的清洁卫生，减少病虫害滋生的机会。

（二）红叶甜菜雾培与养护

红叶甜菜（*Beta vulgaris* var. *cicla*）又名莙荙菜，为藜科甜菜属二年生草本植物，是叶用甜菜的观赏性品种。主根直生。叶丛生于根颈，叶片宽大，常菱形、全缘，肥厚，红褐色或暗紫红色，有光泽，有粗长的叶柄。花小，绿色。花期6~7月。以观叶为主。

原产于南欧。

1. 品种类型

（1）按叶色分

①红叶类型　这是最常见的观叶红叶甜菜品种类型，叶片呈现鲜艳的紫红色，色泽亮丽，极具观赏性。如‘红叶巨人’，叶片宽大厚实，颜色深红，整个生长周期中叶片颜色较为稳定，观赏效果极佳，常被用于布置花坛、花境的边缘或盆栽观赏。

②绿叶红脉类型　叶片主体为绿色，但叶脉呈现明显的红色或紫红色，绿叶与红脉相互映衬，使叶片更具层次感和立体感，形成独特的观赏效果。如‘红脉绿’，其细腻的红脉分布在绿色叶片上，显得清新雅致，可作园林景观中的配色植物，用于丰富景观色彩。

（2）按叶形分

①圆形叶品种　叶片形状近似圆形，较为规整，叶边缘光滑或略带波浪状。这种叶形的红叶甜菜给人一种圆润可爱的感觉。如‘圆叶红’，其叶片厚实，呈深紫红色，直径15~20cm，常独立盆栽或与其他花卉组合盆栽，用于室内外装饰。

②长椭圆形叶品种　叶片呈长椭圆形，长度一般大于宽度，叶尖较钝或略尖。植株整体形态较为修长，具有一种优雅的美感。如‘长叶紫’，叶片颜色为紫红色，长度25~30cm，适合作为花境的背景材料，或作为切叶材料用于增加插花作品的线条感和色彩感。

（3）按植株大小分

①矮生型　植株相对较矮，一般株高20~30cm，紧凑的株形使其更适合用于花坛、花带的镶边种植或盆栽观赏。如‘侏儒红’，其叶片颜色鲜艳，生长密集，能够在有限的空间内形成良好的观赏效果，而且不易倒伏，管理较为方便。

②高生型　植株较高，株高50~80cm甚至更高。具有较强的竖向空间延伸感，适合用于营造景观中的竖向线条，增加景观的层次感和立体感。如‘高杆红叶’，其紫红色的叶片在风中摇曳，形成独特的景观效果，可作为园林景观中的背景植物或与其他高矮不同的花卉搭配种植，丰富景观层次。

2. 生态学特性

喜光，但也能在阴处生长。根部在-10℃以下仍不受冻害。对土壤要求不严，但以肥沃、疏松的砂壤土为好。

3. 繁殖方法

一般采用播种育苗。在 15~20℃条件下，8d 左右出齐苗。当幼苗生出 4~5 片真叶时，移苗定植。

4. 雾培与养护技术要点

(1) 栽培设施准备

①雾培系统　由栽培槽、喷雾装置、营养液循环系统、控制系统等组成。栽培槽一般采用不透光的材料制成，以防止营养液中滋生藻类。喷雾装置要能够均匀地将营养液雾化成微小颗粒，喷洒到红叶甜菜的根系上。营养液循环系统包括营养液池、水泵、管道等，用于储存和循环供应营养液。控制系统则可根据设定的时间和条件自动控制喷雾、营养液循环等操作。

②光源系统　红叶甜菜需要充足的光照来进行光合作用，因此需要配备合适的光源系统。在室内或其他光照不足的环境中进行雾培时，可使用人工光源，如 LED 植物生长灯。

(2) 营养液配制

①营养成分要求　可按照以下配方配制营养液：每升营养液含硝酸钙 0. 945g、硝酸钾 0. 506g、磷酸二氢铵 0. 115g、硫酸镁 0. 493g、微量元素混合液 2mL。其中，微量元素混合液可根据实际需要自行配制或购买成品。

②酸碱度调节　营养液的 pH 一般控制在 5. 5~6. 5。可使用磷酸或氢氧化钾等试剂对营养液的 pH 进行调节，定期检测并调整，以保证红叶甜菜能够良好地吸收养分。

(3) 种苗选择与定植

①种苗选择　挑选生长健壮、无病虫害、具有 3~4 片真叶的红叶甜菜种苗。种苗的根系要发达且完整，叶片应厚实、色泽鲜艳。这样的种苗更容易适应雾培环境并快速生长。

②定植　用清水洗净种苗根部，去除泥土和基质，然后将种苗定植在栽培槽的定植孔或定植架上，使根系自然下垂于栽培槽内。要注意避免损伤根系，确保种苗稳固。

(4) 养护技术

①光照管理　根据红叶甜菜不同生长阶段的光照需求，合理设置光照时间和光照强度。一般每天光照 12~16h，光照强度 2000~3000lx。

②温度和湿度管理　在栽培过程中要注意控制环境温度，避免温度过高或过低对植株生长造成不利影响。同时，要保持适宜的空气相对湿度。可通过通风、遮阴、加湿等措施来调节温度和湿度。

③喷雾管理　雾培过程中，喷雾的频率和时间是关键因素之一。一般情况下，每隔 5~10min 喷雾一次，每次喷雾时间为 10~30s，具体的喷雾参数可根据环境温度、湿度、光照强度等进行调整。在高温干燥的环境中，可适当增加喷雾频率和时间，以保持根系周围的湿度；而在低温潮湿的环境中，则可相应减少喷雾频率和时间。

④营养液管理　定期检查营养液的液位、浓度和酸碱度。当营养液的液位下降到一定程度时，要添加蒸馏水或去离子水至规定液位。每隔 1~2 周对营养液进行一次全面检测，

根据检测结果补充营养元素或更换营养液，以保证红叶甜菜生长所需的养分供应。

⑤病虫害防治　雾培环境相对清洁，病虫害发生的概率较小，但仍需注意预防。定期对栽培场所进行消毒，保持环境清洁卫生。加强日常检查，及时发现并处理病虫害问题。对于常见的病虫害，如蚜虫、白粉病等，可采用生物防治、物理防治或化学防治等。

（三）君子兰雾培与养护

君子兰别名剑叶石蒜、大叶石蒜，为石蒜科君子兰属植物。目前，君子兰属植物共6种，分别是垂笑君子兰（*Clivia nobilis*）、大花君子兰（*Clivia miniata*）、具茎君子兰（*Clivia caulescens*）、窄叶君子兰（*Clivia gardenii*）、奇异君子兰（*Clivia mirabilis*）和粗壮君子兰（*Clivia robusta*），均为常绿花卉。根肉质，具纤维状髓，根冠白色，先端盾圆形。茎干有节痕，具假鳞茎。叶片二列互生，革质，有光泽，网状脉，基部叶鞘连接。花柄扁圆形，伞状花序，具膜质苞片，小花具柄，花冠钟状或喇叭状，离生，花色多样。浆果，成熟时红色。种子具膜，球形。

广泛分布于南非等，遍及非洲南部的海岸线及雨林，并向东延伸。从沿海森林到石岸、沙丘，从湿地沼泽到岩屑陡壁均有分布。有的甚至可攀缘在高大树木之上。

1. 品种类型

在我国，君子兰主要以观叶为主，兼观花，因此对叶片的要求颇高。最初的固定品种有‘短叶’、‘圆头’、‘黄技师’、‘和尚’等。20世纪80年代初，通过品种间相互杂交，君子兰的品种得到极大丰富，品质得到极大提升。到90年代，开始进行更多的种间杂交，通过与日本君子兰杂交育出鞍山兰系，随后又形成横兰系、雀兰系等。从有原始特征的‘长春’君子兰（国兰系）到有矮壮基因的日本兰，逐渐形成以国兰为首的五大兰系，分别是国兰、日本兰、雀兰、横兰和缟兰。整体趋势是缩短了叶片长度，提升了脉纹质量，增加了细腻度和刚度。这些形态上的变化很好地迎合了国人的审美，使盆栽君子兰更具观赏价值和使用价值。

以国兰品系为例，首先将‘长春’君子兰进行杂交，培育出‘小胜利’、‘油匠’、‘黄技师’等品种；然后将这些子代进行杂交或回交，得到了带有短叶或圆头基因的‘新短叶’、‘技师短叶’、‘短叶圆头’、‘铁北’、‘新圆头’等品种；再进行改良，得到‘黄短叶圆头’、‘花脸短叶圆头’等品种，叶片的细腻度、亮度、厚度和硬度均有提升。通过几代的杂交授粉，优质基因得以保留和积累，品系间的特征越发独特和明显。从第四代起，品种稳定集中地表达优良基因，继承和巩固品系特征。随着国内外其他品种的加入，新品种的数量以指数形式增加。

2. 生态学特性

忌强光，喜半阴。喜凉爽，忌高温。生长适温为15~25℃，低于5℃则生长停止。喜肥沃、深厚、湿润、排水良好的土壤，忌干燥环境。

3. 繁殖方法

以播种繁殖、分株繁殖和组织培养为主，也可采用老根繁殖。

①播种繁殖　播种基质可用锯木屑、河沙、泥炭等，pH以5.5~6.5为好。播种时间随地域不同而异，只要气温能保持20~25℃（最高不超过30℃），均可进行。根据我国的气候特点，可春播、秋播和冬播，其中以春播最为普遍，清明前后进行，南方宜早，北方宜迟。秋播主要利用早熟的果实随采随播，最好在处暑和白露之间进行。冬播多在北方有取暖设备的地区进行。

君子兰种子发芽缓慢，从播种到长出胚芽鞘通常要40~45d。种子萌发后约45d，当真叶从胚芽鞘中露出时，即可进行第一次移植。当长出两片真叶时，即可定植，每盆一株。

②分株繁殖　分株时，先将母株从盆中取出，去掉宿土，找出可以分离的子株。如果子株生在母株外沿，株体较小，可以一手握住母株鳞茎，另一手捏住子株基部，将子株掰离母株；如果子株粗壮，不易掰下，则用锋利的小刀将其割下，切勿强掰，以免损伤子株。将子株割下后，应立即用干木炭粉涂抹伤口，以吸干流液，防止腐烂。接着，将子株上盆。种植深度以土壤埋住子株基部的假鳞茎为度，靠子株的部位要略高一些，并盖上经过消毒的砂土。栽后随即浇一次透水，2 周后伤口愈合时，再加盖一层培养土。一般经 1~2 个月生出新根，1~2 年开花。采用分株法繁殖的君子兰，遗传性比较稳定，可以保持原种的各种性状。

③组织培养　以乳熟期的种子为材料，经过常规的消毒和灭菌，在一定的温度和光照条件下，诱导产生愈伤组织，并将愈伤组织接种于添加了激素的培养基上，经培养产生新的植株。通过该法，可在短时间内繁殖大量优势品种。

④老根繁殖　君子兰的肉质根具有较强的再生能力。利用这一特性，对 10 年生以上的老龄君子兰，可通过春季翻盆换土将老根切除，经过处理，促使老根发芽，长成一株新的君子兰。具体方法是：选择株形好、健壮的君子兰在粗细适中的老根的着生部位用刀片轻轻切一个 0. 3cm 深的口子，然后在伤口涂上生根液或生根培养基，以刺激生长，促使萌芽。把处理后的老根埋在消毒的细河沙中，置于 20~25℃的条件下培养。3 个月后，在君子兰老根切口部位形成假鳞茎。再经过 1 个月的养护，假鳞茎逐渐萌发新芽，成为一株新的君子兰幼苗。

4. 雾培与养护技术要点

(1)准备工作

①栽培设备　雾培要求能够对栽培空间进行严格的控制，因此选择合适的温室是栽培成功的基础。应因地制宜，根据气候条件选择合适的温室类型。在北方，可以采用日光温室，这种温室的保温性能很好，在寒冷的冬季可以保证君子兰的正常生长；在南方地区，单体温室、连栋温室都是不错的选择，这些温室采光均匀，对栽培形式没有限制，适合观光农业。

②配制营养液　按表 7-2-3 所列的配方配制适量的营养液备用。

表 7-2-3　君子兰雾培营养液配方　mg/L

化合物名称	用量	化合物名称	用量
硝酸钙[$Ca(NO_3)_2 \cdot 4H_2O$]	236	螯合铁(Na_2Fe-EDTA)	12
硝酸钾(KNO_3)	101	硫酸锰($MnSO_4 \cdot 4H_2O$)	2. 23
磷酸二氢钾(KH_2PO_4)	72	硫酸铜($CuSO_4 \cdot 5H_2O$)	0. 125
硫酸铵[$(NH_4)_2SO_4$]	108	硫酸锌($ZnSO_4 \cdot 7H_2O$)	0. 864
硫酸镁($MgSO_4 \cdot 7H_2O$)	238	硼酸(H_3BO_3)	1. 24
硫酸钾(K_2SO_4)	140	钼酸铵[$(NH_4)_2MoO_4 \cdot H_2O$]	0. 618

君子兰适宜在微酸性至中性的环境中生长，营养液的 pH 一般控制在 5. 5~6. 5。在配制营养液时，要使用酸度计准确测量 pH，并用磷酸或氢氧化钾等试剂来调节 pH，以确保营养液的 pH 符合君子兰的生长要求。

(2)种植技术

用清水对繁殖的小苗进行缓苗处理7d，挑选生长一致、各器官发育完善的植株，用海绵块包裹茎基部，露出根系，定植到水培定植杯(需把大部分根系伸出定植杯的网格缝隙外，使其后期能更好地接触营养液雾滴)。

(3)养护技术

①光照管理　君子兰对光照要求适中，在雾培过程中，需将其放置在有充足散射光的地方，避免阳光直射。在室内可选择靠近窗户但有遮阳设施的位置，如使用窗帘或遮阳网进行适当遮光，保证光照强度在10 000~20 000lx。每天光照时间10~12h，以满足君子兰光合作用的需求，促进其叶片生长和花芽分化。

②温度管理　在夏季，当温度超过28℃时，要采取降温措施，如将栽培容器移至阴凉通风处、使用空调或风扇等设备降低环境温度，以避免高温导致君子兰叶片发黄、生长停滞等。在冬季时，当温度低于10℃时，要注意保暖，可将其移至室内温暖处或使用加热设备，防止植株受冻。

③湿度管理　雾培能够为君子兰提供较高的空气湿度，但仍需注意环境湿度的控制。在干燥的季节或室内环境干燥的情况下，可通过向周围空气喷水、使用加湿器等方法来增加湿度；而在空气湿度较高时，要加强通风，降低空气湿度，以防止病虫害滋生。

④营养液管理　定期检测营养液的浓度和成分，根据君子兰的生长阶段和营养液的消耗情况及时补充或更换营养液。一般每隔1~2周需对营养液进行一次全面检测，当营养液中的养分浓度降低到一定程度时，要及时补充相应的营养元素或更换新的营养液，以保证君子兰生长所需的养分供应。

⑤病虫害防治　雾培环境相对清洁，君子兰发生病虫害的概率相对较小，但仍需做好预防工作。定期对栽培场所进行消毒，保持环境清洁卫生，以减少病虫害滋生。加强日常检查，及时发现并处理可能出现的病虫害问题。

对于常见的病虫害，如炭疽病、介壳虫等，可采用生物防治、物理防治或化学防治。如释放捕食螨防治介壳虫，使用黄板诱捕蚜虫，或选用低毒、环保的农药进行喷雾防治(注意农药的浓度和安全间隔期，避免对君子兰造成药害)。

三、其他花卉非固体基质栽培与养护列表(表7-2-4)

表7-2-4　其他花卉非固体基质栽培与养护列表

序号	花卉种类	生态学特性	栽培与养护技术要点	注意事项	应用特点
1	白掌(*Spathiphyllum floribundum*)	喜湿润、半阴的环境，忌阳光直射。喜温暖，生长适宜温度为18~28℃，越冬温度保持在8℃以上	一般在开花后用分株法繁殖。大规模生产一般采用组织培养繁殖。可以采用水培，将植株洗净后放入装有清水的容器中，注意根系要部分露出水面。避免强光直射，给予充足的散射光。保持水位适当，定期换水。定期添加适量的专用营养液，以满足植株生长的需求。也可以使用专用的无土栽培基质，如椰糠、珍珠岩等。保持基质湿润但不积水	保持良好的通风环境，以减少病虫害发生。定期清理叶片灰尘，保持植株洁净。冬季注意防寒保暖	花叶美，轻盈多姿，生长旺盛，且耐阴，常用于室内美化装饰

（续）

序号	花卉种类	生态学特性	栽培与养护技术要点	注意事项	应用特点
2	无花果（*Ficus carica*）	喜温暖湿润的气候。耐贫瘠和干燥，最好种植在土层深厚、疏松、肥沃、排水良好的砂壤土中。也可无土栽培	可以使用泡沫箱、塑料箱等作为雾培的容器，容器的大小和形状可以根据实际情况进行选择。在容器内安装雾化器。将枝条或幼苗插入珍珠岩或其他适合的基质中，然后将其放入雾培容器中。通过雾化器将营养液雾化后喷洒到植株根系，为植株提供养分和水分。随着植株的生长，营养液中的养分逐渐被消耗，需要定期更换营养液。根据生长情况适时进行修剪，以促进分枝和生长。及时发现并防治病虫害，以保证植株健康生长	雾培需要适宜的温度、湿度和光照条件。可以通过控制环境温度、增加空气湿度和提供充足的光照来满足植株生长的需求	既是药用果树，也因树势优雅，为庭院、公园的观赏树

任务实施

教师根据学校所处地域气候条件和学校实训条件，选取 1~2 种花卉，指导各任务小组开展实训。

1. 完成花卉非固体基质栽培与养护方案设计，填写表 7-2-5。

表 7-2-5　花卉非固体基质栽培与养护方案

组别		成员	
花卉名称		作业时间	年　月　日至　年　月　日
作业地点			
方案概况	（目的、规模、技术等）		
材料准备			
技术路线			
关键技术			

（续）

计划进度	（可另附页）
预期效果	
组织实施	

2. 完成花卉无土栽培与养护作业，填写表7-2-6。

表7-2-6 花卉无土栽培与养护作业记录表

组别		成员	
花卉名称		作业时间	年 月 日至 年 月 日
作业地点			
周数	时间	作业人员	作业内容(含花卉生长情况观察)
第1周			
第2周			
第3周			
第4周			
第5周			
第6周			
第7周			
第8周			
第9周			
第10周			
……			

注意事项：

1. 在无土栽培过程中，植株根部的固定非常重要，应防止植株倾斜。
2. 花卉在不同生长发育时期、不同生长季节，所需要的营养液浓度和使用量有所不同。

填表说明：

1. 生长情况一般包括：花卉的总体长势情况，如高度、冠幅、病虫害等；各种物候(发芽、展叶、现蕾、开花、结果、果实成熟等)发生情况。
2. 作业内容主要是指采取的技术措施，包括但不限于松土、除草、浇水、施肥、打药、绑扎、摘心、抹芽、去蕾等，应记录详细。

考核评价

根据表7-2-7进行考核评价。

表 7-2-7 花卉无土栽培与养护考核评价表

成绩组成	评分项	评分标准	赋分	得分	备注
教师评分（70 分）	方案制订	花卉无土栽培与养护方案含花卉生长习性和对环境条件的要求介绍（2 分）、技术路线（3 分）、进度计划（5 分）、种植养护措施（5 分）、预期效果（2 分）、人员安排（3 分）等	20		
	过程管理	能按照制订的方案有序开展花卉无土栽培与养护，人员安排合理，既有分工，又有协作，定期开展学习和讨论	10		
		管理措施正确，花卉生长正常	10		
	成果评定	花卉无土栽培与养护达到预期效果，成为商品花	20		
	总结报告	格式规范，对关键技术表达清晰，问题分析有深度和广度	10		
组长评分（20 分）	出谋划策	积极参与，查找资料，提出可行性建议	10		
	任务执行	认真完成组长安排的任务	10		
学生互评（10 分）	成果评定	花卉无土栽培与养护达到预期效果，成为商品花	5		
	总结报告	格式规范，关键技术表达清晰，问题分析有深度和广度	3		
	分享汇报	认真准备，PPT 图文并茂，表达清楚	2		
总　分			100		

巩固训练

一、名词解释

1. 无土栽培　2. 营养液　3. 水培　4. 基质培　5. 气雾培

二、填空题

依栽培床是否使用固体基质材料，将无土栽培分为________栽培和________栽培两大类。非固体基质栽培又可分为________和________两种类型。

三、选择题

1. 花卉无土栽培中，常用作固体基质的材料不包括(　　)。

A. 蛭石　　B. 珍珠岩　　C. 园土　　D. 岩棉

2. 以下比较适合水培的花卉是(　　)。

A. 多肉植物　　B. 山茶　　C. 白掌　　D. 马拉巴栗

四、判断题

1. 花卉无土栽培的营养液可以一直不更换。(　　)
2. 水培时，花卉只要根部接触到水，就能正常生长。(　　)
3. 无土栽培的环境温度对花卉生长没有影响。(　　)

4. 任何基质都可以用于花卉的无土栽培。(　　)
5. 雾培时，花卉的根系不需要氧气。(　　)
6. 花卉无土栽培的病虫害防治比土壤栽培简单。(　　)
7. 所有无土栽培方式都能保证花卉的产量和品质高于土壤栽培。(　　)

五、简答题

数字资源

1. 花卉基质培与水培在栽培管理上有什么异同？
2. 如何进行水培花卉的养护？
3. 使用复合肥配成的溶液是不是营养液？为什么？

参考文献

曹春英，2011. 花卉栽培[M]. 北京：中国农业出版社.
常美花，孙颖，2019. 园林花卉栽培与养护[M]. 2版. 北京：化学工业出版社.
陈武荣，耿开友，宋知春，等，2010. 盆栽高山羊齿蕨的大棚栽培技术[J]. 北方园艺(7)：102-103.
刘燕，2017. 园林花卉学[M]. 北京：中国农业出版社.
龙冰雁，申明达，廖高文，2019. 芦荟栽培新技术[J]. 农业开发与装备(12)：140，166.
芦建国，杨艳容，2016. 园林花卉[M]. 2版. 北京：中国林业出版社.
罗长维，唐宇翀，2017. 观赏园艺概论[M]. 北京：中国林业出版社.
陶正平，2016. 花卉栽培技术[M]. 北京：中国农业出版社.
王朝霞，张庆瑞，2019. 花卉栽培技术[M]. 大连：大连理工大学出版社.
杨杰峰，蔡绍平，何利华，2021. 园林植物栽培与养护[M]. 2版. 武汉：华中科技大学出版社.
杨利平，和美凤，2017. 园林花卉学[M]. 北京：中国农业大学出版社.
张建新，许桂芳，2016. 园林花卉[M]. 北京：科学出版社.
张俊叶，2014. 花卉栽培技术[M]. 北京：中国轻工业出版社.
周玉华，刘国华，2013. 花卉栽培学[M]. 北京：化学工业出版社.